올림포스
유형편

확률과 통계

 정답과 풀이는 EBS*i* 사이트(www.ebs*i*.co.kr)에서 다운로드 받으실 수 있습니다.

| 교재 내용 문의 | 교재 및 강의 내용 문의는 EBS*i* 사이트 (www.ebs*i*.co.kr)의 학습 Q&A 서비스를 이용하시기 바랍니다. | 교재 정오표 공지 | 발행 이후 발견된 정오 사항을 EBS*i* 사이트 정오표 코너에서 알려 드립니다.
교재 ▶ 교재 자료실 ▶ 교재 정오표 | 교재 정정 신청 | 공지된 정오 내용 외에 발견된 정오 사항이 있다면 EBS*i* 사이트를 통해 알려 주세요.
교재 ▶ 교재 정정 신청 |

고교 내신 대비 EBS Line Up

고등학교 0학년 필수 교재
고등예비과정

국어, 영어, 수학, 한국사, 사회, 과학 6책

모든 교과서를 한 권으로,
교육과정 필수 내용을 빠르고 쉽게!

국어 · 영어 · 수학 내신 + 수능 기본서
올림포스

국어, 영어, 수학 16책

내신과 수능의 기초를 다지는 기본서
학교 수업과 보충 수업용 선택 No.1

국어 · 영어 · 수학 개념+기출 기본서
올림포스
전국연합학력평가
기출문제집

국어, 영어, 수학 8책

개념과 기출을 동시에 잡는 신개념 기본서
최신 학력평가 기출문제 완벽 분석

한국사 · 사회 · 과학 개념 학습 기본서
개념완성

한국사, 사회, 과학 19책

한 권으로 완성하는 한국사, 탐구영역의 개념
부가 자료와 수행평가 학습자료 제공

수준에 따라 선택하는 영어 특화 기본서
영어 POWER 시리즈

Grammar POWER 3책
Reading POWER 4책
Listening POWER 2책
Voca POWER 2책

원리로 익히는 국어 특화 기본서
국어 독해의 원리

현대시, 현대 소설, 고전 시가, 고전 산문,
독서 5책

국어 문법의 원리

수능 국어 문법, 수능 국어 문법 180제 2책

유형별 문항 연습부터 고난도 문항까지
올림포스 유형편

수학(상), 수학(하), 수학Ⅰ, 수학Ⅱ,
확률과 통계, 미적분 6책

올림포스 고난도

수학(상), 수학(하), 수학Ⅰ, 수학Ⅱ,
확률과 통계, 미적분 6책

최다 문항 수록 수학 특화 기본서
수학의 왕도

수학(상), 수학(하), 수학Ⅰ, 수학Ⅱ,
확률과 통계, 미적분 6책

개념의 시각화 + 세분화된 문항 수록
기초에서 고난도 문항까지 계단식 학습

단기간에 끝내는 내신
단기 특강

국어, 영어, 수학 8책

얇지만 확실하게, 빠르지만 강하게!
내신을 완성시키는 문항 연습

올림포스
유형편

확률과 통계

구성과 특징

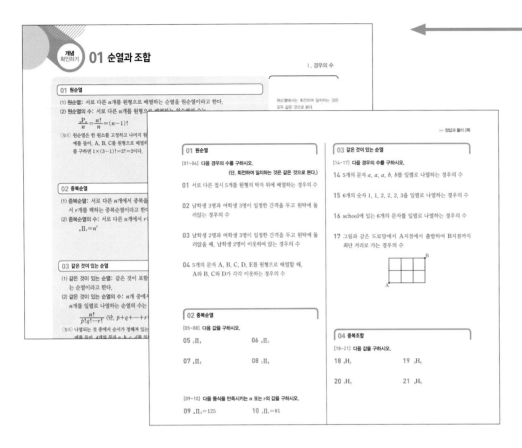

개념 확인하기

핵심 개념 정리
교과서의 내용을 철저히 분석하여 핵심 개념만을 꼼꼼하게 정리하고, (설명), (참고), **예** 등의 추가 자료를 제시하였습니다.

개념 확인 문제
학습한 내용을 바로 적용하여 풀 수 있는 기본적인 문제를 제시하여 핵심 개념을 제대로 파악했는지 확인할 수 있도록 구성하였습니다.

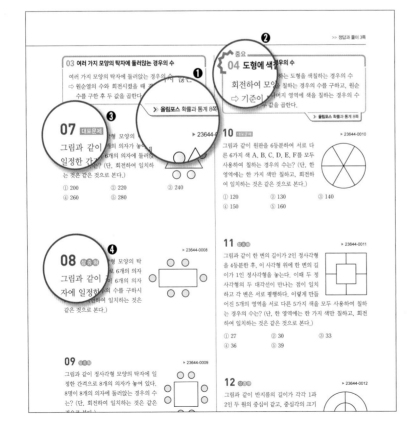

유형 완성하기

핵심 유형 정리
각 유형에 따른 핵심 개념 및 해결 전략을 제시하여 해당 유형을 완벽히 학습할 수 있도록 하였습니다.

❶ ➤ 올림포스 확률과 통계 8쪽
올림포스의 기본 유형 익히기 쪽수를 제시하였습니다.

❷ 중요
세분화된 유형 중 시험 출제율이 70% 이상인 유형으로 중요 유형은 반드시 익히도록 해야 합니다.

❸ 대표문제
각 유형에서 가장 자주 출제되는 문제를 대표문제로 선정하였습니다.

❹ 상 중 하
각 문제마다 상, 중, 하 3단계로 난이도를 표시하였습니다.

서술형 완성하기

01 ▶ 23644-0043

A, B를 포함한 7명의 학생이 일정한 간격을 두고 원 모양의 탁자에 둘러앉을 때, 두 학생 A, B 사이에 한 명의 학생이 앉는 경우의 수를 구하시오.

(단, 회전하여 일치하는 것은 같은 것으로 본다.)

02 내신기출 ▶ 23644-0044

두 기호 ★, ⊙를 일렬로 나열하여 신호를 만들려고 한다. 두 기호를 합하여 n번 이하로 사용하여 100개 이상의 신호를 만들려고 할 때, n의 최솟값을 구하시오.

03 ▶ 23644-0045

두 집합 $X=\{1, 2, 3, 4\}$, $Y=\{1, 2, 3, 4, 5\}$에 대하여 X에서 Y로의 함수 f 중에서 $f(2)+f(4)=6$, $f(2) \leq f(4)$를 만족시키는 함수의 개수를 구하시오.

04 내신기출 ▶ 23644-0046

7개의 문자 a, a, b, b, b, c, c를 일렬로 나열할 때, 양 끝에 서로 다른 문자가 오는 경우의 수를 구하시오.

05 ▶ 23644-0047

그림과 같이 직사각형 모양으로 연결된 도로망이 있다. 이 도로망을 따라 A지점에서 출발하여 B지점까지 가려고 한다. P지점은 지나고 Q지점은 지나지 않으면서 최단 거리로 가는 경우의 수를 구하시오.

06 ▶ 23644-0048

다음 조건을 만족시키는 음이 아닌 정수 a, b, c, d의 모든 순서쌍 (a, b, c, d)의 개수를 구하시오.

(가) $a+b+c+3d=19$
(나) $c \geq d \geq 3$

내신 + 수능 고난도 도전

01 ▶ 23644-0049

그림과 같이 원판을 8등분하여 1번부터 8번까지의 여덟 명의 학생을 원판 위에 앉히려 할 때, 다음 조건을 만족시키는 경우의 수를 구하시오.

(단, 회전하여 일치하는 것은 같은 것으로 본다.)

(가) 짝수 번호와 홀수 번호의 학생이 교대로 앉는다.
(나) 마주 보는 번호의 합은 5보다 크다.

02 ▶ 23644-0050

숫자 1, 2, 3, 4 중에서 중복을 허락하여 5개를 택해 만들 수 있는 5자리 정수 중에서 나열된 5개의 수의 곱이 400보다 작은 자연수의 개수는?

① 981   ② 984   ③ 987   ④ 990   ⑤ 993

03 ▶ 23644-0051

8개의 문자 a, a, a, b, b, b, c, c를 모두 사용하여 일렬로 나열할 때, 다음 조건을 만족시키도록 나열하는 경우의 수는?

(가) 양 끝에 a가 오지 않는다.
(나) c는 서로 이웃하지 않는다.

① 130   ② 140   ③ 150   ④ 160   ⑤ 170

04 우수답안 ▶ 23644-0052

9명의 학생 중 1학년 학생 4명, 2학년 학생 3명, 3학년 학생 2명이 있다. 이 중 7명을 선발하여 일정한 간격을 두고 원 모양의 탁자에 둘러앉히려고 한다. 각 학년은 적어도 2명 이상 선발되어야 한다. 1학년 학생과 2학년 학생은 각각 같은 학년 학생들끼

서술형 완성하기

시험에서 비중이 높아지는 서술형 문제를 제시하였습니다. 실제 시험과 유사한 형태의 서술형 문제로 시험을 더욱 완벽하게 대비할 수 있습니다.

▶ ≫ **올림포스** 확률과 통계 16쪽
올림포스의 서술형 연습장 쪽수를 제시하였습니다.

▶ 내신기출
학교시험에서 출제되고 있는 실제 시험 문제를 엿볼 수 있습니다.

내신+수능 고난도 도전

수학적 사고력과 문제 해결 능력을 함양할 수 있는 난이도 높은 문제를 풀어 봄으로써 실전에 대비할 수 있습니다.

▶ ≫ **올림포스** 확률과 통계 17쪽
올림포스의 고난도 문항 쪽수를 제시하였습니다.

차례

확률과
통계

Ⅰ. 경우의 수

01 순열과 조합   6

02 이항정리   18

Ⅱ. 확률

03 확률의 뜻과 활용   26

04 조건부확률   40

Ⅲ. 통계

05 이산확률변수의 확률분포   52

06 정규분포   66

07 통계적 추정   82

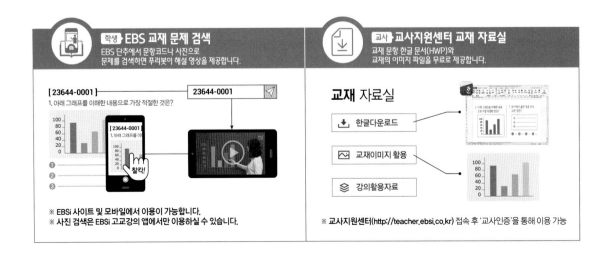

I

경우의 수

01. 순열과 조합

02. 이항정리

01 원순열

(1) **원순열**: 서로 다른 n개를 원형으로 배열하는 순열을 원순열이라고 한다.

(2) **원순열의 수**: 서로 다른 n개를 원형으로 배열하는 원순열의 수는

$$\frac{_n\mathrm{P}_n}{n} = \frac{n!}{n} = (n-1)!$$

(참고) 원순열은 한 원소를 고정하고 나머지 원소들을 일렬로 배열하는 순열로 생각할 수 있다.
예를 들어, A, B, C를 원형으로 배열하는 경우 맨 처음 A를 고정하고 B와 C를 배열하는 경우의 수를 구하면 $1 \times (3-1)! = 2! = 2$이다.

> 원순열에서는 회전하여 일치하는 것은 모두 같은 것으로 본다.

02 중복순열

(1) **중복순열**: 서로 다른 n개에서 중복을 허락하여 r개를 택하여 일렬로 나열하는 것을 n개에서 r개를 택하는 중복순열이라고 한다.

(2) **중복순열의 수**: 서로 다른 n개에서 r개를 택하는 중복순열의 수는

$$_n\Pi_r = n^r$$

> $_n\Pi_r$의 Π는 Product(곱)의 첫 글자 P에 해당하는 그리스 문자로 '파이'라고 읽는다.

03 같은 것이 있는 순열

(1) **같은 것이 있는 순열**: 같은 것이 포함되어 있는 n개를 일렬로 나열하는 것을 같은 것이 있는 순열이라고 한다.

(2) **같은 것이 있는 순열의 수**: n개 중에서 같은 것이 각각 p개, q개, $\cdots$, r개씩 있을 때, 이들 n개를 일렬로 나열하는 순열의 수는

$$\frac{n!}{p!q!\cdots r!} \ (\text{단}, \ p+q+\cdots+r=n)$$

(참고) 나열되는 것 중에서 순서가 정해져 있는 경우 같은 것이 있는 순열의 수와 같다.
예를 들어, 4개의 문자 a, b, c, d를 일렬로 나열할 때, a가 b보다 앞에 오도록 나열하는 경우의 수는 a와 b를 같은 문자로 보고 계산한다. 즉,

$$\frac{4!}{2!} = 12$$

> n개를 서로 다른 것으로 보고 일렬로 나열하는 것 중 같은 경우가 $p!q!\cdots r!$ 가지씩 있다.

04 중복조합

(1) **중복조합**: 서로 다른 n개에서 중복을 허락하여 r개를 택하는 조합을 중복조합이라고 한다.

(2) **중복조합의 수**: 서로 다른 n개에서 r개를 택하는 중복조합의 수는

$$_n\mathrm{H}_r = {}_{n+r-1}\mathrm{C}_r$$

(참고) 조합의 수 $_n\mathrm{C}_r$에서는 $r \leq n$이어야 하지만 중복조합의 수 $_n\mathrm{H}_r$에서는 중복을 허락하므로 $r > n$인 경우도 가능하다.

> $_n\mathrm{H}_r$의 H는 Homogeneous(같음)의 첫 글자이다.

01 원순열

[01~04] 다음 경우의 수를 구하시오.

(단, 회전하여 일치하는 것은 같은 것으로 본다.)

01 서로 다른 접시 5개를 원형의 탁자 위에 배열하는 경우의 수

02 남학생 3명과 여학생 3명이 일정한 간격을 두고 원탁에 둘러앉는 경우의 수

03 남학생 2명과 여학생 3명이 일정한 간격을 두고 원탁에 둘러앉을 때, 남학생 2명이 이웃하여 앉는 경우의 수

04 5개의 문자 A, B, C, D, E를 원형으로 배열할 때, A와 B, C와 D가 각각 이웃하는 경우의 수

02 중복순열

[05~08] 다음 값을 구하시오.

05 $_2\Pi_4$

06 $_8\Pi_2$

07 $_4\Pi_3$

08 $_5\Pi_4$

[09~10] 다음 등식을 만족시키는 n 또는 r의 값을 구하시오.

09 $_n\Pi_3 = 125$

10 $_3\Pi_r = 81$

[11~13] 다음 경우의 수를 구하시오.

11 3개의 문자 A, B, C 중에서 중복을 허락하여 2개를 뽑아 나열하는 경우의 수

12 4개의 숫자 1, 2, 3, 4 중에서 중복을 허락하여 3개를 택해 일렬로 나열하여 만들 수 있는 세 자리 자연수의 개수

13 세 명의 학생이 가위바위보 게임을 할 때 나오는 모든 경우의 수

03 같은 것이 있는 순열

[14~17] 다음 경우의 수를 구하시오.

14 5개의 문자 a, a, a, b, b를 일렬로 나열하는 경우의 수

15 6개의 숫자 1, 1, 2, 2, 2, 3을 일렬로 나열하는 경우의 수

16 school에 있는 6개의 문자를 일렬로 나열하는 경우의 수

17 그림과 같은 도로망에서 A지점에서 출발하여 B지점까지 최단 거리로 가는 경우의 수

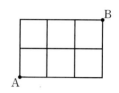

04 중복조합

[18~21] 다음 값을 구하시오.

18 $_5H_2$

19 $_3H_4$

20 $_7H_3$

21 $_4H_5$

[22~24] 다음 경우의 수를 구하시오.

22 4개의 문자 A, B, C, D 중에서 중복을 허락하여 3개의 문자를 택하는 경우의 수

23 빨간색 공, 노란색 공, 파란색 공을 판매하는 문구점에서 5개의 공을 구매하는 경우의 수

(단, 같은 색 공끼리는 서로 구별하지 않는다.)

24 같은 종류의 연필 6자루를 3개의 서로 다른 필통에 넣는 경우의 수 (단, 빈 필통이 있을 수 있다.)

01 원탁에 둘러앉는 경우

서로 다른 n개를 원형으로 배열하는 원순열의 수는
$$\frac{n!}{n} = (n-1)!$$

> 올림포스 확률과 통계 8쪽

02 이웃하는 사람이 있는 경우

원순열에서 이웃하는 사람이 있는 경우 이웃하는 사람을 한 사람으로 보고 계산한다. 이후 이웃하는 사람끼리 자리를 바꾸는 경우를 계산한 후, 두 개의 값을 곱한다.

> 올림포스 확률과 통계 8쪽

01 대표문제
▶ 23644-0001

남자 3명, 여자 3명이 동일한 간격을 두고 원형의 탁자에 둘러앉을 때, 남녀가 서로 교대로 앉는 경우의 수는?
(단, 회전하여 일치하는 것은 같은 것으로 본다.)

① 9
② 12
③ 15
④ 18
⑤ 21

04 대표문제
▶ 23644-0004

초등학생 2명, 중학생 2명, 고등학생 2명이 동일한 간격을 두고 원탁에 둘러앉을 때, 초등학생 2명이 이웃하여 앉는 경우의 수는? (단, 회전하여 일치하는 것은 같은 것으로 본다.)

① 32
② 36
③ 40
④ 44
⑤ 48

02 상중하
▶ 23644-0002

네 개의 문자 A, B, C, D를 원형으로 배열하는 경우의 수는?
(단, 회전하여 일치하는 것은 같은 것으로 본다.)

① 6
② 8
③ 10
④ 12
⑤ 14

05 상중하
▶ 23644-0005

네 쌍의 부부가 동일한 간격을 두고 원탁에 둘러앉을 때, 부부끼리 이웃하게 앉는 경우의 수는?
(단, 회전하여 일치하는 것은 같은 것으로 본다.)

① 84
② 88
③ 92
④ 96
⑤ 100

03 상중하
▶ 23644-0003

서연이와 지민이를 포함하여 6명의 학생이 동일한 간격을 두고 원탁에 둘러앉을 때, 서연이와 지민이가 마주 보고 앉는 경우의 수를 구하시오.
(단, 회전하여 일치하는 것은 같은 것으로 본다.)

06 상중하
▶ 23644-0006

남학생 2명, 여학생 4명이 동일한 간격을 두고 원형의 탁자에 둘러앉아 보드게임을 하려고 한다. 남학생끼리 이웃하지 않게 앉는 경우의 수를 구하시오.
(단, 회전하여 일치하는 것은 같은 것으로 본다.)

03 여러 가지 모양의 탁자에 둘러앉는 경우의 수

여러 가지 모양의 탁자에 둘러앉는 경우의 수
⇨ 원순열의 수와 회전시켰을 때 겹쳐지지 않는 자리의 수를 구한 후 두 값을 곱한다.

>> 올림포스 확률과 통계 8쪽

07 대표문제 ▶ 23644-0007

그림과 같이 정삼각형 모양의 탁자에 일정한 간격으로 6개의 의자가 놓여 있다. 6명의 학생이 6개의 의자에 둘러앉는 경우의 수는? (단, 회전하여 일치하는 것은 같은 것으로 본다.)

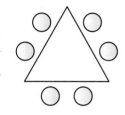

① 200   ② 220   ③ 240
④ 260   ⑤ 280

08 상중하 ▶ 23644-0008

그림과 같이 직사각형 모양의 탁자에 일정한 간격으로 6개의 의자가 놓여 있다. 6명이 6개의 의자에 둘러앉는 경우의 수를 구하시오. (단, 회전하여 일치하는 것은 같은 것으로 본다.)

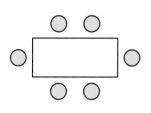

09 상중하 ▶ 23644-0009

그림과 같이 정사각형 모양의 탁자에 일정한 간격으로 8개의 의자가 놓여 있다. 8명이 8개의 의자에 둘러앉는 경우의 수는? (단, 회전하여 일치하는 것은 같은 것으로 본다.)

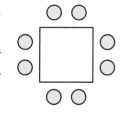

① 7!   ② 2×7!
③ 3×7!   ④ 4×7!
⑤ 5×7!

중요
04 도형에 색칠하는 경우의 수

회전하여 모양이 일치하는 도형을 색칠하는 경우의 수
⇨ 기준이 되는 영역을 칠하는 경우의 수를 구하고, 원순열을 이용하여 나머지 영역에 색을 칠하는 경우의 수를 구한 후 두 값을 곱한다.

>> 올림포스 확률과 통계 8쪽

10 대표문제 ▶ 23644-0010

그림과 같이 원판을 6등분하여 서로 다른 6가지 색 A, B, C, D, E, F를 모두 사용하여 칠하는 경우의 수는? (단, 한 영역에는 한 가지 색만 칠하고, 회전하여 일치하는 것은 같은 것으로 본다.)

① 120   ② 130   ③ 140
④ 150   ⑤ 160

11 상중하 ▶ 23644-0011

그림과 같이 한 변의 길이가 2인 정사각형을 4등분한 후, 이 사각형 위에 한 변의 길이가 1인 정사각형을 놓는다. 이때 두 정사각형의 두 대각선이 만나는 점이 일치하고 각 변은 서로 평행하다. 이렇게 만들어진 5개의 영역을 서로 다른 5가지 색을 모두 사용하여 칠하는 경우의 수는? (단, 한 영역에는 한 가지 색만 칠하고, 회전하여 일치하는 것은 같은 것으로 본다.)

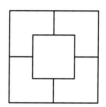

① 27   ② 30   ③ 33
④ 36   ⑤ 39

12 상중하 ▶ 23644-0012

그림과 같이 반지름의 길이가 각각 1과 2인 두 원의 중심이 같고, 중심각의 크기가 모두 90°인 부채꼴로 나눈 8개의 영역을 서로 다른 8가지 색을 모두 사용하여 칠하려고 한다. 칠하는 경우의 수가 k일 때, $\frac{1}{70} \times k$의 값을 구하시오. (단, 한 영역에는 한 가지 색만 칠하고, 회전하여 일치하는 것은 같은 것으로 본다.)

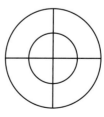

05 중복순열

서로 다른 n개에서 중복을 허락하여 r개를 택하여 일렬로 나열하는 중복순열의 수는

$$_n\Pi_r=n^r$$

>> **올림포스** 확률과 통계 9쪽

13 대표문제 ▶ 23644-0013

4명의 학생이 방과후 수업으로 개설된 문학, 확률과 통계, 영어듣기의 3개의 강좌 중에서 한 개의 강좌를 선택하는 경우의 수는?

① 72   ② 75   ③ 78

④ 81   ⑤ 84

14 상중하 ▶ 23644-0014

서로 다른 색의 공 5개를 2개의 상자 A, B에 모두 넣는 경우의 수는? (단, 빈 상자가 있을 수도 있다.)

① 24   ② 26   ③ 28

④ 30   ⑤ 32

15 상중하 ▶ 23644-0015

A, B 두 사람에게는 서로 다른 연필 3자루를 남김없이 나누어 주고, C, D, E 세 사람에게는 서로 다른 공책 2권을 남김없이 나누어 주는 경우의 수를 구하시오. (단, 연필 또는 공책을 하나도 받지 못하는 사람이 있을 수도 있다.)

06 중복순열을 이용한 자연수의 개수

$1, 2, 3, \cdots, n\,(n\le9)$의 n개의 숫자에서 중복을 허락하여 m개를 뽑아 만들 수 있는 m자리 자연수의 개수는

$$_n\Pi_m=n^m$$

>> **올림포스** 확률과 통계 9쪽

16 대표문제 ▶ 23644-0016

숫자 1, 2, 3, 4 중에서 중복을 허락하여 4개를 택해 일렬로 나열하여 네 자리 자연수를 만들 때, 짝수인 자연수의 개수는?

① 120   ② 124   ③ 128

④ 132   ⑤ 136

17 상중하 ▶ 23644-0017

숫자 1, 2, 3, 4, 5 중에서 중복을 허락하여 4개를 택해 일렬로 나열하여 네 자리 자연수를 만들 때, 4000 이상인 자연수의 개수는?

① 210   ② 220   ③ 230

④ 240   ⑤ 250

18 상중하 ▶ 23644-0018

숫자 0, 1, 2, 3, 4 중에서 중복을 허락하여 4개를 택해 일렬로 나열하여 네 자리 자연수를 만들 때, 홀수인 자연수의 개수를 구하시오.

07 중복순열을 이용한 함수의 개수

두 집합 X, Y의 원소의 개수가 각각 m, n일 때, X에서 Y로의 함수의 개수는

$$_n\Pi_m = n^m$$

>> **올림포스** 확률과 통계 9쪽

19 대표문제 ▶ 23644-0019

두 집합 $X=\{1, 2, 3\}$, $Y=\{a, b, c, d\}$에 대하여 X에서 Y로의 함수의 개수는?

① 64   ② 68   ③ 72

④ 76   ⑤ 80

20 상중하 ▶ 23644-0020

두 집합 $X=\{-1, 0, 1\}$, $Y=\{2, 3, 4, 5, 6\}$에 대하여 X에서 Y로의 함수 f 중에서 $f(0)\neq 4$인 함수의 개수는?

① 85   ② 90   ③ 95

④ 100   ⑤ 105

21 상중하 ▶ 23644-0021

두 집합 $X=\{1, 2, 3, 4\}$, $Y=\{1, 2, 3, 4, 5\}$에 대하여 X에서 Y로의 함수 f 중에서 $f(1)-f(3)=2$를 만족시키는 함수의 개수를 구하시오.

중요
08 같은 것이 있는 순열

n개 중에서 같은 것이 각각 p개, q개, $\cdots$, r개씩 있을 때, 이들 n개를 일렬로 나열하는 순열의 수는

$$\frac{n!}{p!q!\cdots r!} \ (\text{단, } p+q+\cdots+r=n)$$

>> **올림포스** 확률과 통계 10쪽

22 대표문제 ▶ 23644-0022

다섯 개의 숫자 1, 1, 2, 2, 3을 모두 사용하여 일렬로 나열하는 경우의 수를 구하시오.

23 상중하 ▶ 23644-0023

여섯 개의 숫자 0, 1, 2, 2, 3, 3을 모두 사용하여 만들 수 있는 여섯 자리 정수 중에서 짝수의 개수는?

① 76   ② 78   ③ 80

④ 82   ⑤ 84

24 상중하 ▶ 23644-0024

7개의 문자 a, a, b, b, c, c, c를 모두 사용하여 일렬로 나열할 때, 양 끝에 c가 놓이도록 나열하는 경우의 수는?

① 26   ② 28   ③ 30

④ 32   ⑤ 34

25 상중하
▶ 23644-0025

mathematics에 있는 11개의 문자를 모두 사용하여 일렬로 나열할 때, 2개의 문자 m은 서로 이웃하고, 2개의 문자 a는 서로 이웃하지 않도록 나열하는 경우의 수는?

① 9! ② 2×9! ③ 3×9!
④ 4×9! ⑤ 5×9!

26 상중하
▶ 23644-0026

coffeebean에 있는 10개의 문자를 모두 일렬로 나열할 때, 모든 모음이 서로 이웃하도록 나열하는 경우의 수는?

① 6800 ② 6900 ③ 7000
④ 7100 ⑤ 7200

27 상중하
▶ 23644-0027

여섯 개의 숫자 0, 1, 1, 2, 2, 3 중에서 다섯 개의 숫자를 사용하여 만들 수 있는 자연수의 개수는?

① 150 ② 160 ③ 170
④ 180 ⑤ 190

09 순서가 정해진 순열의 수

서로 다른 n개를 일렬로 나열할 때, 특정한 $r\,(0<r\leq n)$개의 순서가 정해져 있는 경우에는 r개를 같은 것으로 보고 같은 것이 있는 순열의 수를 이용한다.

> 올림포스 확률과 통계 10쪽

28 대표문제
▶ 23644-0028

6개의 문자 a, a, c, d, e, f를 모두 사용하여 일렬로 나열할 때, c가 f보다 오른쪽에 오도록 나열하는 경우의 수는?

① 150 ② 160 ③ 170
④ 180 ⑤ 190

29 상중하
▶ 23644-0029

숫자 1, 2, 3, 4, 5, 6, 7을 모두 사용하여 일렬로 나열할 때, 홀수는 홀수끼리, 짝수는 짝수끼리 크기가 큰 순서로 나열하는 경우의 수는?

① 35 ② 40 ③ 45
④ 50 ⑤ 55

30 상중하
▶ 23644-0030

applepie에 있는 8개의 문자를 모두 사용하여 일렬로 나열할 때, 모든 자음이 모음보다 앞에 오도록 나열하는 경우의 수를 구하시오.

10 최단 거리로 가는 경우의 수

중요

직사각형 모양으로 연결된 도로망에서 가로 방향의 칸수가 m, 세로 방향의 칸수가 n일 때, A지점에서 출발하여 B지점까지 최단 거리로 가는 경우의 수는

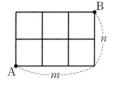

$$\frac{(m+n)!}{m!n!}$$

>> **올림포스** 확률과 통계 10쪽

31 대표문제

▶ 23644-0031

그림과 같이 직사각형 모양으로 연결된 도로망이 있다. 이 도로망을 따라 A지점에서 출발하여 P지점을 지나 B지점까지 최단 거리로 가는 경우의 수는?

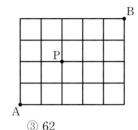

① 58   ② 60   ③ 62
④ 64   ⑤ 66

32 상중하

▶ 23644-0032

그림과 같이 직사각형 모양으로 연결된 도로망이 있다. 이 도로망을 따라 A지점에서 출발하여 B지점까지 최단 거리로 가는 경우의 수는?

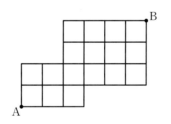

① 130   ② 140
③ 150   ④ 160
⑤ 170

33 상중하

▶ 23644-0033

그림과 같이 직사각형 모양으로 연결된 도로망이 있다. 이 도로망을 따라 A지점에서 출발하여 B지점까지 최단 거리로 가는 경우의 수를 구하시오.

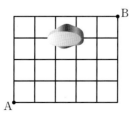

11 중복조합

서로 다른 n개에서 r개를 택하는 중복조합의 수는

$$_n\mathrm{H}_r =\ _{n+r-1}\mathrm{C}_r$$

>> **올림포스** 확률과 통계 11쪽

34 대표문제

▶ 23644-0034

사과, 배, 복숭아를 파는 과일가게에서 6개의 과일을 사려고 할 때, 사는 경우의 수는?

(단, 각 과일은 각각 6개 이상이 있다.)

① 28   ② 30   ③ 32
④ 34   ⑤ 36

35 상중하

▶ 23644-0035

같은 종류의 연필 10자루를 4명의 학생에게 나누어 줄 때, 각 학생이 적어도 한 자루 이상의 연필을 받는 경우의 수는?

① 76   ② 80   ③ 84
④ 88   ⑤ 92

36 상중하

▶ 23644-0036

다항식 $(a+b)^3(c+d+e)^4$의 전개식에서 서로 다른 항의 개수를 구하시오.

>> 올림포스 확률과 통계 11쪽

중요

12 방정식의 해

방정식 $x_1+x_2+x_3+\cdots+x_n=r$ (n은 자연수, r는 음이 아닌 정수)를 만족시키는 음이 아닌 정수 x_1, x_2, x_3, $\cdots$, x_n의 모든 순서쌍 $(x_1, x_2, x_3, \cdots, x_n)$의 개수는

$$_n\mathrm{H}_r$$

37 대표문제
▶ 23644-0037

방정식 $x+y+z=7$을 만족시키는 음이 아닌 정수 x, y, z의 모든 순서쌍 (x, y, z)의 개수는?

① 30　　　　② 32　　　　③ 34

④ 36　　　　⑤ 38

38 상중하
▶ 23644-0038

자연수 x, y, z, w에 대하여 $x\geq2$, $y\geq3$, $z\geq2$, $w\geq3$일 때, 방정식 $x+y+z+w=17$을 만족시키는 x, y, z, w의 모든 순서쌍 (x, y, z, w)의 개수는?

① 100　　　　② 105　　　　③ 110

④ 115　　　　⑤ 120

39 상중하
▶ 23644-0039

다음 조건을 만족시키는 자연수 x, y, z, w의 모든 순서쌍 (x, y, z, w)의 개수를 구하시오.

(가) $x+y+z+w=19$
(나) x, y, z, w 중에서 한 개만 홀수이고 나머지는 짝수이다.

중요

13 함수의 개수

두 집합 X, Y의 원소의 개수가 각각 m, n일 때, 집합 X에서 집합 Y로의 함수 중에서
'집합 X의 임의의 두 원소 x_1, x_2에 대하여 $x_1<x_2$이면 $f(x_1)\leq f(x_2)$이다.'를 만족시키는 함수 f의 개수는

$$_n\mathrm{H}_m$$

>> 올림포스 확률과 통계 11쪽

40 대표문제
▶ 23644-0040

두 집합 $X=\{a, b, c\}$, $Y=\{1, 2, 3, 4\}$에 대하여 함수 $f:X \to Y$ 중에서 $f(a)\leq f(b)\leq f(c)$를 만족시키는 함수의 개수는?

① 14　　　　② 16　　　　③ 18

④ 20　　　　⑤ 22

41 상중하
▶ 23644-0041

두 집합 $X=\{1, 2, 3, 4\}$, $Y=\{1, 2, 3, 4, 5\}$에 대하여 함수 $f:X \to Y$ 중에서 $f(1)\leq f(2)\leq f(3)$을 만족시키는 함수의 개수는?

① 155　　　　② 160　　　　③ 165

④ 170　　　　⑤ 175

42 상중하
▶ 23644-0042

집합 $X=\{1, 2, 3, 4, 5\}$에 대하여 다음 조건을 만족시키는 함수 $f:X \to X$의 개수를 구하시오.

(가) $f(3)=2$
(나) 집합 X의 임의의 두 원소 x_1, x_2에 대하여
　　$x_1<x_2$이면 $f(x_1)\leq f(x_2)$이다.

서술형 완성하기

01
▶ 23644-0043

A, B를 포함한 7명의 학생이 일정한 간격을 두고 원 모양의 탁자에 둘러앉을 때, 두 학생 A, B 사이에 한 명의 학생이 앉는 경우의 수를 구하시오.

(단, 회전하여 일치하는 것은 같은 것으로 본다.)

02 내신기출
▶ 23644-0044

두 기호 ★, ⊙를 일렬로 나열하여 신호를 만들려고 한다. 두 기호를 합하여 n번 이하로 사용하여 100개 이상의 신호를 만들려고 할 때, n의 최솟값을 구하시오.

03
▶ 23644-0045

두 집합 $X = \{1, 2, 3, 4\}$, $Y = \{1, 2, 3, 4, 5\}$에 대하여 X에서 Y로의 함수 f 중에서 $f(2) + f(4) = 6$, $f(2) \leq f(4)$를 만족시키는 함수의 개수를 구하시오.

04 내신기출
▶ 23644-0046

7개의 문자 a, a, b, b, b, c, c를 일렬로 나열할 때, 양 끝에 서로 다른 문자가 오는 경우의 수를 구하시오.

05
▶ 23644-0047

그림과 같이 직사각형 모양으로 연결된 도로망이 있다. 이 도로망을 따라 A지점에서 출발하여 B지점까지 가려고 한다. P지점은 지나고 Q지점은 지나지 않으면서 최단 거리로 가는 경우의 수를 구하시오.

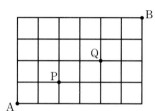

06
▶ 23644-0048

다음 조건을 만족시키는 음이 아닌 정수 a, b, c, d의 모든 순서쌍 (a, b, c, d)의 개수를 구하시오.

(가) $a + b + c + 3d = 19$
(나) $c \geq d \geq 3$

내신 + 수능 고난도 도전

01 그림과 같이 원판을 8등분하여 1번부터 8번까지의 여덟 명의 학생을 원판 위에 앉히려 할 때, 다음 조건을 만족시키는 경우의 수를 구하시오.

(단, 회전하여 일치하는 것은 같은 것으로 본다.)

▶ 23644-0049

(가) 짝수 번호와 홀수 번호의 학생이 교대로 앉는다.
(나) 마주 보는 번호의 합은 5보다 크다.

▶ 23644-0050

02 숫자 1, 2, 3, 4 중에서 중복을 허락하여 5개를 택해 만들 수 있는 5자리 정수 중에서 나열된 5개의 수의 곱이 400보다 작은 자연수의 개수는?

① 981 ② 984 ③ 987 ④ 990 ⑤ 993

▶ 23644-0051

03 8개의 문자 a, a, a, b, b, b, c, c를 모두 사용하여 일렬로 나열할 때, 다음 조건을 만족시키도록 나열하는 경우의 수는?

(가) 양 끝에 a가 오지 않는다.
(나) c는 서로 이웃하지 않는다.

① 130 ② 140 ③ 150 ④ 160 ⑤ 170

▶ 23644-0052

04 실생활

9명의 학생 중 1학년 학생 4명, 2학년 학생 3명, 3학년 학생 2명이 있다. 이 중 7명을 선발하여 일정한 간격을 두고 원 모양의 탁자에 둘러앉히려고 한다. 각 학년은 적어도 2명 이상 선발되어야 한다. 1학년 학생과 2학년 학생은 각각 같은 학년 학생들끼리 이웃하여 앉고, 3학년 학생은 서로 이웃하지 않도록 앉는 경우의 수를 구하시오.

(단, 회전하여 일치하는 것은 같은 것으로 본다.)

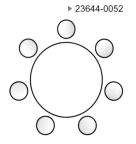

▶ 23644-0053

05 한 개의 주사위를 4번 던져 나온 눈의 수를 차례대로 a_1, a_2, a_3, a_4라 할 때, 다음 조건을 만족시키는 모든 순서쌍 (a_1, a_2, a_3, a_4)의 개수를 구하시오.

> (가) a_1이 홀수이면 $a_1 < a_2$
> (나) a_1이 짝수이면 $a_1 \leq a_2 \leq a_3 \leq a_4$

▶ 23644-0054

06 두 집합 $X = \{1, 2, 3, 4, 5\}$, $Y = \{-2, -1, 0, 1, 2\}$에 대하여 함수 $f : X \to Y$ 중에서 $f(1) + f(2) + f(3) + f(4) + f(5) = 0$을 만족시키는 함수 f의 개수는?

① 371 　　　　② 376 　　　　③ 381 　　　　④ 386 　　　　⑤ 391

▶ 23644-0055

07 다음 조건을 만족시키는 자연수 a, b, c, d의 모든 순서쌍 (a, b, c, d)의 개수는?

> (가) $a + b + c + d = 17$
> (나) $a + b$는 짝수이다.

① 280 　　　　② 290 　　　　③ 300 　　　　④ 310 　　　　⑤ 320

▶ 23644-0056

08 집합 $X = \{1, 2, 3, 4, 5\}$에 대하여 함수 $f : X \to X$가 있다. $f(1) < f(2) \leq f(3) < f(4) \leq f(5)$를 만족시키는 함수 f의 개수를 구하시오.

01 이항정리

(1) **이항정리**: 자연수 n에 대하여 다항식 $(a+b)^n$을 전개하면 다음과 같다.

$$(a+b)^n = {}_nC_0a^n + {}_nC_1a^{n-1}b + {}_nC_2a^{n-2}b^2 + \cdots + {}_nC_ra^{n-r}b^r + \cdots + {}_nC_nb^n$$

(2) **이항계수**: $(a+b)^n$의 전개식에서 각 항의 계수

$$_nC_0, \ {}_nC_1, \ {}_nC_2, \ \cdots, \ {}_nC_r, \ \cdots, \ {}_nC_n$$

을 이항계수라고 한다.

(3) **일반항**: ${}_nC_ra^{n-r}b^r$ $(r=0, 1, 2, \cdots, n, \ a^0=b^0=1)$을 $(a+b)^n$의 전개식의 일반항이라고 한다.

> ${}_nC_r = {}_nC_{n-r}$이므로 $(a+b)^n$의 전개식에서 $a^{n-r}b^r$의 계수와 a^rb^{n-r}의 계수는 같다.

02 파스칼의 삼각형

파스칼의 삼각형: 자연수 n에 대하여 $(a+b)^n$의 전개식에서 이항계수를 차례대로 삼각형 모양으로 나열한 것을 파스칼의 삼각형이라고 한다.

$(a+b)^1$ ${}_1C_0 \ {}_1C_1$

$(a+b)^2$ ${}_2C_0 \ {}_2C_1 \ {}_2C_2$

$(a+b)^3$ ${}_3C_0 \ {}_3C_1 \ {}_3C_2 \ {}_3C_3$

$(a+b)^4$ ${}_4C_0 \ {}_4C_1 \ {}_4C_2 \ {}_4C_3 \ {}_4C_4$

$(a+b)^5$ ${}_5C_0 \ {}_5C_1 \ {}_5C_2 \ {}_5C_3 \ {}_5C_4 \ {}_5C_5$

$\vdots$

$\Rightarrow$

```
      1  1
     1  2  1
    1  3  3  1
   1  4  6  4  1
  1  5  10  10  5  1
```
$\vdots$

(참고) ① ${}_nC_r = {}_nC_{n-r}$

② ${}_nC_r + {}_nC_{r+1} = {}_{n+1}C_{r+1}$ (단, $0 \le r \le n-1$)

> ① ${}_nC_r = {}_nC_{n-r}$이므로 각 단계의 배열은 좌우대칭이다.
> ② ${}_nC_r + {}_nC_{r+1} = {}_{n+1}C_{r+1}$ $(0 \le r \le n-1)$이므로 각 단계에서 이웃하는 두 수의 합은 그 다음 단계에서 두 수의 중앙에 있는 수와 같다.

03 이항계수의 성질

n이 자연수일 때, 이항정리를 이용하여 $(1+x)^n$을 전개하면

$$(1+x)^n = {}_nC_0 + {}_nC_1x + {}_nC_2x^2 + \cdots + {}_nC_nx^n$$

이므로 다음이 성립한다.

(1) ${}_nC_0 + {}_nC_1 + {}_nC_2 + \cdots + {}_nC_n = 2^n$

(2) ${}_nC_0 - {}_nC_1 + {}_nC_2 - {}_nC_3 + \cdots + (-1)^n {}_nC_n = 0$

(3) ${}_nC_0 + {}_nC_2 + {}_nC_4 + \cdots + {}_nC_{n-1} = {}_nC_1 + {}_nC_3 + {}_nC_5 + \cdots + {}_nC_n = 2^{n-1}$ (단, n은 홀수)

   ${}_nC_0 + {}_nC_2 + {}_nC_4 + \cdots + {}_nC_n = {}_nC_1 + {}_nC_3 + {}_nC_5 + \cdots + {}_nC_{n-1} = 2^{n-1}$ (단, n은 짝수)

> $(1+x)^n$의 전개식에
> (1)에는 $x=1$을,
> (2)에는 $x=-1$을 대입한다.

01 이항정리

[01~06] 이항정리를 이용하여 다음 식을 전개하시오.

01 $(x+2)^4$

02 $(2a+3b)^4$

03 $(x-y)^5$

04 $\left(2x+\dfrac{1}{x}\right)^5$

05 $(3t+1)^4$

06 $\left(s^2-\dfrac{1}{2s}\right)^4$

[07~10] 다음을 구하시오.

07 $(3x+y)^6$의 전개식에서 x^3y^3의 계수

08 $(a-2b)^7$의 전개식에서 a^2b^5의 계수

09 $(3a+2b)^5$의 전개식에서 a^3b^2의 계수

10 $\left(a-\dfrac{2}{a}\right)^8$의 전개식에서 상수항

02 파스칼의 삼각형

[11~14] 다음을 만족시키는 n 또는 r의 값을 구하시오.

11 $_4C_2+_4C_3=_nC_3$

12 $_6C_4+_6C_5=_nC_5$

13 $_9C_4+_9C_5=_{10}C_r$

14 $_{11}C_5+_{11}C_6=_{12}C_r$

[15~18] 다음을 만족시키는 n의 값을 구하시오.

15 $_5C_2+_5C_3+_6C_4=_nC_4$

16 $_3C_0+_4C_1+_5C_2+_6C_3=_nC_3$

17 $_7C_0+_7C_1+_8C_2+_9C_3=_nC_3$

18 $_4C_3+_4C_2+_5C_2+_6C_2+_7C_2=_nC_3$

03 이항계수의 성질

[19~24] 다음 식의 값을 구하시오.

19 $_5C_0+_5C_1+_5C_2+\cdots+_5C_5$

20 $_7C_0+_7C_1+_7C_2+\cdots+_7C_7$

21 $_{10}C_0-_{10}C_1+_{10}C_2-\cdots+_{10}C_{10}$

22 $_8C_0+_8C_2+_8C_4+_8C_6+_8C_8$

23 $_9C_1+_9C_3+_9C_5+_9C_7+_9C_9$

24 $_6C_1+_6C_2+_6C_3+_6C_4+_6C_5$

[25~26] 다음을 만족시키는 n의 값을 구하시오.

25 $_nC_0+_nC_1+_nC_2+\cdots+_nC_n=256$

26 $_nC_1+_nC_2+_nC_3+\cdots+_nC_{n-1}=1022$

중요
01 $(a+b)^n$의 전개식의 일반항

$(a+b)^n$의 전개식의 일반항은
$${}_n\mathrm{C}_r a^{n-r} b^r \ (r=0, 1, 2, \cdots, n, \ a^0=b^0=1)$$

≫ **올림포스** 확률과 통계 19쪽

01 대표문제
▶ 23644-0057

$(2x+a)^5$의 전개식에서 x^2의 계수가 40일 때, 실수 a의 값은?

① 1   ② 2   ③ 3

④ 4   ⑤ 5

02 상중하
▶ 23644-0058

$\left(x+\dfrac{1}{x}\right)^6$의 전개식에서 $\dfrac{1}{x^2}$의 계수는?

① 11   ② 13   ③ 15

④ 17   ⑤ 19

03 상중하
▶ 23644-0059

$(3x+ay)^5$의 전개식에서 x^2y^3의 계수가 720일 때, 실수 a의 값은?

① 1   ② 2   ③ 3

④ 4   ⑤ 5

04 상중하
▶ 23644-0060

$(x-a)^7$의 전개식에서 x^3의 계수를 n, x^2의 계수를 m이라 하자. $\dfrac{m}{n}=-3$일 때, 상수 a의 값을 구하시오. (단, $a \neq 0$)

05 상중하
▶ 23644-0061

$(x^2-3)(x-2)^7$의 전개식에서 x^4의 계수는?

① 156   ② 160   ③ 164

④ 168   ⑤ 172

06 상중하
▶ 23644-0062

$\left(x^2+\dfrac{1}{x}\right)(x-a)^4$의 전개식에서 상수항이 -32일 때, 실수 a의 값을 구하시오. (단, $a \neq 0$)

02 파스칼의 삼각형

파스칼의 삼각형에서
$$_nC_r+_nC_{r+1}={}_{n+1}C_{r+1}\ (0\le r\le n-1)$$
이 성립한다.

>> **올림포스** 확률과 통계 19쪽

07 대표문제
▶ 23644-0063

$_nC_2+_nC_3+_{n+1}C_4={}_7C_4$를 만족시키는 자연수 n의 값은?

① 5 　　　② 6 　　　③ 7
④ 8 　　　⑤ 9

08 상중하
▶ 23644-0064

$_4C_1+_5C_2+_6C_3+_7C_4+_8C_5+_9C_6$의 값은?

① 197 　　　② 200 　　　③ 203
④ 206 　　　⑤ 209

09 상중하
▶ 23644-0065

다항식 $(1+x)^2+(1+x)^3+(1+x)^4+\cdots+(1+x)^{10}$의 전개식에서 x^2의 계수를 구하시오.

03 이항계수의 성질

모든 자연수 n에 대하여 다음이 성립한다.
(1) $_nC_0+_nC_1+_nC_2+\cdots+_nC_n=2^n$
(2) $_nC_0-_nC_1+_nC_2-_nC_3+\cdots+(-1)^n{}_nC_n=0$
(3) $_nC_0+_nC_2+_nC_4+\cdots+_nC_{n-1}$
　　$={}_nC_1+_nC_3+_nC_5+\cdots+_nC_n=2^{n-1}$ (단, n은 홀수)
　　$_nC_0+_nC_2+_nC_4+\cdots+_nC_n$
　　$={}_nC_1+_nC_3+_nC_5+\cdots+_nC_{n-1}=2^{n-1}$ (단, n은 짝수)

>> **올림포스** 확률과 통계 20쪽

10 대표문제
▶ 23644-0066

$_8C_0+_8C_1+_8C_2+\cdots+_8C_8$의 값은?

① 244 　　　② 248 　　　③ 252
④ 256 　　　⑤ 260

11 상중하
▶ 23644-0067

등식
$$_9C_0+_9C_1+_9C_2+\cdots+_9C_9={}_nC_0+_nC_2+_nC_4+\cdots+_nC_n$$
을 만족시키는 자연수 n의 값은? (단, n은 짝수이다.)

① 8 　　　② 10 　　　③ 12
④ 14 　　　⑤ 16

12 상중하
▶ 23644-0068

부등식 $_nC_1+_nC_2+_nC_3+\cdots+_nC_{n-1}<2000$을 만족시키는 자연수 n의 최댓값은?

① 8 　　　② 9 　　　③ 10
④ 11 　　　⑤ 12

04 이항계수의 성질의 활용

(1) **이항정리**

$(1+x)^n = {}_nC_0 + {}_nC_1 x + {}_nC_2 x^2 + \cdots + {}_nC_n x^n$에 x 대신 상수 a를 대입하여

${}_nC_0 + {}_nC_1 a + {}_nC_2 a^2 + \cdots + {}_nC_n a^n$의 값을 구한다.

(2) n이 자연수일 때,

$$_nC_0 + {}_nC_1 + {}_nC_2 + \cdots + {}_nC_n = 2^n$$

> **올림포스** 확률과 통계 20쪽

13 대표문제
▶ 23644-0069

${}_5C_0 + {}_5C_1 \times 3 + {}_5C_2 \times 3^2 + \cdots + {}_5C_5 \times 3^5$의 값은?

① 1024　　　② 1028　　　③ 1032

④ 1036　　　⑤ 1040

14 상중하
▶ 23644-0070

${}_8C_0 - {}_8C_1 \times 2 + {}_8C_2 \times 2^2 - \cdots + {}_8C_8 \times 2^8$의 값을 구하시오.

15 상중하
▶ 23644-0071

${}_{15}C_0 + {}_{15}C_1 + {}_{15}C_2 + \cdots + {}_{15}C_7$의 값은?

① 2^{11}　　　② 2^{12}　　　③ 2^{13}

④ 2^{14}　　　⑤ 2^{15}

16 상중하
▶ 23644-0072

집합 $A = \{1, 2, 3, \cdots, 8\}$의 부분집합 중에서 원소의 개수가 홀수인 것의 개수는?

① 32　　　② 64　　　③ 128

④ 256　　　⑤ 512

17 상중하
▶ 23644-0073

11^{11}을 100으로 나눌 때의 나머지는?

① 9　　　② 10　　　③ 11

④ 12　　　⑤ 13

18 상중하
▶ 23644-0074

${}_{10}C_0 + {}_{10}C_2 \left(\dfrac{1}{2}\right)^2 + {}_{10}C_4 \left(\dfrac{1}{2}\right)^4 + \cdots + {}_{10}C_{10} \left(\dfrac{1}{2}\right)^{10}$의 값은?

① $\dfrac{3^{14}+1}{2^{15}}$　　　② $\dfrac{3^{13}+1}{2^{14}}$　　　③ $\dfrac{3^{12}+1}{2^{13}}$

④ $\dfrac{3^{11}+1}{2^{12}}$　　　⑤ $\dfrac{3^{10}+1}{2^{11}}$

서술형 완성하기

01 내신기출 ▶ 23644-0075

$\left(x^n+\dfrac{1}{x}\right)^9$의 전개식에서 상수항이 존재하도록 하는 모든 자연수 n의 값의 합을 구하시오.

02 ▶ 23644-0076

다항식 $(x^2+1)^3(x+2)^5$의 전개식에서 x^2의 계수를 구하시오.

03 ▶ 23644-0077

3^{120}을 1600으로 나눌 때의 나머지를 구하시오.

04 ▶ 23644-0078

원소의 개수가 n인 집합의 부분집합 중 원소의 개수가 홀수인 부분집합의 개수를 $f(n)$이라 할 때, $\dfrac{f(8)\times f(10)}{f(13)}$의 값을 구하시오.

05 ▶ 23644-0079

$\dfrac{{}_8C_0+{}_8C_1\times 8+{}_8C_2\times 8^2+\cdots+{}_8C_8\times 8^8}{{}_{13}C_0+{}_{13}C_1\times 2+{}_{13}C_2\times 2^2+\cdots+{}_{13}C_{13}\times 2^{13}}$의 값을 구하시오.

06 내신기출 ▶ 23644-0080

10개의 문자 a, a, a, a, a, b, c, d, e, f 중에서 5개의 문자를 동시에 선택하는 경우의 수를 구하시오.

(단, 문자를 배열하는 순서는 고려하지 않는다.)

내신 + 수능 고난도 도전

>> 정답과 풀이 17쪽

01
▶ 23644-0081

다항식 $(x+\sqrt{2})^{10}(x-\sqrt{2})^5$의 전개식에서 계수가 유리수인 모든 항의 계수의 합은?

① -41 ② -36 ③ -31 ④ -26 ⑤ -21

02
▶ 23644-0082

실생활

오늘부터 37^7일째 되는 날이 월요일이라고 할 때, 오늘부터 39^7일째 되는 날은 무슨 요일인가?

① 화요일 ② 수요일 ③ 목요일 ④ 금요일 ⑤ 토요일

03
▶ 23644-0083

다항식 $(1+2x)+(1+2x)^2+(1+2x)^3+\cdots+(1+2x)^n$의 전개식에서 x^2의 계수가 224일 때, 자연수 n의 값은? (단, $n \geq 2$)

① 7 ② 8 ③ 9 ④ 10 ⑤ 11

04
▶ 23644-0084

$(_{16}C_0)^2-(_{16}C_1)^2+(_{16}C_2)^2-\cdots+(_{16}C_{16})^2$의 값과 같은 것은?

① $_{16}C_6$ ② $_{16}C_7$ ③ $_{16}C_8$ ④ $_{32}C_{15}$ ⑤ $_{32}C_{16}$

Ⅱ

확률

03. 확률의 뜻과 활용

04. 조건부확률

03 확률의 뜻과 활용

01 시행과 사건

(1) **시행**: 같은 조건에서 반복할 수 있고, 그 결과가 우연에 의해 결정되는 실험이나 관찰
(2) **표본공간**: 어떤 시행에서 일어날 수 있는 모든 가능한 결과 전체의 집합
(3) **사건**: 시행의 결과로서 일어나는 것으로 표본공간의 부분집합
Ⓓ 한 개의 주사위를 던지는 시행에서 표본공간 S는 $S=\{1, 2, 3, 4, 5, 6\}$이고
   소수의 눈이 나오는 사건을 A라고 하면
   $A=\{2, 3, 5\}$이다.

> 표본공간은 보통 S로 나타내고, 공집합이 아닌 경우만 다룬다.

02 여러 가지 사건

표본공간 S의 부분집합인 두 사건 A, B에 대하여
(1) A 또는 B가 일어나는 사건을 $A \cup B$로 나타낸다.
(2) A와 B가 동시에 일어나는 사건을 $A \cap B$로 나타낸다.
(3) **배반사건**: 두 사건 A, B가 동시에 일어나지 않을 때, 즉 $A \cap B = \varnothing$일 때, A와 B는 서로 배반이라 하고 이 두 사건을 서로 배반사건이라고 한다.
(4) **여사건**: 어떤 사건 A에 대하여 A가 일어나지 않을 사건을 A의 여사건이라 하고, A^C과 같이 나타낸다.

> $A \cap A^C = \varnothing$이므로 두 사건 A와 A^C은 서로 배반사건이다.

(참고)

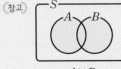

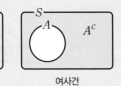

$A \cup B$ $A \cap B$ 배반사건   여사건

03 확률의 뜻

(1) **확률**: 우연히 일어나는 어떤 사건에 대하여 그것이 일어날 가능성을 수의 값으로 나타낸 것을 확률이라 하고, 사건 A가 일어날 확률을 기호로 $\mathrm{P}(A)$와 같이 나타낸다.
(2) **수학적 확률**: 표본공간이 S인 어떤 시행에서 각 결과가 일어날 가능성이 모두 같은 정도로 기대될 때, 사건 A가 일어날 수학적 확률은
$$\mathrm{P}(A) = \frac{n(A)}{n(S)} = \frac{(\text{사건 } A \text{가 일어날 경우의 수})}{(\text{일어날 수 있는 경우의 수})}$$
(3) **통계적 확률**: 같은 시행을 n회 반복하였을 때, 사건 A가 일어나는 횟수를 r_n이라고 하면 n을 한없이 크게 함에 따라 상대도수 $\dfrac{r_n}{n}$이 일정한 값 p에 가까워진다.
   이때 p를 사건 A의 통계적 확률이라고 한다.

> n을 실제로 한없이 크게 할 수 없으므로 n이 충분히 클 때는 상대도수 $\dfrac{r_n}{n}$으로 통계적 확률을 대신한다.

01 시행과 사건

[01~04] 한 개의 주사위를 한 번 던지는 시행에서 다음을 구하시오.

01 표본공간 S

02 짝수의 눈이 나오는 사건

03 3의 배수의 눈이 나오는 사건

04 소수의 눈이 나오는 사건

[05~07] 두 개의 동전을 던지는 시행에서 다음을 구하시오.

05 표본공간 S

06 모두 앞면이 나오는 사건

07 한 개의 동전만 앞면이 나오는 사건

02 여러 가지 사건

[08~17] 표본공간 $S=\{1, 2, 3, 4, 5, 6, 7\}$에 대하여 홀수가 나오는 사건을 A, 소수가 나오는 사건을 B, 6의 약수가 나오는 사건을 C라 할 때, 다음을 구하시오. (단, A^c은 A의 여사건이다.)

08 A **09** B

10 C **11** $A \cup B$

12 $A \cap B$ **13** $B \cup C$

14 $A \cap C$ **15** A^c

16 B^c **17** C^c

[18~20] 표본공간 $S=\{x \mid x$는 10 이하의 자연수$\}$에 대하여 3의 배수가 나오는 사건을 A, 5의 배수가 나오는 사건을 B, 소수가 나오는 사건을 C라 할 때, 다음 물음에 답하시오.

18 A와 B, B와 C, A와 C 중에서 서로 배반사건인 것을 고르시오.

19 $A \cup C$의 여사건 $(A \cup C)^c$을 구하시오.

20 표본공간 S의 모든 사건 중 $A \cup C$와 서로 배반인 사건의 개수를 구하시오.

03 확률의 뜻

[21~22] 한 개의 주사위를 던질 때, 다음을 구하시오.

21 5 이상의 눈이 나올 확률

22 6의 약수의 눈이 나올 확률

[23~24] 네 개의 숫자 1, 2, 3, 4를 한 번씩 모두 사용하여 일렬로 나열할 때, 다음을 구하시오.

23 1이 2보다 앞에 있을 확률

24 양 끝에 짝수가 올 확률

[25~26] 다음을 구하시오.

25 어떤 회사의 전체 인원이 400명이고, 이 중 여성 직원이 180명이다. 임의로 한 명의 직원을 선택할 때, 이 직원이 여성일 확률

26 어떤 공장에서 생산되는 휴대폰은 10000개당 불량품이 20개가 나온다고 한다. 이 공장에서 생산되는 휴대폰을 임의로 한 개 선택할 때, 이 휴대폰이 불량품일 확률

04 확률의 기본 성질

(1) 임의의 사건 A에 대하여 $0 \leq \mathrm{P}(A) \leq 1$

(2) 표본공간 S에 대하여 $\mathrm{P}(S)=1$

(3) 절대로 일어날 수 없는 사건 $\varnothing$에 대하여 $\mathrm{P}(\varnothing)=0$

참고 표본공간이 S인 임의의 사건 A에 대하여 $\varnothing \subset A \subset S$이므로

$$0 \leq n(A) \leq n(S)$$

이 부등식의 각 변을 $n(S)$로 나누면

$$0 \leq \frac{n(A)}{n(S)} \leq 1$$

즉, $0 \leq \mathrm{P}(A) \leq 1$

한 개의 주사위를 던질 때, 6 이하의 눈이 나올 확률은 1이고, 7의 눈이 나올 확률은 0이다.

05 확률의 덧셈정리

표본공간 S의 부분집합인 두 사건 A, B에 대하여 사건 A 또는 사건 B가 일어날 확률은

(1) $\mathrm{P}(A \cup B)=\mathrm{P}(A)+\mathrm{P}(B)-\mathrm{P}(A \cap B)$

(2) 두 사건이 서로 배반사건일 경우, 즉 $A \cap B=\varnothing$인 경우

$$\mathrm{P}(A \cup B)=\mathrm{P}(A)+\mathrm{P}(B)$$

참고 $n(A \cup B)=n(A)+n(B)-n(A \cap B)$

양변을 $n(S)$로 나누면

$$\frac{n(A \cup B)}{n(S)}=\frac{n(A)}{n(S)}+\frac{n(B)}{n(S)}-\frac{n(A \cap B)}{n(S)}$$

따라서

$$\mathrm{P}(A \cup B)=\mathrm{P}(A)+\mathrm{P}(B)-\mathrm{P}(A \cap B)$$

두 사건 A와 B가 서로 배반사건이면 $A \cap B=\varnothing$이므로 $\mathrm{P}(A \cap B)=0$

06 여사건의 확률

사건 A와 그 여사건 A^C에 대하여

$$\mathrm{P}(A)=1-\mathrm{P}(A^C)$$

참고 표본공간 S의 사건 A와 그 여사건 A^C은 서로 배반사건이므로 확률의 덧셈정리에 의하여

$$\mathrm{P}(A \cup A^C)=\mathrm{P}(A)+\mathrm{P}(A^C)$$

이때 $\mathrm{P}(A \cup A^C)=\mathrm{P}(S)=1$이므로 $\mathrm{P}(A)=1-\mathrm{P}(A^C)$

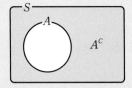

'적어도 ~인 사건', '~ 이상인 사건', '~ 이하인 사건'의 확률을 구할 때는 여사건의 확률을 이용하면 편리하다.

04 확률의 기본 성질

[27~30] 표본공간 $S=\{1, 2, 3, 4, 5, 6\}$에 대하여 다음을 구하시오.

27 0이 나올 확률

28 6 이하의 수가 나올 확률

29 5 이상의 수가 나올 확률

30 소수가 나올 확률

[31~33] 한 개의 동전을 두 번 던지는 시행에서 다음을 구하시오.

31 동전의 앞면이 세 번 나올 확률

32 두 번 모두 앞면이 나올 확률

33 동전의 뒷면이 한 번 이상 나올 확률

05 확률의 덧셈정리

[34~35] 두 사건 A, B에 대하여 다음을 구하시오.

34 $P(A)=\dfrac{1}{6}$, $P(B)=\dfrac{1}{4}$, $P(A \cap B)=\dfrac{1}{12}$일 때, $P(A \cup B)$의 값

35 $P(A)=0.7$, $P(B)=0.4$, $P(A \cup B)=0.9$일 때, $P(A \cap B)$의 값

[36~37] 서로 배반인 두 사건 A, B에 대하여 다음을 구하시오.

36 $P(A)=\dfrac{2}{3}$, $P(A \cup B)=\dfrac{5}{6}$일 때, $P(B)$의 값

37 $P(B)=0.5$, $P(A \cup B)=0.9$일 때, $P(A)$의 값

[38~41] 1부터 15까지의 자연수가 각각 하나씩 적혀 있는 카드가 있다. 이 중에서 임의로 한 장의 카드를 뽑을 때, 3의 배수가 적혀 있는 카드가 나오는 사건을 A, 5의 배수가 적혀 있는 카드가 나오는 사건을 B라 하자. 다음을 구하시오.

38 $P(A)$ **39** $P(B)$

40 $P(A \cap B)$ **41** $P(A \cup B)$

[42~45] 표본공간 $S=\{1, 2, 3, 4, 5, 6, 7, 8, 9\}$에 대하여 3의 배수가 나오는 사건을 A, 4의 배수가 나오는 사건을 B라 할 때, 다음을 구하시오.

42 $P(A)$ **43** $P(B)$

44 $P(A \cap B)$ **45** $P(A \cup B)$

06 여사건의 확률

46 사건 A에 대하여 $P(A)=\dfrac{3}{5}$일 때, $P(A^c)$의 값을 구하시오. (단, A^c은 A의 여사건이다.)

47 한 개의 주사위를 한 번 던지는 시행에서 6의 약수의 눈이 나오는 사건을 A라 할 때, $P(A^c)$의 값을 구하시오. (단, A^c은 A의 여사건이다.)

48 세 개의 동전을 동시에 던지는 시행에서 적어도 앞면이 한 개 이상 나올 확률을 구하시오.

49 서로 다른 두 개의 주사위를 동시에 던지는 시행에서 나온 두 눈의 수의 합이 4 이상일 확률을 구하시오.

50 빨간색 공 3개, 파란색 공 4개 중에서 임의로 4개의 공을 동시에 뽑을 때, 빨간색 공이 적어도 1개 이상 나올 확률을 구하시오.

51 여학생 6명, 남학생 4명으로 구성된 동아리에서 임의로 3명의 임원을 선출할 때, 여학생이 적어도 한 명 이상 포함될 확률을 구하시오.

01 시행과 사건

표본공간 S의 부분집합인 두 사건 A, B에 대하여

(1) A 또는 B가 일어나는 사건: $A \cup B$

(2) A와 B가 동시에 일어나는 사건: $A \cap B$

(3) 두 사건 A와 B가 서로 배반사건: $A \cap B = \varnothing$

(4) A가 일어나지 않는 사건: A^C

❯ **올림포스** 확률과 통계 32쪽

01 대표문제

▶ 23644-0085

두 사건 $A = \{1, 2, 3\}$, $B = \{2, 3, 4, 5\}$에 대하여 $n(A \cup B) - n(A \cap B)$의 값은?

① 1   ② 2   ③ 3

④ 4   ⑤ 5

02 상중하

▶ 23644-0086

1부터 10까지의 자연수가 각각 하나씩 적혀 있는 10장의 카드 중에서 임의로 한 장의 카드를 뽑을 때, 2의 배수가 적힌 카드가 나오는 사건을 A, 3의 배수가 적힌 카드가 나오는 사건을 B라 할 때, $n(A^C) \times n(B^C)$의 값은?

(단, A^C은 A의 여사건이다.)

① 15   ② 20   ③ 25

④ 30   ⑤ 35

03 상중하

▶ 23644-0087

표본공간 $S = \{a, b, c, d, e, f\}$에 대하여 $A = \{a, b, c\}$일 때, 표본공간 S의 사건 중 사건 A와 서로 배반사건이 되는 사건의 개수는?

① 6   ② 8   ③ 10

④ 12   ⑤ 14

02 수학적 확률

표본공간이 S인 어떤 시행에서 각 결과가 일어날 가능성이 모두 같은 정도로 기대될 때, 사건 A가 일어날 수학적 확률은

$$P(A) = \frac{n(A)}{n(S)} = \frac{(\text{사건 } A \text{가 일어날 경우의 수})}{(\text{일어날 수 있는 경우의 수})}$$

❯ **올림포스** 확률과 통계 33쪽

04 대표문제

▶ 23644-0088

한 개의 주사위를 두 번 던질 때, 첫 번째 나온 눈의 수를 a, 두 번째 나온 눈의 수를 b라 하자. $2a + 3b = 11$을 만족시킬 확률은?

① $\dfrac{1}{18}$ ② $\dfrac{1}{9}$ ③ $\dfrac{1}{6}$

④ $\dfrac{2}{9}$ ⑤ $\dfrac{5}{18}$

05 상중하

▶ 23644-0089

노란색 공 5개, 파란색 공 6개, 빨간색 공 3개가 있다. 이 중 임의로 두 개의 공을 동시에 선택했을 때, 이 공이 모두 빨간색 공일 확률은?

① $\dfrac{1}{91}$ ② $\dfrac{2}{91}$ ③ $\dfrac{3}{91}$

④ $\dfrac{4}{91}$ ⑤ $\dfrac{5}{91}$

06 상중하

▶ 23644-0090

집합 $X = \{1, 2, 3, 4, 5\}$에서 임의로 동시에 뽑은 2개의 원소를 각각 a, b ($a < b$)라 할 때, ab가 홀수일 확률을 구하시오.

03 통계적 확률

어떤 시행을 n회 반복하였을 때, 사건 A가 일어나는 횟수를 r_n이라 하면 통계적 확률은 $\dfrac{r_n}{n}$이다.

이때 n이 충분히 크면 상대도수 $\dfrac{r_n}{n}$은 수학적 확률에 가까워진다.

>> **올림포스** 확률과 통계 34쪽

07 대표문제
▶ 23644-0091

작년에 A고등학교의 전체 학생 수는 500명, 이 중 남학생 수는 300명이었다. 올해 이 고등학교 학생 수는 작년에 비해 10 % 감소했고, 남학생 수는 10 %가 증가했다. 올해 이 고등학교의 학생 중에서 임의로 한 명을 선택할 때, 이 학생이 남학생일 확률은?

① $\dfrac{2}{3}$ ② $\dfrac{11}{15}$ ③ $\dfrac{4}{5}$

④ $\dfrac{13}{15}$ ⑤ $\dfrac{14}{15}$

08 상중하
▶ 23644-0092

다음 표는 어느 지역 학생들의 하루 휴대폰 사용 시간을 나타낸 것이다. (단, 단위는 천명이다.)

시간	1시간 미만	1시간 이상 ~2시간 미만	2시간 이상 ~3시간 미만	3시간 이상 ~4시간 미만	4시간 이상
학생 수	15	20	32	25	18

이 지역에서 임의로 한 명의 학생을 선택할 때, 이 학생의 하루 핸드폰 사용 시간이 3시간 이상일 확률은?

① $\dfrac{7}{22}$ ② $\dfrac{37}{110}$ ③ $\dfrac{39}{110}$

④ $\dfrac{41}{110}$ ⑤ $\dfrac{43}{110}$

09 상중하
▶ 23644-0093

빨간 구슬과 파란 구슬을 합하여 8개의 구슬이 들어 있는 주머니에서 임의로 2개의 구슬을 동시에 꺼내 색을 확인하고 다시 넣는 시행을 반복할 때, 14번 중에서 5번 꼴로 2개 모두 빨간 구슬만 나왔다. 주머니 속에는 몇 개의 빨간 구슬이 있다고 볼 수 있는지 구하시오.

04 순열을 이용한 확률

일렬로 나열하는 확률을 구할 때, 순열을 이용한다.
서로 다른 n개에서 r개를 택하여 일렬로 나열하는 순열의 수는

$$_n\mathrm{P}_r = \frac{n!}{(n-r)!}$$

>> **올림포스** 확률과 통계 33쪽

10 대표문제
▶ 23644-0094

A와 B를 포함하여 5명의 학생이 계주 순서를 정할 때, A와 B가 서로 이웃하도록 계주 순서가 정해질 확률은?

① $\dfrac{1}{3}$ ② $\dfrac{2}{5}$ ③ $\dfrac{7}{15}$

④ $\dfrac{8}{15}$ ⑤ $\dfrac{3}{5}$

11 상중하
▶ 23644-0095

남학생 3명, 여학생 3명이 일렬로 앉을 때, 양 끝에 여학생이 앉을 확률은?

① $\dfrac{1}{20}$ ② $\dfrac{1}{10}$ ③ $\dfrac{3}{20}$

④ $\dfrac{1}{5}$ ⑤ $\dfrac{1}{4}$

12 상중하
▶ 23644-0096

다섯 개의 숫자 0, 1, 2, 3, 4를 나열하여 다섯 자리의 자연수를 만들 때, 이 수가 홀수일 확률을 구하시오.

05 원순열을 이용하는 확률

원형으로 배열하는 확률을 구할 때, 원순열을 이용한다.
서로 다른 n개를 원형으로 배열하는 원순열의 수는

$$\frac{n!}{n}=(n-1)!$$

> 올림포스 확률과 통계 33쪽

13 대표문제

▶ 23644-0097

세 쌍의 부부가 같은 간격으로 원형의 탁자에 둘러앉을 때, 부부끼리 이웃하여 앉을 확률은?

(단, 회전하여 일치하는 것은 같은 것으로 본다.)

① $\dfrac{2}{15}$　　② $\dfrac{1}{6}$　　③ $\dfrac{1}{5}$

④ $\dfrac{7}{30}$　　⑤ $\dfrac{4}{15}$

14 상중하

▶ 23644-0098

부모님을 포함하여 5명의 가족이 같은 간격으로 원탁에 둘러앉을 때, 부모님이 서로 떨어져 앉을 확률은?

(단, 회전하여 일치하는 것은 같은 것으로 본다.)

① $\dfrac{1}{2}$　　② $\dfrac{7}{12}$　　③ $\dfrac{2}{3}$

④ $\dfrac{3}{4}$　　⑤ $\dfrac{5}{6}$

15 상중하

▶ 23644-0099

그림과 같이 7개의 의자가 일정한 간격으로 놓여 있다. 남학생 4명, 여학생 3명이 둘러앉을 때, 여학생끼리는 서로 이웃하지 않게 앉을 확률을 구하시오. (단, 회전하여 일치하는 것은 같은 것으로 본다.)

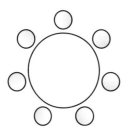

06 중복순열을 이용하는 확률

중복을 허락하여 나열하는 확률을 구할 때, 중복순열을 이용한다.
서로 다른 n개에서 r개를 택하는 중복순열의 수는

$$_n\Pi_r=n^r$$

> 올림포스 확률과 통계 33쪽

16 대표문제

▶ 23644-0100

집합 $X=\{1,\ 2,\ 3,\ 4\}$에 대하여 X에서 X로의 함수 f 중 임의로 하나를 택할 때, 택한 함수가 $f(1)+f(2)=6$을 만족시킬 확률은?

① $\dfrac{1}{16}$　　② $\dfrac{1}{8}$　　③ $\dfrac{3}{16}$

④ $\dfrac{1}{4}$　　⑤ $\dfrac{5}{16}$

17 상중하

▶ 23644-0101

선준, 아영, 지훈 3명의 학생이 국어, 수학, 영어, 과학, 사회의 5과목 중에서 임의로 한 개의 과목을 선택할 때, 선준이와 아영이는 서로 다른 과목을 선택하고, 지훈이는 수학 또는 과학 과목을 선택할 확률을 구하시오.

18 상중하

▶ 23644-0102

네 개의 숫자 1, 3, 5, 7 중에서 중복을 허락하여 3개를 뽑아 세 자리 자연수를 만들 때, 만든 수가 357보다 클 확률은?

① $\dfrac{7}{16}$　　② $\dfrac{1}{2}$　　③ $\dfrac{9}{16}$

④ $\dfrac{5}{8}$　　⑤ $\dfrac{11}{16}$

07 같은 것이 있는 순열을 이용하는 확률

같은 것이 포함되어 있는 확률을 구할 때, 같은 것이 있는 순열을 이용한다. n개 중에서 같은 것이 각각 p개, q개, $\cdots$, r개씩 있을 때, 이들 n개를 일렬로 나열하는 순열의 수는

$$\frac{n!}{p!q!\cdots r!} \ (\text{단, } p+q+\cdots+r=n)$$

>> **올림포스** 확률과 통계 33쪽

19 대표문제
▶ 23644-0103

여섯 개의 숫자 1, 1, 2, 2, 3, 3을 일렬로 나열할 때, 두 개의 숫자 3이 서로 이웃할 확률은?

① $\dfrac{1}{9}$ ② $\dfrac{2}{9}$ ③ $\dfrac{1}{3}$

④ $\dfrac{4}{9}$ ⑤ $\dfrac{5}{9}$

20 상중하
▶ 23644-0104

여섯 개의 문자 B, A, N, A, N, A를 일렬로 나열할 때, 두 개의 문자 N이 양 끝에 나열될 확률은?

① $\dfrac{1}{15}$ ② $\dfrac{2}{15}$ ③ $\dfrac{1}{5}$

④ $\dfrac{4}{15}$ ⑤ $\dfrac{1}{3}$

21 상중하
▶ 23644-0105

그림과 같이 직사각형 모양으로 연결된 도로망이 있다. 이 도로망을 따라 A지점에서 출발하여 B지점까지 최단 거리로 갈 때, P지점을 지날 확률을 구하시오.

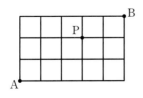

08 조합을 이용하는 확률

순서를 생각하지 않는 확률을 구할 때, 조합을 이용한다. 서로 다른 n개에서 r개를 택하는 조합의 수는

$$_nC_r = \frac{n!}{r!(n-r)!} \ (\text{단, } 0 \le r \le n)$$

>> **올림포스** 확률과 통계 33쪽

22 대표문제
▶ 23644-0106

파란 공 4개, 빨간 공 3개가 들어 있는 주머니에서 임의로 3개의 공을 동시에 꺼낼 때, 파란 공 2개, 빨간 공 1개가 나올 확률은?

① $\dfrac{2}{7}$ ② $\dfrac{12}{35}$ ③ $\dfrac{2}{5}$

④ $\dfrac{16}{35}$ ⑤ $\dfrac{18}{35}$

23 상중하
▶ 23644-0107

집합 $X=\{1, 2, 3, \cdots, 10\}$에서 임의로 서로 다른 2개의 원소를 동시에 뽑을 때, 2개의 원소가 모두 소수일 확률은?

① $\dfrac{1}{30}$ ② $\dfrac{1}{15}$ ③ $\dfrac{1}{10}$

④ $\dfrac{2}{15}$ ⑤ $\dfrac{1}{6}$

24 상중하
▶ 23644-0108

A를 포함하여 남학생 n명, 여학생 4명이 있다. 이 중에서 3명의 동아리 회원을 뽑으려고 할 때, A가 포함될 확률이 $\dfrac{3}{10}$이다. n의 값을 구하시오.

09 확률의 기본 성질

(1) 임의의 사건 A에 대하여 $0 \leq P(A) \leq 1$

(2) 표본공간 S에 대하여 $P(S) = 1$

(3) 절대로 일어날 수 없는 사건 $\varnothing$에 대하여 $P(\varnothing) = 0$

>> 올림포스 확률과 통계 32쪽

25 대표문제
▶ 23644-0109

표본공간 S의 임의의 두 사건 A, B에 대하여 **보기**에서 옳은 것만을 있는 대로 고른 것은?

• 보기 •
ㄱ. $0 < P(A) < 1$
ㄴ. 두 사건 A와 B가 서로 배반사건이면
   $0 \leq P(A) + P(B) \leq 1$
ㄷ. $A \neq \varnothing$이면 $0 < P(A) \leq P(S)$

① ㄴ   ② ㄷ   ③ ㄱ, ㄷ
④ ㄴ, ㄷ   ⑤ ㄱ, ㄴ, ㄷ

26 상중하
▶ 23644-0110

표본공간 S의 임의의 두 사건 A, B에 대하여 **보기**에서 옳은 것만을 있는 대로 고른 것은?

• 보기 •
ㄱ. $A \subset B$이면 $P(A) \leq P(B)$
ㄴ. $P(A) + P(B) = 2$이면 $A = B = S$
ㄷ. 두 사건 A와 B가 서로 배반사건이고 $P(A \cup B) = 1$이면
   $P(A) \times P(B) \leq \dfrac{1}{4}$

① ㄱ   ② ㄴ   ③ ㄱ, ㄷ
④ ㄴ, ㄷ   ⑤ ㄱ, ㄴ, ㄷ

27 상중하
▶ 23644-0111

표본공간 $S = \{1, 2, 3, 4, 5, 6\}$과 두 사건
$A = \{x \mid x$는 4의 약수$\}$, $B_n = \{y \mid y$는 n의 배수$\}$에 대하여
$P(A \cap B_n) = 0$을 만족시킬 때, 모든 n의 값의 합을 구하시오.
(단, $2 \leq n \leq 6$)

10 확률의 연산(덧셈정리)

표본공간 S의 부분집합인 두 사건 A, B에 대하여

(1) $P(A \cup B) = P(A) + P(B) - P(A \cap B)$

(2) 두 사건이 서로 배반사건인 경우
   $P(A \cup B) = P(A) + P(B)$

>> 올림포스 확률과 통계 35쪽

28 대표문제
▶ 23644-0112

두 사건 A, B에 대하여
$$P(A \cup B) = \frac{5}{8}, \quad P(A) + P(B) = \frac{3}{4}$$
일 때, $P(A \cap B)$의 값은?

① $\dfrac{1}{8}$ ② $\dfrac{1}{4}$ ③ $\dfrac{3}{8}$

④ $\dfrac{1}{2}$ ⑤ $\dfrac{5}{8}$

29 상중하
▶ 23644-0113

두 사건 A와 B가 서로 배반사건이고,
$$P(A \cup B) = \frac{2}{3}, \quad P(B) = \frac{1}{6}$$
일 때, $P(A)$의 값은?

① $\dfrac{1}{6}$ ② $\dfrac{1}{5}$ ③ $\dfrac{1}{4}$

④ $\dfrac{1}{3}$ ⑤ $\dfrac{1}{2}$

30 상중하
▶ 23644-0114

두 사건 A, B에 대하여
$$P(A \cap B^c) = \frac{1}{4}, \quad P(A^c \cap B) = \frac{1}{6}, \quad P(A \cap B) = \frac{1}{8}$$
일 때, $P(A \cup B)$의 값을 구하시오.
(단, A^c은 A의 여사건이다.)

11 확률의 덧셈정리(배반사건이 아닌 경우)
중요

표본공간 S의 부분집합인 두 사건 A, B에 대하여
$A \cap B \neq \varnothing$일 때

$$P(A \cup B) = P(A) + P(B) - P(A \cap B)$$

>> **올림포스** 확률과 통계 35쪽

31 대표문제
▶ 23644-0115

1부터 100까지의 자연수 중에서 임의로 한 개의 숫자를 선택할 때, 그 숫자가 3의 배수 또는 5의 배수가 될 확률은?

① $\dfrac{39}{100}$ ② $\dfrac{43}{100}$ ③ $\dfrac{47}{100}$

④ $\dfrac{51}{100}$ ⑤ $\dfrac{11}{20}$

32 상중하
▶ 23644-0116

집합 $X = \{1, 2, 3, 4, 5, 6\}$에서 중복을 허락하여 임의로 2개의 원소를 차례로 하나씩 선택할 때, 선택된 원소를 각각 a, b라 하자. $a+b=4$이거나 $ab=4$일 확률은?

① $\dfrac{1}{9}$ ② $\dfrac{5}{36}$ ③ $\dfrac{1}{6}$

④ $\dfrac{7}{36}$ ⑤ $\dfrac{2}{9}$

33 상중하
▶ 23644-0117

1부터 7까지의 자연수가 각각 하나씩 적혀 있는 7장의 카드 중에서 임의로 3장의 카드를 동시에 뽑을 때, 1 또는 5가 적혀 있는 카드를 뽑을 확률을 구하시오.

12 확률의 덧셈정리(배반사건인 경우)

표본공간 S의 부분집합인 두 사건 A, B에 대하여
$A \cap B = \varnothing$일 때

$$P(A \cup B) = P(A) + P(B)$$

>> **올림포스** 확률과 통계 34쪽

34 대표문제
▶ 23644-0118

두 개의 서로 다른 주사위를 동시에 던질 때, 나온 두 눈의 수의 합이 4 이하이거나 10 이상일 확률은?

① $\dfrac{2}{9}$ ② $\dfrac{1}{4}$ ③ $\dfrac{5}{18}$

④ $\dfrac{11}{36}$ ⑤ $\dfrac{1}{3}$

35 상중하
▶ 23644-0119

남학생 3명, 여학생 4명 중에서 2명의 대표를 뽑으려고 할 때, 남학생에서만 또는 여학생에서만 대표가 뽑힐 확률은?

① $\dfrac{1}{7}$ ② $\dfrac{2}{7}$ ③ $\dfrac{3}{7}$

④ $\dfrac{4}{7}$ ⑤ $\dfrac{5}{7}$

36 상중하
▶ 23644-0120

1학년 학생 n명, 2학년 학생 $2n$명으로 구성된 합창단에서 2명의 테너를 뽑으려고 한다. 같은 학년에서만 뽑힐 확률이 $\dfrac{9}{17}$일 때, n의 값을 구하시오. (단, n은 2 이상의 자연수이다.)

중요
13 여사건의 확률

'적어도', '~ 이상', '~ 이하', '~가 아닌'이라는 표현이 있는 경우 여사건의 확률을 이용한다.

사건 A와 그 여사건 A^C에 대하여

$$P(A)=1-P(A^C)$$

>> 올림포스 확률과 통계 35쪽

37 대표문제
▶ 23644-0121

흰 공 3개, 검은 공 5개 중에서 임의로 3개의 공을 동시에 선택할 때, 흰 공이 적어도 한 개 이상 나올 확률은?

① $\dfrac{19}{28}$　　　② $\dfrac{5}{7}$　　　③ $\dfrac{3}{4}$

④ $\dfrac{11}{14}$　　　⑤ $\dfrac{23}{28}$

38 상중하
▶ 23644-0122

네 개의 문자 a, b, c, d를 일렬로 나열할 때, a 앞에 b, c, d 중에서 적어도 한 개 이상의 문자가 올 확률은?

① $\dfrac{7}{12}$　　　② $\dfrac{2}{3}$　　　③ $\dfrac{3}{4}$

④ $\dfrac{5}{6}$　　　⑤ $\dfrac{11}{12}$

39 상중하
▶ 23644-0123

여섯 개의 문자 A, A, B, C, D, E를 일렬로 나열할 때, 양 끝에 적어도 한 개 이상 A가 배열될 확률을 구하시오.

40 상중하
▶ 23644-0124

두 집합 $X=\{1, 2, 3\}$, $Y=\{0, 1, 2, 3, 4\}$에 대하여 X에서 Y로의 함수 f 중에서 임의로 하나를 택할 때, 택한 함수가 $f(1)\times f(2)=0$을 만족시킬 확률은?

① $\dfrac{6}{25}$　　　② $\dfrac{7}{25}$　　　③ $\dfrac{8}{25}$

④ $\dfrac{9}{25}$　　　⑤ $\dfrac{2}{5}$

41 상중하
▶ 23644-0125

한 개의 주사위를 세 번 던져서 나온 눈의 수를 차례대로 a, b, c라 할 때, $(a-b)(b-c)\neq 0$일 확률은?

① $\dfrac{23}{36}$　　　② $\dfrac{25}{36}$　　　③ $\dfrac{3}{4}$

④ $\dfrac{29}{36}$　　　⑤ $\dfrac{31}{36}$

42 상중하
▶ 23644-0126

어떤 동아리 회원 10명 중에서 2명의 대표를 뽑으려고 한다. 남자 회원이 적어도 한 명 이상 뽑힐 확률이 $\dfrac{13}{15}$일 때, 남자 회원의 수를 구하시오.

01
▶ 23644-0127

흰 공 5개, 검은 공 4개가 들어 있는 주머니에서 임의로 2개의 공을 동시에 꺼낼 때, 2개 모두 같은 색의 공이 나올 확률을 구하시오.

02
▶ 23644-0128

1학년 학생 2명, 2학년 학생 2명, 3학년 학생 3명이 원탁에 같은 간격으로 둘러앉을 때, 같은 학년끼리 이웃하여 앉을 확률을 구하시오. (단, 회전하여 일치하는 것은 같은 것으로 본다.)

03 내신기출
▶ 23644-0129

주머니 안에 1부터 10까지의 자연수가 각각 하나씩 적혀 있는 10개의 구슬이 있다. 4개의 구슬을 임의로 동시에 꺼낼 때, 꺼낸 구슬에 적혀 있는 수 중에서 두 번째로 큰 수가 7일 확률을 구하시오.

04
▶ 23644-0130

8개의 문자 a, a, a, a, b, b, b, c를 일렬로 나열할 때, 양 끝에 같은 문자가 올 확률을 구하시오.

05 내신기출
▶ 23644-0131

한 개의 주사위를 두 번 던져서 나온 두 눈의 수를 각각 a, b라 할 때, $|a-b|<3$ 또는 $|a-b|\geq5$가 성립할 확률을 구하시오.

06
▶ 23644-0132

$1\leq k\leq300$인 자연수 k를 임의로 택할 때, k와 6이 서로소일 확률을 구하시오.

내신 + 수능 고난도 도전

01 ▶ 23644-0133

집합 $X = \{a, b, c, d\}$의 모든 부분집합을 원소로 갖는 집합을 U라 하고 U의 서로 다른 두 원소를 각각 S, T 라 할 때, $S \cap T \neq \varnothing$일 확률은?

① $\dfrac{1}{6}$ ② $\dfrac{1}{3}$ ③ $\dfrac{1}{2}$ ④ $\dfrac{2}{3}$ ⑤ $\dfrac{5}{6}$

02 ▶ 23644-0134

빨간 공 2개, 파란 공 2개, 노란 공 4개를 일렬로 배열할 때, 빨간 공과 파란 공이 서로 이웃하지 않을 확률은?

① $\dfrac{3}{14}$ ② $\dfrac{11}{42}$ ③ $\dfrac{13}{42}$ ④ $\dfrac{5}{14}$ ⑤ $\dfrac{17}{42}$

03 ▶ 23644-0135

방정식 $a + b + c = 15$를 만족시키는 음이 아닌 정수 a, b, c의 모든 순서쌍 (a, b, c) 중에서 임의로 한 개를 선택할 때, $a \times b \times c$가 짝수일 확률은?

① $\dfrac{23}{34}$ ② $\dfrac{12}{17}$ ③ $\dfrac{25}{34}$ ④ $\dfrac{13}{17}$ ⑤ $\dfrac{27}{34}$

04 실생활 ▶ 23644-0136

여섯 명의 학생 A, B, C, D, E, F가 체육 실기시험을 치루기 위해서 줄을 서려고 한다. 이때 A는 B보다 앞에, C는 D보다 앞에 서고, E는 A와 이웃하여 줄을 설 확률을 구하시오.

▶ 23644-0137

05 다섯 개의 숫자 2, 3, 4, 5, 6 중에서 중복을 허락하여 3개의 수를 선택한다. 선택된 3개의 수를 세 변의 길이로 하는 삼각형이 만들어질 때, 이 삼각형이 둔각삼각형이 될 확률은?

① $\dfrac{2}{7}$　　　　② $\dfrac{3}{10}$　　　　③ $\dfrac{2}{5}$　　　　④ $\dfrac{1}{2}$　　　　⑤ $\dfrac{3}{5}$

▶ 23644-0138

06 $1, 2, 3, \cdots, n$의 n개의 숫자 중에서 임의로 서로 다른 2개의 수를 동시에 선택할 때, 두 수의 곱이 홀수가 될 확률이 $\dfrac{3}{14}$이다. n의 값은? (단, n은 3 이상의 자연수이다.)

① 6　　　　② 7　　　　③ 8　　　　④ 9　　　　⑤ 10

▶ 23644-0139

07 두 집합 $X=\{1, 2, 3, 4\}$, $Y=\{-2, -1, 0, 1, 2\}$에 대하여 함수 $f:X \to Y$ 중에서 임의로 한 개를 선택할 때, $f(1) \times f(2)=0$ 또는 $f(2) \leq f(3)$을 만족시킬 확률은?

① $\dfrac{17}{25}$　　　　② $\dfrac{87}{125}$　　　　③ $\dfrac{89}{125}$　　　　④ $\dfrac{91}{125}$　　　　⑤ $\dfrac{93}{125}$

▶ 23644-0140

08 집합 $S=\{1, 2, 3, \cdots, 10\}$에서 임의로 서로 다른 2개의 원소를 동시에 선택하여 각각 a, b $(a<b)$라 하자. $\dfrac{1}{ab}$이 유한소수가 될 확률이 $\dfrac{q}{p}$일 때, $p+q$의 값을 구하시오. (단, p와 q는 서로소인 자연수이다.)

04 조건부확률

01 조건부확률

어떤 시행에서 표본공간 S의 두 사건 A, B에 대하여 사건 A가 일어났을 때 사건 B가 일어날 확률을 사건 A가 일어났을 때의 사건 B의 조건부확률이라 하고, 기호로 $\mathrm{P}(B|A)$와 같이 나타낸다.

$$\mathrm{P}(B|A) = \frac{n(A \cap B)}{n(A)} = \frac{\mathrm{P}(A \cap B)}{\mathrm{P}(A)} \ (\text{단, } \mathrm{P}(A) > 0)$$

> 조건부확률 $\mathrm{P}(B|A)$는 사건 A가 일어나는 새로운 표본공간에서 사건 $A \cap B$가 일어날 확률을 뜻한다.

02 확률의 곱셈정리

두 사건 A, B에 대하여 두 사건 A와 B가 동시에 일어날 확률은

$$\mathrm{P}(A \cap B) = \mathrm{P}(A)\mathrm{P}(B|A) (\text{단, } \mathrm{P}(A) > 0)$$
$$\mathrm{P}(A \cap B) = \mathrm{P}(B)\mathrm{P}(A|B) \ (\text{단, } \mathrm{P}(B) > 0)$$

> $\mathrm{P}(A) > 0$, $\mathrm{P}(B) > 0$일 때,
> $$\mathrm{P}(B|A) = \frac{\mathrm{P}(A \cap B)}{\mathrm{P}(A)}$$
> $$\mathrm{P}(A|B) = \frac{\mathrm{P}(A \cap B)}{\mathrm{P}(B)}$$
> 이므로
> $$\mathrm{P}(A \cap B) = \mathrm{P}(A)\mathrm{P}(B|A)$$
> $$\mathrm{P}(A \cap B) = \mathrm{P}(B)\mathrm{P}(A|B)$$

03 사건의 독립과 종속

(1) **독립**: 두 사건 A, B에 대하여 사건 A가 일어나는 것이 사건 B가 일어날 확률에 영향을 주지 않을 때, 즉

$$\mathrm{P}(B|A) = \mathrm{P}(B|A^c) = \mathrm{P}(B)$$

일 때, 두 사건 A와 B는 서로 독립이라 하고, 서로 독립인 두 사건을 서로 독립사건이라고 한다.

(2) **종속**: 두 사건 A와 B가 서로 독립이 아닐 때, 두 사건 A와 B는 서로 종속이라고 한다. 즉,

$$\mathrm{P}(A|B) \neq \mathrm{P}(A) \ \text{또는} \ \mathrm{P}(B|A) \neq \mathrm{P}(B)$$

일 때, 두 사건 A와 B는 서로 종속이라 하고, 서로 종속인 두 사건을 서로 종속사건이라고 한다.

> 두 사건 A와 B가 서로 독립이면 A와 B^c, A^c과 B, A^c과 B^c도 서로 독립이다.

04 독립인 사건의 곱셈정리

두 사건 A와 B가 서로 독립이기 위한 필요충분조건은

$$\mathrm{P}(A \cap B) = \mathrm{P}(A)\mathrm{P}(B) \ (\text{단, } \mathrm{P}(A) > 0, \ \mathrm{P}(B) > 0)$$

> 두 사건 A와 B가 서로 독립이면 $\mathrm{P}(B|A) = \mathrm{P}(B)$이므로
> $$\mathrm{P}(A \cap B) = \mathrm{P}(A)\mathrm{P}(B|A)$$
> $$= \mathrm{P}(A)\mathrm{P}(B)$$

05 독립시행의 확률

(1) **독립시행**: 매회 같은 조건에서 어떤 시행을 반복할 때 각 시행의 결과가 다른 시행의 결과에 아무런 영향을 주지 않을 경우, 즉 매회 일어나는 사건이 서로 독립인 경우 이러한 시행을 독립시행이라고 한다.

(2) **독립시행의 확률**: 한 번의 시행에서 사건 A가 일어날 확률을 p, 사건 A가 일어나지 않을 확률을 q라 하면 이 시행을 n회 반복하는 독립시행에서 사건 A가 r번 일어날 확률은

$${}_n\mathrm{C}_r p^r q^{n-r} \ (\text{단, } p+q=1, \ r=0, 1, 2, \cdots, n, \ p^0=q^0=1)$$

> 동전 또는 주사위 등을 반복적으로 던지는 시행은 독립시행이다.

01 조건부확률

[01~02] 두 사건 A, B에 대하여 $P(A)=\dfrac{3}{4}$, $P(B)=\dfrac{2}{3}$, $P(A\cup B)=\dfrac{7}{8}$일 때, 다음의 값을 구하시오.

01 $P(A\cap B)$ 02 $P(B|A)$

[03~07] 한 개의 주사위를 한 번 던지는 시행에서 소수의 눈이 나오는 사건을 A, 짝수의 눈이 나오는 사건을 B라 할 때, 다음의 값을 구하시오.

03 $P(A)$ 04 $P(B)$

05 $P(A\cap B)$ 06 $P(A|B)$

07 $P(B|A)$

02 확률의 곱셈정리

[08~09] 두 사건 A, B에 대하여 $P(A)=0.4$, $P(B)=0.5$, $P(B|A)=0.8$일 때, 다음의 값을 구하시오.

08 $P(A\cap B)$ 09 $P(A|B)$

10 두 사건 A, B에 대하여 $P(B)=\dfrac{3}{5}$, $P(A|B)=\dfrac{3}{4}$일 때, $P(A\cap B)$의 값을 구하시오.

03 사건의 독립과 종속

[11~14] 동전 두 개를 동시에 던질 때, 앞면이 한 개 이상 나오는 사건을 A, 앞면과 뒷면이 모두 나오는 사건을 B라 할 때, 다음을 구하시오.

11 $P(A)$ 12 $P(B|A)$

13 $P(A\cap B)$

14 두 사건 A와 B는 서로 (독립 / 종속)이다. 알맞은 답에 ○표 하시오.

04 독립인 사건의 곱셈정리

[15~16] 두 사건 A와 B가 서로 독립인지 종속인지 조사하시오.

15 $P(A)=\dfrac{1}{3}$, $P(B)=\dfrac{2}{3}$, $P(A\cap B)=\dfrac{2}{9}$

16 $P(A)=0.2$, $P(B)=0.4$, $P(A\cap B)=0.6$

17 두 사건 A와 B가 서로 독립이고 $P(A)=0.3$, $P(B)=0.4$일 때, $P(A\cap B)$의 값을 구하시오.

18 두 사건 A와 B가 서로 독립이고 $P(A)=\dfrac{3}{7}$, $P(A\cap B)=\dfrac{1}{3}$일 때, $P(B)$의 값을 구하시오.

19 갑과 을이 어떤 시험에 합격할 확률이 각각 0.7, 0.8일 때, 갑, 을 모두 이 시험에 합격할 확률을 구하시오.
(단, 갑과 을이 시험에 합격하는 사건은 서로 독립이다.)

05 독립시행의 확률

[20~21] 한 개의 동전을 던지는 시행에서 앞면이 나오는 사건을 A라 할 때, 다음을 구하시오.

20 $P(A)$

21 동전을 4번 던지는 시행에서 사건 A가 3번 일어날 확률

[22~23] 흰 공 1개, 검은 공 2개가 들어 있는 주머니에서 임의로 한 개의 공을 꺼낸다. 흰 공이 나오는 사건을 A라 할 때, 다음을 구하시오.

22 한 개의 공을 꺼내고 색깔을 확인한 후 다시 넣는 시행을 4번 반복할 때, 사건 A가 2번 일어날 확률

23 한 개의 공을 꺼내고 색깔을 확인한 후 다시 넣는 시행을 5번 반복할 때, 사건 A가 4번 이상 일어날 확률

01 조건부확률의 계산

두 사건 A, B에 대하여 사건 A가 일어났을 때, 사건 B가 일어날 확률은

$$\mathrm{P}(B|A)=\frac{\mathrm{P}(A\cap B)}{\mathrm{P}(A)}\ (단,\ \mathrm{P}(A)>0)$$

⇨ 조건부확률을 계산할 때는 $\mathrm{P}(A)$, $\mathrm{P}(A\cap B)$의 값을 구하고 식에 대입한다.

> 올림포스 확률과 통계 44쪽

01 대표문제
▶ 23644-0141

두 사건 A, B에 대하여

$\mathrm{P}(A)=\dfrac{2}{3}$, $\mathrm{P}(B)=\dfrac{1}{2}$, $\mathrm{P}(A\cap B^{C})=\dfrac{2}{5}$일 때, $\mathrm{P}(A|B)$의 값은? (단, A^{C}은 A의 여사건이다.)

① $\dfrac{4}{15}$ ② $\dfrac{1}{3}$ ③ $\dfrac{2}{5}$

④ $\dfrac{7}{15}$ ⑤ $\dfrac{8}{15}$

02 상중하
▶ 23644-0142

두 사건 A, B에 대하여

$\mathrm{P}(A^{C})=\dfrac{3}{5}$, $\mathrm{P}(B)=\dfrac{3}{4}$, $\mathrm{P}(B|A)=\dfrac{1}{3}$일 때, $\mathrm{P}(A^{C}|B)$의 값은? (단, A^{C}은 A의 여사건이다.)

① $\dfrac{31}{45}$ ② $\dfrac{11}{15}$ ③ $\dfrac{7}{9}$

④ $\dfrac{37}{45}$ ⑤ $\dfrac{13}{15}$

03 상중하
▶ 23644-0143

두 사건 A, B에 대하여

$\mathrm{P}(A)=\dfrac{7}{10}$, $\mathrm{P}(B)=\dfrac{3}{5}$, $\mathrm{P}(A\cap B)=\dfrac{2}{5}$일 때, $\mathrm{P}(A^{C}|B^{C})$의 값을 구하시오. (단, A^{C}은 A의 여사건이다.)

02 조건부확률

두 사건 A, B에 대하여 사건 A가 일어났을 때, 사건 B가 일어날 확률은

$$\mathrm{P}(B|A)=\frac{\mathrm{P}(A\cap B)}{\mathrm{P}(A)}\ (단,\ \mathrm{P}(A)>0)$$

> 올림포스 확률과 통계 44쪽

04 대표문제
▶ 23644-0144

다음 표는 어느 고등학교 3학년 학생 200명의 석식 인원을 조사한 것이다.

(단위: 명)

	남학생	여학생	합계
석식 신청 학생	60	40	100
석식 미신청 학생	50	50	100
합계	110	90	200

이 고등학교 3학년 학생 중에서 임의로 택한 한 명의 학생이 여학생일 때, 이 학생이 석식을 신청한 학생일 확률은?

① $\dfrac{4}{9}$ ② $\dfrac{1}{2}$ ③ $\dfrac{5}{9}$

④ $\dfrac{11}{18}$ ⑤ $\dfrac{2}{3}$

05 상중하
▶ 23644-0145

어느 학급 학생들의 통학 수단을 조사하였더니 버스를 이용하는 학생은 전체의 35 %, 버스로 통학하는 남학생은 전체의 20 %이었다. 이 학급에서 임의로 뽑은 한 명의 학생이 버스로 통학하는 학생일 때, 이 학생이 남학생일 확률은?

① $\dfrac{3}{7}$ ② $\dfrac{1}{2}$ ③ $\dfrac{4}{7}$

④ $\dfrac{9}{14}$ ⑤ $\dfrac{5}{7}$

06 상중하
▶ 23644-0146

어느 스포츠 동호회 회원을 대상으로 배드민턴과 탁구의 선호도를 조사하였더니 다음 표와 같았다.

(단위: 명)

	남자회원	여자회원
배드민턴	x	25
탁구	15	20

전체 회원 중에서 임의로 뽑은 한 명이 남자회원일 때, 이 회원이 배드민턴을 선호할 확률이 $\dfrac{2}{3}$이었다. x의 값을 구하시오.

03 확률의 곱셈정리 (1)

두 사건 A, B에 대하여 두 사건 A, B가 동시에 일어날
확률은

$P(A \cap B) = P(A)P(B|A)$ (단, $P(A) > 0$)
$P(A \cap B) = P(B)P(A|B)$ (단, $P(B) > 0$)

>> 올림포스 확률과 통계 45쪽

07 대표문제 ▶ 23644-0147

흰 구슬 3개, 검은 구슬 7개가 들어 있는 주머니에서 임의로
구슬을 한 개씩 두 번 꺼낼 때, 두 번 모두 흰 구슬이 나올 확
률은? (단, 꺼낸 공은 다시 넣지 않는다.)

① $\dfrac{1}{15}$ ② $\dfrac{2}{15}$ ③ $\dfrac{1}{5}$

④ $\dfrac{4}{15}$ ⑤ $\dfrac{1}{3}$

08 상중하 ▶ 23644-0148

3개의 당첨 제비가 포함된 10개의 제비 중에서 갑, 을 두 사람
이 차례대로 제비를 뽑는다. 임의로 한 개씩 연속해서 2개의
제비를 뽑을 때, 을만 당첨 제비를 뽑을 확률은?

(단, 꺼낸 제비는 다시 넣지 않는다.)

① $\dfrac{1}{6}$ ② $\dfrac{1}{5}$ ③ $\dfrac{7}{30}$

④ $\dfrac{4}{15}$ ⑤ $\dfrac{3}{10}$

09 상중하 ▶ 23644-0149

바구니 안에 딸기 맛 사탕 2개, 포도 맛 사탕 4개, 사과 맛 사
탕 n개가 들어 있다. 두 학생이 연속해서 바구니 안에서 임의
로 한 개씩 두 개의 사탕을 꺼낸다. 두 개 모두 사과 맛 사탕이
나올 확률이 $\dfrac{2}{11}$일 때, n의 값을 구하시오.

(단, $n \geq 2$이고, 꺼낸 사탕은 다시 넣지 않는다.)

중요
04 확률의 곱셈정리 (2)

두 사건 A, E에 대하여

$P(E) = P(A \cap E) + P(A^c \cap E)$

⇨ 사건 E가 일어날 확률은 사건 A가 일어나는 경우와
A가 일어나지 않는 경우로 나누어 계산할 수 있다.

>> 올림포스 확률과 통계 45쪽

10 대표문제 ▶ 23644-0150

파란 공 5개, 빨간 공 3개가 들어 있는 주머니에서 갑과 을이
순서대로 공을 임의로 하나씩 꺼낼 때, 을이 빨간 공을 꺼낼
확률은?

① $\dfrac{1}{4}$ ② $\dfrac{3}{8}$ ③ $\dfrac{1}{2}$

④ $\dfrac{5}{8}$ ⑤ $\dfrac{3}{4}$

11 상중하 ▶ 23644-0151

독서동아리 학생 24명 중에서 4명이, 문학동아리 학생 28명
중에서 7명이 독후감대회에서 입상을 하였다. 독서동아리에서
임의로 10명을 뽑고 문학동아리에서 임의로 12명을 뽑은 총
22명의 학생 중에서 임의로 한 명의 학생을 뽑을 때, 이 학생
이 독후감대회에서 입상한 학생일 확률은?

① $\dfrac{4}{33}$ ② $\dfrac{5}{33}$ ③ $\dfrac{6}{33}$

④ $\dfrac{7}{33}$ ⑤ $\dfrac{8}{33}$

12 상중하 ▶ 23644-0152

어떤 양궁선수는 10점 과녁을 맞히면 다음번 시도에서도 10점
을 맞힐 확률이 $\dfrac{4}{5}$, 10점 과녁을 맞히지 못하면 다음번 시도에
서 10점을 맞힐 확률이 $\dfrac{9}{10}$이다. 이 선수가 첫 번째 시도에서
10점 과녁을 맞혔을 때, 세 번째 시도에서도 10점 과녁을 맞힐
확률을 구하시오.

05 확률의 곱셈정리와 조건부확률

두 사건 A, E에 대하여 사건 E가 일어났을 때, 사건 A가 일어날 확률

$$P(A|E) = \frac{P(A \cap E)}{P(E)} = \frac{P(A \cap E)}{P(A \cap E) + P(A^c \cap E)}$$

올림포스 확률과 통계 45쪽

13 대표문제
▶ 23644-0153

주머니 A에는 흰 구슬 3개, 검은 구슬 4개가 들어 있고, 주머니 B에는 흰 구슬 2개, 검은 구슬 5개가 들어 있다. 임의로 주머니 한 개를 선택하여 한 개의 구슬을 꺼냈더니 흰 구슬이 나왔을 때, 이 구슬이 주머니 A에서 나왔을 확률은?

① $\frac{3}{5}$ ② $\frac{2}{3}$ ③ $\frac{11}{15}$

④ $\frac{4}{5}$ ⑤ $\frac{13}{15}$

14 상중하
▶ 23644-0154

A상자에는 흰 공 3개, 검은 공 3개가 들어 있고, B상자에는 흰 공 4개, 검은 공 2개가 들어 있다. 임의로 상자 한 개를 선택하여 두 개의 공을 동시에 꺼냈더니 흰 공 1개, 검은 공 1개가 나왔을 때, 이 공들이 B상자에서 나왔을 확률은?

① $\frac{5}{17}$ ② $\frac{6}{17}$ ③ $\frac{7}{17}$

④ $\frac{8}{17}$ ⑤ $\frac{9}{17}$

15 상중하
▶ 23644-0155

어느 학급에서 체험학습 장소에 대한 희망조사를 실시하였더니 박물관과 미술관이 각각 40 %, 60 %가 나왔다. 박물관 희망자의 60 %가 남학생이었고, 미술관 희망자의 30 %가 남학생이었다. 이 학급에서 임의로 한 명의 남학생을 선택했을 때, 이 학생이 박물관을 희망하는 학생일 확률을 구하시오.

16 상중하
▶ 23644-0156

두 공장 A, B에서는 같은 종류의 제품을 생산하고 있다. 공장 A에서는 전체의 물량의 70 %를, 공장 B에서는 30 %를 생산하고 있으며 공장 A에서 생산되는 제품의 3 %, 공장 B에서 생산되는 제품의 4 %가 불량품이라 한다. 이들 공장에서 생산되는 제품 중에서 임의로 한 개의 제품을 선택하였더니 이 제품이 불량품이었을 때, 이 제품이 공장 A에서 생산된 제품일 확률은?

① $\frac{6}{11}$ ② $\frac{7}{11}$ ③ $\frac{8}{11}$

④ $\frac{9}{11}$ ⑤ $\frac{10}{11}$

17 상중하
▶ 23644-0157

1부터 6까지의 숫자가 각각 한 개씩 적혀 있는 6장의 카드 중에서 임의로 한 장씩 두 번 연속해서 카드를 뽑는다. 두 번째 뽑은 카드의 숫자가 5 이상일 때, 첫 번째로 뽑은 카드의 숫자가 4 이하일 확률은? (단, 꺼낸 카드는 다시 넣지 않는다.)

① $\frac{1}{2}$ ② $\frac{3}{5}$ ③ $\frac{7}{10}$

④ $\frac{4}{5}$ ⑤ $\frac{9}{10}$

18 상중하
▶ 23644-0158

집합 $X = \{1, 2, 3, 4, 5\}$에서 임의로 한 개씩 두 번 연속해서 뽑은 원소를 차례대로 a, b라 하자. $a \times b$가 짝수일 때, a가 홀수일 확률을 구하시오. (단, 뽑은 원소는 다시 넣지 않는다.)

06 사건의 독립과 종속

두 사건 A, B에 대하여
$P(A \cap B) = P(A)P(B)$이면 A와 B는 서로 독립
$P(A \cap B) \neq P(A)P(B)$이면 A와 B는 서로 종속

> **올림포스** 확률과 통계 45쪽

19 대표문제 ▶ 23644-0159

표본공간 $S = \{1, 2, 3, 4\}$의 임의의 두 사건 A, B가 $A = \{1, 2\}$, $B = \{3, a\}$일 때, **보기**에서 옳은 것만을 있는 대로 고른 것은? (단, $a \neq 3$)

보기

ㄱ. $a = 1$이면 두 사건 A와 B는 서로 독립이다.
ㄴ. $a = 4$이면 두 사건 A와 B는 서로 배반사건이다.
ㄷ. 두 사건 A와 B가 서로 종속이 되기 위한 a의 값은 2개 존재한다.

① ㄱ   ② ㄴ   ③ ㄱ, ㄴ
④ ㄴ, ㄷ   ⑤ ㄱ, ㄴ, ㄷ

20 상중하 ▶ 23644-0160

한 개의 주사위를 한 번 던져서 짝수의 눈이 나오는 사건을 A, 2 이하의 눈이 나오는 사건을 B, 소수의 눈이 나오는 사건을 C라 할 때, **보기**에서 옳은 것만을 있는 대로 고른 것은?

보기

ㄱ. 두 사건 A와 B는 서로 독립이다.
ㄴ. 두 사건 A와 C는 서로 종속이다.
ㄷ. 두 사건 A와 $(B \cup C)$는 서로 독립이다.

① ㄱ   ② ㄱ, ㄴ   ③ ㄱ, ㄷ
④ ㄴ, ㄷ   ⑤ ㄱ, ㄴ, ㄷ

21 상중하 ▶ 23644-0161

한 개의 주사위를 한 번 던질 때, 짝수의 눈이 나오는 사건을 A, m ($1 \leq m \leq 6$인 자연수) 이하의 눈이 나오는 사건을 B라 할 때, 두 사건 A와 B가 서로 독립이기 위한 모든 m의 값의 합을 구하시오.

07 사건의 독립과 종속의 성질

두 사건 A, B에 대하여 A와 B가
서로 독립이면 $P(A|B) = P(A|B^c) = P(A)$
서로 종속이면 $P(A|B) \neq P(A|B^c)$

> **올림포스** 확률과 통계 45쪽

22 대표문제 ▶ 23644-0162

두 사건 A, B에 대하여 **보기**에서 옳은 것만을 있는 대로 고른 것은? (단, $0 < P(A) < 1$, $0 < P(B) < 1$이고, A^c은 A의 여사건이다.)

보기

ㄱ. 두 사건 A와 B가 서로 독립이면 $P(A|B) = P(A)$
ㄴ. 두 사건 A와 B가 서로 배반사건이면 $P(A|B) \neq P(A)$
ㄷ. 두 사건 A와 B가 서로 독립이면 두 사건 A^c과 B^c도 서로 독립이다.

① ㄱ   ② ㄴ   ③ ㄱ, ㄴ
④ ㄴ, ㄷ   ⑤ ㄱ, ㄴ, ㄷ

23 상중하 ▶ 23644-0163

두 사건 A, B에 대하여
$P(A|B) = P(A|B^c) = P(A)$가 성립한다.
$P(A^c) = \dfrac{1}{3}$, $P(A \cap B) = \dfrac{1}{6}$일 때, $P(B)$의 값을 구하시오.
(단, A^c은 A의 여사건이다.)

24 상중하 ▶ 23644-0164

두 사건 A, B에 대하여 **보기**에서 옳은 것만을 있는 대로 고른 것은? (단, $0 < P(A) < 1$, $0 < P(B) < 1$이고, A^c은 A의 여사건이다.)

보기

ㄱ. 두 사건 A와 B가 서로 독립이면 $P(A^c|B^c) = 1 - P(A)$
ㄴ. 두 사건 A, B에 대하여 $P(A|B) \neq P(A|B^c)$이면 A와 B는 서로 종속이다.
ㄷ. 두 사건 A와 B가 서로 배반사건이면 두 사건 A^c과 B^c도 서로 배반사건이다.

① ㄱ   ② ㄴ   ③ ㄱ, ㄴ
④ ㄴ, ㄷ   ⑤ ㄱ, ㄴ, ㄷ

08 독립인 사건의 곱셈정리

두 사건 A와 B가 서로 독립이면
$$\mathrm{P}(A \cap B) = \mathrm{P}(A)\mathrm{P}(B)$$

>> **올림포스** 확률과 통계 46쪽

25 대표문제
▶ 23644-0165

서로 독립인 두 사건 A, B에 대하여
$$\mathrm{P}(A) = \frac{3}{5}, \ \mathrm{P}(A \cap B^c) = \frac{1}{5}$$
일 때, $\mathrm{P}(B)$의 값은? (단, B^c은 B의 여사건이다.)

① $\frac{3}{5}$　　　② $\frac{2}{3}$　　　③ $\frac{11}{15}$

④ $\frac{4}{5}$　　　⑤ $\frac{13}{15}$

26 상중하
▶ 23644-0166

한 개의 주사위와 한 개의 동전을 동시에 던질 때, 주사위에서는 3의 배수의 눈이 나오고, 동전은 앞면이 나올 확률은?

① $\frac{1}{6}$　　　② $\frac{1}{3}$　　　③ $\frac{1}{2}$

④ $\frac{2}{3}$　　　⑤ $\frac{5}{6}$

27 상중하
▶ 23644-0167

두 사건 A와 B는 서로 독립이고
$$\mathrm{P}(A \cup B) = \frac{5}{6}, \ \mathrm{P}(B) = \frac{1}{2}$$
일 때, $\mathrm{P}(A^c)$의 값은? (단, A^c은 A의 여사건이다.)

① $\frac{1}{3}$　　　② $\frac{7}{18}$　　　③ $\frac{4}{9}$

④ $\frac{1}{2}$　　　⑤ $\frac{5}{9}$

28 상중하
▶ 23644-0168

서로 독립인 두 사건 A, B에 대하여
$$\mathrm{P}(A \cap B) = \frac{1}{5}, \ \mathrm{P}(A \cup B) = \frac{4}{5}$$
일 때, $\{\mathrm{P}(A)\}^2 + \{\mathrm{P}(B)\}^2$의 값은?

① $\frac{1}{2}$　　　② $\frac{3}{5}$　　　③ $\frac{7}{10}$

④ $\frac{4}{5}$　　　⑤ $\frac{9}{10}$

29 상중하
▶ 23644-0169

A 상자에는 흰 구슬 3개, 검은 구슬 4개가 들어 있고, B 상자에는 흰 구슬 2개, 검은 구슬 5개가 들어 있다. 두 상자 A, B에서 각각 임의로 1개씩 구슬을 동시에 꺼낼 때, 흰 구슬 1개, 검은 구슬 1개가 나올 확률은?

① $\frac{22}{49}$　　　② $\frac{23}{49}$　　　③ $\frac{24}{49}$

④ $\frac{25}{49}$　　　⑤ $\frac{26}{49}$

30 상중하
▶ 23644-0170

어떤 학생이 학교에서 집으로 가는 도중에 도서관, 서점, 카페를 방문할 확률이 각각 $\frac{3}{4}$, $\frac{2}{3}$, $\frac{1}{2}$이다. 이 학생이 학교에서 집으로 가는 도중 도서관, 서점, 카페 중에서 2곳만 방문할 확률을 구하시오.

중요
09 독립시행의 확률

한 번의 시행에서 사건 A가 일어날 확률을 p, 사건 A가 일어나지 않을 확률을 q라 하면 이 시행을 n번 반복하는 독립시행에서 사건 A가 r번 일어날 확률은

$$_nC_r p^r q^{n-r}$$

(단, $p+q=1$, $r=0, 1, 2, \cdots, n$, $p^0=q^0=1$)

> **올림포스** 확률과 통계 46쪽

---

31 대표문제　　　▶ 23644-0171

한 개의 동전을 5번 던질 때, 앞면이 3번 나올 확률은?

① $\dfrac{9}{32}$　　② $\dfrac{5}{16}$　　③ $\dfrac{11}{32}$

④ $\dfrac{3}{8}$　　⑤ $\dfrac{13}{32}$

---

32 상중하　　　▶ 23644-0172

한 개의 주사위를 6번 던질 때, 소수의 눈이 5번 이상 나올 확률은?

① $\dfrac{3}{64}$　　② $\dfrac{1}{16}$　　③ $\dfrac{5}{64}$

④ $\dfrac{3}{32}$　　⑤ $\dfrac{7}{64}$

---

33 상중하　　　▶ 23644-0173

한 개의 주사위를 던져서 3의 배수의 눈이 나오면 동전을 3번 던지고 3의 배수의 눈이 나오지 않으면 동전을 4번 던질 때, 동전의 앞면이 3번 나올 확률은?

① $\dfrac{5}{24}$　　② $\dfrac{1}{4}$　　③ $\dfrac{7}{24}$

④ $\dfrac{1}{3}$　　⑤ $\dfrac{3}{8}$

---

34 상중하　　　▶ 23644-0174

한 개의 동전을 던져서 앞면이 나오면 2점을 얻고 뒷면이 나오면 1점을 잃는 게임에서 동전을 10번 던졌을 때, 11점을 얻을 확률은?

① $\dfrac{7}{64}$　　② $\dfrac{15}{128}$　　③ $\dfrac{1}{8}$

④ $\dfrac{17}{128}$　　⑤ $\dfrac{9}{64}$

---

35 상중하　　　▶ 23644-0175

좌표평면의 원점 위에 점 P가 있다. 점 P는 흰 공 2개, 검은 공 1개가 들어 있는 주머니에서 한 개의 공을 꺼내고 다시 넣을 때마다 다음 규칙에 따라 움직인다.

> (가) 꺼낸 공이 흰 공이면 x축의 방향으로 2만큼, y축의 방향으로 -1만큼 이동한다.
> (나) 꺼낸 공이 검은 공이면 x축의 방향으로 1만큼, y축의 방향으로 1만큼 이동한다.

점 P가 점 $(7, 1)$에 오게 될 확률을 구하시오.

---

36 상중하　　　▶ 23644-0176

A, B 두 학생이 바둑 경기를 할 때, 매 경기에서 A가 이길 확률은 $\dfrac{2}{3}$, B가 이길 확률은 $\dfrac{1}{3}$이다. 다섯 번의 경기에서 세 번 먼저 이기는 학생이 승자가 될 때, A가 승자가 될 확률을 구하시오. (단, 비기는 경우는 없다.)

서술형 완성하기

01 내신기출
▶ 23644-0177

두 사건 A, B가 다음 조건을 만족시킨다.

> (가) $P(A)=\dfrac{1}{2}$, $P(B^C)=\dfrac{2}{5}$
>
> (나) $P(B|A)+P(A|B)=\dfrac{11}{30}$

$P(A^C \cup B^C)$의 값을 구하시오. (단, A^C은 A의 여사건이다.)

02
▶ 23644-0178

어느 학급의 모든 학생은 30명이고, 모든 학생은 교내 활동과 교외 활동 중 하나를 선택하였다. 교내 활동을 선택한 학생의 수는 14명이고, 교외 활동을 선택한 학생의 37.5 %가 여성이다. 이 학급 모든 학생 중에서 임의로 선택한 한 명이 남성일 때, 이 학생이 교내 활동을 선택한 학생일 확률이 $\dfrac{4}{9}$이다. 이 학급의 모든 학생 중에서 임의로 선택한 한 명이 여성일 때, 이 여성이 교외 활동을 선택한 학생일 확률을 구하시오.

03 내신기출
▶ 23644-0179

한 개의 주사위를 두 번 던져서 나오는 두 눈의 수의 합이 4의 배수일 때, 두 눈의 수의 곱이 12의 약수일 확률을 구하시오.

04
▶ 23644-0180

두 사건 A와 B가 서로 독립이고

$$P(A)=\frac{1}{2},\ P(A \cap B^C)-P(A^C \cap B)=\frac{1}{6}$$

일 때, $P(A \cup B)$의 값을 구하시오.

(단, A^C은 A의 여사건이다.)

05
▶ 23644-0181

가로의 길이, 세로의 길이, 높이가 각각 1, $\sqrt{3}$, $\sqrt{6}$인 직육면체 ABCD−EFGH가 있다. 직육면체 ABCD−EFGH의 꼭짓점 중에서 임의로 동시에 선택한 서로 다른 두 점을 연결한 선분의 길이가 2보다 클 때, 이 선분의 길이가 무리수일 확률을 구하시오.

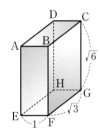

06
▶ 23644-0182

한 개의 주사위를 사용하여 다음 게임을 한다.

> 한 개의 주사위를 던져서
> (가) 나온 눈의 수가 6의 약수이면 P는 2점을 얻는다.
> (나) 나온 눈의 수가 6의 약수가 아니면 P는 1점을 얻는다.

이 게임을 4번 반복한 후, P가 얻은 점수의 합이 6점 이상일 확률을 구하시오.

내신 + 수능 고난도 도전

>> 정답과 풀이 40쪽

01 ▶ 23644-0183

집합 $X=\{1,\ 2,\ 3,\ 4,\ 5\}$에서 X로의 함수 f 중에서 임의로 택한 한 함수가 $f(1)+(2)=6$, $f(3)=3$일 때, 이 함수가 일대일대응일 확률은?

① $\dfrac{1}{25}$ ② $\dfrac{6}{125}$ ③ $\dfrac{7}{125}$ ④ $\dfrac{8}{125}$ ⑤ $\dfrac{9}{125}$

02 실생활 ▶ 23644-0184

어느 대학의 모든 교직원 275명을 대상으로 성별, 연령대별 인원을 조사한 결과가 다음 표와 같다.

(단위: 명)

구분	29세 이하	30대	40대	50대 이상	합계
남성	50	60	a	20	b
여성	25	$2a$	c	d	e

이 대학의 교직원 중에서 임의로 선택한 한 명이 30대일 때, 이 교직원이 여성일 확률과 교직원 중에서 임의로 선택한 한 명이 40대 이상일 때, 이 교직원이 남성일 확률이 서로 같다. $a+b+e$의 값은? (단, $a>10$)

① 280   ② 285   ③ 290   ④ 295   ⑤ 300

03 ▶ 23644-0185

한 개의 주사위를 세 번 던져서 나온 세 눈의 수 중 소수인 눈의 수가 1개일 때, 나온 세 눈의 수의 합이 짝수일 확률은?

① $\dfrac{1}{3}$ ② $\dfrac{10}{27}$ ③ $\dfrac{11}{27}$ ④ $\dfrac{4}{9}$ ⑤ $\dfrac{13}{27}$

04 ▶ 23644-0186

주머니 A에는 흰 공 2개, 검은 공 2개가 들어 있고, 주머니 B에는 흰 공 3개, 검은 공 1개가 들어 있다. 한 개의 주사위를 던져서 나온 눈의 수가 홀수이면 주머니 A에서 2개의 공을 동시에 꺼내고, 짝수이면 주머니 B에서 2개의 공을 꺼낸다. 한 개의 주사위를 던진 후 꺼낸 2개의 공의 색이 같을 때, 2개의 공이 모두 흰 공일 확률은?

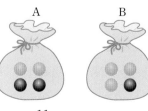

① $\dfrac{3}{5}$ ② $\dfrac{2}{3}$ ③ $\dfrac{11}{15}$ ④ $\dfrac{4}{5}$ ⑤ $\dfrac{13}{15}$

▶ 23644-0187

05 집합 $U=\{x|x는 10 이하의 자연수\}$의 원소 중에서 임의로 한 원소를 택하는 시행에서 7의 배수 또는 8의 약수가 나오는 사건을 A라 하고, 10 이하의 자연수 n에 대하여 n 이하의 수가 나오는 사건을 B_n이라 하자. 두 사건 A와 B_n이 서로 독립이 되도록 하는 모든 자연수 n의 값의 합을 구하시오.

▶ 23644-0188

06 세 학생 A, B, C가 가위바위보를 하여 이기는 사람이 한 명뿐일 때, 승부가 난다고 하자. 승부가 나지 않으면 세 학생 A, B, C 모두가 다시 승부가 날 때까지 가위바위보를 한다. 3번 이하의 가위바위보를 하여 승부가 날 확률은?

① $\dfrac{5}{9}$ ② $\dfrac{16}{27}$ ③ $\dfrac{17}{27}$ ④ $\dfrac{2}{3}$ ⑤ $\dfrac{19}{27}$

▶ 23644-0189

07 1부터 7까지의 자연수가 하나씩 적혀 있는 7개의 공이 들어 있는 상자가 있다. 이 상자에서 갑이 임의로 두 개의 공을 동시에 꺼낸 후, 을이 임의로 두 개의 공을 동시에 꺼낸다. 갑과 을이 꺼낸 두 개의 공에 적혀 있는 자연수의 합을 각각 p, q라 하자. p가 짝수일 때, $p>q$일 확률은? (단, 꺼낸 공은 다시 넣지 않는다.)

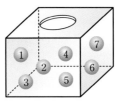

① $\dfrac{2}{9}$ ② $\dfrac{1}{3}$ ③ $\dfrac{4}{9}$ ④ $\dfrac{5}{9}$ ⑤ $\dfrac{2}{3}$

▶ 23644-0190

08 좌표평면 위의 점 P에 대하여 동전 세 개를 동시에 던져서 모두 같은 면이 나오면 점 P를 x축의 방향으로 2만큼 평행이동하고, 모두 같은 면이 나오지 않으면 점 P를 y축의 방향으로 1만큼 평행이동하는 시행이 있다. 원점 O에 있던 점 P가 이 시행을 5번 반복한 후, 선분 OP의 길이가 자연수가 될 확률이 $\dfrac{q}{p}$일 때, $p+q$의 값을 구하시오. (단, p와 q는 서로소인 자연수이다.)

통계

05. 이산확률변수의 확률분포

06. 정규분포

07. 통계적 추정

개념 확인하기 05 이산확률변수의 확률분포

01 확률변수와 확률분포

(1) **확률변수**: 어떤 시행에서 표본공간의 각 원소에 하나의 실수의 값을 대응시키는 함수를 확률변수라고 한다. 확률변수 X가 어떤 값 x를 가질 확률을 기호로 $\mathrm{P}(X=x)$와 같이 나타낸다.

(2) **확률분포**: 확률변수 X가 갖는 값과 X가 이 값을 가질 확률 사이의 대응 관계를 확률변수 X의 확률분포라고 한다.

> 확률변수는 표본공간을 정의역으로 하고 실수 전체의 집합을 공역으로 하는 함수이지만 변수의 역할도 하기 때문에 확률변수라고 한다.

02 이산확률변수의 확률분포

(1) **이산확률변수**: 확률변수 X가 갖는 값이 유한개이거나 무한히 많더라도 자연수와 같이 일일이 셀 수 있을 때, 그 확률변수 X를 이산확률변수라고 한다.

(2) **이산확률변수의 확률분포**: 이산확률변수 X가 갖는 값이 x_1, x_2, x_3, $\cdots$, x_n이고 X가 이 값들을 가질 확률이 각각 p_1, p_2, p_3, $\cdots$, p_n일 때, x_1, x_2, x_3, $\cdots$, x_n과 p_1, p_2, p_3, $\cdots$, p_n 사이의 대응 관계를 이산확률변수 X의 확률분포라 하고, 이 대응 관계를 나타내는 함수

$$\mathrm{P}(X=x_i)=p_i \ (i=1,\ 2,\ 3,\ \cdots,\ n)$$

을 이산확률변수 X의 확률질량함수라고 한다.
이때 이산확률변수 X의 확률분포는 다음과 같이 표로 나타낼 수 있다.

> 확률변수는 보통 알파벳 대문자 X, Y, Z, $\cdots$로 나타내고, 확률변수가 갖는 값은 소문자 x, y, z, $\cdots$로 나타낸다.

X	x_1	x_2	x_3	$\cdots$	x_n	합계
$\mathrm{P}(X=x)$	p_1	p_2	p_3	$\cdots$	p_n	1

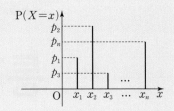

03 확률질량함수의 성질

이산확률변수 X가 갖는 값이 x_1, x_2, x_3, $\cdots$, x_n이고 X의 확률질량함수가 $\mathrm{P}(X=x_i)=p_i$ $(i=1,\ 2,\ 3,\ \cdots,\ n)$일 때, 확률의 기본 성질에 의하여 다음이 성립한다.

(1) $0 \le p_i \le 1$

(2) $p_1+p_2+p_3+\cdots+p_n=1$

> $\mathrm{P}(x_i \le X \le x_j)$
> $=\mathrm{P}(X=x_i)+\mathrm{P}(X=x_{i+1})$
> $\qquad\qquad +\cdots+\mathrm{P}(X=x_j)$
> (단, $i,\ j=1,\ 2,\ 3,\ \cdots,\ n,\ i \le j$)

04 이산확률변수 X의 기댓값(평균)

이산확률변수 X의 확률분포가 오른쪽 표와 같을 때,

X	x_1	x_2	x_3	$\cdots$	x_n	합계
$\mathrm{P}(X=x)$	p_1	p_2	p_3	$\cdots$	p_n	1

$$x_1p_1+x_2p_2+x_3p_3+\cdots+x_np_n$$

을 확률변수 X의 기댓값 또는 평균이라 하고, 기호로 $\mathrm{E}(X)$ 또는 m과 같이 나타낸다.
즉, $\mathrm{E}(X)=m=x_1p_1+x_2p_2+x_3p_3+\cdots+x_np_n$

> $\mathrm{E}(X)$의 E는 기댓값을 뜻하는 Expectation의 첫 글자이다.

> m은 평균을 뜻하는 mean의 첫 글자이다.

01 확률변수와 확률분포

[01~02] 한 개의 동전을 두 번 던지는 시행에서 동전의 앞면이 나오는 횟수를 확률변수 X라 할 때, 다음을 구하시오.

01 X가 가질 수 있는 값

02 $\mathrm{P}(X=2)$

[03~04] 1부터 5까지의 자연수가 하나씩 적혀 있는 5장의 카드가 들어 있는 주머니에서 임의로 2장의 카드를 동시에 꺼내는 시행에서 꺼낸 카드에 적힌 수의 최솟값을 확률변수 X라 할 때, 다음을 구하시오.

03 X가 가질 수 있는 값

04 $\mathrm{P}(X=3)$

02 이산확률변수의 확률분포

05 다음 확률변수 중 이산확률변수가 <u>아닌</u> 것은?

① 한 개의 주사위를 한 번 던졌을 때 나오는 눈의 수
② 두 개의 동전을 동시에 던졌을 때 뒷면이 나오는 동전의 개수
③ 자유투 성공률이 80 %인 농구선수가 3번의 자유투를 할 때 성공한 횟수
④ 어느 항공사의 비행기가 인천공항을 출발하여 제주공항에 도착할 때까지 걸리는 시간
⑤ 흰 공 2개와 검은 공 3개가 들어 있는 주머니에서 임의로 3개의 공을 동시에 꺼낼 때 나오는 검은 공의 개수

[06~09] 흰 공 1개와 검은 공 2개가 들어 있는 주머니에서 임의로 2개의 공을 동시에 꺼내는 시행에서 나오는 흰 공의 개수를 확률변수 X, 나오는 검은 공의 개수를 확률변수 Y라 할 때, 다음을 구하시오.

06 확률변수 X의 확률질량함수를 구하시오.

07 확률변수 X의 확률분포를 표로 나타내시오.

08 확률변수 Y의 확률질량함수를 구하시오.

09 확률변수 Y의 확률분포를 표로 나타내시오.

03 확률질량함수의 성질

[10~14] 이산확률변수 X의 확률분포를 표로 나타내면 아래와 같을 때, 다음을 구하시오.

X	0	1	2	3	합계
$\mathrm{P}(X=x)$	$\dfrac{1}{6}$	a	$\dfrac{1}{3}$	$\dfrac{1}{6}$	1

10 a의 값

11 $\mathrm{P}(X\leq 2)$

12 $\mathrm{P}(X\geq 0)$

13 $\mathrm{P}(X>3)$

14 $\mathrm{P}\left(\dfrac{1}{2}\leq X\leq \dfrac{5}{2}\right)$

[15~17] 이산확률변수 X가 갖는 값이 $-2, -1, 0, 1, 2$이고 X의 확률질량함수가

$$\mathrm{P}(X=x)=\begin{cases} \dfrac{1}{8} \ (x=-2, -1, 0, 1) \\ a \ (x=2) \end{cases}$$

일 때, 다음을 구하시오.

15 상수 a의 값

16 $\mathrm{P}(X\geq 0)$

17 $\mathrm{P}(|X|\leq 1)$

04 이산확률변수 X의 기댓값(평균)

18 이산확률변수 X의 확률분포를 표로 나타내면 다음과 같을 때, $\mathrm{E}(X)$의 값을 구하시오.

X	0	2	4	6	합계
$\mathrm{P}(X=x)$	$\dfrac{2}{5}$	$\dfrac{3}{10}$	$\dfrac{1}{5}$	$\dfrac{1}{10}$	1

[19~20] 이산확률변수 X가 갖는 값이 1, 2, 3이고 X의 확률질량함수가

$$\mathrm{P}(X=x)=\dfrac{x}{a} \ (x=1, 2, 3)$$

일 때, 다음을 구하시오.

19 a의 값

20 $\mathrm{E}(X)$

05 이산확률변수의 확률분포

05 이산확률변수 X의 분산, 표준편차

이산확률변수 X의 기댓값(평균)을 m이라고 할 때, 이산확률변수 X의 분산, 표준편차는 다음과 같다.

(1) 분산: 확률변수 $(X-m)^2$의 평균을 확률변수 X의 분산이라 하고, 기호로 $V(X)$와 같이 나타낸다.
$$V(X)=E((X-m)^2)=E(X^2)-\{E(X)\}^2$$

(2) 표준편차: 분산 $V(X)$의 양의 제곱근을 확률변수 X의 표준편차라 하고, 기호로 $\sigma(X)$와 같이 나타낸다.
$$\sigma(X)=\sqrt{V(X)}$$

$V(X)$의 V는 분산을 뜻하는 Variance의 첫 글자이고, $\sigma(X)$의 σ는 표준편차를 뜻하는 standard deviation의 첫 글자 s에 해당하는 그리스 문자이고, 시그마(sigma)라고 읽는다.

06 이산확률변수 $aX+b$의 평균, 분산, 표준편차

이산확률변수 X와 두 상수 a, b $(a\neq 0)$에 대하여 이산확률변수 $aX+b$의 평균, 분산, 표준편차는 다음과 같다.

(1) $E(aX+b)=aE(X)+b$

(2) $V(aX+b)=a^2V(X)$

(3) $\sigma(aX+b)=|a|\sigma(X)$

일반적으로 모든 확률변수에 대하여 왼쪽 성질이 성립한다.

07 이항분포

한 번의 시행에서 사건 A가 일어날 확률이 p로 일정할 때, n번의 독립시행에서 사건 A가 일어나는 횟수를 확률변수 X라고 하면 X가 갖는 값은 $0, 1, 2, \cdots, n$이고, X의 확률질량함수는 $P(X=x)={}_nC_xp^xq^{n-x}$ (단, $x=0, 1, 2, \cdots, n$이고 $q=1-p$, $p^0=q^0=1$)

이와 같은 확률변수 X의 확률분포를 이항분포라 하고, 기호로 $B(n, p)$와 같이 나타낸다. 이때 확률변수 X는 이항분포 $B(n, p)$를 따른다고 하며, X의 확률분포를 표로 나타내면 다음과 같다.

X	0	1	2	$\cdots$	x	$\cdots$	n	합계
$P(X=x)$	${}_nC_0q^n$	${}_nC_1p^1q^{n-1}$	${}_nC_2p^2q^{n-2}$	$\cdots$	${}_nC_xp^xq^{n-x}$	$\cdots$	${}_nC_np^n$	1

이항분포 $B(n, p)$에서 B는 이항분포를 뜻하는 Binomial distribution의 첫 글자이다.

08 이항분포의 평균, 분산, 표준편차

확률변수 X가 이항분포 $B(n, p)$를 따를 때

(1) 평균: $E(X)=np$

(2) 분산: $V(X)=npq$ (단, $q=1-p$)

(3) 표준편차: $\sigma(X)=\sqrt{V(X)}=\sqrt{npq}$ (단, $q=1-p$)

09 큰수의 법칙

어떤 시행에서 사건 A가 일어날 수학적 확률이 p일 때, n번의 독립시행에서 사건 A가 일어나는 횟수를 X라고 하면 임의의 양수 h에 대하여 n의 값이 한없이 커질 때, 확률 $P\left(\left|\dfrac{X}{n}-p\right|<h\right)$의 값은 1에 한없이 가까워진다.

큰수의 법칙에 의하여 시행 횟수 n이 충분히 클 때 상대도수 $\dfrac{X}{n}$, 즉 통계적 확률은 수학적 확률에 가까워진다. 따라서 자연 및 사회 현상에서 수학적 확률을 구하기 곤란한 경우에는 시행 횟수를 충분히 크게 한 후 통계적 확률을 이용할 수 있다.

05 이산확률변수 X의 분산, 표준편차

[21~23] 확률변수 X의 확률변수를 표로 나타내면 아래와 같을 때 다음을 구하시오.

X	0	2	4	6	합계
$P(X=x)$	$\frac{1}{4}$	$\frac{1}{4}$	$\frac{1}{4}$	a	1

21 a의 값

22 $V(X)$

23 $\sigma(X)$

[24~25] 확률변수 X에 대하여 $E(X)=3$, $E(X^2)=13$일 때, 다음을 구하시오.

24 $V(X)$

25 $\sigma(X)$

[26~27] 확률변수 X에 대하여 $E(X)=3$, $E((X-3)^2)=9$일 때, 다음을 구하시오.

26 $E(X^2)$

27 $\sigma(X)$

06 이산확률변수 $aX+b$의 평균, 분산, 표준편차

[28~30] 확률변수 X에 대하여 $E(X)=5$, $V(X)=16$일 때, 다음을 구하시오.

28 $E(2X-1)$

29 $V(2X-1)$

30 $\sigma(2X-1)$

[31~33] 확률변수 X의 확률분포를 표로 나타내면 아래와 같을 때 다음을 구하시오.

X	-1	0	1	합계
$P(X=x)$	$\frac{1}{6}$	$\frac{1}{3}$	$\frac{1}{2}$	1

31 $E(2-X)$

32 $V(2-X)$

33 $\sigma(2-X)$

07 이항분포

[34~37] 다음 확률변수 X를 이항분포 $B(n,\ p)$의 꼴로 나타내시오.

34 한 개의 동전을 6번 던질 때 동전의 앞면이 나오는 횟수 X

35 한 개의 주사위를 20번 던질 때 5의 약수의 눈이 나오는 횟수 X

36 확률질량함수가 $P(X=x)={}_4C_x\frac{1}{2^4}$ $(x=0,\ 1,\ 2,\ 3,\ 4)$인 확률변수 X

37 확률질량함수가
$$P(X=x)={}_{10}C_x\frac{2^x}{3^{10}}\ (x=0,\ 1,\ 2,\ \cdots,\ 10,\ 2^0=1)$$
인 확률변수 X

[38~40] 확률변수 X가 이항분포 $B\left(16,\ \frac{1}{2}\right)$을 따를 때, 다음을 구하시오.

38 확률변수 X의 확률질량함수 $P(X=x)$

39 $P(X=1)$

40 $P(X \leq 15)$

08 이항분포의 평균, 분산, 표준편차

[41~43] 확률변수 X가 이항분포 $B\left(100,\ \frac{1}{5}\right)$을 따를 때, 다음을 구하시오.

41 $E(X)$

42 $V(X)$

43 $\sigma(X)$

[44~46] 한 개의 주사위를 9번 던질 때 3의 배수의 눈이 나오는 횟수를 확률변수 X라 하자. 다음을 구하시오.

44 $E(3X+2)$

45 $V(3X+2)$

46 $\sigma(3X+2)$

01 확률질량함수의 성질 (1)

이산확률변수 X가 갖는 값이 x_1, x_2, x_3, $\cdots$, x_n이고 X의 확률질량함수가 $P(X=x_i)=p_i$ $(i=1, 2, 3, \cdots, n)$일 때, 확률의 기본 성질에 의하여

(1) $0 \leq p_i \leq 1$

(2) $p_1+p_2+p_3+\cdots+p_n=1$

> **올림포스** 확률과 통계 58쪽

01 대표문제   23644-0191

다음은 확률변수 X의 확률분포를 표로 나타낸 것이다.

X	-2	0	2	합계
$P(X=x)$	a^2	$\dfrac{a}{3}$	$\dfrac{1}{3}$	1

a의 값은?

① $\dfrac{2}{9}$ ② $\dfrac{1}{3}$ ③ $\dfrac{4}{9}$

④ $\dfrac{5}{9}$ ⑤ $\dfrac{2}{3}$

02 상중하   ▶ 23644-0192

확률변수 X가 갖는 값이 1, 2, 3이고 X의 확률질량함수가

$$P(X=x)=\frac{x^2}{k} \ (x=1, 2, 3)$$

일 때, 상수 k의 값을 구하시오.

03 상중하   ▶ 23644-0193

확률변수 X가 갖는 값이 1, 2, 3, $\cdots$, 10이고 X의 확률질량함수가

$$P(X=x)=\frac{k}{x(x+1)} \ (x=1, 2, 3, \cdots, 10)$$

일 때, $P\left(X=\dfrac{11}{k}\right)$의 값을 구하시오. (단, k는 상수이다.)

02 확률질량함수의 성질 (2)

이산확률변수 X가 갖는 값이 x_1, x_2, x_3, $\cdots$, x_n이고 X의 확률질량함수가 $P(X=x_i)=p_i$ $(i=1, 2, 3, \cdots, n)$일 때,

$$P(x_i \leq X \leq x_j)$$
$$=P(X=x_i)+P(X=x_{i+1})+\cdots+P(X=x_j)$$
$$(단, \ i, j=1, 2, 3, \cdots, n, \ i \leq j)$$

> **올림포스** 확률과 통계 58쪽

04 대표문제   ▶ 23644-0194

다음은 확률변수 X의 확률분포를 표로 나타낸 것이다.

X	0	1	2	3	합계
$P(X=x)$	a	$4a$	$9a$	$\dfrac{3}{10}$	1

$P(X^2-3X+2 \leq 0)$의 값은?

① $\dfrac{1}{2}$ ② $\dfrac{11}{20}$ ③ $\dfrac{3}{5}$

④ $\dfrac{13}{20}$ ⑤ $\dfrac{7}{10}$

05 상중하   ▶ 23644-0195

확률변수 X가 갖는 값이 0, 1, 2, 3, 4이고 X의 확률질량함수가

$$P(X=x)=ax+a \ (x=0, 1, 2, 3, 4)$$

일 때, $P(X>2)$의 값은? (단, a는 상수이다.)

① $\dfrac{8}{15}$ ② $\dfrac{3}{5}$ ③ $\dfrac{2}{3}$

④ $\dfrac{11}{15}$ ⑤ $\dfrac{4}{5}$

06 상중하   ▶ 23644-0196

확률변수 X가 갖는 값이 1, 2, 3, 4, 5이고 X의 확률질량함수가

$$P(X=x)=\frac{a}{\sqrt{3x+1}+\sqrt{3x-2}} \ (x=1, 2, 3, 4, 5)$$

일 때, $P(|X-3|=2)=\dfrac{m-\sqrt{n}}{3}$이다. 두 유리수 m, n에 대하여 $m+n$의 값을 구하시오. (단, a는 상수이다.)

03 이산확률변수의 확률

주어진 조건 또는 상황에서 이산확률변수 X가 가질 수 있는 값을 모두 찾고, X가 각각의 값을 가질 확률을 구한다.

>> 올림포스 확률과 통계 59쪽

04 이산확률변수의 평균(기댓값)

중요

이산확률변수 X의 확률질량함수가
$P(X=x_i)=p_i$ $(i=1, 2, 3, \cdots, n)$일 때,
$$E(X)=x_1p_1+x_2p_2+x_3p_3+\cdots+x_np_n$$

>> 올림포스 확률과 통계 59쪽

07 대표문제
▶ 23644-0197

남학생 3명과 여학생 4명 중에서 임의로 대표 3명을 뽑을 때, 뽑힌 여학생의 수를 확률변수 X라 하자. $P(X\leq 2)$의 값은?

① $\dfrac{4}{5}$ ② $\dfrac{29}{35}$ ③ $\dfrac{6}{7}$

④ $\dfrac{31}{35}$ ⑤ $\dfrac{32}{35}$

08 상중하
▶ 23644-0198

한 개의 주사위를 던져서 나오는 눈의 수의 양의 약수의 개수를 확률변수 X라 할 때, $P(X=2)\times P(X=3)$의 값은?

① $\dfrac{1}{12}$ ② $\dfrac{1}{6}$ ③ $\dfrac{1}{4}$

④ $\dfrac{1}{3}$ ⑤ $\dfrac{5}{12}$

09 상중하
▶ 23644-0199

한 개의 주사위를 던져서 나오는 눈의 수가 홀수이면 동전 3개를 동시에 던지고 짝수이면 동전 2개를 동시에 던질 때, 앞면이 나오는 동전의 개수를 확률변수 X라 하자.
$P(X^2-3X=0)$의 값은?

① $\dfrac{3}{16}$ ② $\dfrac{1}{4}$ ③ $\dfrac{5}{16}$

④ $\dfrac{3}{8}$ ⑤ $\dfrac{7}{16}$

10 대표문제
▶ 23644-0200

다음은 이산확률변수 X의 확률분포를 표로 나타낸 것이다.

X	0	1	2	3	합계
$P(X=x)$	a	b	$\dfrac{1}{4}$	$\dfrac{1}{6}$	1

$E(X)=\dfrac{3}{2}$일 때, $\dfrac{b}{a}$의 값을 구하시오.

11 상중하
▶ 23644-0201

이산확률변수 X가 갖는 값이 1, 2, 3, 4이고 X의 확률질량함수가
$$P(X=x)=ax \ (x=1, 2, 3, 4)$$
일 때, $\dfrac{E(X)}{a}$의 값은? (단, a는 상수이다.)

① 15 ② 20 ③ 25

④ 30 ⑤ 35

12 상중하
▶ 23644-0202

-1, 0, 1, 2가 하나씩 적혀 있는 4장의 카드가 들어 있는 주머니에서 임의로 2장의 카드를 동시에 꺼낼 때, 꺼낸 카드에 적혀 있는 두 수 중 큰 수를 확률변수 X라 하자. $E(X^2)$의 값은?

① 2 ② $\dfrac{7}{3}$ ③ $\dfrac{8}{3}$

④ 3 ⑤ $\dfrac{10}{3}$

05 이산확률변수의 분산

평균이 m인 이산확률변수 X의 분산은 확률변수 $(X-m)^2$의 평균이므로

$$\mathrm{V}(X) = \mathrm{E}((X-m)^2)$$
$$= \mathrm{E}(X^2) - \{\mathrm{E}(X)\}^2$$

> 올림포스 확률과 통계 59쪽

13 대표문제
▶ 23644-0203

다음은 이산확률변수 X의 확률분포를 표로 나타낸 것이다.

X	-1	0	1	2	합계
$\mathrm{P}(X=x)$	a	b	$\dfrac{1}{5}$	$\dfrac{1}{5}$	1

$\mathrm{P}(X \geq 0) = \dfrac{4}{5}$일 때, $\dfrac{\mathrm{V}(X)}{a+b}$의 값은?

① $\dfrac{23}{15}$ ② $\dfrac{8}{5}$ ③ $\dfrac{5}{3}$

④ $\dfrac{26}{15}$ ⑤ $\dfrac{9}{5}$

14 상중하
▶ 23644-0204

이산확률변수 X에 대하여 $\mathrm{E}(X^2)=13$, $\mathrm{V}(X)=4$일 때, $\{\mathrm{E}(X)\}^4$의 값은?

① 3 ② 9 ③ 27

④ 81 ⑤ 243

15 상중하
▶ 23644-0205

흰 공 3개와 검은 공 4개가 들어 있는 주머니에서 임의로 3개의 공을 동시에 꺼낼 때, 꺼낸 흰 공의 개수와 검은 공의 개수의 곱을 확률변수 X라 하자. $\mathrm{V}(X)$의 값은?

① $\dfrac{24}{49}$ ② $\dfrac{26}{49}$ ③ $\dfrac{4}{7}$

④ $\dfrac{30}{49}$ ⑤ $\dfrac{32}{49}$

06 이산확률변수의 표준편차

이산확률변수 X의 표준편차는 분산 $\mathrm{V}(X)$의 양의 제곱근이므로

$$\sigma(X) = \sqrt{\mathrm{V}(X)}$$

> 올림포스 확률과 통계 59쪽

16 대표문제
▶ 23644-0206

3개의 동전을 동시에 던질 때 앞면이 나오는 동전의 개수를 확률변수 X라 하자. $\dfrac{\mathrm{V}(X)}{\sigma(X)}$의 값은?

① $\dfrac{1}{2}$ ② $\dfrac{\sqrt{2}}{4}$ ③ $\dfrac{\sqrt{3}}{3}$

④ $\dfrac{\sqrt{3}}{2}$ ⑤ 1

17 상중하
▶ 23644-0207

이산확률변수 X에 대하여

$$\mathrm{E}(X^2)=25, \; \sigma(X)=4$$

일 때, $\mathrm{E}(X)$의 최댓값과 최솟값을 각각 M, m이라 하자. $M-m$의 값은?

① 2 ② 3 ③ 4

④ 5 ⑤ 6

18 상중하
▶ 23644-0208

다음은 이산확률변수 X의 확률분포를 표로 나타낸 것이다.

X	-2	0	2	합계
$\mathrm{P}(X=x)$	a	b	a	1

$\mathrm{V}(X)=\sigma(X)$일 때, $a+b$의 값은? (단, $\mathrm{V}(X) \neq 0$)

① $\dfrac{11}{16}$ ② $\dfrac{3}{4}$ ③ $\dfrac{13}{16}$

④ $\dfrac{7}{8}$ ⑤ $\dfrac{15}{16}$

07 이산확률변수의 기댓값 - 실생활

이산확률변수 X의 확률질량함수가
$P(X=x_i)=p_i\,(i=1,\,2,\,3,\,\cdots,\,n)$일 때,
X의 기댓값은 $E(X)=x_1p_1+x_2p_2+x_3p_3+\cdots+x_np_n$

> ➤ **올림포스** 확률과 통계 59쪽

19 [대표문제] ▶ 23644-0209

10원짜리 동전 2개와 50원짜리 동전 1개를 동시에 던져 앞면이 나오는 동전을 모두 받는 게임이 있다. 이 게임을 한 번 해서 받을 수 있는 금액의 기댓값은?

① 31원   ② 32원   ③ 33원
④ 34원   ⑤ 35원

20 (상중하) ▶ 23644-0210

각 면에 1, 1, 1, 2, 2, 3이 각각 하나씩 적혀 있는 정육면체 모양의 상자를 던졌을 때, 바닥에 닿은 면에 적혀 있는 수의 기댓값은?

① $\dfrac{3}{2}$ ② $\dfrac{5}{3}$ ③ $\dfrac{11}{6}$
④ 2   ⑤ $\dfrac{13}{6}$

21 (상중하) ▶ 23644-0211

형철이가 서로 다른 세 숫자의 비밀번호로 되어 있는 자전거 자물쇠를 여는 세 숫자 1, 4, 9는 기억하지만 세 숫자의 배열 순서를 잊어버렸다. 세 숫자 1, 4, 9를 임의로 배열하여 자물쇠를 여는 시도를 할 때, 자물쇠가 열릴 때까지 형철이가 시도한 횟수의 기댓값은?

(단, 한 번 시도한 숫자의 배열은 다시 시도하지 않는다.)

① $\dfrac{5}{2}$ ② 3   ③ $\dfrac{7}{2}$
④ 4   ⑤ $\dfrac{9}{2}$

08 확률변수 $aX+b$의 평균

이산확률변수 X와 두 상수 $a,\,b\,(a\neq0)$에 대하여
$$E(aX+b)=aE(X)+b$$

> ➤ **올림포스** 확률과 통계 60쪽

22 [대표문제] ▶ 23644-0212

숫자 1, 2, 2, 3, 3이 하나씩 적혀 있는 5개의 공이 들어 있는 주머니에서 임의로 한 개의 공을 꺼낼 때, 꺼낸 공에 적혀 있는 수를 확률변수 X라 하자. $E(5X-1)$의 값은?

① 10   ② 11   ③ 12
④ 13   ⑤ 14

23 (상중하) ▶ 23644-0213

이산확률변수 X에 대하여 $E(3X-1)=2$일 때,
$E(1-2X)\times E(1+2X)$의 값은?

① -1 ② -2 ③ -3
④ -4 ⑤ -5

24 (상중하) ▶ 23644-0214

다음은 이산확률변수 X의 확률분포를 표로 나타낸 것이다.

X	-2	1	2	합계
$P(X=x)$	a	$2a$	$\dfrac{1}{7}$	1

확률변수 $Y=\dfrac{X+2}{a}$의 평균은?

① 4   ② 5   ③ 6
④ 7   ⑤ 8

09 확률변수 $aX+b$의 분산, 표준편차

이산확률변수 X와 두 상수 a, $b\ (a\neq0)$에 대하여
(1) $\mathrm{V}(aX+b)=a^2\mathrm{V}(X)$
(2) $\sigma(aX+b)=|a|\sigma(X)$

➤➤ **올림포스** 확률과 통계 60쪽

25 대표문제

▶ 23644-0215

한 개의 주사위를 던져서 나오는 눈의 수를 4로 나누었을 때의 나머지를 확률변수 X라 하자. $\mathrm{V}(6-6X)$의 값은?

① 31   ② 33   ③ 35
④ 37   ⑤ 39

26 상중하

▶ 23644-0216

이산확률변수 X와 $Y=aX+b$에 대하여
$$\mathrm{E}(X)=2,\ \mathrm{E}(X^2)=10,\ \mathrm{E}(Y)=-4,\ \mathrm{V}(Y)=54$$
일 때, ab의 최댓값은? (단, a, b는 상수이다.)

① -6 ② -3 ③ 0
④ 3 ⑤ 6

27 상중하

▶ 23644-0217

이산확률변수 X가 갖는 값이 1, 2, 3이고 X의 확률질량함수가
$$\mathrm{P}(X=x)=\frac{a}{2^x}\ (x=1,\ 2,\ 3)$$
일 때, $\sigma(\sqrt{2}X+\sqrt{3})$의 값은? (단, a는 상수이다.)

① $\frac{1}{7}\sqrt{13}$ ② $\frac{2}{7}\sqrt{13}$ ③ $\frac{3}{7}\sqrt{13}$
④ $\frac{4}{7}\sqrt{13}$ ⑤ $\frac{5}{7}\sqrt{13}$

10 이항분포와 확률

확률변수 X가 이항분포 $\mathrm{B}(n,\ p)$를 따를 때, X의 확률질량함수는
$$\mathrm{P}(X=x)={}_n\mathrm{C}_x p^x q^{n-x}$$
(단, $x=0,\ 1,\ 2,\ \cdots,\ n$이고 $q=1-p$, $p^0=q^0=1$)

➤➤ **올림포스** 확률과 통계 61쪽

28 대표문제

▶ 23644-0218

한 번의 타석에서 안타를 칠 확률이 0.25인 야구선수 A가 4번의 타석에서 안타를 3번 이상 칠 확률이 $\frac{q}{p}$일 때, $p+q$의 값을 구하시오. (단, p와 q는 서로소인 자연수이다.)

29 상중하

▶ 23644-0219

한 개의 주사위를 9번 던질 때 4의 약수인 눈이 5번 이상 나올 확률은?

① $\frac{1}{2}$ ② $\frac{1}{3}$ ③ $\frac{1}{4}$
④ $\frac{1}{5}$ ⑤ $\frac{1}{6}$

30 상중하

▶ 23644-0220

기계 A에서 생산되는 제품의 불량률이 10 %라고 한다. 기계 A로 10개의 제품을 생산할 때 나오는 불량품의 개수가 1개 이하일 확률이 $n\times\dfrac{9^9}{10^{10}}$이다. 자연수 n의 값은?

① 11   ② 13   ③ 15
④ 17   ⑤ 19

11 이항분포의 평균, 분산, 표준편차 (1)

확률변수 X가 이항분포 $\mathrm{B}(n, p)$를 따를 때

(1) **평균**: $\mathrm{E}(X)=np$

(2) **분산**: $\mathrm{V}(X)=npq$ (단, $q=1-p$)

(3) **표준편차**: $\sigma(X)=\sqrt{\mathrm{V}(X)}=\sqrt{npq}$ (단, $q=1-p$)

> **올림포스** 확률과 통계 61쪽

31 대표문제
▶ 23644-0221

확률변수 X가 이항분포 $\mathrm{B}\left(n, \dfrac{1}{2}\right)$을 따르고 $\mathrm{E}(X^2)=68$일 때, $\sigma(X)$의 값은?

① 1 ② 2 ③ 3

④ 4 ⑤ 5

32 상중하
▶ 23644-0222

확률변수 X가 이항분포 $\mathrm{B}\left(n, \dfrac{1}{4}\right)$을 따르고 $\mathrm{E}(X)=3$일 때, $\mathrm{V}(X)$의 값은?

① 2 ② $\dfrac{9}{4}$ ③ $\dfrac{5}{2}$

④ $\dfrac{11}{4}$ ⑤ 3

33 상중하
▶ 23644-0223

자연수 n에 대하여 이항분포 $\mathrm{B}(2n, p)$를 따르는 확률변수 X가 다음 조건을 만족시킨다.

(가) $4\mathrm{P}(X=n-1)=\mathrm{P}(X=n+1)$
(나) $\mathrm{E}(X)=48$

$\mathrm{V}(X)+\sigma(X)$의 값은? (단, $0<p<1$)

① 10 ② 15 ③ 20

④ 25 ⑤ 30

12 이항분포의 평균, 분산, 표준편차 (2)

확률변수 X의 확률질량함수가

$$\mathrm{P}(X=x)={}_n\mathrm{C}_x p^x q^{n-x}$$

$(x=0, 1, 2, \cdots, n$이고 $q=1-p$, $p^0=q^0=1)$

이면 X는 이항분포 $\mathrm{B}(n, p)$를 따른다.

> **올림포스** 확률과 통계 61쪽

34 대표문제
▶ 23644-0224

확률변수 X가 갖는 값이 0, 1, 2, $\cdots$, 100이고 X의 확률질량함수가

$$\mathrm{P}(X=x)={}_{100}\mathrm{C}_x\left(\dfrac{2}{5}\right)^x\left(\dfrac{3}{5}\right)^{100-x}$$

$$\left(x=0, 1, 2, \cdots, 100, \left(\dfrac{2}{5}\right)^0=\left(\dfrac{3}{5}\right)^0=1\right)$$

일 때, $\mathrm{E}(X)+\mathrm{V}(X)$의 값은?

① 48 ② 52 ③ 56

④ 60 ⑤ 64

35 상중하
▶ 23644-0225

자연수 n에 대하여 확률변수 X가 갖는 값이 0, 1, 2, $\cdots$, n이고 X의 확률질량함수가

$$\mathrm{P}(X=x)={}_n\mathrm{C}_x\dfrac{1}{2^n}\left(x=0, 1, 2, \cdots, n, \left(\dfrac{1}{2}\right)^0=1\right)$$

이다. $\mathrm{E}(X)=20$일 때, $\sigma(X)$의 값은?

① $\sqrt{6}$ ② $\sqrt{7}$ ③ $2\sqrt{2}$

④ 3 ⑤ $\sqrt{10}$

36 상중하
▶ 23644-0226

등식

$${}_{20}\mathrm{C}_1\left(\dfrac{1}{5}\right)\left(\dfrac{4}{5}\right)^{19}+2\,{}_{20}\mathrm{C}_2\left(\dfrac{1}{5}\right)^2\left(\dfrac{4}{5}\right)^{18}+3\,{}_{20}\mathrm{C}_3\left(\dfrac{1}{5}\right)^3\left(\dfrac{4}{5}\right)^{17}$$

$$+\cdots+19\,{}_{20}\mathrm{C}_{19}\left(\dfrac{1}{5}\right)^{19}\left(\dfrac{4}{5}\right)=m-\dfrac{m}{5^{19}}$$

이 성립할 때, 자연수 m의 값을 구하시오.

>> 정답과 풀이 54쪽

중요

13 이항분포의 평균, 분산, 표준편차 (3)

확률변수 X의 확률이 독립시행의 확률로 나타내어지면 X는 이항분포를 따르므로 시행 횟수 n과 한 번의 시행에서 사건이 일어날 확률 p를 구하여 이항분포 $B(n, p)$로 나타내어 X의 평균, 분산, 표준편차를 구한다.

> **올림포스** 확률과 통계 61쪽

37 대표문제
▶ 23644-0227

한 개의 주사위를 두 번 던져서 나오는 눈의 수를 차례대로 a, b라 할 때, $ab > 20$인 사건을 A라 하자. 한 개의 주사위를 두 번 던지는 시행을 36번 반복할 때, 사건 A가 일어나는 횟수를 확률변수 X라 하자. $V(X)$의 값은?

① 5 ② 6 ③ 7
④ 8 ⑤ 9

38 상중하
▶ 23644-0228

A, B가 가위바위보를 n번 하였을 때, A가 이긴 횟수를 확률변수 X라 하자. $E(X) = 6$일 때, $E(X^2)$의 값은?

① 30 ② 35 ③ 40
④ 45 ⑤ 50

39 상중하
▶ 23644-0229

흰 공 2개, 검은 공 3개가 들어 있는 주머니에서 임의로 2개의 공을 동시에 꺼내어 색을 확인하고 다시 주머니에 넣는 시행을 10번 반복한다. 꺼낸 2개의 공의 색이 서로 같은 횟수를 확률변수 X라 할 때, $V(X)$의 값은?

① $\dfrac{11}{5}$ ② $\dfrac{12}{5}$ ③ $\dfrac{13}{5}$
④ $\dfrac{14}{5}$ ⑤ 3

14 이항분포를 따르는 확률변수 $aX+b$의 평균, 분산, 표준편차

(1) 확률변수 X가 이항분포 $B(n, p)$를 따를 때
$$E(X) = np,\ V(X) = npq,\ \sigma(X) = \sqrt{npq}$$
$$(단,\ q = 1-p)$$

(2) 이산확률변수 X와 두 상수 a, b $(a \neq 0)$에 대하여
$$E(aX+b) = aE(X)+b,\ V(aX+b) = a^2 V(X)$$
$$\sigma(aX+b) = |a|\sigma(X)$$

> **올림포스** 확률과 통계 61쪽

40 대표문제
▶ 23644-0230

서로 다른 두 개의 주사위를 동시에 던지는 30번의 독립시행에서 두 주사위의 눈의 수의 합이 소수인 횟수를 확률변수 X라 하자. $V(\sqrt{6}X + \sqrt{6})$의 값은?

① $\dfrac{175}{4}$ ② 44 ③ $\dfrac{177}{4}$
④ $\dfrac{89}{2}$ ⑤ $\dfrac{179}{4}$

41 상중하
▶ 23644-0231

확률변수 X가 이항분포 $B\left(n, \dfrac{1}{9}\right)$을 따르고 $E(4X-1) = 15$일 때, $\sigma(1+3X)$의 값은?

① $\sqrt{2}$ ② $2\sqrt{2}$ ③ $3\sqrt{2}$
④ $4\sqrt{2}$ ⑤ $5\sqrt{2}$

42 상중하
▶ 23644-0232

수직선의 원점에 점 P가 있다. 세 개의 동전을 사용하여 다음 시행을 한다.

세 개의 동전을 동시에 던져서 모두 같은 면이 나오면 점 P를 양의 방향으로 2만큼 이동시키고, 그렇지 않으면 점 P를 음의 방향으로 -1만큼 이동시킨다.

위의 시행을 20번 반복하여 이동한 점 P의 좌표를 확률변수 X라 할 때, $V(4X+1)$의 값을 구하시오.

서술형 완성하기

01 내신기출 ▶ 23644-0233

확률변수 X의 확률분포를 표로 나타내면 다음과 같을 때, 양수 a의 값을 구하시오.

X	1	3	5	합계
$P(X=x)$	$\left\lvert a+\dfrac{1}{6}\right\rvert$	$\left\lvert 2a-\dfrac{5}{12}\right\rvert$	$\dfrac{1}{4}$	1

02 ▶ 23644-0234

1부터 5까지의 자연수가 하나씩 적혀 있는 5개의 공이 들어 있는 주머니가 있다. 이 주머니에서 임의로 3개의 공을 동시에 꺼낼 때, 꺼낸 공에 적혀 있는 수의 최댓값과 최솟값의 합을 확률변수 X라 하자. $E(3X-5)$의 값을 구하시오.

03 ▶ 23644-0235

숫자 1이 적혀 있는 카드가 1장, 숫자 2가 적혀 있는 카드가 2장, 숫자 3이 적혀 있는 카드가 n장이 들어 있는 주머니가 있다. 이 주머니에서 임의로 한 장의 카드를 꺼낼 때, 꺼낸 카드에 적혀 있는 숫자를 확률변수 X라 하자. $E(2X)=5$일 때, $\sigma(\sqrt{2}X)$의 값을 구하시오.

04 ▶ 23644-0236

확률변수 X는 이항분포 $B(3, p)$를 따르고, 확률변수 Y는 이항분포 $B\left(4, \dfrac{p}{2}\right)$를 따른다. $P(X \ge 2)=60P(Y=4)$일 때, 양수 p의 값을 구하시오.

05 내신기출 ▶ 23644-0237

한 개의 주사위를 30번 던질 때 4의 약수의 눈이 나오는 횟수를 확률변수 X라 하고, 두 개의 동전을 동시에 n번 던질 때 두 동전 모두 앞면이 나오는 횟수를 확률변수 Y라 하자. 부등식 $V(X)<V(Y)$를 만족시키는 자연수 n의 최솟값을 구하시오.

06 ▶ 23644-0238

다음은 어느 고등학교 학생들의 혈액형을 조사한 표이다.

혈액형	O형	A형	B형	AB형	합계
인원(명)	11	35	25	29	100

이 고등학교 학생 중에서 임의로 한 명을 선택하는 독립시행을 50번 반복한다. 선택된 학생 중에서 혈액형이 A형 또는 B형인 학생의 수를 확률변수 X라 할 때, $E(X)+E(X^2)$의 값을 구하시오.

내신 + 수능 고난도 도전

▶ 23644-0239

01 확률변수 X가 갖는 값이 1, 2, 3, 4, 5이고

$$P(X=k+1)=kP(X=k) \ (k=1, 2, 3, 4)$$

일 때, 부등식 $P(X\le n)<\dfrac{1}{3}$을 만족시키는 모든 자연수 n의 값의 합을 구하시오.

▶ 23644-0240

02 확률변수 X의 확률분포를 표로 나타내면 다음과 같다.

X	1	2	3	4	5	합계
$P(X=x)$	$\dfrac{1}{10}$	a	b	b	$\dfrac{1}{10}$	1

확률변수 X가 소수인 사건을 A, 확률변수 X가 홀수인 사건을 B라 하자. $P(B|A)=\dfrac{2}{3}$일 때, $a+b$의 값은?

① $\dfrac{3}{10}$ ② $\dfrac{2}{5}$ ③ $\dfrac{1}{2}$ ④ $\dfrac{3}{5}$ ⑤ $\dfrac{7}{10}$

▶ 23644-0241

03 흰 공 3개와 검은 공 2개가 들어 있는 상자에서 임의로 한 개씩 공을 꺼낼 때, 검은 공 2개가 모두 나올 때까지 꺼낸 공의 개수를 확률변수 X라 하자. $E(X)+V(X)$의 값은? (단, 꺼낸 공은 다시 넣지 않는다.)

① 3 ② 5 ③ 7 ④ 9 ⑤ 11

▶ 23644-0242

실생활

04 숫자 1, 2, 3, 4가 하나씩 적혀 있는 4장의 카드가 들어 있는 주머니가 있다. 한 개의 동전을 던져서 앞면이 나오면 이 주머니에서 임의로 2장의 카드를 동시에 꺼내고, 뒷면이 나오면 이 주머니에서 임의로 3장의 카드를 동시에 꺼낸다. 주머니에서 꺼낸 카드에 적힌 수가 소수인 카드의 개수를 확률변수 X라 할 때, $E(8X+2)$의 값은?

① 10 ② 12 ③ 14 ④ 16 ⑤ 18

▶ 23644-0243

05 한 모서리의 길이가 $\sqrt{2}$인 정육면체 ABCD−EFGH의 8개의 꼭짓점 중에서 서로 다른 3개의 점을 꼭짓점으로 하는 삼각형의 모임을 집합 S라 하자. 집합 S의 원소 중 임의로 하나의 삼각형을 택할 때, 택한 삼각형의 넓이를 확률변수 X라 하자. $7\mathrm{E}(X^2)$의 값을 구하시오.

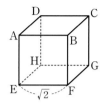

▶ 23644-0244

06 두 주사위 A, B를 동시에 던져서 나오는 눈의 수를 각각 a, b라 할 때, 함수 $y=x^2+2ax+2b$의 그래프가 x축과 만나는 사건을 E라 하자. 두 주사위 A, B를 동시에 던지는 24번의 독립시행에서 사건 E가 일어나는 횟수를 확률변수 X라 할 때, $\mathrm{V}(kX)=48$을 만족시키는 양수 k의 값은?

① 2   ② 3   ③ 4   ④ 5   ⑤ 6

실생활
▶ 23644-0245

07 흰 공 2개와 검은 공 4개가 들어 있는 주머니에서 임의로 두 개의 공을 동시에 꺼낼 때 다음 규칙에 따라 점수를 얻는 게임이 있다.

> (가) 같은 색의 공이 나오면 3점을 얻는다.
> (나) 다른 색의 공이 나오면 1점을 얻는다.

이 게임을 150번 반복한 후 얻을 수 있는 총 점수의 기댓값은?

① 250   ② 260   ③ 270   ④ 280   ⑤ 290

▶ 23644-0246

08 한 개의 주사위를 세 번 던지는 시행을 432번 반복할 때, 나온 세 눈의 수의 합과 곱이 모두 4의 배수인 횟수를 확률변수 X라 하자. $\mathrm{E}(2X-6)$의 값은?

① 91   ② 92   ③ 93   ④ 94   ⑤ 95

06 정규분포

01 연속확률변수

확률변수 X가 어떤 구간에 속하는 모든 실수의 값을 가질 때, X를 연속확률변수라고 한다.

02 연속확률변수의 확률밀도함수

일반적으로 $a \le X \le b$의 모든 실수의 값을 가지는 연속확률변수 X에 대하여 $a \le x \le b$에서 정의된 함수 $f(x)$가 다음과 같은 세 가지 성질을 모두 만족시킬 때, 함수 $f(x)$를 연속확률변수 X의 확률밀도함수라고 한다. 이때 X는 확률밀도함수가 $f(x)$인 확률분포를 따른다고 한다.

(1) $f(x) \ge 0$ (단, $a \le x \le b$)

(2) 함수 $y = f(x)$의 그래프와 x축 및 두 직선 $x = a$, $x = b$로 둘러싸인 부분의 넓이는 1이다.

(3) $P(\alpha \le X \le \beta)$는 함수 $y = f(x)$의 그래프와 x축 및 두 직선 $x = \alpha$, $x = \beta$로 둘러싸인 부분의 넓이와 같다. (단, $a \le \alpha \le \beta \le b$)

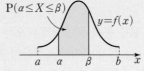

연속확률변수 X가 하나의 값을 가질 확률은 0이다.
즉, $P(X = \alpha) = P(X = \beta) = 0$이므로
$$P(\alpha < X < \beta) = P(\alpha \le X < \beta)$$
$$= P(\alpha < X \le \beta)$$
$$= P(\alpha \le X \le \beta)$$

03 정규분포

연속확률변수 X가 모든 실수의 값을 갖고, 그 확률밀도함수 $f(x)$가 두 상수 m, $\sigma \, (\sigma > 0)$에 대하여

$$f(x) = \frac{1}{\sqrt{2\pi}\sigma} e^{-\frac{(x-m)^2}{2\sigma^2}} \, (e는 \, 2.718281 \cdots 인 \, 무리수)$$

일 때 X의 확률분포를 정규분포라 하고, 기호로 $N(m, \sigma^2)$과 같이 나타낸다.
또한 확률변수 X의 평균과 표준편차는 각각 m, σ임이 알려져 있다.

확률변수 X의 분포가 정규분포 $N(m, \sigma^2)$일 때, 확률변수 X는 정규분포 $N(m, \sigma^2)$을 따른다고 한다.

$N(m, \sigma^2)$의 N은 정규분포를 뜻하는 Normal distribution의 첫 글자이다.

04 정규분포를 따르는 확률변수의 확률밀도함수의 그래프

평균이 m, 표준편차가 σ인 정규분포를 따르는 연속확률변수 X의 확률밀도함수 $f(x) = \frac{1}{\sqrt{2\pi}\sigma} e^{-\frac{(x-m)^2}{2\sigma^2}}$의 그래프는 오른쪽 그림과 같은 모양이고, 다음과 같은 성질을 가지고 있음이 알려져 있다.

① 직선 $x = m$에 대하여 좌우대칭인 종 모양의 곡선이다.

② x축을 점근선으로 하며, $x = m$일 때 최댓값을 갖는다.

③ 곡선과 x축 사이의 넓이는 1이다.

④ 평균 m의 값이 일정할 때, σ의 값이 커지면 곡선의 중앙 부분이 낮아지면서 양쪽으로 퍼지고, σ의 값이 작아지면 곡선의 중앙 부분이 높아지면서 좁아지지만 대칭축의 위치는 같다.

⑤ 표준편차 σ의 값이 일정할 때, m의 값이 변하면 대칭축의 위치는 바뀌지만 곡선의 모양은 같다.

$$f(x) = \frac{1}{\sqrt{2\pi}\sigma} e^{-\frac{(x-m)^2}{2\sigma^2}}$$

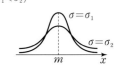

m의 값이 일정하고, σ의 값이 변할 때 $(\sigma_1 < \sigma_2)$

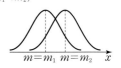

σ의 값이 일정하고, m의 값이 변할 때 $(m_1 < m_2)$

01 연속확률변수

01 다음 확률변수 중 연속확률변수가 <u>아닌</u> 것은?

① A 고등학교 학생들의 키
② B 사무실의 실내 온도
③ C 공장에서 작년 동안 하루에 생산한 배터리의 개수
④ D 지역에서 작년에 태어난 신생아들의 몸무게
⑤ E 학교에 다니는 학생들이 등교하는 데 걸리는 시간

02 연속확률변수의 확률밀도함수

[02~07] 연속확률변수 X가 갖는 값의 범위가 $0 \le X \le 1$이고, 확률변수 X의 확률밀도함수 $f(x)$가 다음과 같을 때, 함수 $f(x)$가 X의 확률밀도함수가 될 수 있으면 ○표, 확률밀도함수가 될 수 없으면 ×표 하시오.

02 $f(x) = x$

03 $f(x) = 2x$

04 $f(x) = 1$

05 $f(x) = x - 1$

06 $f(x) = -2x + 1$

07 $f(x) = \dfrac{1}{2}x + \dfrac{3}{4}$

[08~11] 연속확률변수 X가 갖는 값의 범위가 $0 \le X \le 4$이고, 확률변수 X의 확률밀도함수 $f(x) = \dfrac{1}{4}$일 때, 다음을 구하시오.

08 $\mathrm{P}(X < 0)$

09 $\mathrm{P}(X \le 4)$

10 $\mathrm{P}(X \le 1)$

11 $\mathrm{P}(2 \le X \le 4)$

[12~15] 연속확률변수 X가 갖는 값의 범위가 $-2 \le X \le 2$이고, 확률변수 X의 확률밀도함수 $f(x)$에 대하여 함수 $y = f(x)$의 그래프가 그림과 같을 때, 다음을 구하시오.

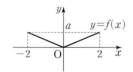

12 상수 a의 값

13 $\mathrm{P}(X \ge 0)$

14 $\mathrm{P}(-1 \le X \le 1)$

15 $\mathrm{P}\left(-\dfrac{1}{2} \le X \le \dfrac{3}{2}\right)$

03 정규분포

[16~20] 다음을 만족시키는 확률변수 X가 따르는 정규분포를 기호 $\mathrm{N}(m, \sigma^2)$의 꼴로 나타내시오.

16 $\mathrm{E}(X) = 10$, $\mathrm{V}(X) = \dfrac{1}{4}$

17 $\mathrm{E}(X) = 0$, $\mathrm{V}(X) = 1$

18 $\mathrm{E}(X) = 5$, $\sigma(X) = 3$

19 $\mathrm{E}(X) = -6$, $\sigma(X) = \dfrac{1}{3}$

20 $\mathrm{E}(X) = 2$, $\mathrm{E}(X^2) = 8$

04 정규분포를 따르는 확률변수의 확률밀도함수의 그래프

[21~25] 함수 $f(x)$가 정규분포 $\mathrm{N}(3, 2^2)$을 따르는 확률변수 X의 확률밀도함수일 때, □ 안에 알맞은 수를 써 넣으시오.

21 곡선 $y = f(x)$는 직선 $x = \boxed{}$에 대하여 대칭이다.

22 곡선 $y = f(x)$의 점근선은 직선 $y = \boxed{}$이다.

23 함수 $f(x)$는 $x = \boxed{}$일 때 최댓값을 갖는다.

24 곡선 $y = f(x)$와 x축 사이의 넓이는 $\boxed{}$이다.

25 곡선 $y = f(x)$와 x축, y축 및 직선 $x = -1$로 둘러싸인 부분의 넓이는 곡선 $y = f(x)$와 x축 및 두 직선 $x = 6$, $x = \boxed{}$로 둘러싸인 부분의 넓이와 같다. (단, $\boxed{} > 6$)

[26~27] 두 곡선 $y = f_1(x)$, $y = f_2(x)$는 각각 정규분포 $\mathrm{N}(m_1, \sigma_1{}^2)$, $\mathrm{N}(m_2, \sigma_2{}^2)$을 따르는 확률변수의 확률밀도함수의 그래프이다. 다음 주어진 수의 대소 관계를 구하시오. (단, $\sigma_1 > 0$, $\sigma_2 > 0$)

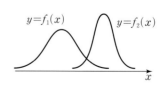

26 m_1, m_2

27 σ_1, σ_2

06 정규분포

05 표준정규분포

(1) 정규분포 중에서 평균이 0이고, 표준편차가 1인 정규분포 $N(0, 1)$을 표준정규분포라고 한다.

(2) 확률변수 Z가 표준정규분포 $N(0, 1)$을 따를 때, Z의 확률밀도함수 $f(z)$는

$$f(z) = \frac{1}{\sqrt{2\pi}} e^{-\frac{z^2}{2}} (e는 \; 2.718281 \cdots 인 \; 무리수)이다.$$

이때 임의의 양수 a에 대하여 확률 $P(0 \leq Z \leq a)$는 아래 그림에서 색칠된 부분의 넓이와 같고, 이 넓이는 표준정규분포표에 주어져 있다.

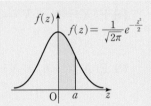

확률 $P(0 \leq Z \leq 0.94)$는 표준정규분포표에서 왼쪽에 있는 수 중에서 0.9를 찾은 다음 위쪽에 있는 수 중에서 0.04를 찾아 0.9의 가로줄과 0.04의 세로줄이 만나는 수를 찾으면 된다. 즉,
$P(0 \leq Z \leq 0.94) = 0.3264$

z	0.00	0.01	$\cdots$	0.04	$\cdots$
0.0	.0000	.0040	$\cdots$	.0160	$\cdots$
0.1	.0398	.0438	$\cdots$	.0557	$\cdots$
$\vdots$	$\vdots$	$\vdots$	$\vdots$	$\vdots$	$\vdots$
0.9	.3159	.3186	$\cdots$	.3264	$\cdots$
$\vdots$	$\vdots$	$\vdots$	$\vdots$	$\vdots$	$\vdots$

06 정규분포와 표준정규분포의 관계

확률변수 X가 정규분포 $N(m, \sigma^2)$을 따를 때, 확률변수 $Z = \dfrac{X-m}{\sigma}$은 표준정규분포 $N(0, 1)$을 따른다.

이때 $P(a \leq X \leq b)$는 $Z = \dfrac{X-m}{\sigma}$을 이용하여 다음과 같이 표준정규분포 $N(0, 1)$을 따르는 확률변수 Z로 바꾸어 구한다.

$$P(a \leq X \leq b) = P\left(\frac{a-m}{\sigma} \leq \frac{X-m}{\sigma} \leq \frac{b-m}{\sigma}\right) = P\left(\frac{a-m}{\sigma} \leq Z \leq \frac{b-m}{\sigma}\right)$$

예 확률변수 X가 정규분포 $N(3, 2^2)$을 따를 때, $P(1 \leq X \leq 5)$의 값을 구해 보자.

확률변수 $Z = \dfrac{X-3}{2}$은 표준정규분포 $N(0, 1)$을 따르고, 표준정규분포표에서

$P(0 \leq Z \leq 1) = 0.3413$이므로

$$\begin{aligned}
P(1 \leq X \leq 5) &= P\left(\frac{1-3}{2} \leq \frac{X-3}{2} \leq \frac{5-3}{2}\right) \\
&= P(-1 \leq Z \leq 1) \\
&= 2P(0 \leq Z \leq 1) \\
&= 2 \times 0.3413 = 0.6826
\end{aligned}$$

확률변수 X가 정규분포 $N(m, \sigma^2)$을 따를 때

$$\begin{aligned}
E(Z) &= E\left(\frac{X-m}{\sigma}\right) \\
&= \frac{1}{\sigma}E(X) - \frac{m}{\sigma} \\
&= \frac{m}{\sigma} - \frac{m}{\sigma} = 0 \\
V(Z) &= V\left(\frac{X-m}{\sigma}\right) \\
&= \frac{1}{\sigma^2}V(X) \\
&= \frac{\sigma^2}{\sigma^2} = 1
\end{aligned}$$

07 이항분포와 정규분포의 관계

확률변수 X가 이항분포 $B(n, p)$를 따를 때, n이 충분히 크면 확률변수 X는 근사적으로 정규분포 $N(np, npq)$를 따른다. (단, $q = 1-p$)

이때 $Z = \dfrac{X-np}{\sqrt{npq}}$로 놓으면 확률변수 Z는 표준정규분포 $N(0, 1)$을 따른다.

참고 일반적으로 $np \geq 5$, $nq \geq 5$이면 n이 충분히 큰 것으로 생각한다.

일반적으로 이항분포 $B(n, p)$의 그래프는 n의 값이 커지면 정규분포의 확률밀도함수의 그래프에 가까워짐이 알려져 있다.

05 표준정규분포

[28~37] 확률변수 Z가 표준정규분포 N(0, 1)을 따를 때, 아래의 표준정규분포표를 이용하여 다음을 구하시오.

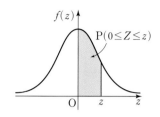

z	0.00	0.01	0.02	⋯
⋮	⋮	⋮	⋮	⋯
1.0	.3413	.3438	.3461	⋯
1.1	.3643	.3665	.3686	⋯
1.2	.3849	.3869	.3888	⋯
⋮	⋮	⋮	⋮	⋯

28 $P(Z=1.11)$

29 $P(0 \leq Z \leq 1)$

30 $P(1.2 \leq Z \leq 1.22)$

31 $P(Z \geq 1.12)$

32 $P(Z \leq 1.11)$

33 $P(Z \leq -1.1)$

34 $P(-1 \leq Z \leq 1)$

35 $P(|Z| \leq 1.01)$

36 $P(|Z| \geq 1.02)$

37 $P(-1.1 \leq Z \leq 1.21)$

06 정규분포와 표준정규분포의 관계

[38~43] 확률변수 X가 정규분포 N(10, 4^2)을 따르고, 확률변수 Z가 표준정규분포 N(0, 1)을 따를 때, 상수 a의 값을 구하시오.

38 $P(X \geq 10) = P(Z \geq a)$

39 $P(X \leq 14) = P(Z \leq a)$

40 $P(6 \leq X \leq 16) = P(-1 \leq Z \leq a)$

41 $P(X \geq 12) = P(Z \leq a)$

42 $P(2 \leq X \leq 18) = P(|Z| \leq a)$

43 $P(5 \leq X \leq 12) = P\left(-\dfrac{1}{2} \leq Z \leq a\right)$

[44~46] 확률변수 X가 정규분포 N(5, 2^2)을 따를 때, 아래 표준정규분포표를 이용하여 다음을 구하시오.

z	$P(0 \leq Z \leq z)$
1.0	0.3413
1.5	0.4332
2.0	0.4772
2.5	0.4938

44 $P(5 \leq X \leq 7)$

45 $P(3 \leq X \leq 10)$

46 $P(|X-5| \leq 4)$

07 이항분포와 정규분포의 관계

[47~48] 확률변수 X가 다음과 같은 이항분포를 따를 때, X가 근사적으로 따르는 정규분포를 기호 N(m, σ^2)의 꼴로 나타내시오.

47 B(200, 0.5)

48 B$\left(100, \dfrac{1}{5}\right)$

[49~52] 확률변수 X가 이항분포 B$\left(720, \dfrac{1}{6}\right)$를 따를 때, 다음을 구하시오.

49 E(X)

50 V(X)

51 확률변수 X가 근사적으로 따르는 정규분포

52 표준정규분포를 따르는 확률변수 Z에 대하여
$P(0 \leq Z \leq 2) = 0.4772$일 때, $P(X \geq 100)$

01 연속확률변수와 확률밀도함수

$a \leq X \leq b$의 모든 실수의 값을 가지는 연속확률변수 X의 확률밀도함수 $f(x)$에 대하여 함수 $y=f(x)$의 그래프와 x축 및 두 직선 $x=a$, $x=b$로 둘러싸인 부분의 넓이는 1이다.

> 올림포스 확률과 통계 72쪽

01 대표문제 ▶ 23644-0247

연속확률변수 X가 갖는 값의 범위는 $0 \leq X \leq 3$이고, 확률변수 X의 확률밀도함수가 $f(x)=3a(x-3)$일 때, 상수 a의 값은?

① $-\dfrac{1}{27}$ ② $-\dfrac{2}{27}$ ③ $-\dfrac{1}{9}$

④ $-\dfrac{4}{27}$ ⑤ $-\dfrac{5}{27}$

02 상중하 ▶ 23644-0248

연속확률변수 X가 갖는 값의 범위는 $-2 \leq X \leq 3$이고, 확률변수 X의 확률밀도함수 $y=f(x)$의 그래프가 그림과 같을 때, 상수 a의 값은?

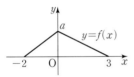

① $\dfrac{1}{10}$ ② $\dfrac{1}{5}$ ③ $\dfrac{3}{10}$

④ $\dfrac{2}{5}$ ⑤ $\dfrac{1}{2}$

03 상중하 ▶ 23644-0249

연속확률변수 X가 갖는 값의 범위는 $-1 \leq X \leq 2$이고, 확률변수 X의 확률밀도함수가

$$f(x)=\begin{cases} ax & (-1 \leq x < 0) \\ bx & (0 \leq x \leq 2) \end{cases}$$

일 때, 다음 중 항상 옳은 것은? (단, a, b는 $ab \neq 0$인 상수이다.)

① $a > 0$ ② $b < 0$ ③ $a=b$

④ $4a-b=-2$ ⑤ $4b-a=2$

02 연속확률변수의 확률

$a \leq X \leq b$의 모든 실수의 값을 가지는 연속확률변수 X의 확률밀도함수 $f(x)$에 대하여 $P(\alpha \leq X \leq \beta)$는 함수 $y=f(x)$의 그래프와 x축 및 두 직선 $x=\alpha$, $x=\beta$로 둘러싸인 부분의 넓이와 같다. (단, $a \leq \alpha \leq \beta \leq b$)

> 올림포스 확률과 통계 72쪽

04 대표문제 ▶ 23644-0250

연속확률변수 X가 갖는 값의 범위는 $0 \leq X \leq 3$이고, 확률변수 X의 확률밀도함수가 $f(x)=ax$ $(0 \leq x \leq 3)$일 때, $P(1 \leq X \leq 2)$의 값은? (단, a는 상수이다.)

① $\dfrac{1}{2}$ ② $\dfrac{1}{3}$ ③ $\dfrac{1}{4}$

④ $\dfrac{1}{5}$ ⑤ $\dfrac{1}{6}$

05 상중하 ▶ 23644-0251

연속확률변수 X가 갖는 값의 범위가 $-3 \leq X \leq 3$이고, 확률변수 X의 확률밀도함수가 $f(x)=a$이다. $P(X \leq k)=\dfrac{3}{4}$일 때, $a+k$의 값은? (단, a, k는 상수이다.)

① 1 ② $\dfrac{4}{3}$ ③ $\dfrac{5}{3}$

④ 2 ⑤ $\dfrac{7}{3}$

06 상중하 ▶ 23644-0252

연속확률변수 X가 갖는 값의 범위는 $0 \leq X \leq 4$이고, 확률변수 X의 확률밀도함수가

$$f(x)=\begin{cases} ax & (0 \leq x < 2) \\ 2a & (2 \leq x \leq 4) \end{cases}$$

일 때, $P(0 \leq X \leq k) \geq \dfrac{4}{9}$를 만족시키는 양수 k의 최솟값은? (단, a는 상수이다.)

① 2 ② $\dfrac{7}{3}$ ③ $\dfrac{8}{3}$

④ 3 ⑤ $\dfrac{10}{3}$

중요
03 정규분포를 따르는 확률밀도함수의 그래프의 성질

정규분포 $N(m, \sigma^2)$을 따르는 연속확률변수 X의 확률밀도함수를 나타내는 곡선은

① 직선 $x=m$에 대하여 좌우대칭인 종 모양의 곡선이다.

② x축을 점근선으로 하며, $x=m$일 때 최댓값을 갖는다.

③ 곡선과 x축 사이의 넓이는 1이다.

④ 평균 m의 값이 일정할 때, σ의 값이 커지면 곡선의 중앙 부분이 낮아지면서 양쪽으로 퍼지고, σ의 값이 작아지면 곡선의 중앙 부분이 높아지면서 좁아지지만 대칭축의 위치는 같다.

⑤ 표준편차 σ의 값이 일정할 때, m의 값이 변하면 대칭축의 위치는 바뀌지만 곡선의 모양은 같다.

▶ 올림포스 확률과 통계 72쪽

07 대표문제
▶ 23644-0253

연속확률변수 X가 정규분포 $N(m, \sigma^2)$을 따를 때, **보기**에서 옳은 것만을 있는 대로 고른 것은? (단, $\sigma>0$)

─ 보기 ─
ㄱ. $P(X \leq m)=0.5$

ㄴ. $a>m$인 모든 실수 a에 대하여
$P(X \geq a)=0.5-P(m \leq X \leq a)$

ㄷ. $m=0$이면 어떤 실수 b에 대하여
$P(X \leq b+1)+P(X \leq 1-b)=1$

① ㄱ   ② ㄷ   ③ ㄱ, ㄴ

④ ㄴ, ㄷ   ⑤ ㄱ, ㄴ, ㄷ

08 상중하
▶ 23644-0254

평균이 m인 정규분포를 따르는 확률변수 X의 확률밀도함수 $f(x)$가 모든 실수 x에 대하여 $f(10-x)=f(10+x)$가 성립할 때, m의 값을 구하시오.

09 상중하
▶ 23644-0255

평균이 25인 정규분포를 따르는 확률변수 X의 확률밀도함수가 $f(x)$일 때, 방정식 $\{f(x)-f(20)\}\{f(x)-f(22)\}=0$의 서로 다른 모든 실근의 합을 구하시오.

10 상중하
▶ 23644-0256

연속확률변수 X, Y는 각각 정규분포 $N(1, 3^2)$, $N(3, 3^2)$을 따르고, 확률변수 X, Y의 확률밀도함수가 각각 $f(x)$, $g(x)$이다.

$$a=f(1), \ b=g(5), \ c=g(0)-f(0)$$

에 대하여 a, b, c의 대소 관계로 옳은 것은?

① $a<b<c$ ② $a<c<b$ ③ $b<c<a$

④ $c<a<b$ ⑤ $c<b<a$

11 상중하
▶ 23644-0257

연속확률변수 X, Y는 각각 정규분포 $N(3, 2^2)$, $N(7, 2^2)$을 따르고, 확률변수 X, Y의 확률밀도함수가 각각 $f(x)$, $g(x)$일 때, 방정식 $f(1)=g(x)$의 서로 다른 모든 실근의 곱은?

① 35   ② 40   ③ 45

④ 50   ⑤ 55

12 상중하
▶ 23644-0258

연속확률변수 X, Y가 각각 정규분포 $N(m, 2^2)$, $N(m, 3^2)$을 따르고, 연속확률변수 X, Y의 확률밀도함수가 각각 $f(x)$, $g(x)$일 때, **보기**에서 옳은 것만을 있는 대로 고른 것은?

─ 보기 ─
ㄱ. $P(X \leq m)=P(Y \geq m)$

ㄴ. $f(m-1)g(m+1)=f(m+1)g(m-1)$

ㄷ. $f(k)=g(k)$이면 $P(X \geq k)<P(Y \geq k)$

① ㄱ   ② ㄷ   ③ ㄱ, ㄴ

④ ㄴ, ㄷ   ⑤ ㄱ, ㄴ, ㄷ

04 정규분포에서의 확률

정규분포 $N(m,\ \sigma^2)$을 따르는 확률변수 X의 확률밀도 함수의 그래프는 직선 $x=m$에 대하여 대칭이므로

(1) $P(X\leq m)=P(X\geq m)=0.5$

(2) 양수 k에 대하여

$\quad P(m-k\sigma\leq X\leq m)=P(m\leq X\leq m+k\sigma)$

▶ **올림포스** 확률과 통계 73쪽

13 대표문제
▶ 23644-0259

확률변수 X가 정규분포 $N(m,\ \sigma^2)$을 따를 때, $P(m-2\sigma\leq X\leq m+\sigma)$의 값을 다음 표를 이용하여 구한 것은? (단, $\sigma>0$)

x	$P(m\leq X\leq x)$
$m+\sigma$	0.3413
$m+2\sigma$	0.4772
$m+3\sigma$	0.4987

① 0.6826   ② 0.8185   ③ 0.8400

④ 0.9544   ⑤ 0.9974

14 상중하
▶ 23644-0260

정규분포 $N(m,\ \sigma^2)$을 따르는 확률변수 X에 대하여 $P(m-\sigma\leq X\leq m+\sigma)=0.6826$일 때, $P(X\leq m+\sigma)$의 값은? (단, $\sigma>0$)

① 0.1826   ② 0.3413   ③ 0.6826

④ 0.8413   ⑤ 0.9987

15 상중하
▶ 23644-0261

평균이 m인 정규분포를 따르는 확률변수 X에 대하여 $P(X\geq 4)+P(X\geq 8)=1$일 때, m의 값을 구하시오.

16 상중하
▶ 23644-0262

확률변수 X가 정규분포 $N(m,\ \sigma^2)$을 따르고

$\quad P(m-\sigma\leq X\leq m+\sigma)=a,$

$\quad P(m-\sigma\leq X\leq m+2\sigma)=b$

일 때, $P(m-2\sigma\leq X\leq m+2\sigma)$의 값으로 항상 옳은 것은? (단, $\sigma>0$이고, $a,\ b$는 상수이다.)

① $a+b$ ② $2(a+b)$ ③ $b-a$

④ $2b-a$ ⑤ $2(b-a)$

17 상중하
▶ 23644-0263

정규분포 $N(m,\ \sigma^2)$을 따르는 확률변수 X가 다음 조건을 만족시킨다.

(가) $P(X\leq -2)=P(X\geq 8)$

(나) $V(2X-1)=64$

$m+\sigma$의 값은? (단, $\sigma>0$)

① 4   ② 5   ③ 6

④ 7   ⑤ 8

18 상중하
▶ 23644-0264

정규분포를 따르는 확률변수 X에 대하여

$\quad P(20\leq X\leq 25)=P(31\leq X\leq 36)$

일 때, $P(k-4\leq X\leq k+6)$의 값이 최대가 되도록 하는 실수 k의 값은?

① 27   ② 28   ③ 29

④ 30   ⑤ 31

중요
05 정규분포와 표준정규분포의 관계

확률변수 X가 정규분포 $N(m, \sigma^2)$을 따르면 확률변수 $Z=\dfrac{X-m}{\sigma}$은 표준정규분포 $N(0, 1)$을 따른다.

>> **올림포스** 확률과 통계 73쪽

19 대표문제
▶ 23644-0265

확률변수 X, Y가 각각 정규분포 $N(12, 4^2)$, $N(20, 2^2)$을 따른다. $P(8 \le X \le 22) = P(a \le Y \le 22)$를 만족시키는 상수 a의 값은?

① 15　　　　② 16　　　　③ 17
④ 18　　　　⑤ 19

20 상중하
▶ 23644-0266

정규분포 $N(m, 3^2)$을 따르는 확률변수 X에 대하여 확률변수 $Z=\dfrac{X+2}{a}$는 표준정규분포 $N(0, 1)$을 따른다. $m+a$의 값은? (단, $a>0$)

① -2　　　　② -1　　　　③ 0
④ 1　　　　⑤ 2

21 상중하
▶ 23644-0267

정규분포 $N(5, 2^2)$을 따르는 확률변수 X와 정규분포 $N(11, \sigma^2)$을 따르는 확률변수 Y가 다음 조건을 만족시킨다.

(가) $P(4 \le X \le 7) = P(7 \le Y \le 13)$
(나) $P(11 \le X \le 13) = P(a \le Y \le a+4)$

모든 실수 a의 값의 합은? (단, $\sigma>0$)

① 16　　　　② 17　　　　③ 18
④ 19　　　　⑤ 20

06 표준정규분포에서의 확률 (1)

확률변수 X가 정규분포 $N(m, \sigma^2)$을 따를 때, $P(a \le X \le b)$의 값은 표준정규분포 $N(0, 1)$을 따르는 확률변수 $Z=\dfrac{X-m}{\sigma}$으로 변환한 후 표준정규분포표를 이용하여 확률의 값을 구한다.

>> **올림포스** 확률과 통계 74쪽

22 대표문제
▶ 23644-0268

확률변수 X가 정규분포 $N(80, 6^2)$을 따를 때, $P(77 \le X \le 86)$의 값을 오른쪽 표준정규분포표를 이용하여 구한 것은?

z	$P(0 \le Z \le z)$
0.5	0.1915
1.0	0.3413
1.5	0.4332
2.0	0.4772

① 0.1915　　　　② 0.3413
③ 0.3830　　　　④ 0.5328
⑤ 0.6915

23 상중하
▶ 23644-0269

확률변수 X가 정규분포 $N(25, 8^2)$을 따를 때, $P(X \ge 33)$의 값을 오른쪽 표준정규분포표를 이용하여 구한 것은?

z	$P(0 \le Z \le z)$
1.0	0.3413
1.5	0.4332
2.0	0.4772
2.5	0.4938

① 0.0062　　　　② 0.0228
③ 0.0668　　　　④ 0.1587
⑤ 0.3413

24 상중하
▶ 23644-0270

정규분포 $N(22, 5^2)$을 따르는 확률변수 X에 대하여 확률변수 Y가 $Y=2X-1$일 때, $P(39 \le Y \le 49)$의 값을 오른쪽 표준정규분포표를 이용하여 구한 것은?

z	$P(0 \le Z \le z)$
0.2	0.0793
0.4	0.1554
0.6	0.2257
0.8	0.2881

① 0.1586　　　　② 0.2347　　　　③ 0.3104
④ 0.3811　　　　⑤ 0.4514

07 표준정규분포에서의 확률 (2)

확률변수 X가 정규분포 $N(m, \sigma^2)$ $(\sigma>0)$을 따를 때, $P(m \leq X \leq a)=k$를 만족시키는 a의 값을 구하려면 확률변수 X를 표준정규분포 $N(0, 1)$을 따르는 확률변수 $Z=\dfrac{X-m}{\sigma}$으로 변환한 후, 표준정규분포표를 이용하여 $P\left(0 \leq Z \leq \dfrac{a-m}{\sigma}\right)=k$를 만족시키는 a의 값을 찾는다.

> **올림포스** 확률과 통계 74쪽

25 대표문제
▶ 23644-0271

확률변수 X가 정규분포 $N(18, 2^2)$을 따를 때, $P(15 \leq X \leq a)=0.7745$를 만족시키는 상수 a의 값을 오른쪽 표준정규분포표를 이용하여 구한 것은?

z	$P(0 \leq Z \leq z)$
1.0	0.3413
1.5	0.4332
2.0	0.4772
2.5	0.4938

① 16   ② 17   ③ 18

④ 19   ⑤ 20

26 상중하
▶ 23644-0272

확률변수 X가 정규분포 $N(m, 10^2)$을 따르고 $P(X \geq 30)=0.8849$일 때, m의 값을 오른쪽 표준정규분포표를 이용하여 구하시오.

z	$P(0 \leq Z \leq z)$
1.0	0.3413
1.1	0.3643
1.2	0.3849
1.3	0.4032

27 상중하
▶ 23644-0273

정규분포 $N(m, \sigma^2)$을 따르는 확률변수 X의 확률밀도함수 $f(x)$가 모든 실수 x에 대하여 $f(7-x)=f(7+x)$를 만족시킨다. $P(|X-m| \geq 4)=0.1336$일 때, 양수 σ의 값을 오른쪽 표준정규분포표를 이용하여 구한 것은?

z	$P(0 \leq Z \leq z)$
0.5	0.1915
1.0	0.3413
1.5	0.4332
2.0	0.4772

① 2   ② $\dfrac{7}{3}$ ③ $\dfrac{8}{3}$

④ 3   ⑤ $\dfrac{10}{3}$

중요
08 정규분포의 활용 (1)

실생활에서 정규분포를 따르는 확률변수 X에 대한 확률은 다음 순서로 구한다.
(1) 확률변수 X를 정한 후, X의 분포를 $N(m, \sigma^2)$의 꼴로 나타낸다.
(2) 구하는 확률을 X로 나타낸 후, 표준정규분포표를 이용하여 확률을 구한다.

> **올림포스** 확률과 통계 74쪽

28 대표문제
▶ 23644-0274

어느 공장에서 생산되는 음료수 한 개의 무게는 평균이 500 mL, 표준편차가 4 mL인 정규분포를 따른다고 한다. 이 공장에서 생산하는 음료수 중에서 임의로 선택한 음료수 한 개의 무게가 492 mL 이상 506 mL 이하일 확률을 오른쪽 표준정규분포표를 이용하여 구한 것은?

z	$P(0 \leq Z \leq z)$
0.5	0.1915
1.0	0.3413
1.5	0.4332
2.0	0.4772

① 0.8413   ② 0.9104   ③ 0.9332

④ 0.9544   ⑤ 0.9772

29 상중하
▶ 23644-0275

어느 과수원에서 수확한 딸기 한 개의 무게는 평균이 20 g, 표준편차가 2 g인 정규분포를 따른다고 한다. 이 과수원에서 수확한 딸기 중에서 임의로 선택한 딸기 한 개의 무게가 16 g 이하일 확률이 p일 때, $10^4 \times p$의 값을 구하시오. (단, Z가 표준정규분포를 따르는 확률변수일 때, $P(0 \leq Z \leq 2)=0.4772$로 계산한다.)

30 상중하
▶ 23644-0276

어느 자동차 회사에서 판매하는 전기자동차 A의 연비는 평균이 4.2 km/kWh, 표준편차가 0.25 km/kWh인 정규분포를 따른다고 한다. 이 회사에서 판매하는 전기자동차 A 중에서 임의로 선택한 자동차 한 대의 연비가 4.4 km/kWh 이상일 확률을 오른쪽 표준정규분포표를 이용하여 구한 것은?

z	$P(0 \leq Z \leq z)$
0.2	0.0793
0.4	0.1554
0.6	0.2257
0.8	0.2881

① 0.1554   ② 0.2119   ③ 0.2257

④ 0.2881   ⑤ 0.3108

31 (상중하)
▶ 23644-0277

어느 제과회사에서 만든 과자 한 봉지의 무게는 평균이 m g, 표준편차가 12 g인 정규분포를 따른다고 한다. 이 제과회사에서 만든 과자 중에서 임의로 선택한 한 봉지의 무게가 300 g 이상일 확률이 0.8413일 때, m의 값을 오른쪽 표준정규분포표를 이용하여 구한 것은?

z	$P(0 \leq Z \leq z)$
0.5	0.1915
1.0	0.3413
1.5	0.4332
2.0	0.4772

① 304
② 306
③ 308
④ 310
⑤ 312

32 (상중하)
▶ 23644-0278

어느 제약회사에서 판매 중인 알약 한 개의 지름은 평균이 20 mm, 표준편차가 σ mm인 정규분포를 따른다고 한다. 이 제약회사에서 판매하는 알약 중에서 임의로 선택한 한 개의 지름이 17 mm 이상 23 mm 이하일 확률이 0.9544일 때, σ의 값을 오른쪽 표준정규분포표를 이용하여 구한 것은?

z	$P(0 \leq Z \leq z)$
1.0	0.3413
1.5	0.4332
2.0	0.4772
2.5	0.4938

① $\dfrac{1}{2}$
② 1
③ $\dfrac{3}{2}$
④ 2
⑤ $\dfrac{5}{2}$

33 (상중하)
▶ 23644-0279

과수원 A에서 재배한 복숭아 한 개의 무게는 평균이 200 g, 표준편차가 8 g인 정규분포를 따르고, 과수원 B에서 재배한 복숭아 한 개의 무게는 평균이 210 g, 표준편차가 12 g인 정규분포를 따른다고 한다. 과수원 A에서 재배한 복숭아 중에서 임의로 선택한 복숭아 한 개의 무게가 a g 이상일 확률과 과수원 B에서 재배한 복숭아 중에서 임의로 선택한 복숭아 한 개의 무게가 a g 이하일 확률이 같을 때, 상수 a의 값을 구하시오.

09 정규분포의 활용 (2)

정규분포 $N(m, \sigma^2)$을 따르는 확률변수 X에 대하여 주어진 자료 중 X가 어떤 범위에 포함되는 자료의 개수를 구하려면 표준정규분포표를 이용하여 확률 p를 구한 다음 전체 자료의 개수와 p를 곱하여 구할 수 있다.

>> 올림포스 확률과 통계 74쪽

34 [대표문제]
▶ 23644-0280

어느 지역의 고등학교 학생의 키는 평균이 168 cm, 표준편차가 8 cm인 정규분포를 따른다고 한다. 이 지역의 고등학교 학생 5000명 중 키가 184 cm 이상인 학생의 수를 오른쪽 표준정규분포표를 이용하여 구한 것은?

z	$P(0 \leq Z \leq z)$
0.5	0.1915
1.0	0.3413
1.5	0.4332
2.0	0.4772

① 110
② 112
③ 114
④ 116
⑤ 118

35 (상중하)
▶ 23644-0281

어느 고등학교 1학년 학생 400명이 등교하는 데 걸리는 시간을 조사한 결과 평균이 25분, 표준편차가 5분인 정규분포를 따른다고 한다. 이 고등학교 학생 중 등교하는 데 걸리는 시간이 28분 이하인 학생의 수를 오른쪽 표준정규분포표를 이용하여 구한 것은?

z	$P(0 \leq Z \leq z)$
0.2	0.08
0.4	0.16
0.6	0.23
0.8	0.29

① 290
② 292
③ 294
④ 296
⑤ 298

36 (상중하)
▶ 23644-0282

어느 지역에서 작년에 태어난 n명의 신생아의 몸무게를 조사하였더니 신생아 한 명의 몸무게는 평균이 3.3 kg, 표준편차가 0.3 kg인 정규분포를 따른다고 한다. 이 지역에서 작년에 태어난 신생아 중에서 몸무게가 3.75 kg 이상인 신생아가 1750명일 때, 자연수 n의 값을 구하시오. (단, Z가 표준정규분포를 따르는 확률변수일 때, $P(0 \leq Z \leq 1.5) = 0.43$으로 계산한다.)

10 정규분포의 활용 (3)

정규분포 $N(m, \sigma^2)$을 따르는 확률변수 X에 대하여 전체 대상 중 $a\%$ 이내에 드는 X의 최솟값을 k라 하면 $P(X \geq k) = \dfrac{a}{100}$임을 이용한다.

>> 올림포스 확률과 통계 74쪽

37 대표문제

▶ 23644-0283

모집인원이 30명인 어느 대학의 수학교육과에 400명이 지원하였다. 응시자 400명의 점수가 평균이 81점, 표준편차가 8점인 정규분포를 따른다고 할 때, 수학교육과에 합격하기 위한 최저 점수를 오른쪽 표준정규분포표를 이용하여 구한 것은?

z	$P(0 \leq Z \leq z)$
1.41	0.421
1.42	0.422
1.43	0.424
1.44	0.425

① 92.52　　② 92.62　　③ 92.72

④ 92.82　　⑤ 92.92

38 상중하

▶ 23644-0284

어느 학교의 확률과 통계 중간고사 성적은 평균이 78점, 표준편차가 9점인 정규분포를 따른다고 한다. 이 고사에 응시한 학생 중 상위 11 %에 들기 위해 받아야 할 최저 점수를 오른쪽 표준정규분포표를 이용하여 구한 것은?

z	$P(0 \leq Z \leq z)$
1.13	0.37
1.18	0.38
1.23	0.39
1.28	0.40

① 89.01　　② 89.03　　③ 89.05

④ 89.07　　⑤ 89.09

39 상중하

▶ 23644-0285

모집인원이 10명인 어느 회사의 입사시험에 800명이 지원하였다. 지원자 800명의 1차 시험 점수는 평균이 77점, 표준편차가 9점인 정규분포를 따른다고 한다. 모집 인원의 2배를 1차 시험 합격자로 분류할 때, 1차 시험 합격자가 되기 위한 최저 점수를 오른쪽 표준정규분포표를 이용하여 구한 것은?

z	$P(0 \leq Z \leq z)$
1.94	0.4738
1.96	0.4750
1.98	0.4761
2.00	0.4772

① 94.62　　② 94.64　　③ 94.66

④ 94.68　　⑤ 94.70

11 정규분포의 활용 (4)

정규분포를 따르는 두 확률변수 X, Y에 대하여 X, Y를 각각 표준정규분포를 따르는 확률변수로 변환하여 확률 또는 자료를 비교할 수 있다.

>> 올림포스 확률과 통계 74쪽

40 대표문제

▶ 23644-0286

다음은 우리나라의 모든 고등학교 1학년 학생이 응시한 3월 학력평가에서 성욱이의 국어, 수학, 영어 성적과 각 과목별 평균과 표준편차를 나타낸 표이다.

(단위: 점)

과목	국어	수학	영어
성욱이의 성적	88	88	88
평균	72	65	70
표준편차	11	15	12

전체 1학년 학생 중에서 성욱이의 등수가 높은 과목부터 낮은 과목 순으로 옳게 나열한 것은?

(단, 국어, 수학, 영어 성적은 모두 정규분포를 따른다.)

① 국어, 수학, 영어　　② 국어, 영어, 수학

③ 수학, 국어, 영어　　④ 수학, 영어, 국어

⑤ 영어, 국어, 수학

41 상중하

▶ 23644-0287

세 확률변수 X_1, X_2, X_3이 각각 정규분포 $N(30, 6^2)$, $N(32, 4^2)$, $N(34, 2^2)$을 따른다. $a_n = P(X_n \geq 33)$에 대하여 a_1, a_2, a_3의 대소 관계를 옳게 나타낸 것은?

(단, n은 3 이하의 자연수이다.)

① $a_1 < a_2 < a_3$　　② $a_1 < a_3 < a_2$　　③ $a_2 < a_1 < a_3$

④ $a_2 < a_3 < a_1$　　⑤ $a_3 < a_2 < a_1$

42 상중하

▶ 23644-0288

세 과수원 A, B, C에서 재배한 귤 한 개의 무게는 평균이 각각 38 g, 39 g, 40 g이고, 표준편차가 각각 5 g, 3 g, 1 g인 정규분포를 따른다고 한다. 귤 한 개의 무게가 42 g 이상이면 특상품으로 분류한다. 세 과수원 A, B, C에서 재배한 귤 중에서 각각 임의로 선택한 한 개의 귤이 특상품일 확률이 가장 높은 과수원과 가장 낮은 과수원을 차례대로 나열한 것은?

① A, B　　② A, C　　③ B, A

④ C, A　　⑤ C, B

12 이항분포와 정규분포의 관계

확률변수 X가 이항분포 $\mathrm{B}(n,\ p)$를 따를 때, n이 충분히 크면 확률변수 X는 근사적으로 정규분포 $\mathrm{N}(np,\ npq)$를 따른다. (단, $q=1-p$)

>> 올림포스 확률과 통계 74쪽

43 대표문제
▶ 23644-0289

확률변수 X가 이항분포 $\mathrm{B}\left(144,\ \dfrac{1}{2}\right)$을 따를 때, $\mathrm{P}(69\le X\le81)$의 값을 오른쪽 표준정규분포표를 이용하여 구한 것은?

z	$\mathrm{P}(0\le Z\le z)$
0.5	0.1915
1.0	0.3413
1.5	0.4332
2.0	0.4772

① 0.5328
② 0.6247
③ 0.6687
④ 0.7745
⑤ 0.8185

44 상중하
▶ 23644-0290

확률변수 X의 확률질량함수가

$$\mathrm{P}(X=x)={}_{72}\mathrm{C}_x\left(\dfrac{1}{3}\right)^x\left(\dfrac{2}{3}\right)^{72-x}$$

$$\left(x=0,\ 1,\ 2,\ \cdots,\ 72,\ \left(\dfrac{1}{3}\right)^0=\left(\dfrac{2}{3}\right)^0=1\right)$$

일 때, 확률변수 $\dfrac{X-m}{\sigma}$은 근사적으로 표준정규분포 $\mathrm{N}(0,\ 1)$을 따른다. $m+\sigma$의 값은? (단, $\sigma>0$)

① 22
② 24
③ 26
④ 28
⑤ 30

45 상중하
▶ 23644-0291

확률변수 X가 이항분포 $\mathrm{B}(150,\ p)$를 따를 때, 확률변수 X는 근사적으로 정규분포 $\mathrm{N}(m,\ 6^2)$을 따른다. $\mathrm{P}(X\le70)>0.5$일 때, $m\times p$의 값은?

① 20
② 22
③ 24
④ 26
⑤ 28

46 상중하
▶ 23644-0292

확률변수 X가 이항분포 $\mathrm{B}\left(n,\ \dfrac{3}{4}\right)$을 따르고 $\sigma(X)=6$일 때, $\mathrm{P}(X\ge153)$의 값을 오른쪽 표준정규분포표를 이용하여 구한 것은?

z	$\mathrm{P}(0\le Z\le z)$
1.0	0.3413
1.5	0.4332
2.0	0.4772
2.5	0.4938

① 0.0062
② 0.0228
③ 0.0668
④ 0.1587
⑤ 0.3413

47 상중하
▶ 23644-0293

확률변수 X가 이항분포 $\mathrm{B}\left(n,\ \dfrac{1}{2}\right)$을 따를 때, $\mathrm{P}(X\le55)$의 값을 오른쪽 표준정규분포표를 이용하여 구한 값이 0.8413이다. n의 값을 구하시오. (단, $n\ge50$)

z	$\mathrm{P}(0\le Z\le z)$
1.0	0.3413
1.5	0.4332
2.0	0.4772
2.5	0.4938

48 상중하
▶ 23644-0294

확률변수 X가 이항분포 $\mathrm{B}\left(162,\ \dfrac{2}{3}\right)$를 따를 때, 부등식 $\mathrm{P}(92\le X\le100)<\mathrm{P}(116\le X\le a)$를 만족시키는 자연수 a의 최솟값은?

① 121
② 123
③ 125
④ 127
⑤ 129

>> 정답과 풀이 73쪽

중요
13 이항분포와 정규분포의 관계의 활용

실생활에서 이항분포를 따르는 확률변수 X에 대한 확률
은 다음 순서로 구한다.

(1) 확률변수 X를 정한 후, X의 분포를 이항분포
$B(n, p)$의 꼴로 나타낸다.

(2) n이 충분히 크면 X가 근사적으로 따르는 정규분포
$N(np, npq)$를 구한다.

(3) 표준정규분포표를 이용하여 확률을 구한다.

≫ 올림포스 확률과 통계 74쪽

49 대표문제
▶ 23644-0295

한 개의 주사위를 한 번 던지는 시행
을 1800번 반복할 때, 2 이하의 눈이
나오는 횟수를 확률변수 X라 하자.
$P(X \geq 590)$의 값을 오른쪽 표준정
규분포표를 이용하여 구한 것은?

z	$P(0 \leq Z \leq z)$
0.5	0.1915
1.0	0.3413
1.5	0.4332
2.0	0.4772

① 0.6915 ② 0.8413 ③ 0.9104

④ 0.9332 ⑤ 0.9772

50 상중하
▶ 23644-0296

한 개의 동전을 100번 던졌을 때, 앞
면이 45번 이상 60번 이하가 나올 확
률을 오른쪽 표준정규분포표를 이용
하여 구한 것은?

z	$P(0 \leq Z \leq z)$
0.5	0.1915
1.0	0.3413
1.5	0.4332
2.0	0.4772

① 0.5328 ② 0.6247

③ 0.6687 ④ 0.7745

⑤ 0.8185

51 상중하
▶ 23644-0297

어느 고등학교 학생 중 자전거를 이용하여 등교하는 학생의 비
율은 전체의 $\frac{1}{4}$이라고 한다. 이 학교의 학생 한 명을 임의
로 선택하여 자전거를 이용하여 등
교하는지를 조사하는 시행을 48번
반복할 때, 자전거를 이용하여 등교
하는 학생의 수가 18명 이상일 확률
을 오른쪽 표준정규분포표를 이용하
여 구한 것은?

z	$P(0 \leq Z \leq z)$
1.0	0.3413
1.5	0.4332
2.0	0.4772
2.5	0.4938

① 0.0062 ② 0.0228 ③ 0.1668

④ 0.1587 ⑤ 0.3413

52 상중하
▶ 23644-0298

다음은 어느 지역의 학생 중에서 지난 학기 동안 봉사활동을
한 횟수를 조사한 표이다.

봉사활동 횟수	0회 이상 5회 미만	5회 이상 10회 미만	10회 이상	합계
비율 (%)	25	41	34	100

이 지역의 학생 한 명을 임의로 선택하여 지난 학기 동안 봉사
활동을 한 횟수를 조사하는 시행을 192번 반복할 때, 봉사활동
을 한 횟수가 5회 이상인 학생이 150
명 이상일 확률을 오른쪽 표준정규분
포표를 이용하여 구한 것은?

z	$P(0 \leq Z \leq z)$
0.5	0.1915
1.0	0.3413
1.5	0.4332
2.0	0.4772

① 0.0228 ② 0.0668

③ 0.1587 ④ 0.1915

⑤ 0.3085

53 상중하
▶ 23644-0299

어느 지역 학생 중에서 지난 한 달 동안 학교 도서관을 방문한
학생의 비율이 0.8이라고 한다. 이 지역 학생 한 명을 임의로
선택하여 지난 한 달 동안 학교 도서
관을 방문하였는지를 조사하는 시행
을 225번 반복할 때, 방문한 학생이
n명 이상일 확률을 오른쪽 표준정규
분포표를 이용하여 구한 값이 0.8413
이다. 자연수 n의 값을 구하시오.

z	$P(0 \leq Z \leq z)$
0.5	0.1915
1.0	0.3413
1.5	0.4332
2.0	0.4772

54 상중하
▶ 23644-0300

어느 과수원에서 수확한 배 한 개의 무게는 평균이 630 g, 표
준편차가 50 g인 정규분포를 따른다고 한다. 이 배 중에서 무
게가 672 g 이상인 것을 특상품으로
정한다. 이 과수원에서 수확한 배 중
에서 임의로 625개를 선택할 때, 특
상품이 113개 이상일 확률을 오른쪽
표준정규분포표를 이용하여 구한 것
은?

z	$P(0 \leq Z \leq z)$
0.71	0.26
0.84	0.30
1.00	0.34
1.20	0.38

① 0.72 ② 0.76 ③ 0.80

④ 0.84 ⑤ 0.88

서술형 완성하기

01 내신기출 ▶ 23644-0301

$a<b$인 두 양수 a, b에 대하여 연속확률변수 X가 갖는 값의 범위는 $0 \leq X \leq 4a$이고, 확률변수 X의 확률밀도함수 $y=f(x)$의 그래프가 그림과 같다.

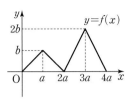

$a+b=\dfrac{7}{6}$일 때, $\mathrm{P}(k \leq X \leq k+2a)$의 최댓값은 M이다. $\dfrac{b}{a}+M$의 값을 구하시오. (단, k는 실수이다.)

02 ▶ 23644-0302

연속확률변수 X가 갖는 값의 범위는 $0 \leq X \leq 4$이고, 확률변수 X의 확률밀도함수 $y=f(x)$의 그래프가 그림과 같다.

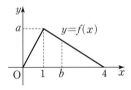

$p_1=\mathrm{P}(0 \leq X \leq 1)$, $p_2=\mathrm{P}(1 \leq X \leq b)$, $p_3=\mathrm{P}(b \leq X \leq 4)$에 대하여 $p_1+p_3=2p_2$를 만족시키는 상수 $b\,(1<b<4)$의 값을 구하시오. (단, a는 상수이다.)

03 ▶ 23644-0303

정규분포를 따르는 두 확률변수 X, Y의 확률밀도함수를 각각 $f(x)$, $g(x)$라 할 때, 두 함수 $f(x)$, $g(x)$가 다음 조건을 만족시킨다.

> (가) 모든 실수 x에 대하여 $f(5-x)=f(5+x)$이다.
> (나) 모든 실수 x에 대하여 $f(x)=g(x+2)$이다.

방정식 $\{f(x)-k\}\{g(x)-k\}=0$이 서로 다른 세 실근 α, β, $\gamma\,(\alpha<\beta<\gamma)$를 가질 때, $\alpha\beta\gamma$의 값을 구하시오.

(단, k는 상수이다.)

04 ▶ 23644-0304

연속확률변수 X, Y는 각각 정규분포 $\mathrm{N}(10, 2^2)$, $\mathrm{N}(m, 3^2)$을 따르고, 확률변수 X, Y의 확률밀도함수는 각각 $f(x)$, $g(x)$이다. 곡선 $y=f(x)\,(x \leq 8)$과 x축 및 직선 $x=8$ 사이의 넓이와 곡선 $y=g(x)\,(x \geq 24)$와 x축 및 직선 $x=24$ 사이의 넓이가 같을 때, m의 값을 구하시오.

05 내신기출 ▶ 23644-0305

한 개의 주사위를 던져서 나온 눈의 수가 3의 배수이면 동전 2개를 동시에 던지고, 3의 배수가 아니면 동전 3개를 동시에 던지는 시행을 288번 반복할 때, 모든 동전이 같은 면이 나오는 횟수가 100번 이상일 확률을 오른쪽 표준정규분포표를 이용하여 구하시오.

z	$\mathrm{P}(0 \leq Z \leq z)$
0.5	0.1915
1.0	0.3413
1.5	0.4332
2.0	0.4772

06 ▶ 23644-0306

$a_n={}_{100}\mathrm{C}_n\dfrac{4^{100-n}}{5^{100}}\,(n=0, 1, 2, \cdots, 100, 4^0=1)$에 대하여 $a_{16}+a_{17}+a_{18}+\cdots+a_{30}$의 값을 오른쪽 표준정규분포표를 이용하여 구하시오. (단, n은 자연수이다.)

z	$\mathrm{P}(0 \leq Z \leq z)$
1.0	0.3413
1.5	0.4332
2.0	0.4772
2.5	0.4938

내신 + 수능 고난도 도전

▶ 23644-0307

01 연속확률변수 X가 갖는 값의 범위는 $0 \le X \le 4$이고, 확률변수 X의 확률밀도함수 $y=f(x)$의 그래프가 그림과 같다.

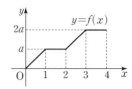

$\mathrm{P}(k \le X \le k+1) = \dfrac{9}{40}$일 때, $10k$의 값을 구하시오. (단, a, k는 상수이다.)

▶ 23644-0308

02 연속확률변수 X가 갖는 값의 범위는 $0 \le X \le 6$이고 확률변수 X의 확률밀도함수 $f(x)$가 다음 조건을 만족시킨다.

> (가) 0이 아닌 상수 a에 대하여 $0 \le x \le 2$일 때 $f(x) = a|x-1| - a$이다.
>
> (나) $2 \le x \le 6$인 모든 실수 x에 대하여 $f(x) = \dfrac{1}{2} f(x-2)$이다.

$\mathrm{P}(3 \le X \le 5)$의 값은?

① $\dfrac{1}{14}$ ② $\dfrac{1}{7}$ ③ $\dfrac{3}{14}$ ④ $\dfrac{2}{7}$ ⑤ $\dfrac{5}{14}$

▶ 23644-0309

03 정규분포를 따르는 세 연속확률변수 X, Y, Z의 확률밀도함수가 각각 $f(x)$, $g(x)$, $h(x)$이고 세 곡선 $y=f(x)$, $y=g(x)$, $y=h(x)$의 그래프가 그림과 같을 때, **보기**에서 옳은 것만을 있는 대로 고른 것은?

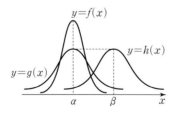

> ● 보기 ●
>
> ㄱ. $\mathrm{E}(X) = \mathrm{E}(Y) < \mathrm{E}(Z)$
>
> ㄴ. $\sigma(X) < \sigma(Y) = \sigma(Z)$
>
> ㄷ. 어떤 상수 k에 대하여 $\mathrm{P}(Y \le k) = \mathrm{P}(Z \ge k)$이다.

① ㄱ   ② ㄷ   ③ ㄱ, ㄴ   ④ ㄴ, ㄷ   ⑤ ㄱ, ㄴ, ㄷ

▶ 23644-0310

04 정규분포를 따르는 두 확률변수 X, Y의 확률밀도함수를 각각 $f(x)$, $g(x)$라 할 때, 두 함수 $f(x)$, $g(x)$가 다음 조건을 만족시킨다.

> (가) 함수 $f(x)$는 $x=10$에서 최댓값을 갖는다.
> (나) 모든 실수 x에 대하여 $g(x)=f(x-8)$이다.

z	$P(0 \le Z \le z)$
0.5	0.1915
1.0	0.3413
1.5	0.4332
2.0	0.4772

$P(7 \le X \le 13)=0.6826$일 때, $P\left(Y \ge \dfrac{27}{2}\right)$의 값을 오른쪽 표준정규분포표를 이용하여 구한 것은?

① 0.7745 ② 0.8413 ③ 0.8185 ④ 0.9332 ⑤ 0.9772

▶ 23644-0311

05 자연수 m에 대하여 확률변수 X가 정규분포 $N(m, \sigma^2)$을 따르고 다음 조건을 만족시킨다.

> (가) $P(8 \le X \le 13) > P(13 \le X \le 18)$
> (나) $P(9 \le X \le 11) < P(11 \le X \le 13)$

z	$P(0 \le Z \le z)$
0.4	0.1554
0.5	0.1915
0.6	0.2257
0.7	0.2580

$P(X \ge 6)=0.6554$일 때, $P(X \le k) \ge 0.7257$을 만족시키는 k의 최솟값을 오른쪽 표준정규분포표를 이용하여 구한 것은?

① 18 ② 19 ③ 20 ④ 21 ⑤ 22

▶ 23644-0312

06 1부터 6까지의 자연수가 하나씩 적혀 있는 6장의 카드가 들어 있는 상자가 있다. 이 상자에서 임의로 2장의 카드를 동시에 꺼내어 카드에 적혀 있는 수를 확인한 후 다시 상자에 카드를 넣는 시행을 한다. 이 시행을 600번 반복할 때 다음 조건을 만족시키는 횟수를 확률변수 X라 하자.

> 상자에서 꺼낸 2장의 카드에 적혀 있는 수를 a, b ($a<b$)라 할 때, ab의 양의 약수의 개수는 4 이하이다.

z	$P(0 \le Z \le z)$
1.0	0.3413
2.0	0.4772
3.0	0.4987

$P(324 \le X \le 372)$의 값을 오른쪽 표준정규분포표를 이용하여 구한 것은?

① 0.8185 ② 0.8400 ③ 0.9544 ④ 0.9759 ⑤ 0.9974

07 통계적 추정

01 모집단과 표본

(1) 통계 조사에서 조사의 대상이 되는 집단 전체를 모집단이라 하고, 조사하기 위하여 모집단에서 뽑은 일부분을 표본이라고 한다. 이때 모집단에서 표본을 뽑는 것을 추출이라고 한다.

(2) 통계 조사에서 모집단 전체를 조사하는 것을 전수조사라 하고, 모집단의 일부분, 즉 표본을 조사하는 것을 표본조사라고 한다.
이때 표본에 포함된 대상의 개수를 표본의 크기라고 한다.

(3) 모집단에서 표본을 추출할 때, 모집단에 속하는 각 대상이 같은 확률로 추출되도록 하는 방법을 임의추출이라고 한다

> 복원추출: 한 개의 자료를 추출한 후 추출한 것을 다시 모집단에 넣고 다음 자료를 뽑는 방법
>
> 비복원추출: 한 개의 자료를 추출한 후 추출한 것을 다시 모집단에 넣지 않고 다음 자료를 뽑는 방법

02 모평균과 표본평균

(1) 어떤 모집단에서 조사하고자 하는 특성을 나타내는 확률변수를 X라고 할 때, X의 평균, 분산, 표준편차를 각각 모평균, 모분산, 모표준편차라 하고, 기호로 각각 m, σ^2, σ와 같이 나타낸다.

(2) 모집단에서 임의추출한 크기가 n인 표본을 X_1, X_2, X_3, $\cdots$, X_n이라 할 때, 이 표본의 평균, 분산, 표준편차를 각각 표본평균, 표본분산, 표본표준편차라 하고, 기호로 각각 $\overline{X}$, S^2, S와 같이 나타낸다. 이때 $\overline{X}$, S^2, S는 다음과 같이 구한다.

① $\overline{X} = \dfrac{1}{n}(X_1 + X_2 + X_3 + \cdots + X_n)$

② $S^2 = \dfrac{1}{n-1}\{(X_1 - \overline{X})^2 + (X_2 - \overline{X})^2 + (X_3 - \overline{X})^2 + \cdots + (X_n - \overline{X})^2\}$

③ $S = \sqrt{S^2}$

> 표본분산의 정의에서 표본평균을 정의할 때와 달리 $n-1$로 나누는 것은 표본분산과 모분산의 차이를 줄이기 위함이다.

03 표본평균의 확률분포

(1) 모평균 m은 고정된 상수이지만 표본평균 $\overline{X}$는 추출된 표본에 따라 여러 가지 값을 가질 수 있으므로 확률변수이다.

(2) 모집단의 확률변수 X의 확률분포가 오른쪽 표와 같을 때, 이 모집단에서 임의추출한 크기가 2인 표본 (X_1, X_2)와 그 표본평균 $\overline{X} = \dfrac{X_1 + X_2}{2}$는 다음과 같다.

X	1	2	합계
$P(X=x)$	$\dfrac{1}{2}$	$\dfrac{1}{2}$	1

> 특별한 말이 없으면 임의추출은 복원추출로 간주한다.

(X_1, X_2)	$(1, 1)$	$(1, 2)$	$(2, 1)$	$(2, 2)$
$\overline{X}$	1	1.5	1.5	2

따라서 확률변수 $\overline{X}$의 확률분포를 표로 나타내면 다음과 같다.

$\overline{X}$	1	1.5	2	합계
$P(\overline{X}=\overline{x})$	$\dfrac{1}{4}$	$\dfrac{1}{2}$	$\dfrac{1}{4}$	1

01 모집단과 표본

[01~06] 다음은 전수조사와 표본조사 중에서 어느 것이 적합한지 말하시오.

01 기업 A에서 생산하는 전구의 평균 수명

02 TV프로그램 B의 시청률 조사

03 대선 후보 C에 대한 지지율

04 국가 D에 있는 모든 고등학교의 학생 수

05 학급 E의 수학 시험 성적의 평균

06 과수원 F에서 재배하는 사과의 당도

[07~08] 다음 □ 안에 알맞은 말을 써 넣으시오.

어느 여론 조사 기관에서는 전국 고등학생의 키의 평균을 알아보기 위하여 임의추출한 1000명의 키를 조사하였다.
이때 모집단은 **07** 이고, 표본은 **08** 이다.

[09~10] 1부터 10까지의 자연수가 하나씩 적혀 있는 10장의 카드가 들어 있는 주머니가 있다. 이 주머니에서 임의로 2장의 카드를 다음과 같이 추출하는 경우의 수를 구하시오.

09 복원추출하는 경우의 수

10 비복원추출하는 경우의 수

02 모평균과 표본평균

[11~13] 숫자 1, 2, 3, 4가 하나씩 적혀 있는 4개의 공이 들어 있는 상자에서 임의로 한 개의 공을 꺼낼 때 적혀 있는 숫자를 확률변수 X라 하자. 4개의 공 중에서 크기가 3인 표본을 임의추출한 표본이 다음과 같을 때, 표본평균 $\overline{X}$, 표본분산 S^2을 구하시오.

11 표본이 1, 2, 3일 때

12 표본이 2, 3, 4일 때

13 표본이 1, 3, 4일 때

03 표본평균의 확률분포

[14~22] 숫자 1, 2, 3이 하나씩 적혀 있는 3개의 공이 들어 있는 주머니에서 임의로 한 개의 공을 꺼낼 때, 공에 적힌 수를 확률변수 X라 하자. 이 모집단에서 표본의 크기가 2인 표본을 임의추출하여 공에 적힌 수를 각각 X_1, X_2라 하고, 이 표본의 표본평균을 $\overline{X}$라 하자. 다음은 확률변수 $\overline{X}$의 확률분포를 구하는 과정이다. □ 안에 알맞은 수를 써 넣으시오.

확률변수 X의 확률분포, 즉 모집단의 확률분포를 표로 나타내면 다음과 같다.

X	1	2	3	합계
$P(X=x)$	$\frac{1}{3}$	**14**	**15**	1

이 모집단에서 임의추출한 크기가 2인 표본 (X_1, X_2)와 그 표본평균 $\overline{X}=\dfrac{X_1+X_2}{2}$는 다음과 같다.

(X_1, X_2)	(1, 1)	(1, 2)	(1, 3)	(2, 1)
$\overline{X}$	1	**16**	**17**	1.5

(2, 2)	(2, 3)	(3, 1)	(3, 2)	(3, 3)
2	**18**	2	2.5	**19**

이때 각 경우의 확률이 $\frac{1}{9}$이므로 확률변수 $\overline{X}$의 확률분포를 표로 나타내면 다음과 같다.

$\overline{X}$	1	1.5	2	2.5	3	합계
$P(\overline{X}=\overline{x})$	$\frac{1}{9}$	**20**	**21**	$\frac{2}{9}$	**22**	1

23 모집단의 확률변수 X의 확률분포가 다음 표와 같을 때, 이 모집단에서 임의추출한 크기가 2인 표본의 표본평균 $\overline{X}$의 확률분포를 표로 나타내시오.

X	1	2	3	합계
$P(X=x)$	$\frac{1}{6}$	$\frac{1}{3}$	$\frac{1}{2}$	1

07 통계적 추정

04 표본평균의 평균, 분산, 표준편차

모평균이 m, 모표준편차가 σ인 모집단에서 크기가 n인 표본을 임의추출할 때, 표본평균 $\overline{X}$의 평균, 분산, 표준편차는 다음과 같다.

(1) $\mathrm{E}(\overline{X})=m$

(2) $\mathrm{V}(\overline{X})=\dfrac{\sigma^2}{n}$

(3) $\sigma(\overline{X})=\dfrac{\sigma}{\sqrt{n}}$

모평균이 10, 모분산이 4인 모집단에서 크기가 100인 표본을 임의추출할 때,

$\mathrm{E}(\overline{X})=10$

$\mathrm{V}(\overline{X})=\dfrac{4}{100}=0.04$

$\sigma(\overline{X})=\sqrt{\mathrm{V}(\overline{X})}$

$\qquad =\dfrac{2}{10}=0.2$

05 표본평균의 분포

모평균이 m, 모표준편차가 σ인 모집단에서 크기가 n인 표본의 표본평균 $\overline{X}$에 대하여 다음이 성립한다.

(1) 모집단이 정규분포 $\mathrm{N}(m, \sigma^2)$을 따르면 표본평균 $\overline{X}$는 정규분포 $\mathrm{N}\!\left(m, \dfrac{\sigma^2}{n}\right)$을 따른다.

(2) 모집단이 정규분포를 따르지 않을 때에도 표본의 크기 n이 충분이 크면 표본평균 $\overline{X}$는 근사적으로 정규분포 $\mathrm{N}\!\left(m, \dfrac{\sigma^2}{n}\right)$을 따른다.

일반적으로 표본의 크기 n이 30 이상이면 충분히 큰 것으로 본다.

06 모평균의 추정

(1) 모집단에서 추출한 표본에서 얻은 자료를 이용하여 모집단의 어떤 성질을 확률적으로 추측하는 것을 추정이라고 한다.

(2) 정규분포 $\mathrm{N}(m, \sigma^2)$을 따르는 모집단에서 크기가 n인 표본을 임의추출하여 구한 표본평균 $\overline{X}$의 값이 $\overline{x}$일 때, 모평균 m에 대한 신뢰구간은 다음과 같다.

① 신뢰도 95 %의 신뢰구간 : $\overline{x}-1.96\times\dfrac{\sigma}{\sqrt{n}}\leq m\leq\overline{x}+1.96\times\dfrac{\sigma}{\sqrt{n}}$

② 신뢰도 99 %의 신뢰구간 : $\overline{x}-2.58\times\dfrac{\sigma}{\sqrt{n}}\leq m\leq\overline{x}+2.58\times\dfrac{\sigma}{\sqrt{n}}$

(참고) 표본평균 $\overline{X}$는 확률변수이므로 추출되는 표본에 따라 표본평균 $\overline{X}$의 값 $\overline{x}$가 달라지고 그에 따라 신뢰구간도 달라진다. 이와 같은 신뢰구간 중에는 오른쪽 그림과 같이 모평균 m을 포함하는 것과 포함하지 않는 것이 있을 수 있다.
따라서 모평균 m에 대하여 신뢰도 95 %의 신뢰구간이란 크기가 n인 표본을 여러 번 임의추출하여 신뢰구간을 각각 구하면 그중에서 95 %는 모평균 m을 포함할 것으로 기대된다는 것을 의미한다.

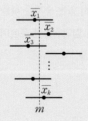

모평균의 신뢰구간을 구할 때 모표준편차 σ의 값을 알 수 없는 경우가 많다. 이 경우 표본의 크기 n이 충분히 크면 모표준편차 σ 대신 표본표준편차 s를 이용하여 모평균의 신뢰구간을 구할 수 있다는 것이 알려져 있다.

04 표본평균의 평균, 분산, 표준편차

[24~26] 모평균이 m, 모표준편차가 10인 모집단에서 크기가 20인 표본을 임의추출한다. 모평균 m이 다음과 같을 때, 표본평균 $\overline{X}$의 평균을 구하시오.

24 $m=4$

25 $m=50$

26 $m=200$

[27~29] 모평균이 20, 모표준편차가 8인 모집단에서 임의추출한 크기가 16인 표본의 표본평균을 $\overline{X}$라 할 때, 다음을 구하시오.

27 $\mathrm{E}(\overline{X})$

28 $\mathrm{V}(\overline{X})$

29 $\sigma(\overline{X})$

[30~32] 정규분포 $\mathrm{N}(30, 9^2)$을 따르는 모집단에서 임의추출한 크기가 9인 표본의 표본평균을 $\overline{X}$라 할 때, 다음을 구하시오.

30 $\mathrm{E}(\overline{X})$

31 $\mathrm{V}(\overline{X})$

32 $\sigma(\overline{X})$

05 표본평균의 분포

[33~34] 다음 □ 안에 알맞은 말을 써 넣으시오.

모평균이 9이고, 모분산이 49인 정규분포를 따르는 모집단에서 크기가 49인 표본의 표본평균 $\overline{X}$는 근사적으로 정규분포 $\mathrm{N}(\boxed{\ 33\ }, \boxed{\ 34\ })$을 따른다.

[35~40] 모평균이 80이고 모표준편차가 12인 정규분포를 따르는 모집단에서 임의추출한 크기가 36인 표본의 표본평균을 $\overline{X}$라 할 때, 오른쪽 표준정규분포표를 이용하여 다음을 구하시오.

z	$\mathrm{P}(0 \leq Z \leq z)$
1.0	0.3413
1.5	0.4332
2.0	0.4772

35 $\mathrm{E}(\overline{X})$

36 $\mathrm{V}(\overline{X})$

37 확률변수 $\overline{X}$가 따르는 정규분포

38 $\mathrm{P}(80 \leq \overline{X} \leq 82)$

39 $\mathrm{P}(\overline{X} \geq 83)$

40 $\mathrm{P}(\overline{X} \leq 76)$

06 모평균의 추정

[41~42] 모평균이 m, 모표준편차가 4인 정규분포를 따르는 모집단에서 크기가 100인 표본을 임의추출하여 구한 표본평균이 20일 때, 다음을 구하시오. (단, Z가 표준정규분포를 따르는 확률변수일 때, $\mathrm{P}(|Z| \leq 1.96)=0.95$, $\mathrm{P}(|Z| \leq 2.58)=0.99$로 계산한다.)

41 신뢰도 95 %의 신뢰구간

42 신뢰도 99 %의 신뢰구간

[43~44] 정규분포 $\mathrm{N}(m, 50^2)$을 따르는 모집단에서 다음과 같이 크기가 n인 표본을 임의추출하여 구한 표본평균이 180일 때, 모평균 m에 대한 신뢰도 95 %의 신뢰구간을 구하시오. (단, Z가 표준정규분포를 따르는 확률변수일 때, $\mathrm{P}(|Z| \leq 1.96)=0.95$로 계산한다.)

43 $n=25$

44 $n=100$

01 표본평균의 확률분포

모평균 m은 고정된 상수이지만 표본평균 $\overline{X}$는 추출된 표본에 따라 여러 가지 값을 가질 수 있으므로 확률변수이다. 따라서 $\overline{X}$의 확률분포를 구할 수 있다.

» **올림포스** 확률과 통계 82쪽

01 내표문제
▶ 23644-0313

모집단의 확률변수 X의 확률분포를 표로 나타내면 다음과 같다.

X	2	4	6	합계
$P(X=x)$	$\dfrac{1}{5}$	$\dfrac{2}{5}$	$\dfrac{2}{5}$	1

이 모집단에서 크기가 2인 표본을 임의추출하여 구한 표본평균을 $\overline{X}$라 할 때, $P(3 \leq \overline{X} \leq 4)$의 값은?

① $\dfrac{2}{5}$ ② $\dfrac{11}{25}$ ③ $\dfrac{12}{25}$

④ $\dfrac{13}{25}$ ⑤ $\dfrac{14}{25}$

02 상중하
▶ 23644-0314

모집단의 확률변수 X의 확률분포를 표로 나타내면 다음과 같다.

X	-1	0	1	합계
$P(X=x)$	$\dfrac{1}{2}$	$\dfrac{1}{3}$	a	1

이 모집단에서 크기가 2인 표본을 임의추출하여 구한 표본평균을 $\overline{X}$라 할 때, $a+P(\overline{X}=0)$의 값은?

① $\dfrac{1}{9}$ ② $\dfrac{2}{9}$ ③ $\dfrac{1}{3}$

④ $\dfrac{4}{9}$ ⑤ $\dfrac{5}{9}$

03 상중하
▶ 23644-0315

모집단의 확률변수 X의 확률분포를 표로 나타내면 다음과 같다.

X	1	2	3	합계
$P(X=x)$	a	a	$2a$	1

이 모집단에서 크기가 3인 표본을 임의추출하여 구한 표본평균을 $\overline{X}$라 할 때, $64\{P(\overline{X} \leq 2) - P(\overline{X} < 2)\}$의 값을 구하시오.

02 표본평균의 평균, 분산, 표준편차(1)

모평균이 m, 모표준편차가 σ인 모집단에서 크기가 n인 표본을 임의추출할 때, 표본평균 $\overline{X}$의 평균, 분산, 표준편차는 $E(\overline{X})=m$, $V(\overline{X})=\dfrac{\sigma^2}{n}$, $\sigma(\overline{X})=\dfrac{\sigma}{\sqrt{n}}$이다.

» **올림포스** 확률과 통계 82쪽

04 대표문제
▶ 23644-0316

모평균이 70, 모표준편차가 5인 모집단에서 크기가 9인 표본을 임의추출하여 구한 표본평균을 $\overline{X}$라 할 때, $E(3\overline{X}+1) + V(3\overline{X}+1)$의 값은?

① 230 ② 232 ③ 234
④ 236 ⑤ 238

05 상중하
▶ 23644-0317

모평균이 100, 모표준편차가 4인 모집단에서 크기가 100인 표본을 임의추출하여 구한 표본평균을 $\overline{X}$라 할 때, $E(\overline{X}) \times V(\overline{X})$의 값은?

① 12 ② 14 ③ 16
④ 18 ⑤ 20

06 상중하
▶ 23644-0318

확률변수가 X인 모집단에서 크기가 n인 표본을 임의추출하여 구한 표본평균을 $\overline{X}$라 하자. 이 모집단의 확률변수 X에 대하여 $E(X)=12$, $\sigma(X)=3$일 때, $145 < E(\overline{X}^2) < 146$을 만족시키는 자연수 n의 개수는?

① 2 ② 3 ③ 4
④ 5 ⑤ 6

03 표본평균의 평균, 분산, 표준편차(2)

(1) 확률변수 X의 확률분포를 구한다.

(2) 모평균, 모분산, 모표준편차를 구한다.

(3) 표본평균 $\overline{X}$의 평균, 분산, 표준편차를 구한다.

>> **올림포스** 확률과 통계 82쪽

07 대표문제
▶ 23644-0319

숫자 1, 2, 2, 2, 3이 하나씩 적혀 있는 5개의 공이 들어 있는 주머니에서 3개의 공을 임의추출할 때, 추출한 3개의 공에 적혀 있는 숫자의 평균을 $\overline{X}$라 하자. $E(\overline{X})+V(\overline{X})$의 값은?

① 2
② $\dfrac{31}{15}$
③ $\dfrac{32}{15}$

④ $\dfrac{11}{5}$
⑤ $\dfrac{34}{15}$

08 상중하
▶ 23644-0320

모집단의 확률변수 X의 확률분포를 표로 나타내면 다음과 같다.

X	1	3	5	합계
$P(X=x)$	$\dfrac{1}{2}$	a	$2a$	1

이 모집단에서 크기가 8인 표본을 임의추출하여 구한 표본평균을 $\overline{X}$라 할 때, $E(\overline{X})$의 값은?

① $\dfrac{7}{3}$
② $\dfrac{8}{3}$
③ 3

④ $\dfrac{10}{3}$
⑤ $\dfrac{11}{3}$

09 상중하
▶ 23644-0321

모집단의 확률변수 X의 확률분포를 표로 나타내면 다음과 같다.

X	1	2	3	4	합계
$P(X=x)$	$\dfrac{1}{2}$	$\dfrac{1}{5}$	a	$2a$	1

이 모집단에서 크기가 7인 표본을 임의추출하여 구한 표본평균 $\overline{X}$에 대하여 $V\left(\dfrac{\overline{X}}{a}\right)$의 값을 구하시오.

10 상중하
▶ 23644-0322

3보다 큰 실수 a에 대하여 네 숫자 1, 2, 3, a가 하나씩 적혀 있는 4장의 카드가 들어 있는 상자가 있다. 이 상자에서 4장의 카드를 임의추출할 때, 추출한 4장의 카드에 적혀 있는 숫자의 평균을 $\overline{X}$라 하자. $E(\overline{X})=3$일 때, $V(\overline{X})$의 값은?

① $\dfrac{1}{2}$
② $\dfrac{5}{8}$
③ $\dfrac{3}{4}$

④ $\dfrac{7}{8}$
⑤ 1

11 상중하
▶ 23644-0323

모집단의 확률변수 X가 갖는 값이 1, 2, 3이고 X의 확률질량함수가

$$P(X=x)=\dfrac{6-x}{k} \ (x=1, 2, 3)$$

이다. 이 모집단에서 크기가 n인 표본을 임의추출하여 구한 표본평균 $\overline{X}$에 대하여 $V(3\overline{X})=\dfrac{1}{4}$일 때, $k+n$의 값은?

(단, k는 상수이다.)

① 31
② 32
③ 33

④ 34
⑤ 35

12 상중하
▶ 23644-0324

숫자 1이 적혀 있는 공 1개, 숫자 2가 적혀 있는 공 2개, 숫자 3이 적혀 있는 공 3개가 들어 있는 주머니가 있다. 이 주머니에서 임의로 한 개의 공을 꺼내어 공에 적혀 있는 수를 확인한 후 다시 넣는다. 이 시행을 10번 반복하여 확인한 10개의 수의 합을 확률변수 X라 할 때, $\dfrac{V(3X)}{E(3X)}$의 값은?

① $\dfrac{3}{7}$
② $\dfrac{1}{2}$
③ $\dfrac{4}{7}$

④ $\dfrac{9}{14}$
⑤ $\dfrac{5}{7}$

중요
04 표본평균의 분포

모평균이 m, 모표준편차가 σ인 모집단에서 크기가 n인 표본의 표본평균 $\overline{X}$에 대하여 다음이 성립한다.

(1) 모집단이 정규분포 $N(m,\ \sigma^2)$을 따르면 표본평균 $\overline{X}$는 정규분포 $N\left(m,\ \dfrac{\sigma^2}{n}\right)$을 따른다.

(2) 모집단이 정규분포를 따르지 않을 때에도 표본의 크기 n이 충분이 크면 표본평균 $\overline{X}$는 근사적으로 정규분포 $N\left(m,\ \dfrac{\sigma^2}{n}\right)$을 따른다.

>> **올림포스** 확률과 통계 83쪽

13 대표문제
▶ 23644-0325

어느 공장에서 생산하는 과일 음료 1병의 용량은 평균이 200 mL, 표준편차가 2 mL인 정규분포를 따른다고 한다. 이 공장에서 생산하는 음료 중에서 임의추출한 9병의 용량의 표본평균이 199 mL 이상 201 mL 이하일 확률을 오른쪽 표준정규분포표를 이용하여 구한 것은?

z	$P(0 \le Z \le z)$
0.5	0.1915
1.0	0.3413
1.5	0.4332
2.0	0.4772

① 0.6915　　　② 0.8413　　　③ 0.8664
④ 0.9332　　　⑤ 0.9544

14 상중하
▶ 23644-0326

정규분포 $N(55,\ 20^2)$을 따르는 모집단에서 크기가 100인 표본을 임의추출하여 구한 표본평균을 $\overline{X}$라 할 때, $1000P(\overline{X} \ge 60)$의 값을 구하시오. (단, Z가 표준정규분포를 따르는 확률변수일 때, $P(0 \le Z \le 2.5)=0.494$로 계산한다.)

15 상중하
▶ 23644-0327

모평균이 90, 모표준편차가 18인 모집단에서 크기가 81인 표본을 임의추출하여 구한 표본평균을 $\overline{X}$라 할 때, $\overline{X}$가 92 이하일 확률은? (단, Z가 표준정규분포를 따르는 확률변수일 때, $P(|Z| \le 1)=0.68$로 계산한다.)

① 0.18　　　② 0.34　　　③ 0.50
④ 0.68　　　⑤ 0.84

16 상중하
▶ 23644-0328

어느 배달플랫폼에서 배달물품 1개를 고객에게 배달하는 데 걸리는 시간은 평균이 25분, 표준편차가 10분인 정규분포를 따른다고 한다. 이 배달플랫폼의 배달물품 중에서 임의추출한 16개를 고객에게 배달하는 데 걸리는 시간의 표본평균이 24분 이상 27분 이하일 확률을 오른쪽 표준정규분포표를 이용하여 구한 것은?

z	$P(0 \le Z \le z)$
0.2	0.08
0.4	0.16
0.6	0.23
0.8	0.29

① 0.32　　　② 0.45　　　③ 0.46
④ 0.52　　　⑤ 0.58

17 상중하
▶ 23644-0329

정규분포 $N(m,\ 12^2)$을 따르는 모집단에서 크기가 25인 표본을 임의추출하여 구한 표본평균 $\overline{X}$에 대하여 $P\left(|\overline{X}-m| \le \dfrac{6}{5}\right)$의 값을 오른쪽 표준정규분포표를 이용하여 구한 것은?

z	$P(0 \le Z \le z)$
0.5	0.1915
1.0	0.3413
1.5	0.4332
2.0	0.4772

① 0.1915　　　② 0.3413　　　③ 0.3830
④ 0.4332　　　⑤ 0.4772

18 상중하
▶ 23644-0330

어느 양계장에서 생산하는 달걀 한 개의 무게는 평균이 60 g, 표준편차가 8 g인 정규분포를 따른다고 한다. 어느 날 이 양계장에서 생산한 1200개의 달걀 중에서 임의추출한 4개의 달걀을 한 세트로 상자에 포장하여 총 무게가 208 g 이상이면 소비자에게 판매하려고 한다. 이 날 이 양계장에서 소비자에게 판매할 수 있는 상자의 개수의 기댓값을 오른쪽 표준정규분포표를 이용하여 구하시오. (단, 상자와 포장 재료의 무게는 제외한다.)

z	$P(0 \le Z \le z)$
0.5	0.19
1.0	0.34
1.5	0.43
2.0	0.48

05 표본평균의 분포에서 표본의 크기

표본평균 $\overline{X}$가 정규분포 $\mathrm{N}\left(m, \dfrac{\sigma^2}{n}\right)$을 따르면 $\dfrac{\overline{X}-m}{\dfrac{\sigma}{\sqrt{n}}}$ 이 표준정규분포를 따른다는 것을 이용하여 표본의 크기를 구한다.

>> 올림포스 확률과 통계 83쪽

19 대표문제 ▶ 23644-0331

어느 자동차 공유업체를 이용한 고객 1명의 이용시간은 평균이 60분, 표준편차가 10분인 정규분포를 따른다고 한다. 이 공유업체를 이용한 고객 중에서 임의추출한 n명의 이용시간의 표본평균을 $\overline{X}$라 하자. $\mathrm{P}(\overline{X} \geq 62) = 0.1151$일 때, 자연수 n의 값을 오른쪽 표준정규분포표를 이용하여 구한 것은?

z	$\mathrm{P}(0 \leq Z \leq z)$
1.0	0.3413
1.2	0.3849
1.4	0.4192
1.6	0.4452

① 16 ② 25 ③ 36
④ 49 ⑤ 64

20 상중하 ▶ 23644-0332

정규분포 $\mathrm{N}(90, 15^2)$을 따르는 모집단에서 크기가 n인 표본을 임의추출하여 구한 표본평균을 $\overline{X}$라 하자.
$\mathrm{P}(\overline{X} \leq 89) = 0.4207$일 때, 자연수 n의 값을 구하시오.
(단, Z가 표준정규분포를 따르는 확률변수일 때,
$\mathrm{P}(0 \leq Z \leq 0.2) = 0.0793$으로 계산한다.)

21 상중하 ▶ 23644-0333

모평균이 150, 모표준편차가 54인 정규분포를 따르는 모집단에서 크기가 n^2인 표본을 임의추출하여 구한 표본평균을 $\overline{X}$라 하자.
$\mathrm{P}(|\overline{X} - 150| \leq n^2 + 50) = 0.9544$일 때, 자연수 n의 값을 오른쪽 표준정규분포표를 이용하여 구한 것은?

z	$\mathrm{P}(0 \leq Z \leq z)$
1.0	0.3413
1.5	0.4332
2.0	0.4772
2.5	0.4938

① 2 ② 3 ③ 4
④ 5 ⑤ 6

06 표본평균의 분포에서 미지수의 값

표본평균 $\overline{X}$가 정규분포 $\mathrm{N}\left(m, \dfrac{\sigma^2}{n}\right)$을 따르면 $\dfrac{\overline{X}-m}{\dfrac{\sigma}{\sqrt{n}}}$ 이 표준정규분포를 따른다는 것을 이용하여 미지수의 값을 구한다.

>> 올림포스 확률과 통계 83쪽

22 대표문제 ▶ 23644-0334

어느 빵집에서 판매하는 단팥빵 한 개의 무게는 평균이 m g, 표준편차가 16 g인 정규분포를 따른다고 한다. 이 빵집에서 판매하는 단팥빵 중에서 임의추출한 64개의 무게의 표본평균이 123 g 이상일 확률이 0.8413일 때, m의 값을 오른쪽 표준정규분포표를 이용하여 구하시오.

z	$\mathrm{P}(0 \leq Z \leq z)$
1.0	0.3413
1.5	0.4332
2.0	0.4772
2.5	0.4938

23 상중하 ▶ 23644-0335

정규분포 $\mathrm{N}(180, 10^2)$을 따르는 모집단에서 크기가 25인 표본을 임의추출하여 구한 표본평균을 $\overline{X}$, 정규분포 $\mathrm{N}(50, 8^2)$을 따르는 모집단에서 크기가 64인 표본을 임의추출하여 구한 표본평균을 $\overline{Y}$라 하자. $\mathrm{P}(\overline{X} \geq 182) = \mathrm{P}(\overline{Y} \leq a)$일 때, 상수 a의 값을 구하시오.

24 상중하 ▶ 23644-0336

어느 공장에서 생산하는 쿠션 한 개의 무게를 확률변수 X라 하면 X는 평균이 480 g, 표준편차가 σ g인 정규분포를 따른다고 한다.
$\mathrm{P}(474 \leq X \leq 480) = 0.1915$일 때, 이 공장에서 생산한 쿠션 중에서 임의추출한 16개의 무게의 표본평균이 474 g 이상일 확률을 오른쪽 표준정규분포표를 이용하여 구한 것은?

z	$\mathrm{P}(0 \leq Z \leq z)$
0.5	0.1915
1.0	0.3413
1.5	0.4332
2.0	0.4772

① 0.6687 ② 0.8185 ③ 0.9332
④ 0.9544 ⑤ 0.9772

중요
07 모평균의 추정 (1) - 모표준편차가 주어진 경우

정규분포 $N(m, \sigma^2)$을 따르는 모집단에서 크기가 n인 표본을 임의추출하여 구한 표본평균 $\overline{X}$의 값이 $\overline{x}$일 때, 모평균 m에 대한 신뢰구간은

(1) 신뢰도 95 %의 신뢰구간:

$$\overline{x}-1.96\times\frac{\sigma}{\sqrt{n}}\leq m\leq\overline{x}+1.96\times\frac{\sigma}{\sqrt{n}}$$

(2) 신뢰도 99 %의 신뢰구간:

$$\overline{x}-2.58\times\frac{\sigma}{\sqrt{n}}\leq m\leq\overline{x}+2.58\times\frac{\sigma}{\sqrt{n}}$$

> **올림포스** 확률과 통계 84쪽

25 대표문제
▶ 23644-0337

어느 농장에서 재배한 토마토 1개의 무게는 평균이 m g, 표준편차가 30 g인 정규분포를 따른다고 한다. 이 농장에서 재배하는 토마토 중에서 25개를 임의추출하여 구한 토마토의 무게의 표본평균이 207 g일 때, 이를 이용하여 이 농장에서 재배한 토마토 1개의 무게의 평균 m에 대한 신뢰도 95 %의 신뢰구간을 구하시오. (단, Z가 표준정규분포를 따르는 확률변수일 때, $P(|Z|\leq1.96)=0.95$로 계산한다.)

26 상중하
▶ 23644-0338

정규분포 $N(m, 10^2)$을 따르는 모집단에서 크기가 400인 표본을 임의추출하여 구한 표본평균이 77일 때, 이를 이용하여 모평균 m에 대한 신뢰도 99 %의 신뢰구간을 구하시오. (단, Z가 표준정규분포를 따르는 확률변수일 때, $P(|Z|\leq2.58)=0.99$로 계산한다.)

27 상중하
▶ 23644-0339

어느 공장에서 생산하는 농구공 한 개의 무게는 평균이 m g, 표준편차가 σ g인 정규분포를 따른다고 한다. 이 공장에서 생산하는 농구공 중에서 49개를 임의추출하여 구한 농구공 무게의 표본평균이 570 g이었다. 이를 이용하여 이 공장에서 생산하는 농구공 한 개의 무게의 평균 m에 대한 신뢰도 95 %의 신뢰구간이 $567.2\leq m\leq a$일 때, $a+\sigma$의 값을 구하시오. (단, Z가 표준정규분포를 따르는 확률변수일 때, $P(Z\leq1.96)=0.9750$으로 계산한다.)

08 모평균의 추정 (2) - 표본표준편차가 주어진 경우

모평균을 추정할 때 모표준편차를 알 수 없고 표본의 크기 n이 충분히 크면, 즉 $n\geq30$이면 모표준편차 대신 표본표준편차를 이용하여 모평균을 추정할 수 있다.

> **올림포스** 확률과 통계 84쪽

28 대표문제
▶ 23644-0340

어느 전구회사에서 생산한 전구 1개의 수명은 평균이 m시간인 정규분포를 따른다고 한다. 이 회사에서 생산한 전구 중에서 100개를 임의추출하여 구한 전구의 수명의 평균이 5000시간, 표준편차가 100시간이었다. 이 결과를 이용하여 구한 이 회사에서 생산한 전구 1개의 수명의 평균 m에 대한 신뢰도 99 %의 신뢰구간을 구하시오. (단, Z가 표준정규분포를 따르는 확률변수일 때, $P(|Z|\leq2.58)=0.99$로 계산한다.)

29 상중하
▶ 23644-0341

모평균이 m인 정규분포를 따르는 모집단에서 크기가 49인 표본을 임의추출하여 구한 표본평균이 $\overline{x}$, 표본표준편차가 s일 때, 이를 이용하여 구한 모평균 m에 대한 신뢰도 95 %의 신뢰구간이 $22.88\leq m\leq25.12$이다. $\overline{x}+s$의 값은? (단, Z가 표준정규분포를 따르는 확률변수일 때, $P(|Z|\leq1.96)=0.95$로 계산한다.)

① 25   ② 26   ③ 27
④ 28   ⑤ 29

30 상중하
▶ 23644-0342

3월 전국연합학력평가에 응시한 2학년 학생의 수학 점수는 평균이 m점인 정규분포를 따른다고 한다. 이 학력평가에 응시한 학생 중에서 400명을 임의추출하여 수학 점수를 조사하였더니 평균이 65점, 표준편차가 15점이었다. 이 결과를 이용하여 구한 수학 점수의 평균 m에 대한 신뢰도 95 %의 신뢰구간에 속하는 모든 자연수의 합을 구하시오. (단, Z가 표준정규분포를 따르는 확률변수일 때, $P(|Z|\leq1.96)=0.95$로 계산한다.)

09 모평균의 추정 (3) - 표본의 크기

정규분포 $N(m, \sigma^2)$을 따르는 모집단에서 크기가 n인 표본을 임의추출하여 구한 표본평균 $\overline{X}$의 값이 $\overline{x}$일 때, 모평균 m에 대한 신뢰도 $\alpha \%$의 신뢰구간이 $a \leq m \leq b$이면

$$a = \overline{x} - k\frac{\sigma}{\sqrt{n}},\ b = \overline{x} + k\frac{\sigma}{\sqrt{n}}\ \left(\text{단, } P(|Z| \leq k) = \frac{\alpha}{100}\right)$$

> **올림포스** 확률과 통계 84쪽

31 대표문제
▶ 23644-0343

어느 학교 학생들이 하루 동안 게임하는 시간은 평균이 m분, 표준편차가 12분인 정규분포를 따른다고 한다. 이 학교 학생들 중에서 임의추출한 n명의 하루 동안 게임하는 시간을 조사하였더니 평균이 40분이었다. 이를 이용하여 이 학교 학생들이 하루 동안 게임하는 시간의 평균 m에 대한 신뢰도 95 %의 신뢰구간이 $32.16 \leq m \leq k$일 때, 자연수 n의 값을 구하시오. (단, Z가 표준정규분포를 따르는 확률변수일 때, $P(|Z| \leq 1.96) = 0.95$로 계산한다.)

32 상중하
▶ 23644-0344

정규분포 $N(m, 5^2)$을 따르는 모집단에서 크기가 n인 표본을 임의추출하여 추정한 모평균 m에 대한 신뢰도 99 %의 신뢰구간이 $a \leq m \leq a+8.6$일 때, 자연수 n의 값을 구하시오. (단, Z가 표준정규분포를 따르는 확률변수일 때, $P(|Z| \leq 2.58) = 0.99$로 계산한다.)

33 상중하
▶ 23644-0345

어느 고등학교 학생들의 매점 이용 횟수는 정규분포 $N(m, 1^2)$을 따른다고 한다. 이 고등학교 학생 중에서 n명을 임의추출하여 추정한 이 고등학교 학생들의 매점 이용 횟수의 평균 m에 대한 신뢰도 95 %의 신뢰구간이 $a \leq m \leq b$이다. $b-a = 0.56$일 때, 자연수 n의 값을 구하시오. (단, Z가 표준정규분포를 따르는 확률변수일 때, $P(|Z| \leq 1.96) = 0.95$로 계산한다.)

10 모평균과 표본평균의 차

정규분포 $N(m, \sigma^2)$을 따르는 모집단에서 크기가 n인 표본을 임의추출하여 구한 표본평균 $\overline{X}$의 값이 $\overline{x}$일 때, 모평균 m을 신뢰도 $\alpha \%$로 추정할 때, 모평균 m과 표본평균 $\overline{x}$의 차는

$$|m - \overline{x}| \leq k\frac{\sigma}{\sqrt{n}}\ \left(\text{단, } P(|Z| \leq k) = \frac{\alpha}{100}\right)$$

> **올림포스** 확률과 통계 84쪽

34 대표문제
▶ 23644-0346

어느 지역에 거주하는 성인들의 1일 운동시간은 평균이 m분, 표준편차가 15분인 정규분포를 따른다고 한다. 이 지역에 거주하는 성인들 중에서 n명을 임의추출하여 1일 운동시간을 조사하였더니 평균이 $\overline{x}$분이었다. 이를 이용하여 이 지역에 거주하는 성인들의 1일 운동시간의 평균 m을 신뢰도 95 %로 추정할 때, $|m - \overline{x}|$의 값이 0.98 이하가 되도록 하는 자연수 n의 최솟값은? (단, Z가 표준정규분포를 따르는 확률변수일 때, $P(|Z| \leq 1.96) = 0.95$로 계산한다.)

① 100 　　② 400 　　③ 900
④ 1600 　　⑤ 2500

35 상중하
▶ 23644-0347

어느 회사에서 판매하는 과일음료 1병의 용량은 평균이 m mL, 표준편차가 σ mL인 정규분포를 따른다고 한다. 이 회사에서 판매하는 과일음료 중에서 임의추출한 n병의 용량의 평균이 120 mL이고, 이를 이용하여 구한 이 회사에서 판매하는 과일음료 1병의 용량의 평균 m에 대한 신뢰도 95 %의 신뢰구간은 $118.04 \leq m \leq 121.96$이다. 이 회사에서 판매하는 과일음료 중에서 다시 임의추출한 n^3병의 용량의 평균 $\overline{x}$를 이용하여 이 회사에서 판매하는 용량의 평균 m을 신뢰도 99 %로 추정할 때, $|m - \overline{x}|$의 값이 $\frac{1}{20}$ 이하가 되도록 하는 자연수 n의 최솟값을 구하시오. (단, Z가 표준정규분포를 따르는 확률변수일 때, $P(|Z| \leq 1.96) = 0.95$, $P(|Z| \leq 2.58) = 0.99$로 계산한다.)

>> 정답과 풀이 90쪽

> 중요
11 신뢰구간

정규분포 $N(m, \sigma^2)$을 따르는 모집단에서 크기가 n인 표본을 임의추출하여 구한 표본평균 $\overline{X}$의 값이 $\overline{x}$일 때, 모평균 m에 대한 신뢰도 $\alpha\,\%$의 신뢰구간이 $a\leq m\leq b$이면

$$b-a=2k\frac{\sigma}{\sqrt{n}} \left(\text{단, } P(|Z|\leq k)=\frac{\alpha}{100}\right)$$

> 올림포스 확률과 통계 84쪽

36 대표문제
▶ 23644-0348

모표준편차가 20인 정규분포를 따르는 모집단에서 크기가 25인 표본을 임의추출하여 추정한 모평균 m에 대한 신뢰도 95 %의 신뢰구간이 $a\leq m\leq b$, 신뢰도 99%의 신뢰구간 $c\leq m\leq d$일 때, $\dfrac{d-c}{b-a}=\dfrac{q}{p}$이다. $p+q$의 값을 구하시오. (단, p와 q는 서로소인 자연수이고, Z가 표준정규분포를 따르는 확률변수일 때 $P(|Z|\leq 1.96)=0.95$, $P(|Z|\leq 2.58)=0.99$로 계산한다.)

37 상중하
▶ 23644-0349

정규분포 $N(m, 5^2)$을 따르는 모집단에서 임의추출한 크기가 n인 표본의 표본평균을 이용하여 구한 모평균 m에 대한 신뢰도 95 %의 신뢰구간이 $a\leq m\leq b$이다. $b-a\leq 2$를 만족시키는 자연수 n의 최솟값은? (단, Z가 표준정규분포를 따르는 확률변수일 때, $P(|Z|\leq 1.96)=0.95$로 계산한다.)

① 97   ② 98   ③ 99
④ 100   ⑤ 101

38 상중하
▶ 23644-0350

어느 까페에서 판매하는 커피 한 잔에 들어 있는 카페인의 양은 평균이 m mL, 표준편차가 4 mL인 정규분포를 따른다고 한다. 이 까페에서 판매하는 커피 중에서 36개를 임의추출하여 추정한 모평균 m에 대한 신뢰도 99 %의 신뢰구간이 $a\leq m\leq b$일 때, $b-a$의 값은? (단, Z가 표준정규분포를 따르는 확률변수일 때, $P(|Z|\leq 2.58)=0.99$로 계산한다.)

① 3.11   ② 3.22   ③ 3.33
④ 3.44   ⑤ 3.55

39 상중하
▶ 23644-0351

정규분포 $N(m, \sigma^2)$을 따르는 모집단에서 임의추출한 크기가 n인 표본을 이용하여 모평균 m에 대한 신뢰도 $\alpha\,\%$의 신뢰구간이 $a\leq m\leq b$일 때 **보기**에서 옳은 것만을 있는 대로 고른 것은?

> • 보기 •
> ㄱ. $b-a$의 값은 n의 값에 관계없이 일정하다.
> ㄴ. n의 값이 일정할 때, α의 값이 커지면 $b-a$의 값도 커진다.
> ㄷ. α의 값이 일정할 때, n의 값이 커지면 $b-a$의 값은 작아진다.

① ㄴ   ② ㄷ   ③ ㄱ, ㄴ
④ ㄴ, ㄷ   ⑤ ㄱ, ㄴ, ㄷ

40 상중하
▶ 23644-0352

모평균 m에 대한 신뢰구간이 $a\leq m\leq b$일 때, $b-a$를 신뢰구간의 길이라 하자. 모표준편차가 16인 정규분포를 따르는 모집단에서 크기가 100인 표본을 임의추출하여 추정한 모평균 m에 대한 신뢰도 95 %의 신뢰구간의 길이를 l_1, 신뢰도 99 %의 신뢰구간의 길이를 l_2라 할 때, l_2-l_1의 값은? (단, Z가 표준정규분포를 따르는 확률변수일 때, $P(|Z|\leq 1.96)=0.95$, $P(|Z|\leq 2.58)=0.99$로 계산한다.)

① 1.981   ② 1.982   ③ 1.983
④ 1.984   ⑤ 1.985

41 상중하
▶ 23644-0353

정규분포 $N(m, 10^2)$을 따르는 모집단에서 크기가 n인 표본을 임의추출하여 추정한 모평균 m에 대한 신뢰도 $\alpha\,\%$의 신뢰구간이 $a\leq m\leq b$일 때, $f(n, \alpha)=b-a$라 하자.
$A=f(16, 92)$, $B=f(36, 94)$, $C=f(25, 96)$의 값을 오른쪽 표준정규분포표를 이용하여 구할 때, A, B, C의 값을 큰 값부터 작은 값의 순서로 나열한 것은?

z	$P(0\leq Z\leq z)$
1.75	0.46
1.88	0.47
2.05	0.48

① A, B, C ② A, C, B ③ B, A, C
④ C, A, B ⑤ C, B, A

서술형 완성하기

≫ 정답과 풀이 92쪽

01 내신기출 ▶ 23644-0354

2보다 큰 자연수 a와 상수 b에 대하여 모집단의 확률변수 X의 확률분포를 표로 나타내면 다음과 같다.

X	1	2	a	$a+1$	합계
$\mathrm{P}(X=x)$	$\dfrac{1}{12}$	$\dfrac{1}{6}$	$\dfrac{1}{2}$	b	1

이 모집단에서 크기가 2인 표본을 임의추출하여 구한 표본평균을 $\overline{X}$라 하자. $\dfrac{1}{6}<\mathrm{P}(\overline{X}=3)<\dfrac{1}{4}$일 때, ab의 값을 구하시오.

02 ▶ 23644-0355

모평균이 m, 모표준편차가 σ인 정규분포를 따르는 모집단에서 크기가 $2n$인 표본을 임의추출하여 구한 표본평균을 $\overline{X_1}$, 크기가 $8n^2$인 표본을 임의추출하여 구한 표본평균을 $\overline{X_2}$라 하자. $\mathrm{V}(\overline{X_1})+\mathrm{V}(\overline{X_2})=\dfrac{9}{32}\sigma^2$, $\sigma(\overline{X_1})+\sigma(\sqrt{2}\,\overline{X_2})=1$일 때, $n+\sigma$의 값을 구하시오.

(단, $\sigma>0$이고, n은 자연수이다.)

03 ▶ 23644-0356

어느 기차가 A역에서 B역까지 운행하는 데 걸리는 시간은 평균이 200분, 표준편차가 8분인 정규분포를 따른다고 한다. 이 기차가 A역에서 B역까지 운행하는 데 걸리는 시간 중에서 임의추출한 n개의 시간의 표본평균을 $\overline{X}$라 할 때, $\mathrm{P}(\overline{X}\leq 204)\geq 0.8413$이기 위한 자연수 n의 최솟값을 오른쪽 표준정규분포표를 이용하여 구하시오.

z	$\mathrm{P}(0\leq Z\leq z)$
0.5	0.1915
1.0	0.3413
1.5	0.4332
2.0	0.4772

04 ▶ 23644-0357

모평균이 60, 모표준편차가 12인 정규분포를 따르는 모집단에서 크기가 16인 표본을 임의추출하여 구한 표본평균을 $\overline{X}$라 하자. $\mathrm{P}(\overline{X}\leq k)+\mathrm{P}(\overline{X}\geq 67.5)=0.8475$일 때, 상수 k의 값을 오른쪽 표준정규분포표를 이용하여 구하시오.

z	$\mathrm{P}(0\leq Z\leq z)$
1.0	0.3413
1.5	0.4332
2.0	0.4772
2.5	0.4938

05 내신기출 ▶ 23644-0358

어느 고등학교 학생이 등교하는 데 걸리는 시간은 평균이 m분인 정규분포를 따른다고 한다. 이 학교의 학생 중에서 81명을 임의추출하여 구한 표본평균이 a분, 표본표준편차가 6분이었다. 이 결과를 이용하여 구한 모평균 m에 대한 99 %의 신뢰구간이 $63.28\leq m\leq b$일 때, $a+b$의 값을 구하시오. (단, Z가 표준정규분포를 따르는 확률변수일 때, $\mathrm{P}(|Z|\leq 2.58)=0.99$로 계산한다.)

06 ▶ 23644-0359

모평균이 m, 모표준편차가 5인 정규분포를 따르는 모집단에서 크기가 n인 표본을 임의추출하여 구한 표본평균이 $\bar{x}$이었다. 이 결과를 이용하여 구한 모평균 m에 대한 신뢰도 99 %의 신뢰구간은 $a\leq x\leq b$이다. $\bar{x}$가 정수일 때, 이 신뢰구간에 속하는 정수의 개수가 5가 되도록 하는 자연수 n의 개수를 구하시오. (단, Z가 표준정규분포를 따르는 확률변수일 때, $\mathrm{P}(|Z|\leq 2.58)=0.99$로 계산한다.)

▶ 23644-0360

01 모집단의 확률변수 X의 확률분포를 표로 나타내면 다음과 같다.

X	1	2	3	합계
$P(X=x)$	a	b	b	1

이 모집단에서 크기가 2인 표본을 임의추출하여 구한 표본평균을 $\overline{X}$라 하고, 크기가 3인 표본을 임의추출하여 구한 표본평균을 $\overline{Y}$라 하자. $P(\overline{X}=1)+P(\overline{X}=2)+P(\overline{X}=3)=\dfrac{5}{8}$일 때, $P\left(\overline{Y}=\dfrac{4}{3}\right)$의 값은?

① $\dfrac{3}{16}$ ② $\dfrac{1}{4}$ ③ $\dfrac{5}{16}$ ④ $\dfrac{3}{8}$ ⑤ $\dfrac{7}{16}$

▶ 23644-0361

02 정규분포 $N(28, \sigma^2)$을 따르는 모집단의 확률변수 X와 이 모집단에서 크기가 9인 표본을 임의추출하여 구한 표본평균 $\overline{X}$가 임의의 양수 k에 대하여 $P(X\leq28+k\sigma)=P(\overline{X}\geq28-2k\sigma^2)$을 만족시킨다.

$P(X\leq a)=P\left(\overline{X}\geq a-\dfrac{8}{3}\right)$일 때, 두 상수 a, σ에 대하여 $\dfrac{a}{\sigma}$의 값은? (단, $\sigma>0$)

① 150   ② 160   ③ 170   ④ 180   ⑤ 190

03 (실생활)

어느 농가에서 재배하는 포도 한 송이의 당도를 확률변수 X라 하면 X는 정규분포를 따르고

$P(X\geq22)=P(X\leq18)$, $P(X\geq21)+P(Z\geq-1)=1$

이다. 이 농가에서 재배하는 포도 중에서 임의추출한 16송이의 당도의 표본평균을 $\overline{X}$라 할 때, $P(\overline{X}\geq20.5)$의 값을 오른쪽 표준정규분포표를 이용하여 구한 것은?
(단, 당도의 단위는 Brix이고, Z는 표준정규분포를 따르는 확률변수이다.)

▶ 23644-0362

z	$P(0\leq Z\leq z)$
0.5	0.1915
1.0	0.3413
1.5	0.4332
2.0	0.4772

① 0.0228   ② 0.0668   ③ 0.0456   ④ 0.1587   ⑤ 0.1915

▶ 23644-0363

04 정규분포 $N(m, 2^2)$을 따르는 모집단에서 임의추출한 크기가 n인 표본의 표본평균을 이용하여 구한 모평균 m에 대한 신뢰도 95 %의 신뢰구간이 $a\leq m\leq b$, 신뢰도 99 %의 신뢰구간이 $c\leq m\leq d$이다. $d-b=0.124$일 때, $n(d-a)$의 값은? (단, Z가 표준정규분포를 따르는 확률변수일 때, $P(|Z|\leq1.96)=0.95$, $P(|Z|\leq2.58)=0.99$로 계산한다.)

① 90.5   ② 90.6   ③ 90.7   ④ 90.8   ⑤ 90.9

memo

memo

01 순열과 조합

개념 확인하기 본문 7쪽

01 24	02 120	03 12	04 8	05 16	06 64
07 64	08 625	09 5	10 4	11 9	12 64
13 27	14 10	15 60	16 360	17 10	18 15
19 15	20 84	21 56	22 20	23 21	24 28

유형 완성하기 본문 8~14쪽

01 ②	02 ①	03 24	04 ⑤	05 ④	06 72	07 ③	08 360
09 ②	10 ①	11 ②	12 144	13 ④	14 ⑤	15 72	16 ③
17 ⑤	18 200	19 ①	20 ④	21 75	22 30	23 ②	24 ③
25 ②	26 ⑤	27 ①	28 ④	29 ①	30 48	31 ②	32 ⑤
33 56	34 ①	35 ③	36 60	37 ④	38 ⑤	39 336	40 ④
41 ⑤	42 30					

서술형 완성하기 본문 15쪽

01 240	02 6	03 75	04 160	05 51	06 46

내신 + 수능 고난도 도전 본문 16~17쪽

01 96   02 ⑤   03 ④   04 432   05 370   06 ③   07 ①   08 21

02 이항정리

개념 확인하기 본문 19쪽

01 $x^4+8x^3+24x^2+32x+16$

02 $16a^4+96a^3b+216a^2b^2+216ab^3+81b^4$

03 $x^5-5x^4y+10x^3y^2-10x^2y^3+5xy^4-y^5$

04 $32x^5+80x^3+80x+\dfrac{40}{x}+\dfrac{10}{x^3}+\dfrac{1}{x^5}$

05 $81t^4+108t^3+54t^2+12t+1$

06 $s^8-2s^5+\dfrac{3}{2}s^2-\dfrac{1}{2s}+\dfrac{1}{16s^4}$

07 540	08 -672	09 1080	10 1120	11 5	12 7
13 5	14 6	15 7	16 7	17 10	18 8
19 32	20 128	21 0	22 128	23 256	24 62
25 8	26 10				

유형 완성하기 본문 20~22쪽

01 ①	02 ③	03 ②	04 5	05 ④	06 2	07 ①	08 ⑤
09 165	10 ④	11 ②	12 ③	13 ①	14 1	15 ④	16 ③
17 ③	18 ⑤					

서술형 완성하기 본문 23쪽

01 10	02 176	03 801	04 16	05 27	06 32

내신 + 수능 고난도 도전 본문 24쪽

01 ①   02 ②   03 ①   04 ③

03 확률의 뜻과 활용

개념 확인하기 본문 27~29쪽

01 $S=\{1, 2, 3, 4, 5, 6\}$ 02 $\{2, 4, 6\}$
03 $\{3, 6\}$ 04 $\{2, 3, 5\}$
05 $\{(앞면, 앞면), (앞면, 뒷면), (뒷면, 앞면), (뒷면, 뒷면)\}$
06 $\{(앞면, 앞면)\}$ 07 $\{(앞면, 뒷면), (뒷면, 앞면)\}$
08 $A=\{1, 3, 5, 7\}$ 09 $B=\{2, 3, 5, 7\}$
10 $C=\{1, 2, 3, 6\}$ 11 $A\cup B=\{1, 2, 3, 5, 7\}$
12 $A\cap B=\{3, 5, 7\}$ 13 $B\cup C=\{1, 2, 3, 5, 6, 7\}$
14 $A\cap C=\{1, 3\}$ 15 $A^C=\{2, 4, 6\}$
16 $B^C=\{1, 4, 6\}$ 17 $C^C=\{4, 5, 7\}$
18 A와 B 19 $(A\cup C)^C=\{1, 4, 8, 10\}$
20 16 21 $\frac{1}{3}$ 22 $\frac{2}{3}$ 23 $\frac{1}{2}$ 24 $\frac{1}{6}$ 25 $\frac{9}{20}$
26 $\frac{1}{500}$ 27 0 28 1 29 $\frac{1}{3}$ 30 $\frac{1}{2}$ 31 0
32 $\frac{1}{4}$ 33 $\frac{3}{4}$ 34 $\frac{1}{3}$ 35 0.2 36 $\frac{1}{6}$ 37 0.4
38 $\frac{1}{3}$ 39 $\frac{1}{5}$ 40 $\frac{1}{15}$ 41 $\frac{7}{15}$ 42 $\frac{1}{3}$ 43 $\frac{2}{9}$
44 0 45 $\frac{5}{9}$ 46 $\frac{2}{5}$ 47 $\frac{1}{3}$ 48 $\frac{7}{8}$ 49 $\frac{11}{12}$
50 $\frac{34}{35}$ 51 $\frac{29}{30}$

유형 완성하기 본문 30~36쪽

01 ③ 02 ⑤ 03 ② 04 ① 05 ③ 06 $\frac{3}{10}$ 07 ② 08 ⑤
09 5 10 ② 11 ④ 12 $\frac{3}{8}$ 13 ① 14 ① 15 $\frac{1}{5}$ 16 ③
17 $\frac{8}{25}$ 18 ③ 19 ③ 20 ① 21 $\frac{15}{28}$ 22 ⑤ 23 ④ 24 6
25 ④ 26 ⑤ 27 14 28 ① 29 ⑤ 30 $\frac{13}{24}$ 31 ③ 32 ②
33 $\frac{5}{7}$ 34 ⑤ 35 ③ 36 6 37 ⑤ 38 ③ 39 $\frac{3}{5}$ 40 ④
41 ② 42 6

서술형 완성하기 본문 37쪽

01 $\frac{4}{9}$ 02 $\frac{1}{15}$ 03 $\frac{3}{14}$ 04 $\frac{9}{28}$ 05 $\frac{13}{18}$ 06 $\frac{1}{3}$

내신 + 수능 고난도 도전 본문 38~39쪽

01 ④ 02 ② 03 ⑤ 04 $\frac{1}{12}$ 05 ① 06 ③ 07 ⑤ 08 4

04 조건부확률

개념 확인하기 본문 41쪽

01 $\frac{13}{24}$ 02 $\frac{13}{18}$ 03 $\frac{1}{2}$ 04 $\frac{1}{2}$ 05 $\frac{1}{6}$ 06 $\frac{1}{3}$
07 $\frac{1}{3}$ 08 0.32 09 0.64 10 $\frac{9}{20}$ 11 $\frac{3}{4}$ 12 $\frac{2}{3}$
13 $\frac{1}{2}$ 14 종속 15 독립 16 종속 17 0.12 18 $\frac{7}{9}$
19 0.56 20 $\frac{1}{2}$ 21 $\frac{1}{4}$ 22 $\frac{8}{27}$ 23 $\frac{11}{243}$

유형 완성하기 본문 42~47쪽

01 ⑤ 02 ④ 03 $\frac{1}{4}$ 04 ① 05 ③ 06 30 07 ① 08 ③
09 5 10 ② 11 ④ 12 $\frac{41}{50}$ 13 ① 14 ④ 15 $\frac{4}{7}$ 16 ②
17 ④ 18 $\frac{3}{7}$ 19 ③ 20 ② 21 12 22 ⑤ 23 $\frac{1}{4}$ 24 ③
25 ② 26 ① 27 ① 28 ② 29 ② 30 $\frac{11}{24}$ 31 ② 32 ⑤
33 ① 34 ② 35 $\frac{40}{243}$ 36 $\frac{64}{81}$

서술형 완성하기 본문 48쪽

01 $\frac{9}{10}$ 02 $\frac{1}{2}$ 03 $\frac{5}{9}$ 04 $\frac{2}{3}$ 05 $\frac{3}{4}$ 06 $\frac{8}{9}$

내신 + 수능 고난도 도전 본문 49~50쪽

01 ④ 02 ④ 03 ⑤ 04 ④ 05 16 06 ⑤ 07 ③ 08 769

05 이산확률변수의 확률분포

개념 확인하기 본문 53~55쪽

01 0, 1, 2　02 $\frac{1}{4}$　03 1, 2, 3, 4　04 $\frac{1}{5}$　05 ④

06 $P(X=x)=\frac{{}_1C_x \times {}_2C_{2-x}}{3}$ $(x=0, 1)$　07 풀이 참조

08 $P(Y=y)=\frac{{}_2C_y \times {}_1C_{2-y}}{3}$ $(y=1, 2)$　09 풀이 참조

10 $\frac{1}{3}$　11 $\frac{5}{6}$　12 1　13 0　14 $\frac{2}{3}$　15 $\frac{1}{2}$

16 $\frac{3}{4}$　17 $\frac{3}{8}$　18 2　19 6　20 $\frac{7}{3}$　21 $\frac{1}{4}$

22 5　23 $\sqrt{5}$　24 4　25 2　26 18　27 3

28 9　29 64　30 8　31 $\frac{5}{3}$　32 $\frac{5}{9}$　33 $\frac{\sqrt{5}}{3}$

34 $B\left(6, \frac{1}{2}\right)$　35 $B\left(20, \frac{1}{3}\right)$　36 $B\left(4, \frac{1}{2}\right)$

37 $B\left(10, \frac{2}{3}\right)$　38 $P(X=x)=\frac{{}_{16}C_x}{2^{16}}$ $(x=0, 1, 2, \cdots, 16)$

39 $\frac{1}{2^{12}}$　40 $1-\frac{1}{2^{16}}$　41 20　42 16　43 4　44 11

45 18　46 $3\sqrt{2}$

유형 완성하기 본문 56~62쪽

01 ⑤　02 14　03 $\frac{1}{100}$　04 ④　05 ②　06 18　07 ④　08 ①

09 ②　10 6　11 ④　12 ②　13 ④　14 ④　15 ①　16 ④

17 ⑤　18 ④　19 ⑤　20 ②　21 ③　22 ①　23 ③　24 ⑤

25 ②　26 ①　27 ②　28 269　29 ①　30 ⑤　31 ②　32 ②

33 ③　34 ⑤　35 ⑤　36 4　37 ①　38 ③　39 ②　40 ①

41 ④　42 540

서술형 완성하기 본문 63쪽

01 $\frac{1}{3}$　02 13　03 1　04 $\frac{2}{3}$　05 41　06 942

내신 + 수능 고난도 도전 본문 64~65쪽

01 10　02 ③　03 ②　04 ②　05 12　06 ②　07 ⑤　08 ④

06 정규분포

개념 확인하기 본문 67~69쪽

01 ③　02 ×　03 ○　04 ○　05 ×　06 ×

07 ○　08 0　09 1　10 $\frac{1}{4}$　11 $\frac{1}{2}$　12 $\frac{1}{2}$

13 $\frac{1}{2}$　14 $\frac{1}{4}$　15 $\frac{5}{16}$　16 $N\left(10, \left(\frac{1}{2}\right)^2\right)$

17 $N(0, 1^2)$　18 $N(5, 3^2)$　19 $N\left(-6, \left(\frac{1}{3}\right)^2\right)$

20 $N(2, 2^2)$　21 3　22 0　23 3　24 1

25 7　26 $m_1 < m_2$　27 $\sigma_1 > \sigma_2$　28 0　29 0.3413

30 0.0039　31 0.1314　32 0.8665　33 0.1357　34 0.6826　35 0.6876

36 0.3078　37 0.7512　38 0　39 1　40 $\frac{3}{2}$　41 $-\frac{1}{2}$

42 2　43 $\frac{5}{4}$　44 0.3413　45 0.8351　46 0.9544

47 $N(100, (5\sqrt{2})^2)$　48 $N(20, 4^2)$　49 120　50 100

51 $N(120, 10^2)$　52 0.9772

유형 완성하기 본문 70~78쪽

01 ②　02 ④　03 ⑤　04 ②　05 ③　06 ②　07 ③　08 10

09 100　10 ⑤　11 ③　12 ③　13 ②　14 ④　15 6　16 ④

17 ④　18 ①　19 ①　20 ④　21 ③　22 ④　23 ④　24 ④

25 ⑤　26 42　27 ③　28 ②　29 228　30 ②　31 ⑤　32 ③

33 204　34 ③　35 ②　36 25000　37 ①　38 ④　39 ②

40 ④　41 ①　42 ②　43 ④　44 ⑤　45 ③　46 ④　47 100

48 ③　49 ①　50 ⑤　51 ②　52 ⑤　53 174　54 ⑤

서술형 완성하기 본문 79쪽

01 2　02 $4-\sqrt{5}$　03 192　04 21　05 0.3085　06 0.8351

내신 + 수능 고난도 도전 본문 80~81쪽

01 15　02 ③　03 ⑤　04 ④　05 ④　06 ②

07 통계적 추정

개념 확인하기 본문 83~85쪽

01 표본조사 **02** 표본조사 **03** 표본조사
04 전수조사 **05** 전수조사 **06** 표본조사
07 전국 고등학생의 키 **08** 1000명의 키 **09** 100 **10** 90

11 $\overline{X}-2$, S^2-1 **12** $\overline{X}-3$, $S^2=1$ **13** $\overline{X}=\dfrac{8}{3}$, $S^2=\dfrac{7}{3}$

14 $\dfrac{1}{3}$ **15** $\dfrac{1}{3}$ **16** 1.5 **17** 2 **18** 2.5 **19** 3

20 $\dfrac{2}{9}$ **21** $\dfrac{1}{3}$ **22** $\dfrac{1}{9}$ **23** 풀이 참조 **24** 4

25 50 **26** 200 **27** 20 **28** 4 **29** 2 **30** 30
31 9 **32** 3 **33** 9 **34** 1 **35** 80 **36** 4
37 $N(80, 2^2)$ **38** 0.3413 **39** 0.0668 **40** 0.0228
41 $19.216 \leq m \leq 20.784$ **42** $18.968 \leq m \leq 21.032$
43 $160.4 \leq m \leq 199.6$ **44** $170.2 \leq m \leq 189.8$

유형 완성하기 본문 86~92쪽

01 ③ **02** ④ **03** 13 **04** ④ **05** ③ **06** ③ **07** ③ **08** ②
09 20 **10** ④ **11** ⑤ **12** ⑤ **13** ③ **14** 6 **15** ⑤ **16** ②
17 ③ **18** 294 **19** ③ **20** 9 **21** ① **22** 125 **23** 49 **24** ⑤
25 $195.24 \leq m \leq 218.76$ **26** $75.71 \leq m \leq 78.29$ **27** 582.8
28 $4974.2 \leq m \leq 5025.8$ **29** ④ **30** 195 **31** 9 **32** 9 **33** 49
34 ③ **35** 52 **36** 227 **37** ① **38** ④ **39** ④ **40** ④ **41** ②

서술형 완성하기 본문 93쪽

01 1 **02** $\dfrac{10}{3}$ **03** 4 **04** 63 **05** 131.72 **06** 23

내신 + 수능 고난도 도전 본문 94쪽

01 ① **02** ④ **03** ① **04** ④

 수능연계 기출
Vaccine VOCA 2200

휴대용 **포켓 단어장** 제공

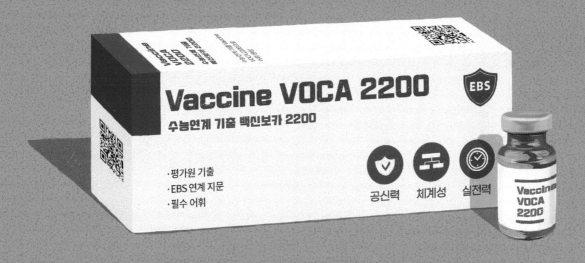

Vaccine VOCA 2200 EBS

수능연계 기출 백신보카 2200

· 평가원 기출
· EBS 연계 지문
· 필수 어휘

공신력 체계성 실전력

○ 수능 영단어장의 끝판왕!
10개년 수능 빈출 어휘 + 7개년 연계교재 핵심 어휘

○ 수능 적중 어휘 자동암기 3종 세트 제공
휴대용 포켓 단어장 / 표제어 & 예문 MP3 파일 / 수능형 어휘 문항 실전 테스트

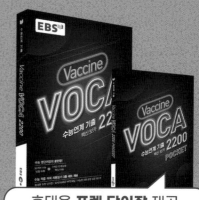

휴대용 **포켓 단어장** 제공

올림포스
유형편

학교 시험을 완벽하게 대비하는 유형 기본서

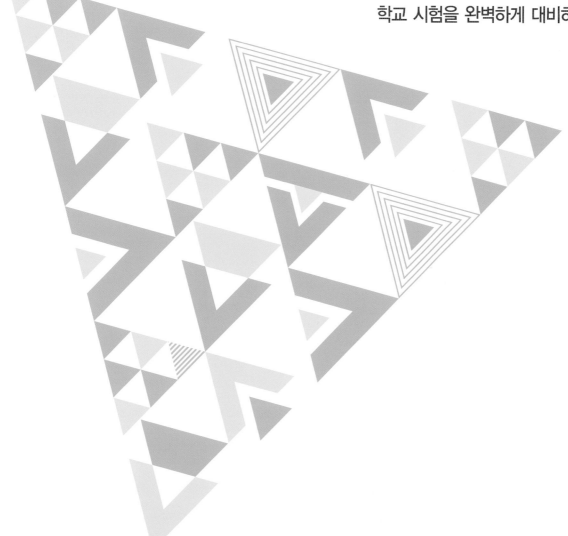

확률과 통계
정답과 풀이

문제를 **사진** 찍으면
해설 강의 무료
Google Play | App Store

[SCAN ME]
교재 상세 정보 보기

올림포스
유형편

확률과 통계
정답과 풀이

I. 경우의 수

01 순열과 조합

본문 7쪽

개념 확인하기

01 24	**02** 120	**03** 12	**04** 8	**05** 16
06 64	**07** 64	**08** 625	**09** 5	**10** 4
11 9	**12** 64	**13** 27	**14** 10	**15** 60
16 360	**17** 10	**18** 15	**19** 15	**20** 84
21 56	**22** 20	**23** 21	**24** 28	

01 서로 다른 접시 5개를 원형의 탁자 위에 배열하는 경우의 수는
$(5-1)!=4!=24$

답 24

02 남학생 3명과 여학생 3명이 원탁에 둘러앉는 경우의 수는
$(6-1)!=5!=120$

답 120

03 남학생 2명을 한 사람으로 생각하고 여학생 3명과 합친 4명을 원탁에 둘러앉게 하는 경우의 수는
$(4-1)!=3!=6$
이 각각에 대하여 남학생 2명이 서로 자리를 바꿔 앉는 경우의 수는
$2!=2$이므로 구하는 경우의 수는
$6\times2=12$

답 12

04 A와 B, C와 D를 각각 한 문자로 생각하고 3개의 문자를 원형으로 배열하는 경우의 수는
$(3-1)!=2!=2$
이 각각에 대하여 A와 B, C와 D가 자리를 바꾸는 경우의 수가 각각
$2!=2$
따라서 구하는 경우의 수는
$2\times2\times2=8$

답 8

05 $_2\Pi_4=2^4=16$

답 16

06 $_8\Pi_2=8^2=64$

답 64

07 $_4\Pi_3=4^3=64$

답 64

08 $_5\Pi_4=5^4=625$

답 625

09 $_n\Pi_3=125$이므로 $n^3=125=5^3$
따라서 $n=5$

답 5

10 $_3\Pi_r=81$이므로 $3^r=81=3^4$
따라서 $r=4$

답 4

11 구하는 경우의 수는 3개에서 중복을 허락하여 2개를 택하는 중복순열의 수와 같으므로
$_3\Pi_2=3^2=9$

답 9

12 구하는 세 자리 자연수의 개수는 4개에서 중복을 허락하여 3개를 택하는 중복순열의 수와 같으므로
$_4\Pi_3=4^3=64$

답 64

13 구하는 경우의 수는 가위, 바위, 보 3가지 중에서 중복을 허락하여 3개를 택하는 중복순열의 수와 같으므로
$_3\Pi_3=3^3=27$

답 27

14 5개의 문자 중 a가 3개, b가 2개이므로 구하는 경우의 수는
$\dfrac{5!}{3!2!}=10$

답 10

15 6개의 숫자 중 1이 2개, 2가 3개이므로 구하는 경우의 수는
$\dfrac{6!}{2!3!}=60$

답 60

16 6개의 문자 중 o가 2개이므로 구하는 경우의 수는
$\dfrac{6!}{2!}=360$

답 360

17 가로 방향으로 한 칸 움직이는 것을 문자 a로, 세로 방향으로 한 칸 움직이는 것을 문자 b로 놓으면 A지점에서 출발하여 B지점까지 최단 거리로 가는 경우의 수는 3개의 문자 a와 2개의 문자 b를 일렬로 나열하는 경우의 수와 같으므로
$\dfrac{5!}{3!2!}=10$

답 10

18 $_5H_2={}_{5+2-1}C_2={}_6C_2=\dfrac{6\times5}{2\times1}=15$

답 15

19 $_3H_4=_{3+4-1}C_4=_6C_4=_6C_2=\dfrac{6\times 5}{2\times 1}=15$

탑 15

20 $_7H_3=_{7+3-1}C_3=_9C_3=\dfrac{9\times 8\times 7}{3\times 2\times 1}=84$

탑 84

21 $_4H_5=_{4+5-1}C_5=_8C_5=_8C_3=\dfrac{8\times 7\times 6}{3\times 2\times 1}=56$

탑 56

22 서로 다른 4개의 문자에서 중복을 허락하여 3개를 택하는 중복조합의 수와 같으므로

$_4H_3=_{4+3-1}C_3=_6C_3=\dfrac{6\times 5\times 4}{3\times 2\times 1}=20$

탑 20

23 3가지 색의 공 중에서 중복을 허락하여 5개의 공을 택하는 중복조합의 수와 같으므로

$_3H_5=_{3+5-1}C_5=_7C_5=_7C_2=\dfrac{7\times 6}{2\times 1}=21$

탑 21

24 서로 다른 3개에서 중복을 허락하여 6개를 택하는 중복조합의 수와 같으므로

$_3H_6=_{3+6-1}C_6=_8C_6=_8C_2=\dfrac{8\times 7}{2\times 1}=28$　탑 28

유형 완성하기
본문 8~14쪽

01 ②	**02** ①	**03** 24	**04** ⑤	**05** ④
06 72	**07** ③	**08** 360	**09** ②	**10** ①
11 ②	**12** 144	**13** ④	**14** ⑤	**15** 72
16 ③	**17** ⑤	**18** 200	**19** ①	**20** ④
21 75	**22** 30	**23** ②	**24** ③	**25** ②
26 ⑤	**27** ①	**28** ④	**29** ①	**30** 48
31 ②	**32** ⑤	**33** 56	**34** ①	**35** ③
36 60	**37** ④	**38** ⑤	**39** 336	**40** ④
41 ⑤	**42** 30			

01 남자 3명이 원형의 탁자에 둘러앉는 경우의 수는

$(3-1)!=2!=2$

남자들 사이에 여자 3명이 둘러앉는 경우의 수는

$3!=6$

따라서 구하는 경우의 수는

$2\times 6=12$

탑 ②

02 네 개의 문자를 원형으로 배열하는 경우의 수는

$(4-1)!=3!=6$

탑 ①

03 서연이와 지민이가 마주 보고 앉는 경우의 수는

$(2-1)!=1!=1$

남은 4개의 자리에 4명의 학생이 앉는 경우의 수는

$4!=24$

따라서 구하는 경우의 수는

$1\times 24=24$

탑 24

다른 풀이

서연이의 자리가 결정되면 지민이의 자리는 서연이와 마주 보는 자리로 고정되므로 구하는 경우의 수는 5명의 학생이 원탁에 둘러앉는 경우의 수와 같다.

따라서 구하는 경우의 수는

$(5-1)!=4!=24$

04 초등학생 2명을 한 사람으로 생각하여 5명이 원탁에 둘러앉는 경우의 수는

$(5-1)!=4!=24$

초등학생끼리 자리를 바꾸는 경우의 수는

$2!=2$

따라서 구하는 경우의 수는

$24\times 2=48$

탑 ⑤

05 부부끼리는 한 사람으로 생각하여 4명이 원탁에 둘러앉는 경우의 수는

$(4-1)!=3!=6$

이때 부부끼리 자리를 바꾸는 경우의 수는 각각

$2!=2$

따라서 구하는 경우의 수는

$6\times 2\times 2\times 2=96$

탑 ④

06 남학생끼리 이웃하지 않는 경우의 수는 전체 6명의 학생이 원형의 탁자에 둘러앉는 경우의 수에서 남학생끼리 이웃하는 경우의 수를 빼면 된다.

6명의 학생이 원형의 탁자에 둘러앉는 경우의 수는

$(6-1)!=5!=120$

남학생 2명을 한 명으로 생각하여 5명의 학생이 원형의 탁자에 둘러앉는 경우의 수는

$(5-1)!=4!=24$

남학생 2명이 자리를 바꾸는 경우의 수는

$2!=2$

이므로 6명의 학생이 원형의 탁자에 둘러앉을 때, 남학생 2명이 이웃하여 앉는 경우의 수는

$24\times 2=48$

따라서 구하는 경우의 수는

$120-48=72$

图 72

다른 풀이

여학생 4명이 원형의 탁자에 둘러앉는 경우의 수는

$(4-1)!=3!=6$

여학생 사이사이의 4개의 자리에 남학생이 앉을 2자리를 선택하는 경우의 수는

$_4\mathrm{P}_2=12$

따라서 구하는 경우의 수는

$6\times12=72$

07 6명의 학생이 원탁에 둘러앉는 경우의 수는

$(6-1)!=5!=120$

이때 정삼각형 모양의 탁자에서는 원탁에 앉는 한 가지 경우에 대하여 그림과 같이 서로 다른 2가지 경우가 존재한다.

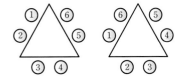

따라서 구하는 경우의 수는

$120\times2=240$

图 ③

08 6명이 원탁에 둘러앉는 경우의 수는

$(6-1)!=5!=120$

이때 직사각형 모양의 탁자에서는 원탁에 앉는 한 가지 경우에 대하여 그림과 같이 서로 다른 3가지 경우가 존재한다.

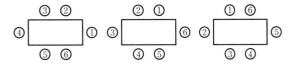

따라서 구하는 경우의 수는

$120\times3=360$

图 360

09 8명이 원탁에 둘러앉는 경우의 수는

$(8-1)!=7!$

이때 정사각형 모양의 탁자에서는 원탁에 앉는 한 가지 방법에 대하여 그림과 같이 서로 다른 2가지 경우가 존재한다.

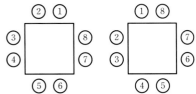

따라서 구하는 경우의 수는

$2\times7!$

图 ②

10 6개의 영역에 서로 다른 6가지 색을 칠하는 경우의 수는

$(6-1)!=5!=120$

图 ①

11 중앙에 있는 정사각형을 칠하는 경우의 수는 5이고,

나머지 4개의 영역을 칠하는 경우의 수는

$(4-1)!=3!=6$

따라서 구하는 경우의 수는

$5\times6=30$

图 ②

12 작은 원의 4개의 영역을 칠할 4개의 색을 선택하는 경우의 수는

$_8\mathrm{C}_4=\dfrac{8\times7\times6\times5}{4\times3\times2\times1}=70$

선택된 4가지 색으로 작은 원의 4개의 영역에 칠하는 경우의 수는

$(4-1)!=3!=6$

나머지 4가지 색으로 작은 원의 바깥 부분을 칠하는 경우의 수는

$4!=24$

이므로 $k=70\times6\times24$

따라서 구하는 값은

$\dfrac{1}{70}\times70\times6\times24=144$

图 144

13 서로 다른 3개의 강좌에서 4개를 택하는 중복순열의 수와 같으므로

$_3\Pi_4=3^4=81$

图 ④

14 서로 다른 2개의 상자에서 중복을 허락하여 5개를 택하는 중복순열의 수와 같으므로

$_2\Pi_5=2^5=32$

图 ⑤

15 서로 다른 연필 3자루를 A, B 두 사람에게 남김없이 나누어 주는 경우의 수는

$_2\Pi_3=2^3=8$

이 각각에 대하여 서로 다른 공책 2권을 C, D, E 세 사람에게 남김없이 나누어 주는 경우의 수는

$_3\Pi_2=3^2=9$

따라서 구하는 경우의 수는

$8\times9=72$

图 72

16 네 자리 자연수가 짝수가 되려면 일의 자리의 숫자는 2 또는 4 중에서 한 개를 택해야 하므로 경우의 수는 2

천의 자리, 백의 자리, 십의 자리의 숫자를 택하는 경우의 수는

$_4\Pi_3=4^3=64$

따라서 구하는 경우의 수는

$2\times64=128$

图 ③

17 네 자리의 자연수가 4000보다 크므로 천의 자리 숫자는 4 또는 5 중에서 한 개를 택해야 하므로 경우의 수는 2
백의 자리, 십의 자리, 일의 자리의 숫자를 택하는 경우의 수는
$_5\Pi_3=5^3=125$
따라서 구하는 경우의 수는
$2\times125=250$

답 ⑤

18 천의 자리의 숫자는 1, 2, 3, 4 중에서 한 개를 택해야 하므로 경우의 수는 4
일의 자리의 숫자는 1 또는 3 중에서 한 개를 택해야 하므로 경우의 수는 2
십의 자리, 백의 자리의 숫자를 택하는 경우의 수는
$_5\Pi_2=5^2=25$
따라서 구하는 경우의 수는
$4\times2\times25=200$

답 200

19 X에서 Y로의 함수의 개수는 Y의 원소 a, b, c, d의 4개의 원소에서 중복을 허락하여 3개를 택하는 중복순열의 수와 같으므로
$_4\Pi_3=4^3=64$

답 ①

20 X에서 Y로의 함수의 개수는
$_5\Pi_3=5^3=125$
X에서 Y로의 함수 중에서 $f(0)=4$인 함수의 개수는
$_5\Pi_2=5^2=25$
따라서 구하는 함수의 개수는
$125-25=100$

답 ④

21 $f(1)-f(3)=2$를 만족시키는 경우는
$f(1)=3$, $f(3)=1$ 또는 $f(1)=4$, $f(3)=2$ 또는
$f(1)=5$, $f(3)=3$
이 각각에 대하여 $f(2)$, $f(4)$의 값이 될 수 있는 경우의 수는 Y의 원소 5개 중에서 중복을 허락하여 2개를 택하는 중복순열의 수와 같으므로
$_5\Pi_2=5^2=25$
따라서 구하는 함수의 개수는
$3\times25=75$

답 75

22 다섯 개의 숫자 중 1이 2개, 2가 2개이므로 구하는 경우의 수는
$\dfrac{5!}{2!2!}=30$

답 30

23 일의 자리의 숫자가 0 또는 2일 때 짝수가 되므로
(i) 일의 자리의 숫자가 0일 때
다섯 개의 숫자 1, 2, 2, 3, 3을 나열하는 경우의 수는
$\dfrac{5!}{2!2!}=30$
(ii) 일의 자리의 숫자가 2일 때
다섯 개의 숫자 0, 1, 2, 3, 3을 나열하는 경우의 수는
$\dfrac{5!}{2!}=60$
이때 십만 자리에 0이 오는 경우의 수는
$\dfrac{4!}{2!}=12$
이므로 일의 자리의 숫자가 2인 짝수의 개수는
$60-12=48$
(i), (ii)에서 구하는 짝수의 개수는
$30+48=78$

답 ②

24 양 끝에 c를 놓고 나머지 5개의 문자 a, a, b, b, c를 일렬로 나열하는 경우의 수는
$\dfrac{5!}{2!2!}=30$

답 ③

25 2개의 문자 m을 한 개의 문자 M으로 생각하여
M, a, a, t, t, h, e, i, c, s
를 나열하는 경우의 수는
$\dfrac{10!}{2!2!}$
이때 2개의 문자 a가 이웃하는 경우의 수도 2개의 문자 a를 한 개의 문자 A로 생각하여
M, A, t, t, h, e, i, c, s
를 나열하는 경우의 수는
$\dfrac{9!}{2!}$
이므로 2개의 문자 m은 이웃하고 2개의 문자 a는 이웃하지 않는 경우의 수는
$\dfrac{10!}{2!2!}-\dfrac{9!}{2!}=\dfrac{9!}{2!}\left(\dfrac{10}{2}-1\right)=2\times9!$

답 ②

26 다섯 개의 모음 a, e, e, e, o를 한 문자 A로 생각하여 6개의 문자 A, c, f, f, b, n을 일렬로 나열하는 경우의 수는
$\dfrac{6!}{2!}=360$
이때 모음끼리 자리를 정하는 경우의 수는
$\dfrac{5!}{3!}=20$
따라서 구하는 경우의 수는
$360\times20=7200$

답 ⑤

27 여섯 개의 숫자 중에서 다섯 개의 숫자를 택하는 경우는 다음과 같다.

(i) 1, 1, 2, 2, 3을 택하여 나열하는 경우의 수는
$$\frac{5!}{2!2!}=30$$

(ii) 0, 1, 2, 2, 3을 택하여 나열하는 경우의 수는
$$\frac{5!}{2!}=60$$
이때 만의 자리에 0이 오는 경우의 수는
$$\frac{4!}{2!}=12$$
이므로 0, 1, 2, 2, 3을 나열하여 만들 수 있는 자연수의 개수는
$$60-12=48$$

(iii) 0, 1, 1, 2, 3을 택하여 나열하는 경우의 수는
(ii)와 경우의 수가 같으므로 48

(iv) 0, 1, 1, 2, 2를 택하여 나열하는 경우의 수는
$$\frac{5!}{2!2!}=30$$
이때 만의 자리에 0이 오는 경우의 수는
$$\frac{4!}{2!2!}=6$$
이므로 0, 1, 1, 2, 2를 나열하여 만들 수 있는 자연수의 개수는
$$30-6=24$$

(i)~(iv)에서 구하는 자연수의 개수는
$$30+48+48+24=150$$
답 ①

28 c와 f의 순서가 정해져 있으므로 두 문자 c, f를 같은 문자 A로 생각하여 A, A, a, a, d, e를 일렬로 나열한 후, 오른쪽에 있는 A는 c, 왼쪽에 있는 A는 f로 바꾸면 된다.
따라서 구하는 경우의 수는
$$\frac{6!}{2!2!}=180$$
답 ④

29 네 개의 홀수 1, 3, 5, 7의 순서가 정해져 있으므로 1, 3, 5, 7을 모두 a로, 세 개의 짝수 2, 4, 6의 순서가 정해져 있으므로 2, 4, 6을 모두 b로 생각하여 7개의 문자 a, a, a, a, b, b, b를 일렬로 나열한 후 첫 번째, 두 번째, 세 번째, 네 번째 a를 각각 1, 3, 5, 7로, 첫 번째, 두 번째, 세 번째 b를 각각 2, 4, 6으로 바꾸면 된다.
따라서 구하는 경우의 수는
$$\frac{7!}{4!3!}=35$$
답 ①

30 4개의 자음 p, p, p, l을 한 문자로 생각하고, 4개의 모음 a, e, e, i를 또 다른 한 문자로 생각하면, 모든 자음이 모음보다 앞에 오는 경우의 수는 1
이때 4개의 자음 p, p, p, l끼리 자리를 정하는 경우의 수는
$$\frac{4!}{3!}=4$$

4개의 모음 a, e, e, i끼리 자리를 정하는 경우의 수는
$$\frac{4!}{2!}=12$$
따라서 구하는 경우의 수는
$$4\times12=48$$
답 48

31 A지점에서 P지점까지 최단 거리로 가는 경우의 수는
$$\frac{4!}{2!2!}=6$$
P지점에서 B지점까지 최단 거리로 가는 경우의 수는
$$\frac{5!}{3!2!}=10$$
따라서 A지점에서 출발하여 P지점을 지나 B지점까지 최단 거리로 가는 경우의 수는
$$6\times10=60$$
답 ②

32

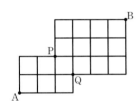

그림과 같이 두 지점 P, Q를 잡으면 A지점에서 B지점까지 최단 거리로 가는 경우는 다음과 같다.

(i) A → P → B로 가는 경우
$$\frac{4!}{2!2!}\times\frac{6!}{4!2!}=6\times15=90$$

(ii) A → Q → B로 가는 경우
$$\frac{4!}{3!}\times\frac{6!}{3!3!}=4\times20=80$$

(i), (ii)에서 구하는 경우의 수는
$$90+80=170$$
답 ⑤

33

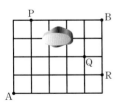

그림과 같이 세 지점 P, Q, R를 잡으면 A지점에서 B지점까지 최단 거리로 가는 경우는 다음과 같다.

(i) A → P → B로 가는 경우
$$\frac{5!}{4!}\times1=5\times1=5$$

(ii) A → Q → B로 가는 경우
$$\frac{6!}{4!2!}\times\frac{3!}{2!}=15\times3=45$$

(iii) A → R → B로 가는 경우

$$\frac{6!}{5!} \times 1 = 6 \times 1 = 6$$

(i), (ii), (iii)에서 구하는 경우의 수는

$$5 + 45 + 6 = 56$$

답 56

34 3가지 과일 중에서 6개를 택하는 중복조합의 수와 같으므로

$$_3H_6 = {}_{3+6-1}C_6$$

$$= {}_8C_6 = {}_8C_2 = \frac{8 \times 7}{2 \times 1} = 28$$

답 ①

35 먼저 4명의 학생에게 연필을 한 자루씩 나누어 주고, 남은 6자루를 4명의 학생에게 나누어 주면 된다. 즉, 구하는 경우의 수는 서로 다른 4개에서 6개를 택하는 중복조합의 수와 같으므로

$$_4H_6 = {}_{4+6-1}C_6$$

$$= {}_9C_6 = {}_9C_3 = \frac{9 \times 8 \times 7}{3 \times 2 \times 1} = 84$$

답 ③

36 다항식 $(a+b)^3$의 전개식의 항의 개수는 2개의 문자 a, b에서 3개를 택하는 중복조합의 수와 같으므로

$$_2H_3 = {}_{2+3-1}C_3$$

$$= {}_4C_3 = {}_4C_1 = 4$$

다항식 $(c+d+e)^4$의 전개식의 항의 개수는 3개의 문자 c, d, e에서 4개를 택하는 중복조합의 수와 같으므로

$$_3H_4 = {}_{3+4-1}C_4$$

$$= {}_6C_4 = {}_6C_2 = \frac{6 \times 5}{2 \times 1} = 15$$

따라서 다항식 $(a+b)^3(c+d+e)^4$의 전개식에서 서로 다른 항의 개수는

$$4 \times 15 = 60$$

답 60

37 방정식 $x+y+z=7$을 만족시키는 음이 아닌 정수 x, y, z의 모든 순서쌍 (x, y, z)의 개수는 서로 다른 3개에서 중복을 허락하여 7개를 택하는 중복조합의 수와 같으므로

$$_3H_7 = {}_{3+7-1}C_7$$

$$= {}_9C_7 = {}_9C_2 = \frac{9 \times 8}{2 \times 1} = 36$$

답 ④

38 $x=x'+2$, $y=y'+3$, $z=z'+2$, $w=w'+3$

(x', y', z', w'은 음이 아닌 정수)라 하면

$x+y+z+w=17$에서

$(x'+2)+(y'+3)+(z'+2)+(w'+3)=17$이므로

$$x'+y'+z'+w'=7$$

따라서 구하는 모든 순서쌍 (x, y, z, w)의 개수는

$$_4H_7 = {}_{4+7-1}C_7$$

$$= {}_{10}C_7 = {}_{10}C_3 = \frac{10 \times 9 \times 8}{3 \times 2 \times 1} = 120$$

답 ⑤

39 x, y, z, w 중 하나를 선택하는 경우의 수는

$$_4C_1 = 4$$

x가 홀수, y, z, w는 짝수인 경우

$x=2x'+1$, $y=2y'+2$, $z=2z'+2$, $w=2w'+2$

(x', y', z', w'은 음이 아닌 정수)라 하면

$x+y+z+w=19$에서

$(2x'+1)+(2y'+2)+(2z'+2)+(2w'+2)=19$이므로

$$x'+y'+z'+w'=6$$

따라서 순서쌍 (x, y, z, w)의 개수는

$$_4H_6 = {}_{4+6-1}C_6$$

$$= {}_9C_6 = {}_9C_3 = \frac{9 \times 8 \times 7}{3 \times 2 \times 1} = 84$$

마찬가지로 y, z, w 중 한 개가 홀수인 경우의 수도 각각 84이므로 구하는 모든 순서쌍 (x, y, z, w)의 개수는

$$4 \times 84 = 336$$

답 336

40 $f(a)$, $f(b)$, $f(c)$의 값은 1, 2, 3, 4 중에서 중복을 허락하여 3개를 택한 후 크기순으로 대응시키면 되므로 구하는 함수의 개수는

$$_4H_3 = {}_{4+3-1}C_3$$

$$= {}_6C_3 = \frac{6 \times 5 \times 4}{3 \times 2 \times 1} = 20$$

답 ④

41 $f(4)$의 값은 1, 2, 3, 4, 5 중 한 개이므로 경우의 수는 5이다.

$f(1)$, $f(2)$, $f(3)$의 값은 1, 2, 3, 4, 5 중에서 중복을 허락하여 3개를 택한 후 크기순으로 대응시키면 되므로

$$_5H_3 = {}_{5+3-1}C_3$$

$$= {}_7C_3 = \frac{7 \times 6 \times 5}{3 \times 2 \times 1} = 35$$

따라서 구하는 함수의 개수는

$$5 \times 35 = 175$$

답 ⑤

42 주어진 조건 (가), (나)에 의하여

$f(1) \leq f(2) \leq f(3) = 2 \leq f(4) \leq f(5)$이므로

$f(1)$, $f(2)$의 값은 1, 2 중에서 중복을 허락하여 2개를 택한 후 크기순으로 대응시키면 되므로

$$_2H_2 = {}_{2+2-1}C_2 = {}_3C_2 = 3$$

또 $f(4)$, $f(5)$의 값은 2, 3, 4, 5 중에서 중복을 허락하여 2개를 택한 후 크기순으로 대응시키면 되므로

$$_4H_2 = {}_{4+2-1}C_2$$

$$= {}_5C_2 = \frac{5 \times 4}{2 \times 1} = 10$$

따라서 구하는 함수의 개수는

$$3 \times 10 = 30$$

답 30

본문 15쪽

01 240   **02** 6   **03** 75
04 160   **05** 51   **06** 46

01 A, B 사이에 앉을 한 명의 학생을 선택하는 경우의 수는
$_5C_1 = 5$ ...... ❶
A, B와 사이에 앉은 한 명을 포함한 세 명을 한 사람으로 생각하여 5명의 학생이 원탁에 둘러앉는 경우의 수는
$(5-1)! = 4! = 24$
이 각각에 대하여 A, B가 자리를 바꾸는 경우의 수는
$2! = 2$ ...... ❷
따라서 구하는 경우의 수는
$5 \times 24 \times 2 = 240$ ...... ❸

目 240

단계	채점 기준	비율
❶	A, B 사이에 들어갈 학생을 선택하는 경우의 수를 구한 경우	30 %
❷	3명의 학생을 한 사람으로 생각하여 5명이 원탁에 둘러앉는 경우의 수를 구한 경우	40 %
❸	❶, ❷에서 나온 값을 곱하여 경우의 수를 구한 경우	30 %

02 기호를 n번 사용해서 만들 수 있는 신호의 개수는
$_2\Pi_n$ ...... ❶
따라서 기호를 1번, 2번, 3번, …, n번 사용해서 만들 수 있는 신호의 개수는 각각
$_2\Pi_1, _2\Pi_2, _2\Pi_3, \cdots, _2\Pi_n$
따라서 두 기호를 합하여 n번 이하로 사용하여 만들 수 있는 신호의 개수는
$_2\Pi_1 + _2\Pi_2 + _2\Pi_3 + \cdots + _2\Pi_n$
$= 2 + 2^2 + 2^3 + \cdots + 2^n$ ...... ❷
$n=5$일 때, $2 + 2^2 + 2^3 + 2^4 + 2^5 = 62 < 100$
$n=6$일 때, $2 + 2^2 + 2^3 + 2^4 + 2^5 + 2^6 = 126 > 100$
따라서 n의 최솟값은 6이다.   ...... ❸

目 6

단계	채점 기준	비율
❶	기호를 n번 사용해서 만들 수 있는 신호의 개수를 구한 경우	30 %
❷	기호를 n번 이하로 사용해서 만들 수 있는 신호의 개수를 구한 경우	40 %
❸	n의 최솟값을 구한 경우	30 %

03 $f(2) + f(4) = 6$, $f(2) \leq f(4)$를 만족시키는 $f(2)$, $f(4)$의 값을 순서대로 순서쌍으로 나타내면 경우의 수는
$(1, 5), (2, 4), (3, 3)$의 3가지   ...... ❶
$f(1)$, $f(3)$의 값을 정하는 경우의 수는 Y의 원소 5개 중에서 중복을 허락하여 2개를 택하는 중복순열의 수와 같으므로
$_5\Pi_2 = 5^2 = 25$ ...... ❷

따라서 구하는 함수의 개수는
$3 \times 25 = 75$ ...... ❸

目 75

단계	채점 기준	비율
❶	$f(2) + f(4) = 6$, $f(2) \leq f(4)$를 만족시키는 모든 순서쌍의 개수를 구한 경우	40 %
❷	$f(1)$, $f(3)$의 값을 정하는 경우의 수를 중복순열을 이용하여 구한 경우	40 %
❸	❶, ❷에서 나온 값을 곱하여 함수의 개수를 구한 경우	20 %

04 양 끝에 서로 다른 문자가 오는 경우는
$(a, b), (b, a), (b, c), (c, b), (a, c), (c, a)$ ...... ❶
(i) 양 끝에 (a, b) 또는 (b, a)가 오는 경우
남은 5개의 문자 a, b, b, c, c를 일렬로 나열하는 경우의 수와 같으므로
$\dfrac{5!}{2!2!} = 30$
따라서 양 끝에 (a, b) 또는 (b, a)가 오는 경우의 수는
$30 \times 2 = 60$
(ii) 양 끝에 (b, c) 또는 (c, b)가 오는 경우
남은 5개의 문자 a, a, b, b, c를 일렬로 나열하는 경우의 수와 같으므로
$\dfrac{5!}{2!2!} = 30$
따라서 양 끝에 (b, c) 또는 (c, b)가 오는 경우의 수는
$30 \times 2 = 60$
(iii) 양 끝에 (a, c) 또는 (c, a)가 오는 경우
남은 5개의 문자 a, b, b, b, c를 일렬로 나열하는 경우의 수와 같으므로
$\dfrac{5!}{3!} = 20$
따라서 양 끝에 (a, c) 또는 (c, a)가 오는 경우의 수는
$20 \times 2 = 40$ ...... ❷
(i), (ii), (iii)에서 구하는 경우의 수는
$60 + 60 + 40 = 160$ ...... ❸

目 160

단계	채점 기준	비율
❶	양 끝에 서로 다른 문자가 오는 경우를 구한 경우	30 %
❷	남은 5개의 문자를 나열하는 경우의 수를 구한 경우	50 %
❸	❷에서 구한 값을 모두 더하여 경우의 수를 구한 경우	20 %

05 A지점에서 출발하여 B지점으로 갈 때, P지점은 지나고 Q지점은 지나지 않는 경우의 수는
A → P → B로 가는 경우의 수에서 A → P → Q → B로 가는 경우의 수를 빼면 된다.
(i) A → P → B로 가는 경우
$\dfrac{3!}{2!} \times \dfrac{7!}{4!3!} = 3 \times 35 = 105$ ...... ❶

(ii) A → P → Q → B로 가는 경우

$$\frac{3!}{2!} \times \frac{3!}{2!} \times \frac{4!}{2!2!} = 3 \times 3 \times 6 = 54 \qquad \cdots\cdots ❷$$

따라서 구하는 경우의 수는

$$105 - 54 = 51 \qquad \cdots\cdots ❸$$

탑 51

단계	채점 기준	비율
❶	A → P → B로 가는 경우의 수를 구한 경우	40 %
❷	A → P → Q → B로 가는 경우의 수를 구한 경우	40 %
❸	❶, ❷에서 나온 값의 차를 이용하여 경우의 수를 구한 경우	20 %

06 $c \geq d \geq 3$에서

(i) $d = 3$일 때

$a + b + c = 10$이고 $c \geq 3$이므로

$c = c' + 3$ (c'은 0이 아닌 정수)으로 놓으면

$a + b + c' = 7$

따라서 순서쌍 (a, b, c, d)의 개수는

$$_3H_7 = {}_{3+7-1}C_7 = {}_9C_7 = {}_9C_2 = \frac{9 \times 8}{2 \times 1} = 36 \qquad \cdots\cdots ❶$$

(ii) $d = 4$일 때

$a + b + c = 7$이고 $c \geq 4$이므로

$c = c'' + 4$ (c''은 0이 아닌 정수)으로 놓으면

$a + b + c'' = 3$

따라서 순서쌍 (a, b, c, d)의 개수는

$$_3H_3 = {}_{3+3-1}C_3 = {}_5C_3 = {}_5C_2 = \frac{5 \times 4}{2 \times 1} = 10 \qquad \cdots\cdots ❷$$

(i), (ii)에서 구하는 순서쌍의 개수는

$$36 + 10 = 46 \qquad \cdots\cdots ❸$$

탑 46

단계	채점 기준	비율
❶	$c \geq d$=3일 때, 순서쌍의 개수를 구한 경우	40 %
❷	$c \geq d$=4일 때, 순서쌍의 개수를 구한 경우	40 %
❸	❶, ❷에서 나온 값을 더하여 모든 순서쌍의 개수를 구한 경우	20 %

내신 + 수능 고난도 도전 본문 16~17쪽

01 96	**02** ⑤	**03** ④	**04** 432	**05** 370
06 ③	**07** ①	**08** 21		

01 홀수 번호의 학생 4명이 원판 위에 앉는 경우의 수는

$(4-1)! = 3! = 6$

이 각각에 대하여 홀수 번호의 학생들 사이 4곳에 짝수 번호의 학생들이 앉는 경우의 수는 $4! = 24$

이므로 짝수 번호와 홀수 번호의 학생이 교대로 앉는 경우의 수는

$6 \times 24 = 144$

조건 (나)에서 마주 보는 번호의 합은 5보다 커야 하므로 조건 (가)에서 구한 경우의 수에서 마주 보는 번호의 합이 5 이하인 경우의 수를 빼면 된다. 마주 보는 번호의 합이 5 이하인 경우는 1과 3의 1가지만 있다.

마주 보는 번호가 1, 3인 경우 5, 7을 마주 보도록 놓는 경우의 수는 2

이 각각에 대하여 홀수 번호의 학생들 사이 4곳에 짝수 번호의 학생들이 앉는 경우의 수는 $4! = 24$

이므로 마주 보는 번호의 합이 5 이하인 경우의 수는

$2 \times 24 = 48$

따라서 구하는 경우의 수는

$144 - 48 = 96$

탑 96

02 네 개의 숫자 1, 2, 3, 4 중에서 중복을 허락하여 5개를 택해 만들 수 있는 5자리 정수의 개수는

$_4\Pi_5 = 4^5 = 1024$

이때 5개의 수의 곱이 400보다 작은 경우의 수는 전체 경우의 수에서 5개의 수의 곱이 400보다 큰 경우의 수를 빼면 된다. 5개의 수의 곱이 400보다 큰 경우는 다음과 같다.

(i) 다섯 개의 수가 2, 4, 4, 4, 4인 경우

다섯 개의 수를 나열하는 경우의 수는

$$\frac{5!}{4!} = 5$$

(ii) 다섯 개의 수가 3, 3, 3, 4, 4인 경우

다섯 개의 수를 나열하는 경우의 수는

$$\frac{5!}{3!2!} = 10$$

(iii) 다섯 개의 수가 3, 3, 4, 4, 4인 경우

다섯 개의 수를 나열하는 경우의 수는

$$\frac{5!}{3!2!} = 10$$

(iv) 다섯 개의 수가 3, 4, 4, 4, 4인 경우

다섯 개의 수를 나열하는 경우의 수는

$$\frac{5!}{4!} = 5$$

(v) 다섯 개의 수가 4, 4, 4, 4, 4인 경우

다섯 개의 수를 나열하는 경우의 수는 1

(i)~(v)에서 5개의 수의 곱이 400보다 큰 경우의 수는

$5 + 10 + 10 + 5 + 1 = 31$

따라서 구하는 자연수의 개수는

$1024 - 31 = 993$

탑 ⑤

03 8개의 문자를 일렬로 나열할 때, 양 끝에 a가 오지 않는 경우는 다음과 같은 꼴로 나타낼 수 있다.

$b\square\square\square\square\square\square b$, $c\square\square\square\square\square\square c$

$b\square\square\square\square\square\square c$, $c\square\square\square\square\square\square b$

(i) $b\square\square\square\square\square\square b$ 꼴인 경우

2개의 b를 제외한 6개의 문자 a, a, a, b, c, c를 나열하는 경우의 수는

$$\frac{6!}{3!2!} = 60$$

이때 2개의 c가 이웃하는 경우의 수를 **빼야** 한다. 2개의 c를 하나의 문자 C로 생각하여 다섯 개의 문자 a, a, a, b, C를 나열하는 경우의 수는

$$\frac{5!}{3!}=20$$

이므로 $b\square\square\square\square\square b$ 꼴의 경우의 수는

$$60-20=40$$

(ii) $c\square\square\square\square\square c$ 꼴인 경우

2개의 c를 제외한 6개의 문자 a, a, a, b, b, b를 나열하는 경우이 수는

$$\frac{6!}{3!3!}=20$$

(iii) $b\square\square\square\square\square c$ 꼴인 경우

b와 c를 하나씩 제외한 6개의 문자 a, a, a, b, b, c를 나열하는 경우의 수는

$$\frac{6!}{3!2!}=60$$

이때 2개의 c가 이웃하는 경우의 수를 **빼야** 한다.

즉, $b\square\square\square\square cc$ 꼴인 경우의 수를 빼야 한다.

남은 다섯 개의 문자 a, a, a, b, b를 나열하는 경우의 수는

$$\frac{5!}{3!2!}=10$$이므로

$b\square\square\square\square\square c$ 꼴인 경우의 수는

$$60-10=50$$

(iv) $c\square\square\square\square\square b$ 꼴인 경우

(iii)과 경우의 수가 같으므로 50

따라서 구하는 경우의 수는

$$40+20+50+50=160$$

답 ④

04 각 학년의 학생이 2명 이상 선발되어 앉히는 경우는 다음과 같다.

(i) 1학년 3명, 2학년 2명, 3학년 2명의 학생이 선발되어 자리에 앉는 경우

1학년 학생 4명 중에서 3명을 선발하고, 2학년 학생 3명 중에서 2명을 선발해야 하므로

$$_4C_3 \times _3C_2 = 12$$

이 각각에 대하여 1학년 학생 3명, 2학년 학생 2명은 이웃하여 앉고, 3학년 학생은 이웃하지 않도록 앉는 경우의 수는 1학년 학생 3명과 2학년 학생 2명을 각각 1명으로 생각하여 1학년 학생과 2학년 학생 사이에 3학년 학생을 앉히는 경우의 수와 같으므로 이 경우의 수는 2

이때 1학년 학생들끼리 자리를 바꾸는 경우의 수는 3!, 2학년 학생들끼리 자리를 바꾸는 경우의 수는 2!이므로

$$2 \times 3! \times 2! = 24$$

따라서 경우의 수는

$$12 \times 24 = 288$$

(ii) 1학년 2명, 2학년 3명, 3학년 2명의 학생이 선발되어 자리에 앉는 경우

1학년 학생 4명 중에서 2명을 선발해야 하므로

$$_4C_2 = 6$$

이 각각에 대하여 1학년 학생 2명, 2학년 학생 3명은 이웃하여 앉고, 3학년 학생은 이웃하지 않도록 앉는 경우의 수는 1학년 학생 2명과 2학년 학생 3명을 각각 1명으로 생각하여 1학년 학생과 2학년 학생 사이에 3학년 학생을 앉히는 경우의 수와 같으므로 이 경우의 수는 2

이때 1학년 학생들끼리 자리를 바꾸는 경우의 수는 2!, 2학년 학생들끼리 자리를 바꾸는 경우의 수는 3!이므로

$$2 \times 2! \times 3! = 24$$

따라서 경우의 수는

$$6 \times 24 = 144$$

(i), (ii)에서 구하는 경우의 수는

$$288+144=432$$

답 432

05 (i) 조건 (가)에서 a_1이 홀수인 경우는 1, 3, 5의 3가지이다.

$a_1=1$인 경우 a_2는 2, 3, 4, 5, 6 중 한 가지이므로 경우의 수는 5

$a_1=3$인 경우 a_2는 4, 5, 6 중 한 가지이므로 경우의 수는 3

$a_1=5$인 경우 $a_2=6$이므로 경우의 수는 1

따라서 $a_1 < a_2$를 만족시키는 모든 순서쌍 (a_1, a_2)의 개수는

$$5+3+1=9$$

이 각각에 대하여 a_3, a_4는 1, 2, 3, 4, 5, 6의 6개 중에서 중복을 허락하여 2개를 택하여 대응시키면 되므로

$$_6\Pi_2 = 6^2 = 36$$

따라서 a_1이 홀수일 때, 모든 순서쌍 (a_1, a_2, a_3, a_4)의 개수는

$$9 \times 36 = 324$$

(ii) 조건 (나)에서 a_1이 짝수인 경우는 2, 4, 6의 3가지이다.

$a_1=2$인 경우 a_2, a_3, a_4는 2, 3, 4, 5, 6 중에서 중복을 허락하여 3개를 택하여 대응시키면 되므로

$$_5H_3 = _{5+3-1}C_3 = _7C_3 = 35$$

$a_1=4$인 경우 a_2, a_3, a_4는 4, 5, 6 중에서 중복을 허락하여 3개를 택하여 대응시키면 되므로

$$_3H_3 = _{3+3-1}C_3 = _5C_3 = 10$$

$a_1=6$인 경우 $a_2=a_3=a_4=6$이므로 경우의 수는 1

따라서 a_1이 짝수일 때, 모든 순서쌍 (a_1, a_2, a_3, a_4)의 개수는

$$35+10+1=46$$

(i), (ii)에서 구하는 모든 순서쌍의 개수는

$$324+46=370$$

답 370

06 $f(1)+f(2)+f(3)+f(4)+f(5)=0$을 만족시키는 함수 f의 개수는 $f(1)$, $f(2)$, $f(3)$, $f(4)$, $f(5)$의 값에 따라 다음과 같다.

(i) $f(1)$, $f(2)$, $f(3)$, $f(4)$, $f(5)$의 값이 모두 0일 때

함수 f의 개수는 1

(ii) $f(1)$, $f(2)$, $f(3)$, $f(4)$, $f(5)$의 값이 5개의 수

0, 0, 0, -2, 2 또는 0, 0, 0, -1, 1과 하나씩 대응될 때,

함수 f의 개수는

$$\frac{5!}{3!} \times 2 = 40$$

(iii) $f(1)$, $f(2)$, $f(3)$, $f(4)$, $f(5)$의 값이 5개의 수

0, 0, -1, -1, 2 또는 0, 0, -2, 1, 1과 하나씩 대응될 때,

함수 f의 개수는

$$\frac{5!}{2!2!} \times 2 = 60$$

(iv) $f(1)$, $f(2)$, $f(3)$, $f(4)$, $f(5)$의 값이 5개의 수

0, -1, -1, 1, 1 또는 0, -2, -2, 2, 2 또는 0, -2, -1, 1, 2

와 하나씩 대응될 때, 함수 f의 개수는

$$\frac{5!}{2!2!} \times 2 + 5! = 60 + 120 = 180$$

(v) $f(1)$, $f(2)$, $f(3)$, $f(4)$, $f(5)$의 값이 5개의 수

-1, -1, -1, 1, 2 또는 -2, -1, 1, 1, 1 또는 -2, -1,

2, 2 또는 -2, -2, 1, 1, 2와 하나씩 대응될 때, 함수 f의 개수는

$$\frac{5!}{3!} \times 2 + \frac{5!}{2!2!} \times 2 = 40 + 60 = 100$$

(i)~(v)에서 구하는 함수 f의 개수는

$$1 + 40 + 60 + 180 + 100 = 381$$

답 ③

07 조건 (나)에서 $a+b$가 짝수이므로 $c+d$는 홀수이다.

따라서 a, b, c, d는 순서대로 (짝수, 짝수, 짝수, 홀수) 또는 (짝수, 짝수, 홀수, 짝수) 또는 (홀수, 홀수, 짝수, 홀수) 또는 (홀수, 홀수, 홀수, 짝수)인 경우로 나눌 수 있다.

(i) a, b, c, d가 순서대로 (짝수, 짝수, 짝수, 홀수)인 경우

$a = 2a' + 2$, $b = 2b' + 2$, $c = 2c' + 2$, $d = 2d' + 1$

(a', b', c', d'은 음이 아닌 정수)라 하면

$a' + b' + c' + d' = 5$이므로 모든 순서쌍 (a, b, c, d)의 개수는

$$_4\mathrm{H}_5 = {}_{4+5-1}\mathrm{C}_5 = {}_8\mathrm{C}_5 = {}_8\mathrm{C}_3 = \frac{8 \times 7 \times 6}{3 \times 2 \times 1} = 56$$

(ii) a, b, c, d가 순서대로 (짝수, 짝수, 홀수, 짝수)인 경우

(i)의 경우와 같으므로 경우의 수는 56

(iii) a, b, c, d가 순서대로 (홀수, 홀수, 짝수, 홀수)인 경우

$a = 2a'' + 1$, $b = 2b'' + 1$, $c = 2c'' + 2$, $d = 2d'' + 1$

(a'', b'', c'', d''은 음이 아닌 정수)라 하면

$a'' + b'' + c'' + d'' = 6$이므로 모든 순서쌍 (a, b, c, d)의 개수는

$$_4\mathrm{H}_6 = {}_{4+6-1}\mathrm{C}_6 = {}_9\mathrm{C}_6 = {}_9\mathrm{C}_3 = \frac{9 \times 8 \times 7}{3 \times 2 \times 1} = 84$$

(iv) a, b, c, d가 순서대로 (홀수, 홀수, 홀수, 짝수)인 경우

(iii)의 경우와 같으므로 경우의 수는 84

(i)~(iv)에서 구하는 경우의 수는

$$56 + 56 + 84 + 84 = 280$$

답 ①

08 $f(1) < f(2) \leq f(3) < f(4) \leq f(5)$를 만족시키는 함수 f의 개수는

$f(1) \leq f(2) \leq f(3) \leq f(4) \leq f(5)$를 만족시키는 함수 f의 개수에서

$f(1) = f(2) \leq f(3) \leq f(4) \leq f(5)$ 또는

$f(1) \leq f(2) \leq f(3) = f(4) \leq f(5)$를 만족시키는 함수의 개수를 뺀 것과 같다.

$f(1) \leq f(2) \leq f(3) \leq f(4) \leq f(5)$를 만족시키는 함수 f의 개수는 5개의 원소 중에서 중복을 허락하여 5개를 선택하는 중복조합의 수와 같으므로

$$_5\mathrm{H}_5 = {}_{5+5-1}\mathrm{C}_5 = {}_9\mathrm{C}_5 = {}_9\mathrm{C}_4 = \frac{9 \times 8 \times 7 \times 6}{4 \times 3 \times 2 \times 1} = 126$$

$f(1) = f(2) \leq f(3) \leq f(4) \leq f(5)$ 또는

$f(1) \leq f(2) \leq f(3) = f(4) \leq f(5)$를 만족시키는 함수 f의 개수는 5개의 원소 중에서 중복을 허락하여 4개를 선택하는 중복조합의 수와 같으므로

$$2 \times {}_5\mathrm{H}_4 = 2 \times {}_{5+4-1}\mathrm{C}_4 = 2 \times {}_8\mathrm{C}_4$$
$$= 2 \times \frac{8 \times 7 \times 6 \times 5}{4 \times 3 \times 2 \times 1} = 140$$

이때 $f(1) = f(2)$, $f(3) = f(4)$인 경우가 중복되므로 이 경우를 제외해야 한다.

$f(1) = f(2) \leq f(3) = f(4) \leq f(5)$를 만족시키는 함수 f의 개수는 5개의 원소 중에서 중복을 허락하여 3개를 선택하는 중복조합의 수와 같으므로

$$_5\mathrm{H}_3 = {}_{5+3-1}\mathrm{C}_3 = {}_7\mathrm{C}_3 = \frac{7 \times 6 \times 5}{3 \times 2 \times 1} = 35$$

따라서 구하는 함수의 개수는

$$126 - (140 - 35) = 21$$

답 21

올림포스 고난도

진짜 수학 상위권 학생을 위한
단계적 맞춤형 고난도 교재!

02 이항정리

본문 19쪽

개념 확인하기

01 $x^4+8x^3+24x^2+32x+16$

02 $16a^4+96a^3b+216a^2b^2+216ab^3+81b^4$

03 $x^5-5x^4y+10x^3y^2-10x^2y^3+5xy^4-y^5$

04 $32x^5+80x^3+80x+\dfrac{40}{x}+\dfrac{10}{x^3}+\dfrac{1}{x^5}$

05 $81t^4+108t^3+54t^2+12t+1$

06 $s^8-2s^5+\dfrac{3}{2}s^2-\dfrac{1}{2s}+\dfrac{1}{16s^4}$

07 540	**08** −672	**09** 1080	**10** 1120	**11** 5
12 7	**13** 5	**14** 6	**15** 7	**16** 7
17 10	**18** 8	**19** 32	**20** 128	**21** 0
22 128	**23** 256	**24** 62	**25** 8	**26** 10

01 $(x+2)^4={}_4C_0x^4+{}_4C_1x^3\times2+{}_4C_2x^2\times2^2+{}_4C_3x\times2^3+{}_4C_4\times2^4$
$=x^4+8x^3+24x^2+32x+16$

$\boxed{答}$ $x^4+8x^3+24x^2+32x+16$

02 $(2a+3b)^4={}_4C_0(2a)^4+{}_4C_1(2a)^3(3b)+{}_4C_2(2a)^2(3b)^2$
$+{}_4C_3(2a)(3b)^3+{}_4C_4(3b)^4$
$=16a^4+96a^3b+216a^2b^2+216ab^3+81b^4$

$\boxed{答}$ $16a^4+96a^3b+216a^2b^2+216ab^3+81b^4$

03 $(x-y)^5={}_5C_0x^5-{}_5C_1x^4y+{}_5C_2x^3y^2-{}_5C_3x^2y^3+{}_5C_4xy^4-{}_5C_5y^5$
$=x^5-5x^4y+10x^3y^2-10x^2y^3+5xy^4-y^5$

$\boxed{答}$ $x^5-5x^4y+10x^3y^2-10x^2y^3+5xy^4-y^5$

04 $\left(2x+\dfrac{1}{x}\right)^5$
$={}_5C_0(2x)^5+{}_5C_1(2x)^4\times\dfrac{1}{x}+{}_5C_2(2x)^3\times\left(\dfrac{1}{x}\right)^2$
$+{}_5C_3(2x)^2\times\left(\dfrac{1}{x}\right)^3+{}_5C_4(2x)\times\left(\dfrac{1}{x}\right)^4+{}_5C_5\left(\dfrac{1}{x}\right)^5$
$=32x^5+80x^3+80x+\dfrac{40}{x}+\dfrac{10}{x^3}+\dfrac{1}{x^5}$

$\boxed{答}$ $32x^5+80x^3+80x+\dfrac{40}{x}+\dfrac{10}{x^3}+\dfrac{1}{x^5}$

05 $(3t+1)^4={}_4C_0(3t)^4+{}_4C_1(3t)^3+{}_4C_2(3t)^2+{}_4C_3(3t)+{}_4C_4$
$=81t^4+108t^3+54t^2+12t+1$

$\boxed{答}$ $81t^4+108t^3+54t^2+12t+1$

06 $\left(s^2-\dfrac{1}{2s}\right)^4$
$={}_4C_0(s^2)^4-{}_4C_1(s^2)^3\times\dfrac{1}{2s}$
$+{}_4C_2(s^2)^2\times\left(\dfrac{1}{2s}\right)^2-{}_4C_3s^2\times\left(\dfrac{1}{2s}\right)^3+{}_4C_4\left(\dfrac{1}{2s}\right)^4$
$=s^8-2s^5+\dfrac{3}{2}s^2-\dfrac{1}{2s}+\dfrac{1}{16s^4}$

$\boxed{答}$ $s^8-2s^5+\dfrac{3}{2}s^2-\dfrac{1}{2s}+\dfrac{1}{16s^4}$

07 $(3x+y)^6$의 전개식의 일반항은
${}_6C_r(3x)^{6-r}y^r={}_6C_r\times3^{6-r}\times x^{6-r}\times y^r$
$(r=0,\ 1,\ 2,\ \cdots,\ 6,\ (3x)^0=y^0=1)$
x^3y^3항은 $r=3$일 때이므로 x^3y^3의 계수는
${}_6C_3\times3^3=\dfrac{6\times5\times4}{3\times2\times1}\times27=540$

$\boxed{答}$ 540

08 $(a-2b)^7$의 전개식의 일반항은
${}_7C_r a^{7-r}(-2b)^r={}_7C_r\times(-2)^r\times a^{7-r}\times b^r$
$(r=0,\ 1,\ 2,\ \cdots,\ 7,\ a^0=(-2b)^0=1)$
a^2b^5항은 $r=5$일 때이므로 a^2b^5의 계수는
${}_7C_5\times(-2)^5={}_7C_2\times(-32)=\dfrac{7\times6}{2\times1}\times(-32)=-672$

$\boxed{答}$ −672

09 $(3a+2b)^5$의 전개식의 일반항은
${}_5C_r(3a)^{5-r}(2b)^r={}_5C_r\times3^{5-r}\times2^r\times a^{5-r}\times b^r$
$(r=0,\ 1,\ 2,\ \cdots,\ 5,\ (3a)^0=(2b)^0=1)$
a^3b^2항은 $r=2$일 때이므로 a^3b^2의 계수는
${}_5C_2\times3^3\times2^2=\dfrac{5\times4}{2\times1}\times27\times4=1080$

$\boxed{答}$ 1080

10 $\left(a-\dfrac{2}{a}\right)^8$의 전개식의 일반항은
${}_8C_r a^{8-r}\times\left(-\dfrac{2}{a}\right)^r={}_8C_r\times(-2)^r\times\dfrac{a^{8-r}}{a^r}$
$\left(r=0,\ 1,\ 2,\ \cdots,\ 8,\ a^0=\left(-\dfrac{2}{a}\right)^0=1\right)$
상수항은 $8-r=r$, 즉 $r=4$일 때이므로 상수항은
${}_8C_4\times(-2)^4=\dfrac{8\times7\times6\times5}{4\times3\times2\times1}\times16=1120$

$\boxed{答}$ 1120

11 ${}_nC_r+{}_nC_{r+1}={}_{n+1}C_{r+1}\ (0\leq r\leq n-1)$이므로
${}_4C_2+{}_4C_3={}_5C_3$
따라서 $n=5$

$\boxed{答}$ 5

12 ${}_nC_r+{}_nC_{r+1}={}_{n+1}C_{r+1}\ (0\leq r\leq n-1)$이므로
${}_6C_4+{}_6C_5={}_7C_5$
따라서 $n=7$

$\boxed{答}$ 7

13 $_nC_r+_nC_{r+1}=_{n+1}C_{r+1}$ $(0\le r\le n-1)$이므로
$_9C_4+_9C_5=_{10}C_5$
따라서 $r=5$

답 5

14 $_nC_r+_nC_{r+1}=_{n+1}C_{r+1}$ $(0\le r\le n-1)$이므로
$_{11}C_5+_{11}C_6=_{12}C_6$
따라서 $r=6$

답 6

15 $_nC_r+_nC_{r+1}=_{n+1}C_{r+1}$ $(0\le r\le n-1)$이므로
$_5C_2+_5C_3+_6C_4=_6C_3+_6C_4=_7C_4$
따라서 $n=7$

답 7

16 $_nC_r+_nC_{r+1}=_{n+1}C_{r+1}$ $(0\le r\le n-1)$이므로
$_3C_0+_4C_1+_5C_2+_6C_3=_4C_0+_4C_1+_5C_2+_6C_3$
$\qquad\qquad\qquad\qquad=_5C_1+_5C_2+_6C_3$
$\qquad\qquad\qquad\qquad=_6C_2+_6C_3$
$\qquad\qquad\qquad\qquad=_7C_3$
따라서 $n=7$

답 7

17 $_nC_r+_nC_{r+1}=_{n+1}C_{r+1}$ $(0\le r\le n-1)$이므로
$_7C_0+_7C_1+_8C_2+_9C_3=_8C_1+_8C_2+_9C_3$
$\qquad\qquad\qquad\qquad=_9C_2+_9C_3$
$\qquad\qquad\qquad\qquad=_{10}C_3$
따라서 $n=10$

답 10

18 $_nC_r+_nC_{r+1}=_{n+1}C_{r+1}$ $(0\le r\le n-1)$이므로
$_4C_3+_4C_2+_5C_2+_6C_2+_7C_2=_5C_3+_5C_2+_6C_2+_7C_2$
$\qquad\qquad\qquad\qquad\qquad=_6C_3+_6C_2+_7C_2$
$\qquad\qquad\qquad\qquad\qquad=_7C_3+_7C_2$
$\qquad\qquad\qquad\qquad\qquad=_8C_3$
따라서 $n=8$

답 8

19 $_nC_0+_nC_1+_nC_2+\cdots+_nC_n=2^n$이므로
$_5C_0+_5C_1+_5C_2+\cdots+_5C_5=2^5=32$

답 32

20 $_nC_0+_nC_1+_nC_2+\cdots+_nC_n=2^n$이므로
$_7C_0+_7C_1+_7C_2+\cdots+_7C_7=2^7=128$

답 128

21 $_nC_0-_nC_1+_nC_2-_nC_3+\cdots+(-1)^n{}_nC_n=0$이므로
$_{10}C_0-_{10}C_1+_{10}C_2-\cdots+_{10}C_{10}=0$

답 0

22 n이 짝수일 때,
$_nC_0+_nC_2+_nC_4+\cdots+_nC_n=2^{n-1}$이므로
$_8C_0+_8C_2+_8C_4+_8C_6+_8C_8=2^{8-1}=128$

답 128

23 n이 홀수일 때,
$_nC_1+_nC_3+_nC_5+\cdots+_nC_n=2^{n-1}$이므로
$_9C_1+_9C_3+_9C_5+_9C_7+_9C_9=2^{9-1}=256$

답 256

24 $_6C_0+_6C_1+_6C_2+_6C_3+_6C_4+_6C_5+_6C_6=2^6$이므로
$_6C_1+_6C_2+_6C_3+_6C_4+_6C_5=2^6-(_6C_0+_6C_6)$
$\qquad\qquad\qquad\qquad\qquad=64-2=62$

답 62

25 $_nC_0+_nC_1+_nC_2+\cdots+_nC_n=2^n$이므로
$2^n=256=2^8$
따라서 $n=8$

답 8

26 $_nC_0+_nC_1+_nC_2+\cdots+_nC_n=2^n$에서
$_nC_1+_nC_2+_nC_3+\cdots+_nC_{n-1}=2^n-(_nC_0+_nC_n)$
$\qquad\qquad\qquad\qquad\qquad=2^n-2$
$2^n-2=1022$에서 $2^n=1024=2^{10}$이므로
$n=10$

답 10

유형 완성하기 본문 20~22쪽

01 ①	**02** ③	**03** ②	**04** 5	**05** ④
06 2	**07** ①	**08** ⑤	**09** 165	**10** ④
11 ②	**12** ③	**13** ①	**14** 1	**15** ④
16 ③	**17** ③	**18** ⑤		

01 $(2x+a)^5$의 전개식의 일반항은
$_5C_r(2x)^{5-r}a^r=_5C_r\times2^{5-r}\times a^r\times x^{5-r}$
$\qquad\qquad (r=0,\ 1,\ 2,\ \cdots,\ 5,\ (2x)^0=a^0=1)$
x^2항은 $5-r=2$일 때이므로 $r=3$
이때 x^2의 계수는 40이므로
$_5C_3\times2^2\times a^3=40$, $a^3=1$
따라서 $a=1$

답 ①

02 $\left(x+\dfrac{1}{x}\right)^6$의 전개식의 일반항은

$_6C_r x^{6-r} \times \left(\dfrac{1}{x}\right)^r = _6C_r \dfrac{x^{6-r}}{x^r}$ $\left(r=0,\ 1,\ 2,\ \cdots,\ 6,\ x^0=\left(\dfrac{1}{x}\right)^0=1\right)$

$\dfrac{x^{6-r}}{x^r}=\dfrac{1}{x^2}$에서 $r-(6-r)=2$, 즉 $r=4$일 때이므로

$\dfrac{1}{x^2}$의 계수는

$_6C_4={_6C_2}=\dfrac{6\times5}{2\times1}=15$

답 ③

03 $(3x+ay)^5$의 전개식의 일반항은
$_5C_r(3x)^{5-r}(ay)^r = _5C_r \times 3^{5-r} \times a^r \times x^{5-r}y^r$

$(r=0,\ 1,\ 2,\ \cdots,\ 5,\ (3x)^0=(ay)^0=1)$

x^2y^3항은 $r=3$일 때이고, x^2y^3의 계수가 720이므로
$_5C_3 \times 3^2 \times a^3=720$, $a^3=8=2^3$

따라서 $a=2$

답 ②

04 $(x-a)^7$의 전개식의 일반항은
$_7C_r x^{7-r}(-a)^r = _7C_r \times (-a)^r \times x^{7-r}$

$(r=0,\ 1,\ 2,\ \cdots,\ 7,\ x^0=(-a)^0=1)$

x^3항은 $7-r=3$, 즉 $r=4$일 때이므로
x^3의 계수 n은

$n={_7C_4} \times (-a)^4$

$\quad = {_7C_3} \times a^4 = \dfrac{7\times6\times5}{3\times2\times1} \times a^4 = 35a^4$

x^2항은 $7-r=2$, 즉 $r=5$일 때이므로
x^2의 계수 m은

$m={_7C_5} \times (-a)^5 = -{_7C_2} \times a^5$

$\quad = -\dfrac{7\times6}{2\times1} \times a^5 = -21a^5$

이때 $\dfrac{m}{n}=\dfrac{-21a^5}{35a^4}=-\dfrac{3}{5}a=-3$이므로

$a=5$

답 5

05 $(x^2-3)(x-2)^7=x^2(x-2)^7-3(x-2)^7$이므로
$(x^2-3)(x-2)^7$의 전개식에서 x^4의 계수는
$(x-2)^7$의 전개식에서 $(x^2$의 계수$)-3\times(x^4$의 계수$)$와 같다.
$(x-2)^7$의 전개식의 일반항은
$_7C_r x^{7-r}(-2)^r = _7C_r \times (-2)^r \times x^{7-r}$

$(r=0,\ 1,\ 2,\ \cdots,\ 7,\ x^0=(-2)^0=1)$

$(x-2)^7$의 전개식에서 x^2항은 $r=5$일 때이므로
x^2의 계수는

$_7C_5 \times (-2)^5 = _7C_2 \times (-2)^5$

$\qquad\qquad = -\dfrac{7\times6}{2\times1} \times 32 = -672$

$(x-2)^7$의 전개식에서 x^4항은 $r=3$일 때이므로

x^4의 계수는

$_7C_3 \times (-2)^3 = -\dfrac{7\times6\times5}{3\times2\times1} \times 8 = -280$

따라서 구하는 계수는
$(-672)-3\times(-280)=168$

답 ④

06 $\left(x^2+\dfrac{1}{x}\right)(x-a)^4$의 전개식에서 상수항은 $\left(x^2+\dfrac{1}{x}\right)$의 $\dfrac{1}{x}$항과
$(x-a)^4$의 x항을 곱하여 구할 수 있다.
$(x-a)^4$의 전개식의 일반항은
$_4C_r x^{4-r}(-a)^r = _4C_r \times (-a)^r \times x^{4-r}$

$(r=0,\ 1,\ 2,\ 3,\ 4,\ x^0=(-a)^0=1)$

x항은 $r=3$일 때이므로 x의 계수는
$_4C_3 \times (-a)^3 = -4a^3$

상수항이 -32이므로
$-4a^3=-32$, $a^3=8=2^3$

따라서 $a=2$

답 2

07 $_nC_r+{_nC_{r+1}}={_{n+1}C_{r+1}}$ $(0\le r\le n-1)$이므로
$_nC_2+{_nC_3}+{_{n+1}C_4}={_{n+1}C_3}+{_{n+1}C_4}$

$\qquad\qquad\qquad\qquad\quad = {_{n+2}C_4}$

이때 $_{n+2}C_4={_7C_4}$이므로
$n+2=7$에서 $n=5$

답 ①

08 $_nC_r+{_nC_{r+1}}={_{n+1}C_{r+1}}$ $(0\le r\le n-1)$이므로
$_4C_1+{_5C_2}+{_6C_3}+{_7C_4}+{_8C_5}+{_9C_6}$

$= ({_5C_1}-1)+{_5C_2}+{_6C_3}+{_7C_4}+{_8C_5}+{_9C_6}$

$= {_5C_1}+{_5C_2}+{_6C_3}+{_7C_4}+{_8C_5}+{_9C_6}-1$

$= {_6C_2}+{_6C_3}+{_7C_4}+{_8C_5}+{_9C_6}-1$

$= {_7C_3}+{_7C_4}+{_8C_5}+{_9C_6}-1$

$= {_8C_4}+{_8C_5}+{_9C_6}-1$

$= {_9C_5}+{_9C_6}-1$

$= {_{10}C_6}-1$

$= {_{10}C_4}-1$

$= \dfrac{10\times9\times8\times7}{4\times3\times2\times1}-1$

$=209$

답 ⑤

09 $(1+x)^n$ (n은 $2\le n\le10$인 자연수)의 전개식의 일반항은
$_nC_r x^r$ $(r=0,\ 1,\ 2,\ \cdots,\ n,\ x^0=1)$
x^2항은 $r=2$일 때이므로 x^2의 계수는
$_nC_2$ (n은 $2\le n\le10$인 자연수)
즉, $(1+x)^2+(1+x)^3+(1+x)^4+\cdots+(1+x)^{10}$의 전개식에서 x^2의
계수는 $_2C_2+{_3C_2}+{_4C_2}+\cdots+{_{10}C_2}$이다.
따라서 x^2의 계수는
$_2C_2+{_3C_2}+{_4C_2}+\cdots+{_{10}C_2}={_3C_3}+{_3C_2}+{_4C_2}+\cdots+{_{10}C_2}$

$\qquad\qquad\qquad\qquad = {_4C_3}+{_4C_2}+{_5C_2}+\cdots+{_{10}C_2}$

$$\vdots$$
$$= {}_{10}C_3 + {}_{10}C_2$$
$$= {}_{11}C_3$$
$$= \frac{11 \times 10 \times 9}{3 \times 2 \times 1}$$
$$= 165$$

🖪 165

10 ${}_nC_0 + {}_nC_1 + {}_nC_2 + \cdots + {}_nC_n = 2^n$이므로
$${}_8C_0 + {}_8C_1 + {}_8C_2 + \cdots + {}_8C_8 = 2^8$$
$$= 256$$

🖪 ④

11 n이 자연수일 때,
${}_nC_0 + {}_nC_1 + {}_nC_2 + \cdots + {}_nC_n = 2^n$이므로
$${}_9C_0 + {}_9C_1 + {}_9C_2 + \cdots + {}_9C_9 = 2^9$$
또 n이 짝수일 때,
${}_nC_0 + {}_nC_2 + {}_nC_4 + \cdots + {}_nC_n = 2^{n-1}$이고
양변이 서로 같으므로 $2^9 = 2^{n-1}$
$9 = n-1$에서 $n = 10$

🖪 ②

12 ${}_nC_0 + {}_nC_1 + {}_nC_2 + \cdots + {}_nC_n = 2^n$이므로
$${}_nC_1 + {}_nC_2 + {}_nC_3 + \cdots + {}_nC_{n-1} = 2^n - 2$$
$2^n - 2 < 2000$, $2^n < 2002$
$2^{10} = 1024 < 2002$이고
$2^{11} = 2048 > 2002$이므로
자연수 n의 최댓값은 10이다.

🖪 ③

13 $(1+x)^n = {}_nC_0 + {}_nC_1x + {}_nC_2x^2 + \cdots + {}_nC_nx^n$이므로
$n = 5$, $x = 3$을 대입하면
$$\begin{aligned}{}_5C_0 + {}_5C_1 \times 3 + {}_5C_2 \times 3^2 + \cdots + {}_5C_5 \times 3^5 &= (1+3)^5 \\ &= 4^5 \\ &= 2^{10} \\ &= 1024\end{aligned}$$

🖪 ①

14 $(1+x)^n = {}_nC_0 + {}_nC_1x + {}_nC_2x^2 + \cdots + {}_nC_nx^n$이므로
$n = 8$, $x = -2$를 대입하면
$$\begin{aligned}{}_8C_0 - {}_8C_1 \times 2 + {}_8C_2 \times 2^2 - \cdots + {}_8C_8 \times 2^8 &= (1-2)^8 \\ &= (-1)^8 \\ &= 1\end{aligned}$$

🖪 1

15 ${}_nC_0 + {}_nC_1 + {}_nC_2 + \cdots + {}_nC_n = 2^n$이므로
$${}_{15}C_0 + {}_{15}C_1 + {}_{15}C_2 + \cdots + {}_{15}C_{15} = 2^{15} \qquad \cdots\cdots ㉠$$
또 ${}_nC_r = {}_nC_{n-r}$이므로
$${}_{15}C_{15} = {}_{15}C_0,\ {}_{15}C_{14} = {}_{15}C_1,\ \cdots,\ {}_{15}C_8 = {}_{15}C_7 \qquad \cdots\cdots ㉡$$

㉡을 ㉠에 대입하여 정리하면
$$2({}_{15}C_0 + {}_{15}C_1 + {}_{15}C_2 + \cdots + {}_{15}C_7) = 2^{15}$$
따라서 위 식의 양변을 2로 나누면
$${}_{15}C_0 + {}_{15}C_1 + {}_{15}C_2 + \cdots + {}_{15}C_7 = 2^{14}$$

🖪 ④

16 원소의 개수가 8인 집합 A의 부분집합 중에서 원소의 개수가 n인 부분집합의 개수는
$${}_8C_n$$
따라서 집합 A의 부분집합 중에서 원소의 개수가 홀수인 집합의 개수는
$$\begin{aligned}{}_8C_1 + {}_8C_3 + {}_8C_5 + {}_8C_7 &= 2^{8-1} \\ &= 2^7 \\ &= 128\end{aligned}$$

🖪 ③

17 $11^{11} = (1+10)^{11}$을 이항정리에 의하여 정리하면
$$(1+10)^{11} = {}_{11}C_0 + {}_{11}C_1 \times 10 + {}_{11}C_2 \times 10^2 + \cdots + {}_{11}C_{11} \times 10^{11}$$
이때 ${}_{11}C_2 \times 10^2$, ${}_{11}C_3 \times 10^3$, ${}_{11}C_4 \times 10^4$, $\cdots$, ${}_{11}C_{11} \times 10^{11}$은 모두 100의 배수이므로
$$\begin{aligned}(1+10)^{11} &= {}_{11}C_0 + {}_{11}C_1 \times 10 + {}_{11}C_2 \times 10^2 + \cdots + {}_{11}C_{11} \times 10^{11} \\ &= {}_{11}C_0 + {}_{11}C_1 \times 10 + 100k\ (k는\ 자연수)\end{aligned}$$
꼴로 표현할 수 있다.
따라서 11^{11}을 100으로 나눌 때의 나머지는
${}_{11}C_0 + {}_{11}C_1 \times 10 = 1 + 11 \times 10 = 111$을 100으로 나눈 것과 같으므로 나머지는 11

🖪 ③

18 $(1+x)^n = {}_nC_0 + {}_nC_1x + {}_nC_2x^2 + \cdots + {}_nC_nx^n \qquad \cdots\cdots ㉠$
이므로 ㉠에 $n = 10$, $x = \frac{1}{2}$을 대입하면
$$\begin{aligned}{}_{10}C_0 + {}_{10}C_1\left(\frac{1}{2}\right) + {}_{10}C_2\left(\frac{1}{2}\right)^2 + \cdots + {}_{10}C_{10}\left(\frac{1}{2}\right)^{10} &= \left(1 + \frac{1}{2}\right)^{10} \\ &= \left(\frac{3}{2}\right)^{10} \qquad \cdots\cdots ㉡\end{aligned}$$
또 ㉠에 $n = 10$, $x = -\frac{1}{2}$을 대입하면
$$\begin{aligned}{}_{10}C_0 - {}_{10}C_1\left(\frac{1}{2}\right) + {}_{10}C_2\left(\frac{1}{2}\right)^2 - \cdots + {}_{10}C_{10}\left(\frac{1}{2}\right)^{10} &= \left(1 - \frac{1}{2}\right)^{10} \\ &= \left(\frac{1}{2}\right)^{10} \qquad \cdots\cdots ㉢\end{aligned}$$
㉡과 ㉢의 양변을 각각 더하면
$$2\left\{{}_{10}C_0 + {}_{10}C_2\left(\frac{1}{2}\right)^2 + {}_{10}C_4\left(\frac{1}{2}\right)^4 + \cdots + {}_{10}C_{10}\left(\frac{1}{2}\right)^{10}\right\}$$
$$= \left(\frac{3}{2}\right)^{10} + \left(\frac{1}{2}\right)^{10}$$
이 식의 양변을 2로 나누면
$${}_{10}C_0 + {}_{10}C_2\left(\frac{1}{2}\right)^2 + {}_{10}C_4\left(\frac{1}{2}\right)^4 + \cdots + {}_{10}C_{10}\left(\frac{1}{2}\right)^{10} = \frac{3^{10}+1}{2^{11}}$$

🖪 ⑤

01 10 **02** 176 **03** 801
04 16 **05** 27 **06** 32

01 $\left(x^n+\dfrac{1}{x}\right)^9$의 전개식의 일반항은

$_9C_r(x^n)^{9-r}\times\left(\dfrac{1}{x}\right)^r=_9C_r\times\dfrac{x^{n(9-r)}}{x^r}$

$\left(단,\ r=0,\ 1,\ 2,\ \cdots,\ 9,\ (x^n)^0=\left(\dfrac{1}{x}\right)^0=1\right)$ ······ ❶

상수항은 $n(9-r)=r$일 때이므로

$r=\dfrac{9n}{n+1}$

이때 n과 $n+1$은 서로소이므로 $n+1$은 9의 약수 중 하나이다.

$n+1=3$ 또는 $n+1=9$이므로

$n=2$ 또는 $n=8$ ······ ❷

따라서 모든 자연수 n의 값의 합은

$2+8=10$ ······ ❸

🔁 10

단계	채점 기준	비율
❶	전개식의 일반항을 구한 경우	40 %
❷	n과 r의 관계식을 이용하여 n의 값을 구한 경우	50 %
❸	모든 자연수 n의 값의 합을 구한 경우	10 %

02 $(x^2+1)^3(x+2)^5$의 전개식에서 x^2항이 나오는 경우는 다음 두 가지이다.

(i) $(x^2+1)^3$의 전개식에서 상수항과 $(x+2)^5$의 전개식에서 x^2항을 곱한 경우

$(x^2+1)^3$의 전개식의 일반항은

$_3C_r(x^2)^{3-r}=_3C_r\times x^{6-2r}$ (단, $r=0,\ 1,\ 2,\ 3,\ (x^2)^0=1$) ······ ㉠

상수항은 $6-2r=0$, 즉 $r=3$일 때이므로

$_3C_3=1$

$(x+2)^5$의 전개식의 일반항은

$_5C_s x^{5-s}\times2^s=_5C_s\times2^s\times x^{5-s}$

(단, $s=0,\ 1,\ 2,\ \cdots,\ 5,\ x^0=2^0=1$) ······ ㉡

x^2항은 $5-s=2$, 즉 $s=3$일 때이므로 x^2의 계수는

$_5C_3\times2^3=_5C_2\times8=\dfrac{5\times4}{2\times1}\times8=80$

따라서 x^2의 계수는

$1\times80=80$ ······ ❶

(ii) $(x^2+1)^3$의 전개식에서 x^2항과 $(x+2)^5$의 전개식에서 상수항을 곱한 경우

㉠의 식에서 x^2항은 $r=2$일 때이므로 $(x^2+1)^3$의 전개식에서 x^2의 계수는

$_3C_2=3$

㉡의 식에서 상수항은 $s=5$일 때이므로 $(x+2)^5$의 전개식에서 상수항은

$_5C_5\times2^5=32$

따라서 x^2의 계수는

$3\times32=96$ ······ ❷

(i), (ii)에서 구하는 x^2의 계수는

$80+96=176$ ······ ❸

🔁 176

단계	채점 기준	비율
❶	$(x^2+1)^3$의 상수항과 $(x+2)^5$의 x^2항을 곱하여 x^2의 계수를 구한 경우	40 %
❷	$(x^2+1)^3$의 x^2항과 $(x+2)^5$의 상수항을 곱하여 x^2의 계수를 구한 경우	40 %
❸	다항식의 전개식에서 x^2의 계수를 구한 경우	20 %

03 $3^{120}=(3^4)^{30}=81^{30}=(80+1)^{30}$이므로 이항정리에 의하여 정리하면 ······ ❶

$(80+1)^{30}$

$=_{30}C_0\times80^{30}+_{30}C_1\times80^{29}+_{30}C_2\times80^{28}+\cdots+_{30}C_{29}\times80+_{30}C_{30}$

이때

$_{30}C_0\times80^{30},\ _{30}C_1\times80^{29},\ _{30}C_2\times80^{28},\ \cdots,\ _{30}C_{28}\times80^2$은 모두 1600의 배수이므로

$(80+1)^{30}$

$=_{30}C_0\times80^{30}+_{30}C_1\times80^{29}+_{30}C_2\times80^{28}+\cdots+_{30}C_{29}\times80+_{30}C_{30}$

$=1600k+_{30}C_{29}\times80+_{30}C_{30}$ (k는 자연수)

꼴로 표현할 수 있다. ······ ❷

따라서 3^{120}을 1600으로 나눌 때의 나머지는

$_{30}C_{29}\times80+_{30}C_{30}=30\times80+1$

$=2401$

을 1600으로 나눈 것과 같으므로 나머지는 801 ······ ❸

🔁 801

단계	채점 기준	비율
❶	$3^{120}=(80+1)^{30}$으로 나타낸 경우	30 %
❷	이항정리를 이용하여 표현한 경우	40 %
❸	나머지를 구한 경우	30 %

04

원소의 개수가 n인 집합의 부분집합 중 원소의 개수가 홀수인 부분집합의 개수가 $f(n)$이므로

$f(n)=_nC_1+_nC_3+_nC_5+\cdots$

$=2^{n-1}$ ······ ❶

$f(8)=2^{8-1}=2^7,\ f(10)=2^{10-1}=2^9,\ f(13)=2^{13-1}=2^{12}$ ······ ❷

따라서

$\dfrac{f(8)\times f(10)}{f(13)}=\dfrac{2^7\times2^9}{2^{12}}$

$=2^{7+9-12}$

$=2^4$

$=16$ ······ ❸

🔁 16

단계	채점 기준	비율
❶	$f(n)$을 구한 경우	40 %
❷	$f(8),\ f(10),\ f(13)$의 값을 구한 경우	30 %
❸	$\dfrac{f(8)\times f(10)}{f(13)}$의 값을 구한 경우	30 %

05 $(1+x)^n={}_n\text{C}_0+{}_n\text{C}_1x+{}_n\text{C}_2x^2+\cdots+{}_n\text{C}_nx^n$이므로 이 식에

(i) $n=13$, $x=2$를 대입하면

$${}_{13}\text{C}_0+{}_{13}\text{C}_1\times2+{}_{13}\text{C}_2\times2^2+\cdots+{}_{13}\text{C}_{13}\times2^{13}=(1+2)^{13}=3^{13}$$

...... ❶

(ii) $n=8$, $x=8$을 대입하면

$${}_8\text{C}_0+{}_8\text{C}_1\times8+{}_8\text{C}_2\times8^2+\cdots+{}_8\text{C}_8\times8^8=(1+8)^8=9^8=3^{16}$$

...... ❷

따라서

$$\frac{{}_8\text{C}_0+{}_8\text{C}_1\times8+{}_8\text{C}_2\times8^2+\cdots+{}_8\text{C}_8\times8^8}{{}_{13}\text{C}_0+{}_{13}\text{C}_1\times2+{}_{13}\text{C}_2\times2^2+\cdots+{}_{13}\text{C}_{13}\times2^{13}}$$

$$=\frac{3^{16}}{3^{13}}=3^3=27$$

...... ❸

🔲 27

단계	채점 기준	비율
❶	분모의 값을 구한 경우	40 %
❷	분자의 값을 구한 경우	40 %
❸	주어진 식의 값을 구한 경우	20 %

06 10개의 문자 a, a, a, a, a, b, c, d, e, f 중에서

5개의 문자를 동시에 선택하는 경우는

a의 개수가 각각 5, 4, 3, 2, 1, 0일 때, 5개의 문자 b, c, d, e, f 중에서 각각 0, 1, 2, 3, 4, 5개를 선택하는 경우의 수와 같다.

a의 개수가 k $(0\leq k\leq5)$일 때, b, c, d, e, f 중에서

$(5-k)$개를 선택하는 경우의 수는

$${}_5\text{C}_{5-k}={}_5\text{C}_k \ (0\leq k\leq5)$$

...... ❶

따라서 구하는 경우의 수는

$${}_5\text{C}_0+{}_5\text{C}_1+{}_5\text{C}_2+\cdots+{}_5\text{C}_5=2^5=32$$

...... ❷

🔲 32

단계	채점 기준	비율
❶	a의 개수 k에 따라 b, c, d, e, f 중에서 $(5-k)$개를 선택하는 경우의 수를 식으로 나타낸 경우	50 %
❷	이항계수의 성질을 이용하여 경우의 수를 구한 경우	50 %

내신 + 수능 고난도 도전   본문 24쪽

01 ①   **02** ②   **03** ①   **04** ③

01 $(x+\sqrt{2})^{10}(x-\sqrt{2})^5=(x^2-2)^5(x+\sqrt{2})^5$이므로

$(x+\sqrt{2})^5$의 전개식의 일반항을 구하면

$${}_5\text{C}_r\,x^{5-r}(\sqrt{2})^r={}_5\text{C}_r\times(\sqrt{2})^r\times x^{5-r}$$

(단, $r=0$, 1, 2, 3, 4, 5, $x^0=(\sqrt{2})^0=1$)

따라서 계수가 유리수인 경우는

r의 값이 0, 2, 4인 경우이므로

(i) $r=0$일 때, ${}_5\text{C}_0\times(\sqrt{2})^0=1$

(ii) $r=2$일 때, ${}_5\text{C}_2\times(\sqrt{2})^2=20$

(iii) $r=4$일 때, ${}_5\text{C}_4\times(\sqrt{2})^4=20$

$(x+\sqrt{2})^5$의 전개식에서 계수가 유리수인 모든 항의 계수의 합은

$$1+20+20=41$$

또한 $(x^2-2)^5$의 계수는 모두 유리수이다.

$(x^2-2)^5$의 모든 계수의 합은 $x=1$을 대입하여 구할 수 있으므로

$$(1^2-2)^5=-1$$

따라서 $(x+\sqrt{2})^{10}(x-\sqrt{2})^5$의 전개식에서 계수가 유리수인 모든 항의 계수의 합은

$$(-1)\times41=-41$$

🔲 ①

참고

$(x^2-2)^5=a_{10}x^{10}+a_9x^9+a_8x^8+\cdots+a_0$이라 하면

$a_{10}+a_9+a_8+\cdots+a_0$의 값은 $(x^2-2)^5$에 $x=1$을 대입하여 구할 수 있다.

02 $39^7=(2+37)^7$

$\qquad={}_7\text{C}_0\times2^7+{}_7\text{C}_1\times2^6\times37+{}_7\text{C}_2\times2^5\times37^2+\cdots+{}_7\text{C}_7\times37^7$

이고, ${}_7\text{C}_0\times2^7$항과 ${}_7\text{C}_7\times37^7$항을 제외한 나머지 항은 모두 7의 배수이다.

이때 $2^7=128=7\times18+2$이고 오늘부터 37^7일째 되는 날이 월요일이므로 오늘부터 39^7일째 되는 날은 월요일 다음 날인 수요일이다.

🔲 ②

03 $(1+2x)^n$의 전개식의 일반항은

$${}_n\text{C}_r(2x)^r={}_n\text{C}_r\times2^r\times x^r \ (\text{단}, r=0, 1, 2, \cdots, n, (2x)^0=1)$$

x^2항은 $r=2$일 때이므로 x^2의 계수는

$$4\times{}_n\text{C}_2 \ (n\geq2)$$

이므로

$$(1+2x)+(1+2x)^2+(1+2x)^3+\cdots+(1+2x)^n$$

의 전개식에서 x^2의 계수는

$$4({}_2\text{C}_2+{}_3\text{C}_2+{}_4\text{C}_2+\cdots+{}_n\text{C}_2)$$

따라서 주어진 값을 계산하면

$$4({}_2\text{C}_2+{}_3\text{C}_2+{}_4\text{C}_2+\cdots+{}_n\text{C}_2)$$

$$=4({}_3\text{C}_3+{}_3\text{C}_2+{}_4\text{C}_2+\cdots+{}_n\text{C}_2)$$

$$=4({}_4\text{C}_3+{}_4\text{C}_2+\cdots+{}_n\text{C}_2)$$

$$\vdots$$

$$=4({}_n\text{C}_3+{}_n\text{C}_2)$$

$$=4\times{}_{n+1}\text{C}_3$$

$$=4\times\frac{(n+1)\times n\times(n-1)}{3\times2\times1}$$

$$=\frac{2(n^3-n)}{3}$$

$\dfrac{2(n^3-n)}{3}=224$이므로 $n^3-n-336=0$

조립제법을 이용하여 인수분해하면

```
7 |  1    0   -1   -336
   |       7   49    336
   ----------------------
      1    7   48    | 0
```

$$(n-7)(n^2+7n+48)=0$$

n은 자연수이므로 $n=7$

🔲 ①

04 $(1+x)^{16}={}_{16}C_0+{}_{16}C_1\,x+{}_{16}C_2\,x^2+\cdots+{}_{16}C_{16}\,x^{16}$,
$(1-x)^{16}={}_{16}C_0-{}_{16}C_1\,x+{}_{16}C_2\,x^2-\cdots+{}_{16}C_{16}\,x^{16}$,
$({}_{16}C_0)^2+({}_{16}C_1)^2+({}_{16}C_2)^2-\cdots+({}_{16}C_{16})^2$
$={}_{16}C_0\times{}_{16}C_0-{}_{16}C_1\times{}_{16}C_1+{}_{16}C_2\times{}_{16}C_2-\cdots+{}_{16}C_{16}\times{}_{16}C_{16}$
$={}_{16}C_0\times{}_{16}C_{16}-{}_{16}C_1\times{}_{16}C_{15}+{}_{16}C_2\times{}_{16}C_{14}-\cdots+{}_{16}C_{16}\times{}_{16}C_0$
이므로 주어진 식은 $(1+x)^{16}(1-x)^{16}$의 전개식에서 x^{16}의 계수와
같다.
이때 등식 $(1+x)^{16}(1-x)^{16}=(1-x^2)^{16}$이 성립하므로
$(1-x^2)^{16}$의 전개식에서 x^{16}의 계수를 구하면 된다.
$(1-x^2)^{16}$의 전개식의 일반항은
$${}_{16}C_r(-x^2)^r={}_{16}C_r\times(-1)^r\times x^{2r}$$
$$(\text{단, } r=0,\ 1,\ 2,\ \cdots,\ 16,\ (-x^2)^0=1)$$
x^{16}항은 $r=8$일 때이므로 x^{16}의 계수는 ${}_{16}C_8$
따라서 주어진 식의 값과 같은 것은
$${}_{16}C_8$$

답 ③

II. 확률

03 확률의 뜻과 활용

개념 확인하기 본문 27~29쪽

01 $S=\{1, 2, 3, 4, 5, 6\}$ **02** $\{2, 4, 6\}$
03 $\{3, 6\}$ **04** $\{2, 3, 5\}$
05 {(앞면, 앞면), (앞면, 뒷면), (뒷면, 앞면), (뒷면, 뒷면)}
06 {(앞면, 앞면)}   **07** {(앞면, 뒷면), (뒷면, 앞면)}
08 $A=\{1, 3, 5, 7\}$ **09** $B=\{2, 3, 5, 7\}$
10 $C=\{1, 2, 3, 6\}$ **11** $A\cup B=\{1, 2, 3, 5, 7\}$
12 $A\cap B=\{3, 5, 7\}$ **13** $B\cup C=\{1, 2, 3, 5, 6, 7\}$
14 $A\cap C=\{1, 3\}$ **15** $A^C=\{2, 4, 6\}$
16 $B^C=\{1, 4, 6\}$ **17** $C^C=\{4, 5, 7\}$
18 A와 B **19** $(A\cup C)^C=\{1, 4, 8, 10\}$

20 16	**21** $\frac{1}{3}$	**22** $\frac{2}{3}$	**23** $\frac{1}{2}$	**24** $\frac{1}{6}$
25 $\frac{9}{20}$	**26** $\frac{1}{500}$	**27** 0	**28** 1	**29** $\frac{1}{3}$
30 $\frac{1}{2}$	**31** 0	**32** $\frac{1}{4}$	**33** $\frac{3}{4}$	**34** $\frac{1}{3}$
35 0.2	**36** $\frac{1}{6}$	**37** 0.4	**38** $\frac{1}{3}$	**39** $\frac{1}{5}$
40 $\frac{1}{15}$	**41** $\frac{7}{15}$	**42** $\frac{1}{3}$	**43** $\frac{2}{9}$	**44** 0
45 $\frac{5}{9}$	**46** $\frac{2}{5}$	**47** $\frac{1}{3}$	**48** $\frac{7}{8}$	**49** $\frac{11}{12}$
50 $\frac{34}{35}$	**51** $\frac{29}{30}$			

01 한 개의 주사위를 한 번 던지는 시행에서 나오는 눈은
1, 2, 3, 4, 5, 6이므로 표본공간 S는 $\{1, 2, 3, 4, 5, 6\}$

답 $S=\{1, 2, 3, 4, 5, 6\}$

02 짝수의 눈은 2, 4, 6이므로 짝수의 눈이 나오는 사건은
$\{2, 4, 6\}$

답 $\{2, 4, 6\}$

03 3의 배수의 눈은 3, 6이므로 3의 배수의 눈이 나오는 사건은
$\{3, 6\}$

답 $\{3, 6\}$

04 소수의 눈은 2, 3, 5이므로 소수의 눈이 나오는 사건은
$\{2, 3, 5\}$

답 $\{2, 3, 5\}$

05 두 개의 동전을 던지는 시행에서 나올 수 있는 경우는
(앞면, 앞면), (앞면, 뒷면), (뒷면, 앞면), (뒷면, 뒷면)이므로 표본공간
S는
{(앞면, 앞면), (앞면, 뒷면), (뒷면, 앞면), (뒷면, 뒷면)}

📋 {(앞면, 앞면), (앞면, 뒷면), (뒷면, 앞면), (뒷면, 뒷면)}

06 모두 앞면이 나오는 경우는 (앞면, 앞면)이므로
모두 앞면이 나오는 사건은 {(앞면, 앞면)}

📋 {(앞면, 앞면)}

07 한 개의 동전만 앞면이 나오는 경우는
(앞면, 뒷면), (뒷면, 앞면)이므로
한 개의 동전만 앞면이 나오는 사건은
{(앞면, 뒷면), (뒷면, 앞면)}

📋 {(앞면, 뒷면), (뒷면, 앞면)}

08 홀수가 나오는 사건 A는 {1, 3, 5, 7}

📋 $A = \{1, 3, 5, 7\}$

09 소수가 나오는 사건 B는 {2, 3, 5, 7}

📋 $B = \{2, 3, 5, 7\}$

10 6의 약수가 나오는 사건 C는 {1, 2, 3, 6}

📋 $C = \{1, 2, 3, 6\}$

11 $A = \{1, 3, 5, 7\}$, $B = \{2, 3, 5, 7\}$이므로
$A \cup B = \{1, 2, 3, 5, 7\}$

📋 $A \cup B = \{1, 2, 3, 5, 7\}$

12 $A = \{1, 3, 5, 7\}$, $B = \{2, 3, 5, 7\}$이므로
$A \cap B = \{3, 5, 7\}$

📋 $A \cap B = \{3, 5, 7\}$

13 $B = \{2, 3, 5, 7\}$, $C = \{1, 2, 3, 6\}$이므로
$B \cup C = \{1, 2, 3, 5, 6, 7\}$

📋 $B \cup C = \{1, 2, 3, 5, 6, 7\}$

14 $A = \{1, 3, 5, 7\}$, $C = \{1, 2, 3, 6\}$이므로
$A \cap C = \{1, 3\}$

📋 $A \cap C = \{1, 3\}$

15 $A = \{1, 3, 5, 7\}$이므로 $A^C = \{2, 4, 6\}$

📋 $A^C = \{2, 4, 6\}$

16 $B = \{2, 3, 5, 7\}$이므로 $B^C = \{1, 4, 6\}$

📋 $B^C = \{1, 4, 6\}$

17 $C = \{1, 2, 3, 6\}$이므로 $C^C = \{4, 5, 7\}$

📋 $C^C = \{4, 5, 7\}$

18 $A = \{3, 6, 9\}$, $B = \{5, 10\}$, $C = \{2, 3, 5, 7\}$에서
$A \cap B = \varnothing$, $B \cap C = \{5\} \neq \varnothing$, $A \cap C = \{3\} \neq \varnothing$
이므로 서로 배반사건은 A와 B

📋 A와 B

19 $A \cup C = \{2, 3, 5, 6, 7, 9\}$이므로 $(A \cup C)^C = \{1, 4, 8, 10\}$

📋 $(A \cup C)^C = \{1, 4, 8, 10\}$

20 사건 $A \cup C$와 배반인 사건의 개수는 집합 $\{1, 4, 8, 10\}$의 부분
집합의 개수와 같으므로 $2^4 = 16$

📋 16

21 한 개의 주사위를 던질 때 나오는 눈은 1, 2, 3, 4, 5, 6의 6가지
이고, 5 이상의 눈이 나오는 경우는 5, 6의 2가지이므로 한 개의 주사
위를 던질 때, 5 이상의 눈이 나올 확률은
$$\frac{2}{6} = \frac{1}{3}$$

📋 $\dfrac{1}{3}$

22 한 개의 주사위를 던질 때 나오는 눈은 1, 2, 3, 4, 5, 6의 6가지
이고, 6의 약수의 눈은 1, 2, 3, 6의 4가지이므로 한 개의 주사위를 던
질 때, 6의 약수의 눈이 나올 확률은
$$\frac{4}{6} = \frac{2}{3}$$

📋 $\dfrac{2}{3}$

23 네 개의 숫자 1, 2, 3, 4를 나열하는 경우의 수는
$4! = 24$
1이 2보다 앞에 있는 경우의 수는
1과 2를 같은 문자 a로 생각하여
a, a, 3, 4를 나열하는 경우의 수와 같으므로
$$\frac{4!}{2!} = 12$$
따라서 구하는 확률은
$$\frac{12}{24} = \frac{1}{2}$$

📋 $\dfrac{1}{2}$

24 네 개의 숫자 1, 2, 3, 4를 나열하는 경우의 수는
$4! = 24$
양 끝에 짝수 2, 4를 나열하는 경우의 수는
$2! = 2$
가운데 두 자리에 홀수 1, 3을 나열하는 경우의 수는
$2! = 2$
이므로 양 끝에 짝수가 오는 경우의 수는
$2 \times 2 = 4$
따라서 양 끝에 짝수가 올 확률은
$$\frac{4}{24} = \frac{1}{6}$$

📋 $\dfrac{1}{6}$

25 임의로 한 명의 직원을 선택할 때, 이 직원이 여성일 확률은

$$\frac{180}{400}=\frac{9}{20}$$

답 $\dfrac{9}{20}$

26 임의로 한 개의 휴대폰을 선택할 때, 이 휴대폰이 불량품일 확률은

$$\frac{20}{10000}=\frac{1}{500}$$

답 $\dfrac{1}{500}$

27 0이 나오는 사건은 $\varnothing$이므로 0이 나올 확률은 0

답 0

28 6 이하의 수가 나오는 사건은 S이므로 6 이하의 수가 나올 확률은 1

답 1

29 5 이상의 수가 나오는 사건은 $\{5, 6\}$이므로 5 이상의 수가 나올 확률은

$$\frac{2}{6}=\frac{1}{3}$$

답 $\dfrac{1}{3}$

30 소수가 나오는 사건은 $\{2, 3, 5\}$이므로 소수가 나올 확률은

$$\frac{3}{6}=\frac{1}{2}$$

답 $\dfrac{1}{2}$

31 한 개의 동전을 두 번 던지는 시행에서 나올 수 있는 경우는
(앞면, 앞면), (앞면, 뒷면), (뒷면, 앞면), (뒷면, 뒷면)
이므로 표본공간 S는
$\{$(앞면, 앞면), (앞면, 뒷면), (뒷면, 앞면), (뒷면, 뒷면)$\}$
이때 앞면이 세 번 나오는 사건은 $\varnothing$이므로
앞면이 세 번 나올 확률은 0

답 0

32 두 번 모두 앞면이 나오는 사건은 $\{$(앞면, 앞면)$\}$이므로
두 번 모두 앞면이 나올 확률은 $\dfrac{1}{4}$

답 $\dfrac{1}{4}$

33 동전의 뒷면이 한 번 이상 나오는 사건은
$\{$(앞면, 뒷면), (뒷면, 앞면), (뒷면, 뒷면)$\}$이므로
동전의 뒷면이 한 번 이상 나올 확률은 $\dfrac{3}{4}$

답 $\dfrac{3}{4}$

34 $\mathrm{P}(A\cup B)=\mathrm{P}(A)+\mathrm{P}(B)-\mathrm{P}(A\cap B)$
$$=\frac{1}{6}+\frac{1}{4}-\frac{1}{12}=\frac{1}{3}$$

답 $\dfrac{1}{3}$

35 $\mathrm{P}(A\cup B)=\mathrm{P}(A)+\mathrm{P}(B)-\mathrm{P}(A\cap B)$에서
$\mathrm{P}(A\cap B)=\mathrm{P}(A)+\mathrm{P}(B)-\mathrm{P}(A\cup B)$이므로
$\mathrm{P}(A\cap B)=0.7+0.4-0.9=0.2$

답 0.2

36 두 사건 A와 B가 서로 배반사건이므로 $A\cap B=\varnothing$
$\mathrm{P}(A\cup B)=\mathrm{P}(A)+\mathrm{P}(B)$에서
$\mathrm{P}(B)=\mathrm{P}(A\cup B)-\mathrm{P}(A)$
$$=\frac{5}{6}-\frac{2}{3}=\frac{1}{6}$$

답 $\dfrac{1}{6}$

37 두 사건 A와 B가 서로 배반사건이므로 $A\cap B=\varnothing$
$\mathrm{P}(A\cup B)=\mathrm{P}(A)+\mathrm{P}(B)$에서
$\mathrm{P}(A)=\mathrm{P}(A\cup B)-\mathrm{P}(B)$
$$=0.9-0.5=0.4$$

답 0.4

38 표본공간을 S라 하면 $S=\{1, 2, 3, \cdots, 15\}$
$A=\{3, 6, 9, 12, 15\}$이므로
$$\mathrm{P}(A)=\frac{5}{15}=\frac{1}{3}$$

답 $\dfrac{1}{3}$

39 $B=\{5, 10, 15\}$이므로
$$\mathrm{P}(B)=\frac{3}{15}=\frac{1}{5}$$

답 $\dfrac{1}{5}$

40 $A\cap B=\{15\}$이므로
$$\mathrm{P}(A\cap B)=\frac{1}{15}$$

답 $\dfrac{1}{15}$

41 $\mathrm{P}(A\cup B)=\mathrm{P}(A)+\mathrm{P}(B)-\mathrm{P}(A\cap B)$이므로
$$\mathrm{P}(A\cup B)=\frac{1}{3}+\frac{1}{5}-\frac{1}{15}=\frac{7}{15}$$

답 $\dfrac{7}{15}$

42 $A=\{3, 6, 9\}$이므로
$$\mathrm{P}(A)=\frac{3}{9}=\frac{1}{3}$$

답 $\dfrac{1}{3}$

43 $B=\{4, 8\}$이므로

$P(B)=\dfrac{2}{9}$

답 $\dfrac{2}{9}$

44 $A\cap B=\varnothing$이므로

$P(A\cap B)=0$

답 0

45 $P(A\cup B)=P(A)+P(B)$이므로

$P(A\cup B)=\dfrac{1}{3}+\dfrac{2}{9}=\dfrac{5}{9}$

답 $\dfrac{5}{9}$

46 $P(A^c)=1-P(A)$

$\qquad =1-\dfrac{3}{5}=\dfrac{2}{5}$

답 $\dfrac{2}{5}$

47 $A=\{1, 2, 3, 6\}$이므로 $P(A)=\dfrac{4}{6}=\dfrac{2}{3}$

$P(A^c)=1-P(A)$

$\qquad =1-\dfrac{2}{3}=\dfrac{1}{3}$

답 $\dfrac{1}{3}$

48 적어도 앞면이 한 개 이상 나오는 사건을 A라 하면 A^c은 세 개 모두 뒷면이 나오는 사건이므로

$P(A^c)=\dfrac{1}{8}$

따라서

$P(A)=1-P(A^c)$

$\qquad =1-\dfrac{1}{8}=\dfrac{7}{8}$

답 $\dfrac{7}{8}$

49 두 개의 주사위를 동시에 던질 때 나오는 모든 경우의 수는

$6\times 6=36$

나온 두 눈의 수의 합이 4 이상인 사건을 A라 하면 A^c은 나온 두 눈의 수의 합이 3 이하인 사건이므로 경우의 수는

$(1, 1), (1, 2), (2, 1)$의 3이다.

$P(A^c)=\dfrac{3}{36}=\dfrac{1}{12}$이므로

$P(A)=1-P(A^c)$

$\qquad =1-\dfrac{1}{12}=\dfrac{11}{12}$

답 $\dfrac{11}{12}$

50 빨간색 공 3개, 파란색 공 4개의 총 7개의 공 중에서 4개를 뽑는 경우의 수는

$_7C_4=\,_7C_3=\dfrac{7\times 6\times 5}{3\times 2\times 1}=35$

빨간색 공이 적어도 1개 이상 나오는 사건을 A라 하면 A^c은 4개의 공이 모두 파란색 공이 나오는 사건이므로

$P(A^c)=\dfrac{1}{35}$

따라서

$P(A)=1-P(A^c)$

$\qquad =1-\dfrac{1}{35}=\dfrac{34}{35}$

답 $\dfrac{34}{35}$

51 여학생 6명, 남학생 4명의 총 10명 중에서 3명의 임원을 선출하는 경우의 수는

$_{10}C_3=\dfrac{10\times 9\times 8}{3\times 2\times 1}=120$

3명의 임원을 선출할 때, 여학생이 적어도 한 명 이상 포함되는 사건을 A라 하면 A^c은 3명 모두 남학생이 선출되는 사건이므로

$P(A^c)=\dfrac{_4C_3}{120}=\dfrac{4}{120}=\dfrac{1}{30}$

따라서

$P(A)=1-P(A^c)$

$\qquad =1-\dfrac{1}{30}=\dfrac{29}{30}$

답 $\dfrac{29}{30}$

유형 완성하기　　　　　　　본문 30~36쪽

01 ③	**02** ⑤	**03** ②	**04** ①	**05** ③
06 $\dfrac{3}{10}$	**07** ②	**08** ⑤	**09** 5	**10** ②
11 ④	**12** $\dfrac{3}{8}$	**13** ①	**14** ①	**15** $\dfrac{1}{5}$
16 ③	**17** $\dfrac{8}{25}$	**18** ③	**19** ③	**20** ①
21 $\dfrac{15}{28}$	**22** ⑤	**23** ④	**24** 6	**25** ④
26 ⑤	**27** 14	**28** ①	**29** ⑤	**30** $\dfrac{13}{24}$
31 ③	**32** ②	**33** $\dfrac{5}{7}$	**34** ⑤	**35** ③
36 6	**37** ⑤	**38** ③	**39** $\dfrac{3}{5}$	**40** ④
41 ②	**42** 6			

01 $A\cup B=\{1, 2, 3, 4, 5\}$이므로 $n(A\cup B)=5$

$A\cap B=\{2, 3\}$이므로 $n(A\cap B)=2$

따라서 $n(A\cup B)-n(A\cap B)=5-2=3$

답 ③

02 표본공간 $S=\{1, 2, 3, \cdots, 10\}$,
$A=\{2, 4, 6, 8, 10\}$, $B=\{3, 6, 9\}$이므로
$n(A^C)=n(S)-n(A)=10-5=5$
$n(B^C)=n(S)-n(B)=10-3=7$
따라서 $n(A^C)\times n(B^C)=5\times 7=35$

답 ⑤

03 사건 A와 서로 배반인 사건은 $\{d, e, f\}$의 부분집합이다.
따라서 사건 A와 서로 배반사건이 되는 사건의 개수는
$2^3=8$

답 ②

04 한 개의 주사위를 두 번 던질 때 나오는 모든 경우의 수는
$6\times 6=36$
이때 $2a+3b=11$을 만족시키는 모든 순서쌍 (a, b)의 개수는
$(1, 3)$, $(4, 1)$로 2이므로 구하는 확률은
$\dfrac{2}{36}=\dfrac{1}{18}$

답 ①

05 노란색 공 5개, 파란색 공 6개, 빨간색 공 3개의 총 14개의 공 중에서 두 개의 공을 선택하는 경우의 수는
$_{14}C_2=\dfrac{14\times 13}{2\times 1}=91$
두 개 모두 빨간색 공을 선택하는 경우의 수는
$_3C_2=_3C_1=3$
따라서 구하는 확률은
$\dfrac{3}{91}$

답 ③

06 집합 X에서 2개의 원소를 뽑는 경우의 수는
$_5C_2=\dfrac{5\times 4}{2\times 1}=10$
이때 ab가 홀수가 되는 모든 순서쌍 (a, b)의 개수는
$(1, 3)$, $(1, 5)$, $(3, 5)$로 3이므로 구하는 확률은
$\dfrac{3}{10}$

답 $\dfrac{3}{10}$

07 작년에 A고등학교의 전체 학생 수는 500명이었고 올해 학생 수가 10 % 감소했으므로 올해 전체 학생 수는
$500(1-0.1)=450$
남학생 수는 10 %가 증가했으므로 올해 남학생 수는
$300(1+0.1)=330$
따라서 올해 이 고등학교의 학생 중에서 임의로 한 명을 선택할 때, 이 학생이 남학생일 확률은
$\dfrac{330}{450}=\dfrac{11}{15}$

답 ②

08 이 지역의 전체 학생 수는 $15+20+32+25+18=110$(천 명)이고 이 중에서 하루 휴대폰 사용 시간이 3시간 이상인 학생 수는
$25+18=43$(천 명)이다.
따라서 이 지역에서 임의로 한 명의 학생을 선택할 때, 이 학생의 하루 핸드폰 사용 시간이 3시간 이상일 확률은 $\dfrac{43}{110}$

답 ⑤

09 주머니 속에 들어 있는 빨간 구슬의 개수를 x라 하면
8개의 구슬 중에서 2개의 구슬을 꺼내는 경우의 수는
$_8C_2=\dfrac{8\times 7}{2\times 1}=28$
빨간 구슬 x개 중에서 2개의 구슬을 꺼내는 경우의 수는
$_xC_2=\dfrac{x(x-1)}{2}$
이므로 $\dfrac{\dfrac{x(x-1)}{2}}{28}=\dfrac{5}{14}$에서
$\dfrac{x(x-1)}{56}=\dfrac{5}{14}$
$x(x-1)=20$, $x^2-x-20=0$
$(x+4)(x-5)=0$
$x>0$이므로 $x=5$
따라서 주머니 속에 들어 있는 빨간 구슬의 개수는 5이다.

답 5

10 5명의 학생이 계주 순서를 정하는 경우의 수는
$5!=120$
A와 B를 한 명의 학생으로 생각하여 4명의 학생이 계주 순서를 정하는 경우의 수는
$4!=24$
이 각각에 대하여 A와 B가 서로 자리를 바꾸는 경우의 수는
$2!=2$
이므로 A와 B가 이웃하도록 계주 순서를 정하는 경우의 수는
$24\times 2=48$
따라서 구하는 확률은
$\dfrac{48}{120}=\dfrac{2}{5}$

답 ②

11 6명의 학생이 일렬로 앉는 경우의 수는
$6!=720$
이때 양 끝에 여학생이 앉는 경우의 수는
$_3P_2=3\times 2=6$
이 각각에 대하여 남은 4명의 학생이 일렬로 앉는 경우의 수는
$4!=24$
이므로 남학생 3명, 여학생 3명이 일렬로 앉을 때, 양 끝에 여학생이 앉는 경우의 수는
$6\times 24=144$
따라서 구하는 확률은
$\dfrac{144}{720}=\dfrac{1}{5}$

답 ④

12 다섯 개의 숫자 0, 1, 2, 3, 4를 나열하여 만들 수 있는 다섯 자리의 자연수의 개수는 만의 자리에 1, 2, 3, 4 중 하나의 숫자를 넣고 남은 4개의 숫자를 천의 자리, 백의 자리, 십의 자리, 일의 자리에 나열하면 되므로

$4 \times {}_4P_4 = 4 \times 4 \times 3 \times 2 \times 1 = 96$

이때 홀수는 일의 자리에 1 또는 3이 있는 경우이므로

(i) 일의 자리에 1이 오는 경우

만의 자리에 2, 3, 4 중 하나의 숫자를 넣고 남은 3개의 숫자를 천의 자리, 백의 자리, 십의 자리에 나열하면 되므로

$3 \times {}_3P_3 = 3 \times 3 \times 2 \times 1 = 18$

(ii) 일의 자리에 3이 오는 경우

(i)과 같은 경우이므로 18

따라서 구하는 확률은

$\dfrac{18+18}{96} = \dfrac{36}{96} = \dfrac{3}{8}$

답 $\dfrac{3}{8}$

13 6명이 원형의 탁자에 둘러앉는 경우의 수는

$(6-1)! = 5! = 120$

부부끼리 이웃하여 앉는 경우, 즉 각 부부를 한 사람으로 생각하여 3명이 원형의 탁자에 둘러앉는 경우의 수는

$(3-1)! = 2! = 2$

이 각각에 대하여 부부끼리 자리를 바꾸는 경우의 수는

$2! \times 2! \times 2! = 8$

이므로 부부끼리 이웃하여 앉는 경우의 수는

$2 \times 8 = 16$

따라서 구하는 확률은

$\dfrac{16}{120} = \dfrac{2}{15}$

답 ①

14 5명이 원탁에 둘러앉는 경우의 수는

$(5-1)! = 4! = 24$

부모님을 한 사람으로 생각하여 4명이 원탁에 둘러앉는 경우의 수는

$(4-1)! = 3! = 6$

이 각각에 대하여 부모님이 자리를 바꾸는 경우의 수는 $2! = 2$

따라서 부모님이 이웃하여 앉는 경우의 수는

$6 \times 2 = 12$

이므로 부모님이 서로 떨어져 앉는 경우의 수는

$24 - 12 = 12$

따라서 구하는 확률은

$\dfrac{12}{24} = \dfrac{1}{2}$

답 ①

15 7명이 의자에 둘러앉는 경우의 수는

$(7-1)! = 6! = 720$

남학생 4명을 의자에 앉히는 경우의 수는

$(4-1)! = 3! = 6$

남학생 사이사이에 여학생 3명을 앉히는 경우의 수는

${}_4P_3 = 4 \times 3 \times 2 = 24$

이므로 여학생끼리 이웃하지 않게 앉는 경우의 수는

$6 \times 24 = 144$

따라서 구하는 확률은

$\dfrac{144}{720} = \dfrac{1}{5}$

답 $\dfrac{1}{5}$

16 집합 X에서 X로의 함수의 개수는

${}_4\Pi_4 = 4^4 = 256$

$f(1) + f(2) = 6$을 만족시키는 함숫값 $f(1)$, $f(2)$를 순서쌍으로 나타내면 $(2, 4)$, $(3, 3)$, $(4, 2)$의 3가지이고

이 각각에 대하여 $f(3)$, $f(4)$의 값을 정하는 경우의 수는

${}_4\Pi_2 = 4^2 = 16$

이므로 $f(1) + f(2) = 6$을 만족시키는 경우의 수는

$3 \times 16 = 48$

따라서 구하는 확률은

$\dfrac{48}{256} = \dfrac{3}{16}$

답 ③

17 3명의 학생이 5과목 중에서 한 개의 과목을 선택하는 경우의 수는

${}_5\Pi_3 = 5^3 = 125$

선준이와 아영이는 서로 다른 과목을 선택하므로 2명의 학생이 5과목 중에서 서로 다른 2과목을 선택하는 경우의 수는

${}_5P_2 = 5 \times 4 = 20$

또한 지훈이는 수학 또는 과학 과목을 선택하므로 경우의 수는 2

따라서 3명의 학생이 과목을 선택하는 경우의 수는

$20 \times 2 = 40$

이므로 구하는 확률은

$\dfrac{40}{125} = \dfrac{8}{25}$

답 $\dfrac{8}{25}$

18 네 개의 숫자 1, 3, 5, 7 중에서 중복을 허락하여 3개를 뽑아 세 자리 자연수를 만드는 경우의 수는

${}_4\Pi_3 = 4^3 = 64$

세 자리 자연수가 357보다 큰 경우는 37□, 5□□, 7□□ 꼴이다.

(i) 37□ 꼴인 자연수의 개수

${}_4\Pi_1 = 4^1 = 4$

(ii) 5□□ 꼴인 자연수의 개수

${}_4\Pi_2 = 4^2 = 16$

(iii) 7□□ 꼴인 자연수의 개수

${}_4\Pi_2 = 4^2 = 16$

(i), (ii), (iii)에서 357보다 큰 경우의 수는

$4 + 16 + 16 = 36$

따라서 구하는 확률은

$\dfrac{36}{64} = \dfrac{9}{16}$

답 ③

19 여섯 개의 숫자 1, 1, 2, 2, 3, 3을 일렬로 나열하는 경우의 수는

$$\frac{6!}{2!2!2!}=90$$

두 개의 숫자 3을 한 개의 숫자로 생각하여 다섯 개의 숫자 1, 1, 2, 2, 3을 나열하는 경우의 수는

$$\frac{5!}{2!2!}=30$$

따라서 구하는 확률은

$$\frac{30}{90}=\frac{1}{3}$$

답 ③

20 여섯 개의 문자 B, A, N, A, N, A를 일렬로 나열하는 경우의 수는

$$\frac{6!}{3!2!}=60$$

두 개의 문자 N을 양 끝에 놓고, 남은 네 개의 문자 B, A, A, A를 일렬로 나열하는 경우의 수는

$$\frac{4!}{3!}=4$$

따라서 구하는 확률은

$$\frac{4}{60}=\frac{1}{15}$$

답 ①

21 A지점에서 출발하여 B지점까지 최단 거리로 가는 경우의 수는

$$\frac{8!}{5!3!}=56$$

A지점에서 출발하여 P지점을 지나 B지점까지 최단 거리로 가는 경우의 수는

$$\frac{5!}{3!2!}\times\frac{3!}{2!}=10\times3=30$$

따라서 구하는 확률은

$$\frac{30}{56}=\frac{15}{28}$$

답 $\frac{15}{28}$

22 7개의 공 중에서 3개의 공을 동시에 꺼내는 경우의 수는

$$_7C_3=\frac{7\times6\times5}{3\times2\times1}=35$$

파란 공 4개 중에서 2개, 빨간 공 3개 중에서 1개의 공을 꺼내는 경우의 수는

$$_4C_2\times_3C_1=\frac{4\times3}{2\times1}\times3=18$$

따라서 구하는 확률은

$$\frac{18}{35}$$

답 ⑤

23 10개의 원소 중에서 서로 다른 2개의 원소를 뽑는 경우의 수는

$$_{10}C_2=\frac{10\times9}{2\times1}=45$$

집합 X의 원소 중에서 소수는 2, 3, 5, 7이므로 이 중에서 서로 다른 2개의 원소를 뽑는 경우의 수는

$$_4C_2=\frac{4\times3}{2\times1}=6$$

따라서 구하는 확률은

$$\frac{6}{45}=\frac{2}{15}$$

답 ④

24 남학생 n명과 여학생 4명을 합한 $(n+4)$명 중에서 3명을 뽑는 경우의 수는

$$_{n+4}C_3=\frac{(n+4)(n+3)(n+2)}{3\times2\times1}=\frac{(n+4)(n+3)(n+2)}{6}$$

A가 포함되는 경우는 A를 제외한 $(n+3)$명 중에서 2명을 뽑는 경우의 수와 같으므로

$$_{n+3}C_2=\frac{(n+3)(n+2)}{2\times1}=\frac{(n+3)(n+2)}{2}$$

따라서 3명의 동아리 회원을 뽑을 때, A가 포함될 확률은

$$\frac{\dfrac{(n+3)(n+2)}{2}}{\dfrac{(n+4)(n+3)(n+2)}{6}}=\frac{3}{n+4}$$

$\dfrac{3}{n+4}=\dfrac{3}{10}$이므로 $n=6$

답 6

25 ㄱ. $A=\varnothing$일 때, $\mathrm{P}(A)=0$

   $A=S$일 때, $\mathrm{P}(A)=1$

   즉, 임의의 사건 A에 대하여 $0\leq\mathrm{P}(A)\leq1$ (거짓)

ㄴ. 두 사건 A와 B가 서로 배반사건이면

   $\mathrm{P}(A\cup B)=\mathrm{P}(A)+\mathrm{P}(B)$이고

   $0\leq\mathrm{P}(A\cup B)\leq1$이므로

   $0\leq\mathrm{P}(A)+\mathrm{P}(B)\leq1$ (참)

ㄷ. $A\neq\varnothing$이고 $A\subset S$이므로

   $0<n(A)\leq n(S)$

   $0<\dfrac{n(A)}{n(S)}\leq1$, 즉 $0<\mathrm{P}(A)\leq\mathrm{P}(S)$ (참)

이상에서 옳은 것은 ㄴ, ㄷ이다.

답 ④

26 ㄱ. $A\subset B$이면

   $$n(A)\leq n(B),\ \frac{n(A)}{n(S)}\leq\frac{n(B)}{n(S)}$$

   이므로 $\mathrm{P}(A)\leq\mathrm{P}(B)$ (참)

ㄴ. $0\leq\mathrm{P}(A)\leq1$, $0\leq\mathrm{P}(B)\leq1$이고

   $\mathrm{P}(A)+\mathrm{P}(B)=2$이므로

   $\mathrm{P}(A)=\mathrm{P}(B)=1$

   따라서 $A=B=S$ (참)

ㄷ. 두 사건 A와 B가 서로 배반사건이므로

   $\mathrm{P}(A\cup B)=\mathrm{P}(A)+\mathrm{P}(B)=1$

   $\mathrm{P}(B)=1-\mathrm{P}(A)$

따라서
$$\begin{aligned}
P(A) \times P(B) &= P(A)\{1 - P(A)\} \\
&= P(A) - \{P(A)\}^2 \\
&= -\left\{P(A) - \frac{1}{2}\right\}^2 + \frac{1}{4} \leq \frac{1}{4} \ (참)
\end{aligned}$$
이상에서 옳은 것은 ㄱ, ㄴ, ㄷ이다.

답 ⑤

27 사건 $A = \{1, 2, 4\}$이므로 n의 값에 따라 사건 B_n을 다음과 같이 나눌 수 있다.

(ⅰ) $n = 2$일 때
$B_2 = \{2, 4, 6\}$
$A \cap B_2 = \{2, 4\}$이므로
$$P(A \cap B_2) = \frac{1}{3}$$

(ⅱ) $n = 3$일 때
$B_3 = \{3, 6\}$
$A \cap B_3 = \varnothing$이므로
$$P(A \cap B_3) = 0$$

(ⅲ) $n = 4$일 때
$B_4 = \{4\}$
$A \cap B_4 = \{4\}$이므로
$$P(A \cap B_4) = \frac{1}{6}$$

(ⅳ) $n = 5$ 또는 $n = 6$일 때
$B_n = \{n\}$
$A \cap B_n = \varnothing$이므로
$$P(A \cap B_n) = 0$$

(ⅰ)~(ⅳ)에서 모든 n의 값의 합은
$3 + 5 + 6 = 14$

답 14

28 $P(A \cup B) = P(A) + P(B) - P(A \cap B)$에서
$$\begin{aligned}
P(A \cap B) &= P(A) + P(B) - P(A \cup B) \\
&= \frac{3}{4} - \frac{5}{8} = \frac{1}{8}
\end{aligned}$$

답 ①

29 두 사건 A와 B가 서로 배반사건이므로
$$P(A \cup B) = P(A) + P(B)$$
$$\begin{aligned}
P(A) &= P(A \cup B) - P(B) \\
&= \frac{2}{3} - \frac{1}{6} = \frac{1}{2}
\end{aligned}$$

답 ⑤

30 $P(A \cap B^C) = \frac{1}{4}$에서 $P(A) - P(A \cap B) = \frac{1}{4}$이고

$P(A^C \cap B) = \frac{1}{6}$에서 $P(B) - P(A \cap B) = \frac{1}{6}$이므로

이 식에 $P(A \cap B) = \frac{1}{8}$을 대입하면

$P(A) - \frac{1}{8} = \frac{1}{4}$, $P(A) = \frac{3}{8}$

$P(B) - \frac{1}{8} = \frac{1}{6}$, $P(B) = \frac{7}{24}$

따라서
$$\begin{aligned}
P(A \cup B) &= P(A) + P(B) - P(A \cap B) \\
&= \frac{3}{8} + \frac{7}{24} - \frac{1}{8} = \frac{13}{24}
\end{aligned}$$

답 $\dfrac{13}{24}$

31 3의 배수가 나오는 사건을 A, 5의 배수가 나오는 사건을 B라 하면 $A \cap B$는 15의 배수가 나오는 사건이다.

$n(A) = 33$, $n(B) = 20$, $n(A \cap B) = 6$이므로
$$P(A) = \frac{33}{100}, \ P(B) = \frac{20}{100}, \ P(A \cap B) = \frac{6}{100}$$
이때 구하는 확률은 $P(A \cup B)$이므로
$$\begin{aligned}
P(A \cup B) &= P(A) + P(B) - P(A \cap B) \\
&= \frac{33}{100} + \frac{20}{100} - \frac{6}{100} = \frac{47}{100}
\end{aligned}$$

답 ③

32 6개의 원소 중에서 중복을 허락하여 2개의 원소 a, b를 선택하는 경우의 수는
$${}_6\Pi_2 = 6^2 = 36$$
$a + b = 4$가 되는 사건을 A, $ab = 4$가 되는 사건을 B라 하면 구하는 확률은 $P(A \cup B)$이다.

(ⅰ) $a + b = 4$가 되는 경우
$a + b = 4$를 만족시키는 a, b의 모든 순서쌍 (a, b)는
$(1, 3)$, $(2, 2)$, $(3, 1)$의 3가지이므로
$$P(A) = \frac{3}{36} = \frac{1}{12}$$

(ⅱ) $ab = 4$가 되는 경우
$ab = 4$를 만족시키는 a, b의 모든 순서쌍 (a, b)는
$(1, 4)$, $(2, 2)$, $(4, 1)$의 3가지이므로
$$P(B) = \frac{3}{36} = \frac{1}{12}$$

(ⅲ) $a + b = 4$와 $ab = 4$를 동시에 만족시키는 경우
a, b의 모든 순서쌍 (a, b)는 $(2, 2)$의 1가지이므로
$$P(A \cap B) = \frac{1}{36}$$

(ⅰ), (ⅱ), (ⅲ)에 의하여 구하는 확률은
$$\begin{aligned}
P(A \cup B) &= P(A) + P(B) - P(A \cap B) \\
&= \frac{1}{12} + \frac{1}{12} - \frac{1}{36} = \frac{5}{36}
\end{aligned}$$

답 ②

33 7장의 카드 중에서 3장의 카드를 뽑는 경우의 수는
$${}_7C_3 = \frac{7 \times 6 \times 5}{3 \times 2 \times 1} = 35$$
1이 적힌 카드를 뽑는 사건을 A, 5가 적힌 카드를 뽑는 사건을 B라 하면 구하는 확률은 $P(A \cup B)$이다.

(i) 1이 적힌 카드를 뽑는 경우

1이 적힌 카드를 제외한 6장의 카드 중에서 2장을 뽑는 경우의 수와 같으므로

$$_6C_2 = \frac{6 \times 5}{2 \times 1} = 15$$

따라서 $P(A) = \frac{15}{35} = \frac{3}{7}$

(ii) 5가 적힌 카드를 뽑는 경우

5가 적힌 카드를 제외한 6장의 카드 중에서 2장을 뽑는 경우의 수와 같으므로

$$_6C_2 = \frac{6 \times 5}{2 \times 1} = 15$$

따라서 $P(B) = \frac{15}{35} = \frac{3}{7}$

(iii) 1과 5가 적힌 카드를 동시에 뽑는 경우

1과 5가 적힌 카드를 제외한 5장의 카드 중에서 1장을 뽑는 경우의 수와 같으므로

$$_5C_1 = 5$$

따라서 $P(A \cap B) = \frac{5}{35} = \frac{1}{7}$

(i), (ii), (iii)에 의하여 구하는 확률은

$$P(A \cup B) = P(A) + P(B) - P(A \cap B)$$
$$= \frac{3}{7} + \frac{3}{7} - \frac{1}{7} = \frac{5}{7}$$

답 $\dfrac{5}{7}$

34 두 개의 서로 다른 주사위를 동시에 던질 때 나오는 경우의 수는
$6 \times 6 = 36$

나온 두 눈의 수의 합이 4 이하인 사건을 A, 나온 두 눈의 수의 합이 10 이상인 사건을 B라 하자.

나온 두 눈의 수의 합이 4 이하인 경우를 순서쌍으로 나타내면
$(1, 1), (1, 2), (1, 3), (2, 1), (2, 2), (3, 1)$이므로

$$P(A) = \frac{6}{36} = \frac{1}{6}$$

나온 두 눈의 수의 합이 10 이상인 경우를 순서쌍으로 나타내면
$(4, 6), (5, 5), (5, 6), (6, 4), (6, 5), (6, 6)$이므로

$$P(B) = \frac{6}{36} = \frac{1}{6}$$

두 사건 A와 B는 서로 배반사건이므로 구하는 확률은
$$P(A \cup B) = P(A) + P(B)$$
$$= \frac{1}{6} + \frac{1}{6} = \frac{1}{3}$$

답 ⑤

35 7명의 학생 중에서 2명의 대표를 뽑는 경우의 수는

$$_7C_2 = \frac{7 \times 6}{2 \times 1} = 21$$

남학생 3명 중에서 2명의 대표를 뽑는 사건을 A, 여학생 4명 중에서 2명의 대표를 뽑는 사건을 B라 하자.

남학생 3명 중에서 2명의 대표를 뽑는 경우의 수는

$$_3C_2 = {}_3C_1 = 3$$

이므로

$$P(A) = \frac{3}{21} = \frac{1}{7}$$

여학생 4명 중에서 2명의 대표를 뽑는 경우의 수는

$$_4C_2 = \frac{4 \times 3}{2 \times 1} = 6$$

이므로

$$P(B) = \frac{6}{21} = \frac{2}{7}$$

두 사건 A와 B는 서로 배반사건이므로 구하는 확률은
$$P(A \cup B) = P(A) + P(B)$$
$$= \frac{1}{7} + \frac{2}{7} = \frac{3}{7}$$

답 ③

36 $3n$명의 학생 중에서 2명의 테너를 뽑는 경우의 수는

$$_{3n}C_2 = \frac{3n(3n-1)}{2}$$

1학년 학생 n명 중에서 2명의 테너를 뽑는 사건을 A, 2학년 학생 $2n$명 중에서 2명의 테너를 뽑는 사건을 B라 하자.

1학년 학생 n명 중에서 2명의 테너를 뽑는 경우의 수는

$$_nC_2 = \frac{n(n-1)}{2}$$

이므로

$$P(A) = \frac{\dfrac{n(n-1)}{2}}{\dfrac{3n(3n-1)}{2}} = \frac{n-1}{3(3n-1)}$$

2학년 학생 $2n$명 중에서 2명의 테너를 뽑는 경우의 수는

$$_{2n}C_2 = \frac{2n(2n-1)}{2} = n(2n-1)$$

이므로

$$P(B) = \frac{n(2n-1)}{\dfrac{3n(3n-1)}{2}} = \frac{2(2n-1)}{3(3n-1)}$$

두 사건 A와 B는 서로 배반사건이므로
$$P(A \cup B) = P(A) + P(B)$$
$$= \frac{n-1}{3(3n-1)} + \frac{2(2n-1)}{3(3n-1)}$$
$$= \frac{5n-3}{3(3n-1)}$$

$\dfrac{5n-3}{3(3n-1)} = \dfrac{9}{17}$이므로 $n = 6$

답 6

37 적어도 한 개 이상 흰 공이 나오는 사건을 A라 하면

A^C은 3개 모두 검은 공이 나오는 사건이므로

$$P(A^C) = \frac{_5C_3}{_8C_3} = \frac{\dfrac{5 \times 4 \times 3}{3 \times 2 \times 1}}{\dfrac{8 \times 7 \times 6}{3 \times 2 \times 1}} = \frac{5}{28}$$

따라서 구하는 확률은
$$P(A) = 1 - P(A^C)$$
$$= 1 - \frac{5}{28} = \frac{23}{28}$$

답 ⑤

38 네 개의 문자 a, b, c, d를 일렬로 나열하는 경우의 수는

$4! = 24$

a 앞에 b, c, d 중에서 적어도 한 개 이상의 문자가 오는 사건을 A라 하면 A^C은 a 앞에 어떤 문자도 없는 사건이므로 a가 맨 앞에 있는 사건이다.

따라서 a가 맨 앞에 있는 경우의 수는 b, c, d를 나열하는 경우의 수와 같으므로

$3! = 6$

$P(A^C) = \dfrac{6}{24} = \dfrac{1}{4}$

따라서 구하는 확률은

$P(A) = 1 - P(A^C)$

$\quad\quad = 1 - \dfrac{1}{4} = \dfrac{3}{4}$

目 ③

39 양 끝에 적어도 한 개 이상 A가 배열되는 사건을 A라 하면 A^C은 양 끝에 A가 배열되지 않는 사건이다.

여섯 개의 문자 A, A, B, C, D, E를 일렬로 나열하는 경우의 수는

$\dfrac{6!}{2!} = 360$

양 끝에 A가 배열되지 않는 경우의 수는 네 개의 문자 B, C, D, E 중에서 두 개의 문자를 선택하여 양 끝에 배열하고 남은 두 개의 문자와 A, A를 나열하는 경우의 수이므로

$_4P_2 \times \dfrac{4!}{2!} = 4 \times 3 \times 12 = 144$

$P(A^C) = \dfrac{144}{360} = \dfrac{2}{5}$

따라서 구하는 확률은

$P(A) = 1 - P(A^C)$

$\quad\quad = 1 - \dfrac{2}{5} = \dfrac{3}{5}$

目 $\dfrac{3}{5}$

40 X에서 Y로의 함수의 개수는 $_5\Pi_3 = 5^3 = 125$

$f(1) \times f(2) = 0$을 만족시키는 사건을 A라 하면

A^C은 $f(1) \times f(2) \neq 0$인 사건이다.

$f(1) \times f(2) \neq 0$을 만족시키는 경우의 수는

0을 제외한 1, 2, 3, 4 중에서 중복을 허락하여 2개를 뽑은 후 $f(1)$, $f(2)$의 값으로 정하면 되므로

$_4\Pi_2 = 4^2 = 16$

이 각각에 대하여 $f(3)$의 값을 정하는 경우가 5가지이므로 X에서 Y로의 함수 중에서

$f(1) \times f(2) \neq 0$인 경우의 수는

$16 \times 5 = 80$

$P(A^C) = \dfrac{80}{125} = \dfrac{16}{25}$

따라서 구하는 확률은

$P(A) = 1 - P(A^C)$

$\quad\quad = 1 - \dfrac{16}{25} = \dfrac{9}{25}$

目 ④

41 한 개의 주사위를 세 번 던져서 나오는 경우의 수는

$6^3 = 216$

$(a-b)(b-c) \neq 0$인 사건을 A라 하면 A^C은

$(a-b)(b-c) = 0$인 사건이다.

즉, $a = b$ 또는 $b = c$가 되는 사건이다.

$a = b$인 경우의 수는 6

이 각각에 대하여 c를 선택하는 경우의 수는 6이므로

$a = b$인 경우의 수는

$6 \times 6 = 36$

마찬가지로

$b = c$인 경우의 수도

$6 \times 6 = 36$

이때 $a = b = c$인 6가지 경우의 수가 중복되므로

$P(A^C) = \dfrac{36 + 36 - 6}{216} = \dfrac{11}{36}$

따라서 구하는 확률은

$P(A) = 1 - P(A^C)$

$\quad\quad = 1 - \dfrac{11}{36} = \dfrac{25}{36}$

目 ②

42 남자 회원이 대표로 적어도 한 명 이상 뽑히는 사건을 A라 하면 A^C은 두 명 모두 여자 회원이 대표로 뽑히는 사건이다.

남자 회원의 수를 x라 하면 여자 회원의 수는

$(10-x)$이므로

$P(A^C) = \dfrac{_{10-x}C_2}{_{10}C_2} = \dfrac{\dfrac{(10-x)(9-x)}{2}}{\dfrac{10 \times 9}{2}}$

$\quad\quad\quad = \dfrac{(10-x)(9-x)}{90}$

$P(A) = 1 - P(A^C)$

$\quad\quad = 1 - \dfrac{(10-x)(9-x)}{90}$

$\quad\quad = \dfrac{13}{15}$

에서

$\dfrac{(10-x)(9-x)}{90} = \dfrac{2}{15}$

$x^2 - 19x + 78 = 0$

$(x-6)(x-13) = 0$

$x < 10$이므로 $x = 6$

따라서 남자 회원의 수는 6이다.

目 6

01 $\dfrac{4}{9}$	02 $\dfrac{1}{15}$	03 $\dfrac{3}{14}$
04 $\dfrac{9}{28}$	05 $\dfrac{13}{18}$	06 $\dfrac{1}{3}$

01 9개의 공 중에서 2개의 공을 꺼내는 경우의 수는

$_9C_2=\dfrac{9\times 8}{2\times 1}=36$ ······ ❶

2개 모두 흰 공이 나오는 사건을 A, 2개 모두 검은 공이 나오는 사건을 B라 하면 구하는 확률은 $P(A\cup B)$이다.

(i) 2개 모두 흰 공이 나오는 경우의 수는

$_5C_2=\dfrac{5\times 4}{2\times 1}=10$이므로 $P(A)=\dfrac{10}{36}=\dfrac{5}{18}$

(ii) 2개 모두 검은 공이 나오는 경우의 수는

$_4C_2=\dfrac{4\times 3}{2\times 1}=6$이므로 $P(B)=\dfrac{6}{36}=\dfrac{1}{6}$ ······ ❷

두 사건 A와 B는 서로 배반사건이므로 구하는 확률은

$P(A\cup B)=P(A)+P(B)=\dfrac{5}{18}+\dfrac{1}{6}=\dfrac{4}{9}$ ······ ❸

답 $\dfrac{4}{9}$

단계	채점 기준	비율
❶	9개의 공 중에서 2개의 공을 꺼내는 경우의 수를 구한 경우	30 %
❷	$P(A)$와 $P(B)$의 값을 구한 경우	50 %
❸	확률의 덧셈정리를 이용하여 확률을 구한 경우	20 %

02 7명의 학생이 원탁에 둘러앉는 경우의 수는

$(7-1)!=6!=720$ ······ ❶

1학년 학생 2명, 2학년 학생 2명, 3학년 학생 3명을 각각 1명으로 생각하여 3명이 원탁에 둘러앉는 경우의 수는

$(3-1)!=2!=2$

이 각각에 대하여 1학년 학생 2명, 2학년 학생 2명, 3학년 학생 3명이 자리를 바꾸는 경우의 수는 각각

$2!$, $2!$, $3!$이므로 같은 학년끼리 이웃하여 앉는 경우의 수는

$2\times 2!\times 2!\times 3!=48$ ······ ❷

따라서 구하는 확률은

$\dfrac{48}{720}=\dfrac{1}{15}$ ······ ❸

답 $\dfrac{1}{15}$

단계	채점 기준	비율
❶	7명의 학생이 원탁에 둘러앉는 경우의 수를 구한 경우	40 %
❷	같은 학년끼리 이웃하여 앉는 경우의 수를 구한 경우	40 %
❸	구하는 확률을 구한 경우	20 %

03 10개의 구슬 중에서 4개의 구슬을 꺼내는 경우의 수는

$_{10}C_4=\dfrac{10\times 9\times 8\times 7}{4\times 3\times 2\times 1}=210$ ······ ❶

두 번째로 큰 수가 7인 경우의 수는 1, 2, 3, 4, 5, 6이 적혀 있는 구슬 중에서 두 개를 꺼내고, 8, 9, 10이 적혀 있는 구슬 중에서 한 개를 꺼내면 되므로

$_6C_2\times {}_3C_1=\dfrac{6\times 5}{2\times 1}\times 3=45$ ······ ❷

따라서 구하는 확률은

$\dfrac{45}{210}=\dfrac{3}{14}$ ······ ❸

답 $\dfrac{3}{14}$

단계	채점 기준	비율
❶	10개의 구슬 중에서 4개의 구슬을 꺼내는 경우의 수를 구한 경우	30 %
❷	6 이하의 수에서 2개를 뽑고 8 이상의 수에서 1개를 뽑는 경우의 수를 구한 경우	50 %
❸	구하는 확률을 구한 경우	20 %

04 8개의 문자 a, a, a, a, b, b, b, c를 일렬로 나열하는 경우의 수는

$\dfrac{8!}{4!3!}=280$ ······ ❶

양 끝에 같은 문자가 오는 경우는 다음과 같다.

(i) 양 끝에 a가 오는 경우

양 끝에 a를 고정하고 남은 6개 문자 a, a, b, b, b, c를 나열하는 경우의 수는

$\dfrac{6!}{2!3!}=60$

(ii) 양 끝에 b가 오는 경우

양 끝에 b를 고정하고 남은 6개 문자 a, a, a, a, b, c를 나열하는 경우의 수는

$\dfrac{6!}{4!}=30$ ······ ❷

따라서 구하는 확률은

$\dfrac{60+30}{280}=\dfrac{9}{28}$ ······ ❸

답 $\dfrac{9}{28}$

단계	채점 기준	비율
❶	8개의 문자를 일렬로 나열하는 경우의 수를 구한 경우	30 %
❷	양 끝에 같은 문자가 오는 경우의 수를 구한 경우	50 %
❸	구하는 확률을 구한 경우	20 %

05 한 개의 주사위를 두 번 던질 때 나오는 경우의 수는

$6\times 6=36$ ······ ❶

$|a-b|<3$ 또는 $|a-b|\ge 5$인 사건을 A라 하면

A^c은 $3\le|a-b|<5$인 사건이다.

(i) $|a-b|=3$인 경우

a, b의 모든 순서쌍 (a,b)는 $(1,4)$, $(2,5)$, $(3,6)$, $(4,1)$, $(5,2)$, $(6,3)$의 6가지

(ii) $|a-b|=4$인 경우

a, b의 모든 순서쌍 (a,b)는 $(1,5)$, $(2,6)$, $(5,1)$, $(6,2)$의 4가지

(i), (ii)에서

$$P(A^C) = \frac{6+4}{36} = \frac{5}{18}$$

⋯⋯❷

따라서 구하는 확률은

$$P(A) = 1 - P(A^C)$$

$$= 1 - \frac{5}{18} = \frac{13}{18}$$

⋯⋯❸

답 $\frac{13}{18}$

단계	채점 기준	비율
❶	한 개의 주사위를 두 번 던질 때 나오는 경우의 수를 구한 경우	20 %
❷	사건 A의 여사건이 일어날 확률을 구한 경우	50 %
❸	사건 A가 일어날 확률을 구한 경우	30 %

06 k가 6과 서로소이면 k는 2의 배수가 아니고 3의 배수도 아니다.

⋯⋯❶

k가 2의 배수인 사건을 A, 3의 배수인 사건을 B라 하면

$$P(A) = \frac{150}{300} = \frac{1}{2}, \quad P(B) = \frac{100}{300} = \frac{1}{3}$$

$$P(A \cap B) = \frac{50}{300} = \frac{1}{6}$$

$$P(A \cup B) = P(A) + P(B) - P(A \cap B)$$

$$= \frac{1}{2} + \frac{1}{3} - \frac{1}{6} = \frac{2}{3}$$

⋯⋯❷

따라서 k가 6과 서로소인 사건은 $A^C \cap B^C$이므로

구하는 확률은

$$P(A^C \cap B^C) = P((A \cup B)^C) = 1 - P(A \cup B)$$

$$= 1 - \frac{2}{3} = \frac{1}{3}$$

⋯⋯❸

답 $\frac{1}{3}$

단계	채점 기준	비율
❶	k가 2의 배수가 아니고 3의 배수도 아님을 설명한 경우	30 %
❷	k가 2의 배수 또는 3의 배수일 확률을 구한 경우	50 %
❸	여사건의 확률을 이용하여 확률을 구한 경우	20 %

내신 + 수능 고난도 도전　　　본문 38~39쪽

01 ④	02 ②	03 ⑤	04 $\frac{1}{12}$	05 ①
06 ③	07 ⑤	08 4		

01 집합 U의 원소의 개수는 $2^4 = 16$

16개의 원소 중에서 서로 다른 두 원소를 나열하는 경우의 수는

$$_{16}P_2 = 16 \times 15 = 240$$

$S \cap T \neq \emptyset$인 사건을 A라 하면 A^C은 $S \cap T = \emptyset$인 사건이다.

$S \cap T = \emptyset$인 경우는 다음과 같다.

(i) $n(S) = 0$일 때

　원소 T의 개수는 $2^4 - 1 = 15$

(ii) $n(S) = 1$일 때

　원소 S의 개수는 $_4C_1 = 4$

　이 각각에 대하여 T의 개수는 $2^3 = 8$

　$4 \times 8 = 32$

(iii) $n(S) = 2$일 때

　원소 S의 개수는 $_4C_2 = 6$

　이 각각에 대하여 T의 개수는 $2^2 = 4$

　$6 \times 4 = 24$

(iv) $n(S) = 3$일 때

　원소 S의 개수는 $_4C_3 = 4$

　이 각각에 대하여 T의 개수는 $2^1 = 2$

　$4 \times 2 = 8$

(v) $n(S) = 4$일 때

　T의 개수는 1

(i)~(v)에서 $S \cap T = \emptyset$을 만족시키는 경우의 수는

$$15 + 32 + 24 + 8 + 1 = 80$$

$$P(A^C) = \frac{80}{240} = \frac{1}{3}$$

따라서 구하는 확률은

$$P(A) = 1 - P(A^C)$$

$$= 1 - \frac{1}{3} = \frac{2}{3}$$

답 ④

02 빨간 공 2개, 파란 공 2개, 노란 공 4개를 일렬로 배열하는 경우의 수는

$$\frac{8!}{2!2!4!} = 420$$

빨간 공과 파란 공이 서로 이웃하지 않게 배열하는 방법은 파란 공 2개, 노란 공 4개를 먼저 배열한 후 파란 공과 이웃하지 않도록 빨간 공 2개를 배열하면 된다.

(i) 파란 공 2개가 서로 이웃하는 경우

파란 공 2개를 1개의 공으로 생각하여 파란 공 1개, 노란 공 4개를 배열하는 경우의 수는

$$\frac{5!}{4!} = 5$$

파란 공과 이웃하지 않도록 빨간 공을 ∨ 자리에 배열하는 경우의 수는 빨간 공 2개를 이웃하여 넣는 경우와 이웃하지 않게 넣는 경우가 있으므로

$$_4C_1 + _4C_2 = 4 + \frac{4 \times 3}{2 \times 1} = 10$$

따라서 빨간 공과 파란 공이 서로 이웃하지 않는 경우의 수는

$$5 \times 10 = 50$$

(ii) 파란 공 2개가 서로 이웃하지 않는 경우

파란 공 2개, 노란 공 4개를 배열하는 경우의 수는

$$\frac{6!}{2!4!} = 15$$

파란 공 2개가 서로 이웃하는 경우의 수는 5이므로 파란 공 2개가 서로 이웃하지 않는 경우의 수는

$15-5=10$

파란 공과 이웃하지 않도록 빨간 공을 ∨ 자리에 배열하는 경우의 수는 빨간 공 2개를 이웃하여 넣는 경우와 이웃하지 않게 넣는 경우가 있으므로

$_3C_1+_3C_2=3+3=6$

이므로 빨간 공과 파란 공이 서로 이웃하지 않는 경우의 수는

$10\times6=60$

따라서 구하는 확률은

$\dfrac{50+60}{420}=\dfrac{11}{42}$

답 ②

03 방정식 $a+b+c=15$를 만족시키는 음이 아닌 정수 a, b, c의 모든 순서쌍 (a, b, c)의 개수는

$_3H_{15}=_{3+15-1}C_{15}=_{17}C_{15}=_{17}C_2=\dfrac{17\times16}{2\times1}=136$

$a\times b\times c$가 짝수인 사건을 A라 하면 A^C은 $a\times b\times c$가 홀수인 사건이다. 이때 $a\times b\times c$가 홀수가 되려면 a, b, c는 모두 홀수이어야 하므로 $a=2a'+1$, $b=2b'+1$, $c=2c'+1$ (a', b', c'은 음이 아닌 정수)라 하면

$a+b+c=15$에서 $a'+b'+c'=6$

따라서 $a\times b\times c$가 홀수인 순서쌍의 개수는 a', b', c' 중에서 6개를 뽑는 중복조합의 수와 같으므로

$_3H_6=_{3+6-1}C_6=_8C_6=_8C_2=\dfrac{8\times7}{2\times1}=28$

$P(A^C)=\dfrac{28}{136}=\dfrac{7}{34}$

따라서 구하는 확률은

$P(A)=1-P(A^C)=1-\dfrac{7}{34}=\dfrac{27}{34}$

답 ⑤

04 여섯 명의 학생 A, B, C, D, E, F를 일렬로 나열하는 경우의 수는 $6!=720$

A와 B, C와 D의 순서가 정해져 있으므로 A와 B를 모두 X로, C와 D를 모두 Y로 생각하여 5개의 문자 X, X, Y, Y, F를 나열하는 경우의 수는

$\dfrac{5!}{2!2!}=30$

이 각각에 대하여 E와 A가 서로 이웃하므로

E와 A가 이웃하는 경우의 수는

$2!=2$

이므로 A는 B보다 앞에, C는 D보다 앞에 서고 E는 A와 이웃하여 줄을 서는 경우의 수는

$30\times2=60$

따라서 구하는 확률은

$\dfrac{60}{720}=\dfrac{1}{12}$

답 $\dfrac{1}{12}$

05 다섯 개의 숫자 중에서 중복을 허락하여 3개의 수를 선택하는 경우의 수는

$_5H_3=_{5+3-1}C_3=_7C_3=\dfrac{7\times6\times5}{3\times2\times1}=35$

선택된 세 수를 각각 a, b, c ($a\leq b\leq c$)라 하면 선택된 세 수를 세 변의 길이로 하는 삼각형이 만들어지려면 $a+b>c$가 성립해야 하므로 a, b, c의 순서쌍 (a, b, c) 중에서 $(2, 2, 4)$, $(2, 2, 5)$, $(2, 2, 6)$, $(2, 3, 5)$, $(2, 3, 6)$, $(2, 4, 6)$, $(3, 3, 6)$은 삼각형이 만들어지지 않는다.

따라서 선택된 3개의 수를 세 변의 길이로 하는 삼각형이 만들어지는 경우의 수는 $35-7=28$

선택된 세 수를 세 변의 길이로 하는 삼각형이 둔각삼각형이 되려면 $a+b>c$, $a^2+b^2<c^2$이어야 하므로 두 조건을 만족시키는 경우는 다음과 같다.

(i) $c=6$인 경우

　　a, b의 순서쌍 (a, b)는

　　$(2, 5)$, $(3, 4)$, $(3, 5)$, $(4, 4)$의 4가지

(ii) $c=5$인 경우

　　a, b의 순서쌍 (a, b)는

　　$(2, 4)$, $(3, 3)$의 2가지

(iii) $c=4$인 경우

　　a, b의 순서쌍 (a, b)는

　　$(2, 3)$의 1가지

(iv) $c=3$인 경우

　　a, b의 순서쌍 (a, b)는

　　$(2, 2)$의 1가지

(i)~(iv)에서 구하는 확률은 $\dfrac{4+2+1+1}{28}=\dfrac{2}{7}$

답 ①

06 n개의 숫자 중에서 서로 다른 2개의 수를 선택하는 경우의 수는

$_nC_2=\dfrac{n(n-1)}{2}$

두 수의 곱이 홀수가 되는 경우는 선택된 두 수가 모두 홀수인 경우이다.

(i) n이 홀수일 때,

　　홀수의 개수가 $\dfrac{n+1}{2}$이므로 2개의 홀수를 선택하는 경우의 수는

　　$_{\frac{n+1}{2}}C_2=\dfrac{\dfrac{n+1}{2}\left(\dfrac{n+1}{2}-1\right)}{2}=\dfrac{(n+1)(n-1)}{8}$

　　이므로 n개의 숫자 중에서 2개의 수를 선택할 때, 두 수의 곱이 홀수가 될 확률은

　　$\dfrac{\dfrac{(n+1)(n-1)}{8}}{\dfrac{n(n-1)}{2}}=\dfrac{n+1}{4n}$

　　이때 $\dfrac{n+1}{4n}=\dfrac{3}{14}$이어야 하므로 $n=-7$

　　$n\geq3$이므로 n은 존재하지 않는다.

(ii) n이 짝수일 때,

　　홀수의 개수가 $\dfrac{n}{2}$이므로 2개의 홀수를 선택하는 경우의 수는

　　$_{\frac{n}{2}}C_2=\dfrac{\dfrac{n}{2}\left(\dfrac{n}{2}-1\right)}{2}=\dfrac{n(n-2)}{8}$

이므로 n개의 숫자 중에서 2개의 수를 선택할 때, 두 수의 곱이 홀수가 될 확률은

$$\dfrac{\dfrac{n(n-2)}{8}}{\dfrac{n(n-1)}{2}}=\dfrac{n-2}{4(n-1)}$$

이때 $\dfrac{n-2}{4(n-1)}=\dfrac{3}{14}$이어야 하므로 $n=8$

따라서 구하는 n의 값은 8이다.

답 ③

07 X에서 Y로의 함수의 개수는

$_5\Pi_4=5^4=625$

$f(1)\times f(2)=0$인 사건을 A, $f(2)\leq f(3)$인 사건을 B라 하자.

(i) $f(1)\times f(2)=0$인 경우

$f(1)\times f(2)=0$인 사건이 A이므로 A^c은 $f(1)\times f(2)\neq0$인 사건이다.

$f(1)$, $f(2)$의 값을 정하는 경우의 수는 0을 제외한 네 개의 숫자 -2, -1, 1, 2 중에서 중복을 허락하여 두 개를 택하는 중복순열의 수와 같고, $f(3)$, $f(4)$의 값을 정하는 경우의 수는 다섯 개의 숫자 -2, -1, 0, 1, 2 중에서 중복을 허락하여 두 개를 택하는 중복순열의 수와 같으므로 $f(1)\times f(2)\neq0$을 만족시키는 경우의 수는

$_4\Pi_2\times{}_5\Pi_2=4^2\times5^2=400$

$\mathrm{P}(A^c)=\dfrac{400}{625}=\dfrac{16}{25}$

이므로

$\mathrm{P}(A)=1-\mathrm{P}(A^c)$

$\qquad=1-\dfrac{16}{25}=\dfrac{9}{25}$

(ii) $f(2)\leq f(3)$인 경우

$f(2)$, $f(3)$의 값을 정하는 경우의 수는 다섯 개의 숫자 중에서 중복을 허락하여 두 개를 택하는 중복조합의 수와 같고, $f(1)$, $f(4)$의 값을 정하는 경우의 수는 다섯 개의 숫자 중에서 중복을 허락하여 두 개를 택하는 중복순열의 수와 같으므로 $f(2)\leq f(3)$을 만족시키는 경우의 수는

$_5\mathrm{H}_2\times{}_5\Pi_2={}_{5+2-1}\mathrm{C}_2\times5^2={}_6\mathrm{C}_2\times25=15\times25=375$

이므로 $\mathrm{P}(B)=\dfrac{375}{625}=\dfrac{3}{5}$

(iii) $f(1)\times f(2)=0$이고 $f(2)\leq f(3)$인 경우

$f(2)=0$일 때, $f(3)$의 값이 되는 경우의 수는 0, 1, 2 중에서 한 가지이므로 3

$f(1)$, $f(4)$의 값을 정하는 경우의 수는 다섯 개의 숫자 중에서 중복을 허락하여 두 개를 택하는 중복순열의 수와 같으므로

$_5\Pi_2=5^2=25$

따라서 $f(2)=0$일 때, $f(1)\times f(2)=0$이고 $f(2)\leq f(3)$을 만족시키는 경우의 수는 $3\times25=75$

$f(1)=0$일 때, $f(2)$, $f(3)$의 값을 정하는 경우의 수는 $_5\mathrm{H}_2$

$f(4)$의 값을 정하는 경우의 수는 5이므로

$f(1)=0$일 때, $f(1)\times f(2)=0$이고 $f(2)\leq f(3)$을 만족시키는 경우의 수는

$5\times{}_5\mathrm{H}_2=5\times{}_{5+2-1}\mathrm{C}_2=5\times{}_6\mathrm{C}_2=75$

이때 $f(1)=f(2)=0$인 경우가 중복된다.

이 경우에 $f(3)$의 값이 되는 경우의 수는 3, $f(4)$의 값이 되는 경우의 수는 5이므로

$f(1)=f(2)=0$이고 $f(2)\leq f(3)$을 만족시키는 경우의 수는

$3\times5=15$

$\mathrm{P}(A\cap B)=\dfrac{75+75-15}{625}=\dfrac{27}{125}$

따라서 구하는 확률은

$\mathrm{P}(A\cup B)=\mathrm{P}(A)+\mathrm{P}(B)-\mathrm{P}(A\cap B)$

$\qquad=\dfrac{9}{25}+\dfrac{3}{5}-\dfrac{27}{125}=\dfrac{93}{125}$

답 ⑤

08 10개의 원소 중에서 서로 다른 2개의 원소를 선택하는 경우의 수는

$_{10}\mathrm{C}_2=\dfrac{10\times9}{2\times1}=45$

$\dfrac{1}{ab}$이 유한소수가 되려면 분모 ab가 $2^k\times5^l$ (k, l은 음이 아닌 정수) 꼴인 경우이다.

(i) $l=0$일 때,

$k=0$이면 a, b의 순서쌍 (a, b)는 존재하지 않는다.

$k=1$이면 a, b의 순서쌍 (a, b)는 $(1, 2)$이므로 1가지

$k=2$이면 a, b의 순서쌍 (a, b)는 $(1, 4)$이므로 1가지

$k=3$이면 a, b의 순서쌍 (a, b)는 $(1, 8)$, $(2, 4)$이므로 2가지

$k=4$이면 a, b의 순서쌍 (a, b)는 $(2, 8)$이므로 1가지

$k=5$이면 a, b의 순서쌍 (a, b)는 $(4, 8)$이므로 1가지

$k\geq6$이면 a, b의 순서쌍 (a, b)는 존재하지 않는다.

따라서 $l=0$일 때 유한소수가 되는 경우는

$1+1+2+1+1=6$(가지)

(ii) $l=1$일 때,

$k=0$이면 a, b의 순서쌍 (a, b)는 $(1, 5)$이므로 1가지

$k=1$이면 a, b의 순서쌍 (a, b)는 $(1, 10)$, $(2, 5)$이므로 2가지

$k=2$이면 a, b의 순서쌍 (a, b)는 $(2, 10)$, $(4, 5)$이므로 2가지

$k=3$이면 a, b의 순서쌍 (a, b)는 $(4, 10)$, $(5, 8)$이므로 2가지

$k=4$이면 a, b의 순서쌍 (a, b)는 $(8, 10)$이므로 1가지

$k\geq5$이면 a, b의 순서쌍 (a, b)는 존재하지 않는다.

따라서 $l=1$일 때 유한소수가 되는 경우는

$1+2+2+2+1=8$(가지)

(iii) $l=2$일 때,

$k=0$이면 a, b의 순서쌍 (a, b)는 존재하지 않는다.

$k=1$이면 a, b의 순서쌍 (a, b)는 $(5, 10)$이므로 1가지

$k\geq2$이면 a, b의 순서쌍 (a, b)는 존재하지 않는다.

따라서 $l=2$일 때 유한소수가 되는 경우는 1가지

(i), (ii), (iii)에서 구하는 확률은

$\dfrac{6+8+1}{45}=\dfrac{15}{45}=\dfrac{1}{3}$

따라서 $p=3$, $q=1$이므로

$p+q=3+1=4$

답 4

04 조건부확률

본문 41쪽

개념 확인하기

01 $\dfrac{13}{24}$	**02** $\dfrac{13}{18}$	**03** $\dfrac{1}{2}$	**04** $\dfrac{1}{2}$	**05** $\dfrac{1}{6}$
06 $\dfrac{1}{3}$	**07** $\dfrac{1}{3}$	**08** 0.32	**09** 0.64	**10** $\dfrac{9}{20}$
11 $\dfrac{3}{4}$	**12** $\dfrac{2}{3}$	**13** $\dfrac{1}{2}$	**14** 종속	**15** 독립
16 종속	**17** 0.12	**18** $\dfrac{7}{9}$	**19** 0.56	**20** $\dfrac{1}{2}$
21 $\dfrac{1}{4}$	**22** $\dfrac{8}{27}$	**23** $\dfrac{11}{243}$		

01 $\mathrm{P}(A \cup B) = \mathrm{P}(A) + \mathrm{P}(B) - \mathrm{P}(A \cap B)$에서
$\mathrm{P}(A \cap B) = \mathrm{P}(A) + \mathrm{P}(B) - \mathrm{P}(A \cup B)$
$$= \frac{3}{4} + \frac{2}{3} - \frac{7}{8} = \frac{13}{24}$$

달 $\dfrac{13}{24}$

02 $\mathrm{P}(B|A) = \dfrac{\mathrm{P}(A \cap B)}{\mathrm{P}(A)} = \dfrac{\frac{13}{24}}{\frac{3}{4}} = \dfrac{13}{18}$

달 $\dfrac{13}{18}$

03 한 개의 주사위를 던질 때 소수의 눈이 나오는 사건 A는
$A = \{2, 3, 5\}$이므로
$$\mathrm{P}(A) = \frac{3}{6} = \frac{1}{2}$$

달 $\dfrac{1}{2}$

04 한 개의 주사위를 던질 때 짝수의 눈이 나오는 사건 B는
$B = \{2, 4, 6\}$이므로
$$\mathrm{P}(B) = \frac{3}{6} = \frac{1}{2}$$

달 $\dfrac{1}{2}$

05 $A \cap B = \{2\}$이므로 $\mathrm{P}(A \cap B) = \dfrac{1}{6}$

달 $\dfrac{1}{6}$

06 $\mathrm{P}(A|B) = \dfrac{\mathrm{P}(A \cap B)}{\mathrm{P}(B)} = \dfrac{\frac{1}{6}}{\frac{1}{2}} = \dfrac{1}{3}$

달 $\dfrac{1}{3}$

07 $\mathrm{P}(B|A) = \dfrac{\mathrm{P}(A \cap B)}{\mathrm{P}(A)} = \dfrac{\frac{1}{6}}{\frac{1}{2}} = \dfrac{1}{3}$

달 $\dfrac{1}{3}$

08 $\mathrm{P}(A \cap B) = \mathrm{P}(A)\mathrm{P}(B|A)$
$$= 0.4 \times 0.8 = 0.32$$

달 0.32

09 $\mathrm{P}(A|B) = \dfrac{\mathrm{P}(A \cap B)}{\mathrm{P}(B)} = \dfrac{0.32}{0.5} = 0.64$

달 0.64

10 $\mathrm{P}(A \cap B) = \mathrm{P}(B)\mathrm{P}(A|B)$
$$= \frac{3}{5} \times \frac{3}{4} = \frac{9}{20}$$

달 $\dfrac{9}{20}$

11 표본공간 S는
$S = \{(앞면, 앞면), (앞면, 뒷면), (뒷면, 앞면), (뒷면, 뒷면)\}$이고
$A = \{(앞면, 앞면), (앞면, 뒷면), (뒷면, 앞면)\}$이므로
$$\mathrm{P}(A) = \frac{3}{4}$$

달 $\dfrac{3}{4}$

12 앞면이 한 개 이상 나오는 경우가 3가지이고 이 중에서 앞면과 뒷면이 모두 나오는 경우가 2가지이므로
$$\mathrm{P}(B|A) = \frac{2}{3}$$

달 $\dfrac{2}{3}$

13 $A \cap B = \{(앞면, 뒷면), (뒷면, 앞면)\}$이므로
$$\mathrm{P}(A \cap B) = \frac{2}{4} = \frac{1}{2}$$

달 $\dfrac{1}{2}$

14 $\mathrm{P}(B|A) = \dfrac{2}{3}$, $\mathrm{P}(B) = \dfrac{1}{2}$, 즉 $\mathrm{P}(B|A) \neq \mathrm{P}(B)$
이므로 두 사건 A와 B는 서로 종속이다.

달 종속

다른 풀이
$\mathrm{P}(A \cap B) = \dfrac{1}{2}$, $\mathrm{P}(A) = \dfrac{3}{4}$, $\mathrm{P}(B) = \dfrac{1}{2}$이므로
$\mathrm{P}(A \cap B) \neq \mathrm{P}(A)\mathrm{P}(B)$
따라서 두 사건 A와 B는 서로 종속이다.

15 등식 $\mathrm{P}(A \cap B) = \mathrm{P}(A)\mathrm{P}(B) = \dfrac{2}{9}$가 성립하므로 두 사건 A와 B는 서로 독립이다.

달 독립

16 $P(A\cap B)=0.6$이고 $P(A)P(B)=0.2\times0.4=0.08$이므로
$P(A\cap B)\neq P(A)P(B)$
따라서 두 사건 A와 B는 서로 종속이다.

답 종속

17 두 사건 A와 B가 서로 독립이므로
$P(A\cap B)=P(A)P(B)$
$\qquad\quad=0.3\times0.4=0.12$

답 0.12

18 두 사건 A와 B가 서로 독립이므로
$P(A\cap B)=P(A)P(B)$
$\dfrac{1}{3}=\dfrac{3}{7}\times P(B)$
따라서 $P(B)=\dfrac{7}{9}$

답 $\dfrac{7}{9}$

19 갑과 을이 시험에 합격하는 사건은 서로 독립이므로 구하는 확률은 $0.7\times0.8=0.56$

답 0.56

20 $P(A)=\dfrac{1}{2}$

답 $\dfrac{1}{2}$

21 동전을 4번 던지는 시행은 서로 독립이므로 사건 A가 3번 일어날 확률은
$_4C_3\left(\dfrac{1}{2}\right)^3\left(\dfrac{1}{2}\right)^1=\dfrac{1}{4}$

답 $\dfrac{1}{4}$

22 $P(A)=\dfrac{1}{3}$이고, 매번 공을 꺼내는 사건은 독립이므로
4번 시행에서 사건 A가 2번 일어날 확률은
$_4C_2\left(\dfrac{1}{3}\right)^2\left(\dfrac{2}{3}\right)^2=\dfrac{8}{27}$

답 $\dfrac{8}{27}$

23 5번의 시행에서 사건 A가 4번 일어날 확률은
$_5C_4\left(\dfrac{1}{3}\right)^4\left(\dfrac{2}{3}\right)^1=\dfrac{10}{243}$
5번의 시행에서 사건 A가 5번 일어날 확률은
$_5C_5\left(\dfrac{1}{3}\right)^5=\dfrac{1}{243}$
따라서 구하는 확률은
$\dfrac{10}{243}+\dfrac{1}{243}=\dfrac{11}{243}$

답 $\dfrac{11}{243}$

유형 완성하기   본문 42~47쪽

01 ⑤	**02** ④	**03** $\dfrac{1}{4}$	**04** ①	**05** ③
06 30	**07** ①	**08** ③	**09** 5	**10** ②
11 ④	**12** $\dfrac{41}{50}$	**13** ①	**14** ④	**15** $\dfrac{4}{7}$
16 ②	**17** ④	**18** $\dfrac{3}{7}$	**19** ③	**20** ②
21 12	**22** ⑤	**23** $\dfrac{1}{4}$	**24** ③	**25** ②
26 ①	**27** ①	**28** ②	**29** ②	**30** $\dfrac{11}{24}$
31 ②	**32** ⑤	**33** ①	**34** ②	**35** $\dfrac{40}{243}$
36 $\dfrac{64}{81}$				

01 $P(A\cap B^c)=P(A)-P(A\cap B)$이므로
$P(A\cap B)=P(A)-P(A\cap B^c)$
$\qquad\qquad=\dfrac{2}{3}-\dfrac{2}{5}=\dfrac{4}{15}$
따라서
$P(A|B)=\dfrac{P(A\cap B)}{P(B)}=\dfrac{\dfrac{4}{15}}{\dfrac{1}{2}}=\dfrac{8}{15}$

답 ⑤

02 $P(A)=1-P(A^c)=1-\dfrac{3}{5}=\dfrac{2}{5}$
$P(B|A)=\dfrac{P(A\cap B)}{P(A)}=\dfrac{1}{3}$이므로
$P(A\cap B)=\dfrac{1}{3}P(A)=\dfrac{1}{3}\times\dfrac{2}{5}=\dfrac{2}{15}$
$P(A^c|B)=\dfrac{P(A^c\cap B)}{P(B)}$
$\qquad\quad=\dfrac{P(B)-P(A\cap B)}{P(B)}$
$\qquad\quad=\dfrac{\dfrac{3}{4}-\dfrac{2}{15}}{\dfrac{3}{4}}=\dfrac{37}{45}$

답 ④

03 $P(A\cup B)=P(A)+P(B)-P(A\cap B)$
$\qquad\qquad=\dfrac{7}{10}+\dfrac{3}{5}-\dfrac{2}{5}=\dfrac{9}{10}$
$P(A^c\cap B^c)=P((A\cup B)^c)$
$\qquad\qquad=1-P(A\cup B)$
$\qquad\qquad=1-\dfrac{9}{10}=\dfrac{1}{10}$
이므로
$P(A^c|B^c)=\dfrac{P(A^c\cap B^c)}{P(B^c)}=\dfrac{\dfrac{1}{10}}{1-\dfrac{3}{5}}=\dfrac{1}{4}$

답 $\dfrac{1}{4}$

04 여학생을 택하는 사건을 A, 석식을 신청한 학생을 택하는 사건을 B라 하면

$P(A)=\dfrac{90}{200}=\dfrac{9}{20}$, $P(A\cap B)=\dfrac{40}{200}=\dfrac{1}{5}$

이므로

$P(B|A)=\dfrac{P(A\cap B)}{P(A)}=\dfrac{\dfrac{1}{5}}{\dfrac{9}{20}}=\dfrac{4}{9}$

답 ①

05 임의로 뽑은 한 명의 학생이 버스로 통학하는 사건을 A, 남학생인 사건을 B라 하면

$P(A)=\dfrac{35}{100}=\dfrac{7}{20}$, $P(A\cap B)=\dfrac{20}{100}=\dfrac{1}{5}$

이므로

$P(B|A)=\dfrac{P(A\cap B)}{P(A)}=\dfrac{\dfrac{1}{5}}{\dfrac{7}{20}}=\dfrac{4}{7}$

답 ③

06 남자회원을 뽑는 사건을 A, 배드민턴을 선호하는 회원을 뽑는 사건을 B라 하면

$P(A)=\dfrac{x+15}{x+60}$, $P(A\cap B)=\dfrac{x}{x+60}$

이므로

$P(B|A)=\dfrac{P(A\cap B)}{P(A)}=\dfrac{\dfrac{x}{x+60}}{\dfrac{x+15}{x+60}}=\dfrac{x}{x+15}$

$\dfrac{x}{x+15}=\dfrac{2}{3}$에서 $x=30$

답 30

07 첫 번째에서 흰 공이 나오는 사건을 A, 두 번째에서 흰 공이 나오는 사건을 B라 하면

첫 번째에서 흰 공이 나올 확률은

$P(A)=\dfrac{3}{10}$

첫 번째에서 흰 공이 나왔을 때, 두 번째에서도 흰 공이 나올 확률은

$P(B|A)=\dfrac{2}{9}$

따라서 구하는 확률은

$P(A\cap B)=P(A)P(B|A)=\dfrac{3}{10}\times\dfrac{2}{9}=\dfrac{1}{15}$

답 ①

08 갑이 당첨 제비를 뽑는 사건을 A, 을이 당첨 제비를 뽑는 사건을 B라 하면

$P(A)=\dfrac{3}{10}$

갑이 당첨 제비를 뽑지 못할 확률은

$P(A^C)=1-P(A)=1-\dfrac{3}{10}=\dfrac{7}{10}$

갑이 당첨 제비를 뽑지 못했을 때, 을이 당첨 제비를 뽑을 확률은

$P(B|A^C)=\dfrac{3}{9}=\dfrac{1}{3}$

따라서 구하는 확률은

$P(A^C\cap B)=P(A^C)P(B|A^C)=\dfrac{7}{10}\times\dfrac{1}{3}=\dfrac{7}{30}$

답 ③

09 첫 번째 학생이 사과맛 사탕을 뽑는 사건을 A, 두 번째 학생이 사과맛 사탕을 뽑는 사건을 B라 하면

첫 번째 학생이 사과맛 사탕을 뽑을 확률은

$P(A)=\dfrac{n}{n+6}$

첫 번째 학생이 사과맛 사탕을 뽑을 때, 두 번째 학생도 사과맛 사탕을 뽑을 확률은 $P(B|A)=\dfrac{n-1}{n+5}$이므로

$P(A\cap B)=P(A)P(B|A)$

$\qquad=\dfrac{n}{n+6}\times\dfrac{n-1}{n+5}=\dfrac{n(n-1)}{(n+6)(n+5)}$

$\dfrac{n(n-1)}{(n+6)(n+5)}=\dfrac{2}{11}$에서 $3n^2-11n-20=0$

$(3n+4)(n-5)=0$

$n\geq2$인 자연수이므로 $n=5$

답 5

10 갑이 파란 공을 꺼내는 사건을 A, 을이 빨간 공을 꺼내는 사건을 E라 하면

$P(A)=\dfrac{5}{8}$이므로 $P(A^C)=1-P(A)=\dfrac{3}{8}$이고

$P(E|A)=\dfrac{3}{7}$, $P(E|A^C)=\dfrac{2}{7}$

따라서 구하는 확률은

$P(E)=P(A\cap E)+P(A^C\cap E)$

$\qquad=P(A)P(E|A)+P(A^C)P(E|A^C)$

$\qquad=\dfrac{5}{8}\times\dfrac{3}{7}+\dfrac{3}{8}\times\dfrac{2}{7}$

$\qquad=\dfrac{21}{56}=\dfrac{3}{8}$

답 ②

11 뽑힌 22명의 학생 중에서 독서동아리 학생을 뽑는 사건을 A, 문학동아리 학생을 뽑는 사건을 B, 독후감대회에서 입상한 학생을 뽑는 사건을 E라 하면

$P(A)=\dfrac{10}{22}=\dfrac{5}{11}$, $P(B)=\dfrac{12}{22}=\dfrac{6}{11}$

$P(E|A)=\dfrac{4}{24}=\dfrac{1}{6}$, $P(E|B)=\dfrac{7}{28}=\dfrac{1}{4}$

따라서 구하는 확률은

$P(E)=P(A\cap E)+P(B\cap E)$

$\qquad=P(A)P(E|A)+P(B)P(E|B)$

$\qquad=\dfrac{5}{11}\times\dfrac{1}{6}+\dfrac{6}{11}\times\dfrac{1}{4}=\dfrac{7}{33}$

답 ④

12 첫 번째 시도에서 10점을 맞혔을 때, 두 번째 시도에서 10점을 맞히는 사건을 A, 세 번째 시도에서 10점을 맞히는 사건을 E라 하면

$P(A)=\dfrac{4}{5}$이므로 $P(A^C)=1-P(A)=\dfrac{1}{5}$이고

$P(E|A)=\dfrac{4}{5}$, $P(E|A^C)=\dfrac{9}{10}$

따라서 구하는 확률은
$$P(E) = P(A \cap E) + P(A^c \cap E)$$
$$= P(A)P(E|A) + P(A^c)P(E|A^c)$$
$$= \frac{4}{5} \times \frac{4}{5} + \frac{1}{5} \times \frac{9}{10} = \frac{41}{50}$$

답 $\frac{41}{50}$

13 주머니 A를 선택하는 사건을 A, 주머니 B를 선택하는 사건을 A^c, 흰 구슬을 꺼내는 사건을 E라 하면
$$P(A \cap E) = P(A)P(E|A) = \frac{1}{2} \times \frac{3}{7} = \frac{3}{14}$$
$$P(A^c \cap E) = P(A^c)P(E|A^c) = \frac{1}{2} \times \frac{2}{7} = \frac{1}{7}$$
이므로
$$P(E) = P(A \cap E) + P(A^c \cap E)$$
$$= \frac{3}{14} + \frac{1}{7} = \frac{5}{14}$$
따라서 구하는 확률은
$$P(A|E) = \frac{P(A \cap E)}{P(E)} = \frac{\frac{3}{14}}{\frac{5}{14}} = \frac{3}{5}$$

답 ①

14 A상자를 선택하는 사건을 A, B상자를 선택하는 사건을 A^c, 흰 공 1개, 검은 공 1개가 나오는 사건을 E라 하면
$$P(A \cap E) = P(A)P(E|A)$$
$$= \frac{1}{2} \times \frac{{}_3C_1 \times {}_3C_1}{{}_6C_2}$$
$$= \frac{1}{2} \times \frac{9}{15} = \frac{3}{10}$$
$$P(A^c \cap E) = P(A^c)P(E|A^c)$$
$$= \frac{1}{2} \times \frac{{}_4C_1 \times {}_2C_1}{{}_6C_2}$$
$$= \frac{1}{2} \times \frac{8}{15} = \frac{4}{15}$$
이므로
$$P(E) = P(A \cap E) + P(A^c \cap E)$$
$$= \frac{3}{10} + \frac{4}{15} = \frac{17}{30}$$
따라서 구하는 확률은
$$P(A^c|E) = \frac{P(A^c \cap E)}{P(E)} = \frac{\frac{4}{15}}{\frac{17}{30}} = \frac{8}{17}$$

답 ④

15 박물관을 희망하는 학생인 사건을 A, 미술관을 희망하는 학생인 사건을 A^c, 남학생을 뽑는 사건을 E라 하면
$$P(A \cap E) = P(A)P(E|A) = \frac{40}{100} \times \frac{60}{100} = \frac{6}{25}$$
$$P(A^c \cap E) = P(A^c)P(E|A^c) = \frac{60}{100} \times \frac{30}{100} = \frac{9}{50}$$
이므로
$$P(E) = P(A \cap E) + P(A^c \cap E)$$
$$= \frac{6}{25} + \frac{9}{50} = \frac{21}{50}$$

따라서 구하는 확률은
$$P(A|E) = \frac{P(A \cap E)}{P(E)} = \frac{\frac{6}{25}}{\frac{21}{50}} = \frac{4}{7}$$

답 $\frac{4}{7}$

16 공장 A에서 생산되는 제품을 선택하는 사건을 A, 공장 B에서 생산되는 제품을 선택하는 사건을 A^c, 불량 제품을 선택하는 사건을 E라 하면
$$P(A \cap E) = P(A)P(E|A) = \frac{70}{100} \times \frac{3}{100} = \frac{21}{1000}$$
$$P(A^c \cap E) = P(A^c)P(E|A^c) = \frac{30}{100} \times \frac{4}{100} = \frac{3}{250}$$
이므로
$$P(E) = P(A \cap E) + P(A^c \cap E)$$
$$= \frac{21}{1000} + \frac{3}{250} = \frac{33}{1000}$$
따라서 구하는 확률은
$$P(A|E) = \frac{P(A \cap E)}{P(E)} = \frac{\frac{21}{1000}}{\frac{33}{1000}} = \frac{7}{11}$$

답 ②

17 첫 번째로 뽑은 카드의 숫자가 4 이하인 사건을 A, 두 번째로 뽑은 카드의 숫자가 5 이상인 사건을 E라 하면
$$P(A) = \frac{4}{6} = \frac{2}{3}$$이므로 $P(A^c) = 1 - P(A) = \frac{1}{3}$이고
첫 번째로 뽑은 숫자가 4 이하이면 두 번째로 뽑은 숫자가 5 이상인 경우는 5 또는 6의 두 가지이므로
$$P(E|A) = \frac{2}{5}$$
첫 번째로 뽑은 숫자가 5 이상이면 두 번째로 뽑은 숫자가 5 이상인 경우는 5 또는 6 중 한 가지이므로
$$P(E|A^c) = \frac{1}{5}$$
$$P(A \cap E) = P(A)P(E|A) = \frac{2}{3} \times \frac{2}{5} = \frac{4}{15}$$
$$P(A^c \cap E) = P(A^c)P(E|A^c) = \frac{1}{3} \times \frac{1}{5} = \frac{1}{15}$$
이므로
$$P(E) = P(A \cap E) + P(A^c \cap E)$$
$$= \frac{4}{15} + \frac{1}{15}$$
$$= \frac{1}{3}$$
따라서 구하는 확률은
$$P(A|E) = \frac{P(A \cap E)}{P(E)} = \frac{\frac{4}{15}}{\frac{1}{3}} = \frac{4}{5}$$

답 ④

18 a가 홀수인 사건을 A, $a \times b$가 짝수인 사건을 E라 하면
$$P(A) = \frac{3}{5}$$

a가 홀수이면 b는 짝수이어야 하므로

$P(E|A)=\dfrac{2}{4}=\dfrac{1}{2}$

a가 짝수이면 b는 홀수, 짝수 상관없이 $a \times b$가 짝수가 되므로

$P(E|A^c)=\dfrac{4}{4}=1$

$P(A \cap E)=P(A)P(E|A)=\dfrac{3}{5} \times \dfrac{1}{2}=\dfrac{3}{10}$

$P(A^c \cap E)=P(A^c)P(E|A^c)=\dfrac{2}{5} \times 1=\dfrac{2}{5}$

이므로

$P(E)=P(A \cap E)+P(A^c \cap E)=\dfrac{3}{10}+\dfrac{2}{5}=\dfrac{7}{10}$

따라서 구하는 확률은

$P(A|E)=\dfrac{P(A \cap E)}{P(E)}=\dfrac{\dfrac{3}{10}}{\dfrac{7}{10}}=\dfrac{3}{7}$

답 $\dfrac{3}{7}$

19 ㄱ. $a=1$이면 $B=\{1, 3\}$이므로 $A \cap B=\{1\}$

$P(A)=\dfrac{1}{2}$, $P(B)=\dfrac{1}{2}$, $P(A \cap B)=\dfrac{1}{4}$

$P(A \cap B)=P(A)P(B)$이므로 두 사건 A와 B는 서로 독립이다.
(참)

ㄴ. $a=4$이면 $B=\{3, 4\}$이므로 $A \cap B=\varnothing$
따라서 두 사건 A와 B는 서로 배반사건이다. (참)

ㄷ. $a=2$일 때, $P(A \cap B)=P(A)P(B)$이므로 두 사건 A와 B는 서로 독립이다.
$a=4$일 때, $P(A \cap B) \neq P(A)P(B)$이므로 두 사건 A와 B는 서로 종속이다.
즉, 두 사건 A와 B가 서로 종속이 되기 위한 a의 값은 4일 때 1개만 존재한다. (거짓)

이상에서 옳은 것은 ㄱ, ㄴ 이다.

답 ③

20 $A=\{2, 4, 6\}$, $B=\{1, 2\}$, $C=\{2, 3, 5\}$이므로

$P(A)=\dfrac{1}{2}$, $P(B)=\dfrac{1}{3}$, $P(C)=\dfrac{1}{2}$

ㄱ. $A \cap B=\{2\}$이므로 $P(A \cap B)=\dfrac{1}{6}$

$P(A \cap B)=P(A)P(B)$이므로 두 사건 A와 B는 서로 독립이다. (참)

ㄴ. $A \cap C=\{2\}$이므로 $P(A \cap C)=\dfrac{1}{6}$

$P(A \cap C) \neq P(A)P(C)$이므로 두 사건 A와 C는 서로 종속이다. (참)

ㄷ. $B \cup C=\{1, 2, 3, 5\}$이므로 $P(B \cup C)=\dfrac{2}{3}$

$A \cap (B \cup C)=\{2\}$이므로 $P(A \cap (B \cup C))=\dfrac{1}{6}$

$P(A \cap (B \cup C)) \neq P(A)P(B \cup C)$이므로 두 사건 A와 $(B \cup C)$는 서로 종속이다. (거짓)

이상에서 옳은 것은 ㄱ, ㄴ이다.

답 ②

21 $A=\{2, 4, 6\}$이므로

(i) $m=1$인 경우

$B=\{1\}$이므로 $A \cap B=\varnothing$

$P(A)=\dfrac{1}{2}$, $P(B)=\dfrac{1}{6}$, $P(A \cap B)=0$

$P(A \cap B) \neq P(A)P(B)$이므로 A와 B는 서로 종속

(ii) $m=2$인 경우

$B=\{1, 2\}$이므로 $A \cap B=\{2\}$

$P(A)=\dfrac{1}{2}$, $P(B)=\dfrac{1}{3}$, $P(A \cap B)=\dfrac{1}{6}$

$P(A \cap B)=P(A)P(B)$이므로 A와 B는 서로 독립

(iii) $m=3$인 경우

$B=\{1, 2, 3\}$이므로 $A \cap B=\{2\}$

$P(A)=\dfrac{1}{2}$, $P(B)=\dfrac{1}{2}$, $P(A \cap B)=\dfrac{1}{6}$

$P(A \cap B) \neq P(A)P(B)$이므로 A와 B는 서로 종속

(iv) $m=4$인 경우

$B=\{1, 2, 3, 4\}$이므로 $A \cap B=\{2, 4\}$

$P(A)=\dfrac{1}{2}$, $P(B)=\dfrac{2}{3}$, $P(A \cap B)=\dfrac{1}{3}$

$P(A \cap B)=P(A)P(B)$이므로 A와 B는 서로 독립

(v) $m=5$인 경우

$B=\{1, 2, 3, 4, 5\}$이므로 $A \cap B=\{2, 4\}$

$P(A)=\dfrac{1}{2}$, $P(B)=\dfrac{5}{6}$, $P(A \cap B)=\dfrac{1}{3}$

$P(A \cap B) \neq P(A)P(B)$이므로 A와 B는 서로 종속

(vi) $m=6$인 경우

$B=\{1, 2, 3, 4, 5, 6\}$이므로 $A \cap B=\{2, 4, 6\}$

$P(A)=\dfrac{1}{2}$, $P(B)=1$, $P(A \cap B)=\dfrac{1}{2}$

$P(A \cap B)=P(A)P(B)$이므로 A와 B는 서로 독립

(i)~(vi)에서 구하는 모든 m의 값의 합은

$2+4+6=12$

답 12

22 ㄱ. 두 사건 A와 B가 서로 독립이므로

$P(A \cap B)=P(A)P(B)$

따라서

$P(A|B)=\dfrac{P(A \cap B)}{P(B)}=\dfrac{P(A)P(B)}{P(B)}=P(A)$ (참)

ㄴ. 두 사건 A와 B가 서로 배반사건이면 $P(A \cap B)=0$
따라서 $P(A|B)=0$이고 $P(A) \neq 0$이므로
$P(A|B) \neq P(A)$ (참)

ㄷ. 두 사건 A와 B가 서로 독립이므로

$P(A^c \cap B^c)=P((A \cup B)^c)=1-P(A \cup B)$
$\qquad =1-P(A)-P(B)+P(A \cap B)$
$\qquad =1-P(A)-P(B)+P(A)P(B)$
$\qquad =\{1-P(A)\}\{1-P(B)\}$
$\qquad =P(A^c)P(B^c)$

따라서 두 사건 A^c과 B^c도 서로 독립이다. (참)

이상에서 옳은 것은 ㄱ, ㄴ, ㄷ이다.

답 ⑤

23 두 사건 A, B에 대하여

$P(A|B)=P(A|B^C)=P(A)$가 성립하므로 두 사건 A와 B는 서로 독립이다.

$P(A^C)=\dfrac{1}{3}$에서

$P(A)=1-P(A^C)=1-\dfrac{1}{3}=\dfrac{2}{3}$

$P(A\cap B)=\dfrac{1}{6}$에서 $P(A)P(B)=\dfrac{1}{6}$

따라서 $P(B)=\dfrac{1}{6}\times\dfrac{1}{P(A)}=\dfrac{1}{6}\times\dfrac{3}{2}=\dfrac{1}{4}$

답 $\dfrac{1}{4}$

24 ㄱ. 두 사건 A와 B가 서로 독립이므로

$P(A^C|B^C)=P(A^C)=1-P(A)$ (참)

ㄴ. 두 사건 A와 B가 서로 독립이면

$P(A|B)=P(A|B^C)$이 참인 명제이므로 이 명제의 대우도 참이 된다. 따라서

$P(A|B)\neq P(A|B^C)$이면 A와 B는 서로 종속이다. (참)

ㄷ. 두 사건 A와 B가 서로 배반사건이면 $A\cap B=\varnothing$이고,

만약 $A\cup B\neq S$이면 $A^C\cap B^C\neq\varnothing$이다.

따라서 두 사건 A^C과 B^C은 서로 배반사건이 아니다. (거짓)

이상에서 옳은 것은 ㄱ, ㄴ이다.

답 ③

25 두 사건 A와 B가 서로 독립이므로

$P(A\cap B)=P(A)P(B)$

$P(A\cap B^C)=P(A)-P(A\cap B)$

$\qquad\qquad\quad =P(A)-P(A)P(B)$

$\dfrac{1}{5}=\dfrac{3}{5}-\dfrac{3}{5}P(B)$이므로

$P(B)=\dfrac{2}{3}$

답 ②

다른 풀이

두 사건 A와 B가 서로 독립이므로 두 사건 A와 B^C도 서로 독립이다.

따라서 $P(A\cap B^C)=P(A)P(B^C)$

$\dfrac{1}{5}=\dfrac{3}{5}P(B^C)$에서 $P(B^C)=\dfrac{1}{3}$

따라서 $P(B)=1-P(B^C)=1-\dfrac{1}{3}=\dfrac{2}{3}$

26 주사위를 던질 때 3의 배수의 눈이 나오는 사건을 A, 동전을 던질 때 동전의 앞면이 나오는 사건을 B라 하면 두 사건 A와 B는 서로 독립이다.

따라서 구하는 확률은

$P(A\cap B)=P(A)P(B)=\dfrac{1}{3}\times\dfrac{1}{2}=\dfrac{1}{6}$

답 ①

27 $P(A\cup B)=P(A)+P(B)-P(A\cap B)$ ····· ㉠

이고 두 사건 A와 B는 서로 독립이므로

$P(A\cap B)=P(A)P(B)$ ····· ㉡

㉡을 ㉠에 대입하면

$P(A\cup B)=P(A)+P(B)-P(A)P(B)$

$\dfrac{5}{6}=P(A)+\dfrac{1}{2}-\dfrac{1}{2}P(A)$

$P(A)=\dfrac{2}{3}$이므로

$P(A^C)=1-P(A)=1-\dfrac{2}{3}=\dfrac{1}{3}$

답 ①

28 $P(A\cup B)=P(A)+P(B)-P(A\cap B)$에서

$P(A)+P(B)=P(A\cup B)+P(A\cap B)$

$\qquad\qquad\quad =\dfrac{4}{5}+\dfrac{1}{5}=1$

두 사건 A와 B는 서로 독립이므로

$P(A\cap B)=P(A)P(B)=\dfrac{1}{5}$

따라서

$\{P(A)\}^2+\{P(B)\}^2=\{P(A)+P(B)\}^2-2P(A)P(B)$

$\qquad\qquad\qquad\quad =1^2-2\times\dfrac{1}{5}=\dfrac{3}{5}$

답 ②

29 A 상자에서 흰 구슬이 나오는 사건을 A, B 상자에서 검은 구슬이 나오는 사건을 B라 하면 두 사건 A와 B는 서로 독립이고 A^C과 B^C도 서로 독립이다.

A, B 상자에서 각각 임의로 1개씩 구슬을 꺼낼 때, 흰 구슬 1개, 검은 구슬 1개가 나오는 경우는 A 상자에서 흰 구슬 1개, B 상자에서 검은 구슬 1개가 나오거나 A 상자에서 검은 구슬 1개, B 상자에서 흰 구슬 1개가 나오는 경우이다.

(ⅰ) A 상자에서 흰 구슬 1개, B 상자에서 검은 구슬 1개가 나오는 경우

$P(A\cap B)=P(A)P(B)=\dfrac{3}{7}\times\dfrac{5}{7}=\dfrac{15}{49}$

(ⅱ) A 상자에서 검은 구슬 1개, B 상자에서 흰 구슬 1개가 나오는 경우

$P(A^C\cap B^C)=P(A^C)P(B^C)=\dfrac{4}{7}\times\dfrac{2}{7}=\dfrac{8}{49}$

(ⅰ), (ⅱ)에서 구하는 확률은

$\dfrac{15}{49}+\dfrac{8}{49}=\dfrac{23}{49}$

답 ②

30 이 학생이 도서관을 방문하는 사건을 A, 서점을 방문하는 사건을 B, 카페를 방문하는 사건을 C라 하면 세 사건 A, B, C는 서로 독립이다. 따라서 이 학생이 집으로 가는 도중 2곳만 방문할 확률은

$P(A\cap B\cap C^C)+P(A\cap B^C\cap C)+P(A^C\cap B\cap C)$

$=\dfrac{3}{4}\times\dfrac{2}{3}\times\dfrac{1}{2}+\dfrac{3}{4}\times\dfrac{1}{3}\times\dfrac{1}{2}+\dfrac{1}{4}\times\dfrac{2}{3}\times\dfrac{1}{2}$

$=\dfrac{6+3+2}{24}=\dfrac{11}{24}$

답 $\dfrac{11}{24}$

31 한 개의 동전을 던질 때 앞면이 나올 확률은 $\dfrac{1}{2}$이므로

구하는 확률은

$_5C_3\left(\dfrac{1}{2}\right)^3\left(\dfrac{1}{2}\right)^2=10\times\left(\dfrac{1}{2}\right)^5=\dfrac{5}{16}$

답 ②

32 한 개의 주사위를 던질 때 소수의 눈이 나올 확률은

$$\frac{3}{6}=\frac{1}{2}$$

소수의 눈이 5번 이상 나오는 경우는 소수의 눈이 5번 또는 6번 나오는 경우이다.

(i) 소수의 눈이 5번 나오는 경우

$$_6C_5\left(\frac{1}{2}\right)^5\left(\frac{1}{2}\right)^1=\frac{3}{32}$$

(ii) 소수의 눈이 6번 나오는 경우

$$_6C_6\left(\frac{1}{2}\right)^6=\frac{1}{64}$$

(i), (ii)에서 구하는 확률은

$$\frac{3}{32}+\frac{1}{64}=\frac{7}{64}$$

답 ⑤

33 한 개의 주사위를 던질 때, 3의 배수의 눈이 나올 확률은 $\frac{1}{3}$, 동전의 앞면이 나올 확률은 $\frac{1}{2}$이다.

(i) 주사위를 던졌을 때 3의 배수의 눈이 나오는 경우
동전을 3번 던지고 3번 모두 앞면이 나와야 하므로

$$\frac{1}{3}\times{}_3C_3\left(\frac{1}{2}\right)^3=\frac{1}{3}\times\frac{1}{8}=\frac{1}{24}$$

(ii) 주사위를 던졌을 때 3의 배수의 눈이 나오지 않는 경우
동전을 4번 던지고 이 중에서 3번만 앞면이 나와야 하므로

$$\frac{2}{3}\times{}_4C_3\left(\frac{1}{2}\right)^3\left(\frac{1}{2}\right)=\frac{2}{3}\times\frac{1}{4}=\frac{1}{6}$$

(i), (ii)에서 구하는 확률은

$$\frac{1}{24}+\frac{1}{6}=\frac{5}{24}$$

답 ①

34 한 개의 동전을 던질 때 앞면이 나오는 횟수를 x라 하면 뒷면이 나오는 횟수는 $(10-x)$이다.
$2x-(10-x)=11$이므로 $x=7$
따라서 동전을 10번 던졌을 때 11점을 얻으려면 앞면이 7번, 뒷면이 3번 나와야 하므로 구하는 확률은

$$_{10}C_7\left(\frac{1}{2}\right)^7\left(\frac{1}{2}\right)^3={}_{10}C_3\left(\frac{1}{2}\right)^{10}$$
$$=\frac{10\times9\times8}{3\times2\times1}\times\frac{1}{1024}=\frac{15}{128}$$

답 ②

35 한 개의 공을 꺼낼 때 흰 공이 나올 확률은 $\frac{2}{3}$, 검은 공이 나올 확률은 $\frac{1}{3}$이다.

흰 공이 나오는 횟수를 a, 검은 공이 나오는 횟수를 b라 하면
$2a+b=7$, $-a+b=1$
이므로 연립하여 풀면
$a=2$, $b=3$

즉, 원점에 있던 점 P가 점 $(7, 1)$로 이동하려면 5번의 시행에서 흰 공이 2번, 검은 공이 3번 나와야 하므로 구하는 확률은

$$_5C_2\left(\frac{2}{3}\right)^2\left(\frac{1}{3}\right)^3=\frac{5\times4}{2\times1}\times\frac{4}{9}\times\frac{1}{27}=\frac{40}{243}$$

답 $\frac{40}{243}$

36 A가 승자가 되는 경우는 다음과 같다.

(i) 세 번째 경기에서 A가 승자가 되는 경우
A가 연속해서 세 번 모두 이겨야 하므로

$$_3C_3\left(\frac{2}{3}\right)^3=\frac{8}{27}$$

(ii) 네 번째 경기에서 A가 승자가 되는 경우
A가 첫 번째에서 세 번째 경기 중에서 두 번 이기고 네 번째 경기에서 이겨야 하므로

$$_3C_2\left(\frac{2}{3}\right)^2\left(\frac{1}{3}\right)\times\frac{2}{3}=\frac{8}{27}$$

(iii) 다섯 번째 경기에서 A가 승자가 되는 경우
A가 첫 번째에서 네 번째 경기 중에서 두 번 이기고 다섯 번째 경기에서 이겨야 하므로

$$_4C_2\left(\frac{2}{3}\right)^2\left(\frac{1}{3}\right)^2\times\frac{2}{3}=\frac{16}{81}$$

(i), (ii), (iii)에서 구하는 확률은

$$\frac{8}{27}+\frac{8}{27}+\frac{16}{81}=\frac{64}{81}$$

답 $\frac{64}{81}$

서술형 완성하기   본문 48쪽

01 $\frac{9}{10}$	**02** $\frac{1}{2}$	**03** $\frac{5}{9}$
04 $\frac{2}{3}$	**05** $\frac{3}{4}$	**06** $\frac{8}{9}$

01 $P(B^C)=\frac{2}{5}$에서

$$P(B)=1-P(B^C)$$
$$=1-\frac{2}{5}=\frac{3}{5} \quad\quad\cdots\cdots❶$$

$P(B|A)+P(A|B)=\frac{11}{30}$에서

$$P(B|A)+P(A|B)$$
$$=\frac{P(A\cap B)}{P(A)}+\frac{P(A\cap B)}{P(B)}$$
$$=\left\{\frac{1}{P(A)}+\frac{1}{P(B)}\right\}P(A\cap B)$$
$$=\left(2+\frac{5}{3}\right)P(A\cap B)$$
$$=\frac{11}{3}P(A\cap B)=\frac{11}{30}$$

$$P(A\cap B)=\frac{1}{10} \quad\quad\cdots\cdots❷$$

따라서

$$P(A^C \cup B^C) = P((A \cap B)^C)$$
$$= 1 - P(A \cap B)$$
$$= 1 - \frac{1}{10} = \frac{9}{10} \qquad \cdots\cdots ❸$$

답 $\dfrac{9}{10}$

단계	채점 기준	비율
❶	$P(B)$의 값을 구한 경우	20 %
❷	$P(A \cap B)$의 값을 구한 경우	50 %
❸	$P(A^C \cup B^C)$의 값을 구한 경우	30 %

02 이 학급의 모든 학생은 30명이고 교내 활동을 선택한 학생의 수가 14명이므로 교외 활동을 선택한 학생의 수는 16명이다.
이때 교외 활동을 선택한 학생의 37.5%가 여성이므로 교외 활동을 선택한 여학생의 수를 x라 하면

$$\frac{x}{16} = 0.375$$
$$x = 6 \qquad \cdots\cdots ❶$$

이를 표로 나타내면 다음과 같다.

(단위: 명)

구분	교내 활동	교외 활동	계
남성	a	10	$a+10$
여성	b	6	$b+6$
합계	14	16	30

이 학급의 모든 학생 중에서 임의로 선택한 한 명이 남성인 사건을 A, 교내 활동을 선택한 학생인 사건을 B라 하면 $P(B|A) = \dfrac{4}{9}$이고 구하는 확률은 $P(B^C|A^C)$이다.

$P(B|A) = \dfrac{4}{9}$에서

$$P(B|A) = \frac{P(A \cap B)}{P(A)} = \frac{n(A \cap B)}{n(A)}$$
$$= \frac{a}{a+10} = \frac{4}{9}$$

$a = 8$
위 표에서 $a+b = 14$이므로 $b = 6$ $\qquad \cdots\cdots ❷$
따라서 구하는 확률은

$$P(B^C|A^C) = \frac{P(A^C \cap B^C)}{P(A^C)} = \frac{n(A^C \cap B^C)}{n(A^C)}$$
$$= \frac{6}{b+6} = \frac{6}{6+6} = \frac{1}{2} \qquad \cdots\cdots ❸$$

답 $\dfrac{1}{2}$

단계	채점 기준	비율
❶	교외 활동을 선택한 여학생의 수를 구한 경우	20 %
❷	교내 활동을 선택한 여학생의 수를 구한 경우	40 %
❸	확률을 구한 경우	40 %

03 한 개의 주사위를 두 번 던질 때 나올 수 있는 모든 경우의 수는
$$_6\Pi_2 = 6^2 = 36$$
한 개의 주사위를 두 번 던질 때 나오는 두 눈의 수의 합이 4의 배수인 사건을 A, 두 눈의 수의 곱이 12의 약수인 사건을 B라 하면 구하는 확률은 $P(B|A)$이다.
한 개의 주사위를 두 번 던질 때 나오는 두 눈의 수를 차례대로 a, b라 하자.
두 눈의 수의 합 $a+b$가 4의 배수인 4, 8, 12인 a, b의 모든 순서쌍 (a, b)는
$(1, 3)$, $(2, 2)$, $(3, 1)$,
$(2, 6)$, $(3, 5)$, $(4, 4)$, $(5, 3)$, $(6, 2)$
$(6, 6)$
이므로 $P(A) = \dfrac{9}{36} = \dfrac{1}{4}$ $\qquad \cdots\cdots ❶$
위의 9개의 순서쌍 (a, b) 중에서 ab가 12의 약수, 즉
1, 2, 3, 4, 6, 12 중 하나인 순서쌍 (a, b)는
$(1, 3)$, $(2, 2)$, $(3, 1)$, $(2, 6)$, $(6, 2)$
이므로 $P(A \cap B) = \dfrac{5}{36}$ $\qquad \cdots\cdots ❷$
따라서 구하는 확률은

$$P(B|A) = \frac{P(A \cap B)}{P(A)} = \frac{\frac{5}{36}}{\frac{1}{4}} = \frac{5}{9} \qquad \cdots\cdots ❸$$

답 $\dfrac{5}{9}$

단계	채점 기준	비율
❶	$P(A)$의 값을 구한 경우	50 %
❷	$P(A \cap B)$의 값을 구한 경우	30 %
❸	$P(B|A)$의 값을 구한 경우	20 %

04 두 사건 A와 B가 서로 독립이므로 두 사건 A와 B^C, 두 사건 A^C과 B도 각각 서로 독립이다.
따라서

$$P(A \cap B^C) = P(A)P(B^C)$$
$$P(A^C \cap B) = P(A^C)P(B) \qquad \cdots\cdots ❶$$

$P(A) = \dfrac{1}{2}$이므로 $P(A^C) = 1 - P(A) = 1 - \dfrac{1}{2} = \dfrac{1}{2}$
또한 $P(B^C) = 1 - P(B)$이므로
$P(A \cap B^C) - P(A^C \cap B) = \dfrac{1}{6}$에서

$$P(A)P(B^C) - P(A^C)P(B)$$
$$= \frac{1}{2}\{1 - P(B)\} - \frac{1}{2}P(B)$$
$$= \frac{1}{2} - P(B) = \frac{1}{6}$$

$$P(B) = \frac{1}{3} \qquad \cdots\cdots ❷$$

따라서

$\mathrm{P}(A \cup B)$
$= \mathrm{P}(A) + \mathrm{P}(B) - \mathrm{P}(A \cap B)$
$= \mathrm{P}(A) + \mathrm{P}(B) - \mathrm{P}(A)\mathrm{P}(B)$
$= \dfrac{1}{2} + \dfrac{1}{3} - \dfrac{1}{2} \times \dfrac{1}{3} = \dfrac{2}{3}$ ······ ❸

답 $\dfrac{2}{3}$

단계	채점 기준	비율
❶	$\mathrm{P}(A \cap B^C) = \mathrm{P}(A)\mathrm{P}(B^C)$, $\mathrm{P}(A^C \cap B) = \mathrm{P}(A^C)\mathrm{P}(B)$로 나타낸 경우	20 %
❷	$\mathrm{P}(B)$의 값을 구한 경우	40 %
❸	$\mathrm{P}(A \cup B)$의 값을 구한 경우	40 %

05 직육면체 ABCD−EFGH의 꼭짓점 중에서 서로 다른 두 점을 선택하는 경우의 수는

$_8\mathrm{C}_2 = \dfrac{8 \times 7}{2 \times 1} = 28$

선택한 두 점을 연결한 선분의 길이가 2보다 큰 사건을 A, 선분의 길이가 무리수인 사건을 B라 하면 구하는 확률은 $\mathrm{P}(B|A)$이다.
선택한 두 점을 연결한 선분의 길이는 1 또는 $\sqrt{3}$ 또는 $\sqrt{6}$ 또는
$\sqrt{1^2 + (\sqrt{3})^2} = 2$ 또는 $\sqrt{1^2 + (\sqrt{6})^2} = \sqrt{7}$ 또는
$\sqrt{(\sqrt{3})^2 + (\sqrt{6})^2} = 3$ 또는 $\sqrt{1^2 + (\sqrt{3})^2 + (\sqrt{6})^2} = \sqrt{10}$이다. ······ ❶
선분의 길이가 2보다 큰 경우는 선분의 길이가 $\sqrt{6}$ 또는 $\sqrt{7}$ 또는 3 또는 $\sqrt{10}$인 경우이다.
선분의 길이가 $\sqrt{6}$인 선분은 $\overline{AE}$, $\overline{BF}$, $\overline{CG}$, $\overline{DH}$,
선분의 길이가 $\sqrt{7}$인 선분은 $\overline{AF}$, $\overline{BE}$, $\overline{CH}$, $\overline{DG}$,
선분의 길이가 3인 선분은 $\overline{AH}$, $\overline{DE}$, $\overline{BG}$, $\overline{CF}$,
선분의 길이가 $\sqrt{10}$인 선분은 $\overline{AG}$, $\overline{BH}$, $\overline{CE}$, $\overline{DF}$
이므로 $\mathrm{P}(A) = \dfrac{4 \times 4}{28} = \dfrac{4}{7}$
이때 선분의 길이가 2보다 크고 무리수인 경우는
선분의 길이가 $\sqrt{6}$ 또는 $\sqrt{7}$ 또는 $\sqrt{10}$인 경우이므로
$\mathrm{P}(A \cap B) = \dfrac{3 \times 4}{28} = \dfrac{3}{7}$ ······ ❷
따라서 구하는 확률은

$\mathrm{P}(B|A) = \dfrac{\mathrm{P}(A \cap B)}{\mathrm{P}(A)} = \dfrac{\dfrac{3}{7}}{\dfrac{4}{7}} = \dfrac{3}{4}$ ······ ❸

답 $\dfrac{3}{4}$

단계	채점 기준	비율
❶	나올 수 있는 모든 선분의 길이를 구한 경우	20 %
❷	$\mathrm{P}(A)$, $\mathrm{P}(A \cap B)$의 값을 구한 경우	60 %
❸	$\mathrm{P}(B|A)$의 값을 구한 경우	20 %

06 주어진 게임을 4번 반복한 후, P가 얻은 점수의 합이 6점 이상인 사건을 A라 하면 사건 A의 여사건 A^C은 P가 얻은 점수의 합이 5점 이하인 사건이다.
주어진 게임을 4번 반복할 때 주사위의 눈의 수가 6의 약수인 횟수가 a $(0 \le a \le 4)$이면 6의 약수가 아닌 횟수가 $4-a$이므로 P가 얻은 점수의 합은

$2a + (4-a) = a + 4$ ······ ❶

P가 얻은 점수의 합이 5점 이하이려면
$a + 4 \le 5$
$a \le 1$
즉, 주어진 게임을 4번 반복할 때 P가 얻은 점수의 합이 5점 이하이려면 6의 약수의 눈이 1번 이하가 나와야 한다.
이때 한 개의 주사위를 던져서 나오는 주사위의 눈의 수가 6의 약수인 1, 2, 3, 6이 나올 확률은 $\dfrac{2}{3}$, 6의 약수가 아닌 눈의 수가 나올 확률은 $\dfrac{1}{3}$이므로

$\mathrm{P}(A^C) = {}_4\mathrm{C}_0 \left(\dfrac{1}{3}\right)^4 + {}_4\mathrm{C}_1 \left(\dfrac{2}{3}\right)^1 \left(\dfrac{1}{3}\right)^3$

$= \dfrac{1+8}{3^4} = \dfrac{1}{9}$ ······ ❷

따라서 구하는 확률은
$\mathrm{P}(A) = 1 - \mathrm{P}(A^C)$
$= 1 - \dfrac{1}{9} = \dfrac{8}{9}$ ······ ❸

답 $\dfrac{8}{9}$

단계	채점 기준	비율
❶	P가 얻은 점수의 합을 나타낸 경우	30 %
❷	점수의 합이 5점 이하인 확률을 구한 경우	50 %
❸	점수의 합이 6점 이상일 확률을 구한 경우	20 %

내신 + 수능 고난도 도전   본문 49~50쪽

| 01 ④ | 02 ④ | 03 ⑤ | 04 ④ | 05 16 |
| 06 ⑤ | 07 ③ | 08 769 | | |

01 집합 $X = \{1, 2, 3, 4, 5\}$에서 X로의 함수 f의 개수는
$_5\Pi_5 = 5^5$
이때 집합 X에서 X로의 함수 f 중에서 임의로 택한 한 함수가
$f(1) + f(2) = 6$, $f(3) = 3$을 만족시키는 함수인 사건을 A, 일대일 대응인 사건을 B라 하면 구하는 확률은 $\mathrm{P}(B|A)$이다.
집합 X에서 X로의 함수 f 중에서
$f(1) + f(2) = 6$, $f(3) = 3$을 만족시키는 함수는
$f(1) = 1$, $f(2) = 5$, $f(3) = 3$
또는 $f(1) = 2$, $f(2) = 4$, $f(3) = 3$
또는 $f(1) = 3$, $f(2) = 3$, $f(3) = 3$
또는 $f(1) = 4$, $f(2) = 2$, $f(3) = 3$
또는 $f(1) = 5$, $f(2) = 1$, $f(3) = 3$이어야 하므로
$\mathrm{P}(A) = \dfrac{5 \times {}_5\Pi_2}{5^5} = \dfrac{5 \times 5^2}{5^5} = \dfrac{125}{5^5}$
이때 $f(1) + f(2) = 6$, $f(3) = 3$을 만족시키면서 동시에
일대일대응인 함수 f는
$f(1) = 1$, $f(2) = 5$, $f(3) = 3$
또는 $f(1) = 2$, $f(2) = 4$, $f(3) = 3$
또는 $f(1) = 4$, $f(2) = 2$, $f(3) = 3$
또는 $f(1) = 5$, $f(2) = 1$, $f(3) = 3$이어야 하므로

$\mathrm{P}(A \cap B) = \dfrac{4 \times 2!}{5^5} = \dfrac{8}{5^5}$

따라서 구하는 확률은

$$\mathrm{P}(B \mid A) = \dfrac{\mathrm{P}(A \cap B)}{\mathrm{P}(A)} = \dfrac{\dfrac{8}{5^5}}{\dfrac{125}{5^5}} = \dfrac{8}{125}$$

답 ④

02 교직원 중에서 남성의 인원이 b명, 여성의 인원이 e이고 모든 교직원이 275명이므로

$b + e = 275$

이 대학의 교직원 중에서 임의로 선택한 한 명이 30대인 사건을 A, 40대 이상인 사건을 B, 남성인 사건을 C라 하자. 교직원 중에서 임의로 선택한 한 명이 30대일 때 이 교직원이 여성일 확률은 $\mathrm{P}(C^C \mid A)$이고, 교직원 중에서 임의로 선택한 한 명이 40대 이상일 때 이 교직원이 남성일 확률은 $\mathrm{P}(C \mid B)$이다.

이때 두 확률이 서로 같으므로

$\mathrm{P}(C^C \mid A) = \mathrm{P}(C \mid B)$

$\dfrac{\mathrm{P}(A \cap C^C)}{\mathrm{P}(A)} = \dfrac{\mathrm{P}(B \cap C)}{\mathrm{P}(B)}$

따라서

$\dfrac{n(A \cap C^C)}{n(A)} = \dfrac{n(B \cap C)}{n(B)}$ ...... ㉠

$n(A) = 60 + 2a$

$n(B) = 275 - n(B^C)$

$\quad = 275 - (50 + 60 + 25 + 2a)$

$\quad = 140 - 2a$

$n(A \cap C^C) = 2a$

$n(B \cap C) = a + 20$

이므로 ㉠에서

$\dfrac{2a}{60 + 2a} = \dfrac{a + 20}{140 - 2a}$

$a^2 - 30a + 200 = 0$

$(a - 10)(a - 20) = 0$

$a > 10$이므로 $a = 20$

따라서 $a + b + e = 20 + 275 = 295$

답 ④

03 한 개의 주사위를 세 번 던져서 나올 수 있는 모든 경우의 수는

$_6\Pi_3 = 6^3 = 216$

한 개의 주사위를 세 번 던져서 나온 세 눈의 수 중 소수인 눈의 수가 1개인 사건을 A, 세 눈의 수의 합이 짝수인 사건을 B라 하면 구하는 확률은 $\mathrm{P}(B \mid A)$이다.

주사위를 한 번 던졌을 때 소수인 눈의 수인 2, 3, 5가 나올 확률은 $\dfrac{1}{2}$, 소수가 아닌 눈의 수가 나올 확률도 $\dfrac{1}{2}$이므로

$\mathrm{P}(A) = {}_3\mathrm{C}_1 \left(\dfrac{1}{2}\right)^1 \left(\dfrac{1}{2}\right)^2 = \dfrac{3}{8}$

한 개의 주사위를 세 번 던져서 나온 눈의 수를 차례대로 a, b, c라 하자. a, b, c 중 소수가 하나이고, $a + b + c$의 값이 짝수인 a, b, c의 모든 순서쌍 (a, b, c)는 다음과 같다.

(i) a, b, c 중 하나가 2인 경우

순서쌍 (a, b, c)의 개수는

$(2, 1, 1)$, $(1, 2, 1)$, $(1, 1, 2)$, $(2, 4, 4)$, $(4, 2, 4)$, $(4, 4, 2)$,
$(2, 4, 6)$, $(2, 6, 4)$, $(4, 2, 6)$, $(4, 6, 2)$, $(6, 2, 4)$, $(6, 4, 2)$,
$(2, 6, 6)$, $(6, 2, 6)$, $(6, 6, 2)$

로 15

(ii) a, b, c 중 하나가 3인 경우

순서쌍 (a, b, c)의 개수는

$(3, 1, 4)$, $(3, 4, 1)$, $(1, 3, 4)$, $(4, 3, 1)$, $(1, 4, 3)$, $(4, 1, 3)$,
$(3, 1, 6)$, $(3, 6, 1)$, $(1, 3, 6)$, $(6, 3, 1)$, $(1, 6, 3)$, $(6, 1, 3)$

으로 12

(iii) a, b, c 중 하나가 5인 경우

순서쌍 (a, b, c)의 개수는

$(5, 1, 4)$, $(5, 4, 1)$, $(1, 5, 4)$, $(4, 5, 1)$, $(1, 4, 5)$, $(4, 1, 5)$,
$(5, 1, 6)$, $(5, 6, 1)$, $(1, 5, 6)$, $(6, 5, 1)$, $(1, 6, 5)$, $(6, 1, 5)$

로 12

(i), (ii), (iii)에서

$\mathrm{P}(A \cap B) = \dfrac{15 + 12 + 12}{216} = \dfrac{13}{72}$

따라서 구하는 확률은

$$\mathrm{P}(B \mid A) = \dfrac{\mathrm{P}(A \cap B)}{\mathrm{P}(A)} = \dfrac{\dfrac{13}{72}}{\dfrac{3}{8}} = \dfrac{13}{27}$$

답 ⑤

04 한 개의 주사위를 던져서 나오는 눈의 수가 홀수일 확률과 짝수일 확률은 모두 $\dfrac{1}{2}$이다.

한 개의 주사위를 던진 후 꺼낸 2개의 공의 색이 같은 사건을 A, 2개의 공이 모두 흰 공인 사건을 B라 하면 구하는 확률은 $\mathrm{P}(B \mid A)$이다.

$\mathrm{P}(A)$는 주사위를 던져서 나온 눈의 수 홀수일 때 주머니 A에서 꺼낸 두 공이 모두 흰 공 또는 모두 검은 공이거나 주사위를 던져서 나온 눈의 수가 짝수일 때 주머니 B에서 꺼낸 두 공이 모두 흰 공인 경우의 확률이므로

$\mathrm{P}(A) = \dfrac{1}{2} \times \dfrac{{}_2\mathrm{C}_2 + {}_2\mathrm{C}_2}{{}_4\mathrm{C}_2} + \dfrac{1}{2} \times \dfrac{{}_3\mathrm{C}_2}{{}_4\mathrm{C}_2}$

$\quad = \dfrac{1}{2} \times \dfrac{1 + 1}{6} + \dfrac{1}{2} \times \dfrac{3}{6} = \dfrac{5}{12}$

$\mathrm{P}(A \cap B)$는 주사위를 던져서 나온 눈의 수가 홀수일 때 주머니 A에서 꺼낸 두 공이 모두 흰 공이거나 주사위를 던져서 나온 눈의 수가 짝수일 때 주머니 B에서 꺼낸 두 공이 모두 흰 공인 경우의 확률이므로

$\mathrm{P}(A \cap B) = \dfrac{1}{2} \times \dfrac{{}_2\mathrm{C}_2}{{}_4\mathrm{C}_2} + \dfrac{1}{2} \times \dfrac{{}_3\mathrm{C}_2}{{}_4\mathrm{C}_2}$

$\quad = \dfrac{1}{2} \times \dfrac{1}{6} + \dfrac{1}{2} \times \dfrac{3}{6} = \dfrac{1}{3}$

따라서 구하는 확률은

$$\mathrm{P}(B \mid A) = \dfrac{\mathrm{P}(A \cap B)}{\mathrm{P}(A)} = \dfrac{\dfrac{1}{3}}{\dfrac{5}{12}} = \dfrac{4}{5}$$

답 ④

05 집합 U의 원소 중 7의 배수 또는 8의 약수인 1, 2, 4, 7, 8이 나오는 사건이 A이므로

$P(A) = \dfrac{5}{10} = \dfrac{1}{2}$

10 이하의 자연수 n에 대하여 n 이하의 수가 나오는 사건이 B_n이므로

$B_n = \{1, 2, 3, \cdots, n\}$

$P(B_n) = \dfrac{n}{10}$

이때 두 사건 A와 B_n이 서로 독립이려면

$P(A \cap B_n) = P(A)P(B_n)$ 이어야 하므로

$\dfrac{n(A \cap B_n)}{10} = \dfrac{1}{2} \times \dfrac{n}{10}$

$n(A \cap B_n) = \dfrac{n}{2}$ ...... ㉠

이때 $n(A \cap B_n)$은 자연수이므로 n은 2의 배수이어야 한다.

$n=2$이면 $A \cap B_n = \{1, 2\}$이고

$n(A \cap B_n) = 2 \neq \dfrac{2}{2}$

이므로 ㉠을 만족시키지 않는다.

$n=4$이면 $A \cap B_n = \{1, 2, 4\}$이고

$n(A \cap B_n) = 3 \neq \dfrac{4}{2}$

이므로 ㉠을 만족시키지 않는다.

$n=6$이면 $A \cap B_n = \{1, 2, 4\}$이고

$n(A \cap B_n) = 3 = \dfrac{6}{2}$

이므로 ㉠을 만족시킨다.

$n=8$이면 $A \cap B_n = \{1, 2, 4, 7, 8\}$이고

$n(A \cap B_n) = 5 \neq \dfrac{8}{2}$

이므로 ㉠을 만족시키지 않는다.

$n=10$이면 $A \cap B_n = \{1, 2, 4, 7, 8\}$이고

$n(A \cap B_n) = 5 = \dfrac{10}{2}$

이므로 ㉠을 만족시킨다.

따라서 구하는 모든 자연수 n의 값의 합은

$6+10=16$

目 16

06 세 학생 A, B, C가 한 번의 가위바위보를 할 때 일어날 수 있는 모든 경우의 수는

$_3\Pi_3 = 27$

이때 학생 A가 이기려면 A가 가위, B, C가 보 또는 A가 바위, B, C가 가위 또는 A가 보, B, C가 바위를 내야 하므로 이 경우의 수는 3

마찬가지로 학생 B, C가 이기는 경우의 수도 3가지씩 존재하므로 세 학생 A, B, C가 한 번의 가위바위보를 하여 이기는 사람이 한 명뿐인 경우, 즉 승부가 날 확률은

$\dfrac{3 \times 3}{27} = \dfrac{1}{3}$

이고, 승부가 나지 않을 확률은 $1 - \dfrac{1}{3} = \dfrac{2}{3}$이다.

첫 번째 가위바위보에서 승부가 날 확률은

$\dfrac{1}{3}$

두 번째 가위바위보에서 승부가 날 확률은

$\dfrac{2}{3} \times \dfrac{1}{3} = \dfrac{2}{9}$

세 번째 가위바위보에서 승부가 날 확률은

$\dfrac{2}{3} \times \dfrac{2}{3} \times \dfrac{1}{3} = \dfrac{4}{27}$

따라서 3번 이하의 가위바위보를 하여 승부가 날 확률은

$\dfrac{1}{3} + \dfrac{2}{9} + \dfrac{4}{27} = \dfrac{9+6+4}{27} = \dfrac{19}{27}$

目 ⑤

07 7개의 공이 들어 있는 상자에서 갑이 두 개의 공을 동시에 꺼낸 후, 을이 두 개의 공을 동시에 꺼낼 때 일어날 수 있는 모든 경우의 수는

$_7C_2 \times _5C_2 = 21 \times 10 = 210$

갑이 꺼낸 두 개의 공에 적혀 있는 자연수의 합인 p가 짝수인 사건을 A, p가 을이 꺼낸 두 개의 공에 적혀 있는 자연수의 합인 q보다 큰 사건, 즉 $p>q$인 사건을 B라 하면 구하는 확률은 $P(B|A)$이다.

갑이 동시에 꺼낸 두 개의 공에 적혀 있는 자연수를 a, b $(a<b)$라 하고 을이 동시에 꺼낸 두 개의 공에 적혀 있는 자연수를 c, d $(c<d)$라 하자.

사건 A를 만족시키는 a, b의 순서쌍 (a, b)는 $p=a+b$의 값에 따라 다음과 같다.

$p=4$일 때, $(1, 3)$

$p=6$일 때, $(1, 5)$, $(2, 4)$

$p=8$일 때, $(1, 7)$, $(2, 6)$, $(3, 5)$

$p=10$일 때, $(3, 7)$, $(4, 6)$

$p=12$일 때, $(5, 7)$

따라서 사건 A를 만족시키는 a, b의 모든 순서쌍 (a, b)의 개수는 9이므로

$P(A) = \dfrac{9}{21} = \dfrac{3}{7}$

사건 $A \cap B$를 만족시키는 c, d의 순서쌍 (c, d)는 a, b의 순서쌍 (a, b)에 따라 다음과 같다.

(a, b)가 $(1, 3)$일 때, (c, d)는 존재하지 않는다.

(a, b)가 $(1, 5)$일 때, (c, d)는 $(2, 3)$

(a, b)가 $(2, 4)$일 때, (c, d)는 $(1, 3)$

(a, b)가 $(1, 7)$일 때, (c, d)는 $(2, 3)$, $(2, 4)$, $(2, 5)$, $(3, 4)$

(a, b)가 $(2, 6)$일 때, (c, d)는 $(1, 3)$, $(1, 4)$, $(1, 5)$, $(3, 4)$

(a, b)가 $(3, 5)$일 때, (c, d)는 $(1, 2)$, $(1, 4)$, $(1, 6)$, $(2, 4)$

(a, b)가 $(3, 7)$일 때, (c, d)는

$(1, 2)$, $(1, 4)$, $(1, 5)$, $(1, 6)$, $(2, 4)$, $(2, 5)$, $(2, 6)$, $(4, 5)$

(a, b)가 $(4, 6)$일 때, (c, d)는

$(1, 2)$, $(1, 3)$, $(1, 5)$, $(1, 7)$, $(2, 3)$, $(2, 5)$, $(2, 7)$, $(3, 5)$

(a, b)가 $(5, 7)$일 때, (c, d)는

$(1, 2)$, $(1, 3)$, $(1, 4)$, $(1, 6)$, $(2, 3)$, $(2, 4)$, $(2, 6)$, $(3, 4)$, $(3, 6)$, $(4, 6)$

따라서 사건 $A \cap B$를 만족시키는 c, d의 모든 순서쌍 (c, d)의 개수는 40이므로

$P(A \cap B) = \dfrac{40}{210} = \dfrac{4}{21}$

따라서 구하는 확률은

$$P(B|A) = \frac{P(A \cap B)}{P(A)} = \frac{\frac{4}{21}}{\frac{3}{7}} = \frac{4}{9}$$

답 ③

08 세 개의 동전을 동시에 던져서 모두 같은 면이 나올 확률은 $\frac{2}{{}_2\Pi_3} = \frac{2}{2^3} = \frac{1}{4}$, 모두 같은 면이 나오지 않을 확률은 $1 - \frac{1}{4} = \frac{3}{4}$이다.
주어진 시행을 5번 반복할 때 세 개의 동전이 모두 같은 면이 나오는 횟수가 a $(0 \le a \le 5)$이면 모두 같은 면이 나오지 않는 횟수는 $5-a$이므로 원점 O에 있던 점 P는 5번의 시행 후에 점 $(2a, 5-a)$에 위치한다.
이때

$$\overline{OP} = \sqrt{(2a)^2 + (5-a)^2}$$
$$= \sqrt{5(a^2 - 2a + 5)}$$

$a=0$이면 $\overline{OP} = \sqrt{25} = 5$
$a=1$이면 $\overline{OP} = \sqrt{20} = 2\sqrt{5}$
$a=2$이면 $\overline{OP} = \sqrt{25} = 5$
$a=3$이면 $\overline{OP} = \sqrt{40} = 2\sqrt{10}$
$a=4$이면 $\overline{OP} = \sqrt{65}$
$a=5$이면 $\overline{OP} = \sqrt{100} = 10$

따라서 선분 OP의 길이가 자연수가 되도록 하는 a의 값은 0, 2, 5이므로 선분 OP의 길이가 자연수일 확률은

$${}_5C_0 \left(\frac{3}{4}\right)^5 + {}_5C_2 \left(\frac{1}{4}\right)^2 \left(\frac{3}{4}\right)^3 + {}_5C_5 \left(\frac{1}{4}\right)^5$$

$$= \frac{3^5 + 10 \times 3^3 + 1}{4^5}$$

$$= \frac{243 + 270 + 1}{1024}$$

$$= \frac{257}{512}$$

따라서 $p = 512$, $q = 257$이므로
$p + q = 769$

답 769

III. 통계

05 이산확률변수의 확률분포

개념 확인하기

본문 53~55쪽

01 0, 1, 2	**02** $\frac{1}{4}$	**03** 1, 2, 3, 4	**04** $\frac{1}{5}$	**05** ④
06 $P(X=x) = \frac{{}_1C_x \times {}_2C_{2-x}}{3}$ $(x=0, 1)$				**07** 풀이 참조
08 $P(Y=y) = \frac{{}_2C_y \times {}_1C_{2-y}}{3}$ $(y=1, 2)$				**09** 풀이 참조
10 $\frac{1}{3}$	**11** $\frac{5}{6}$	**12** 1	**13** 0	**14** $\frac{2}{3}$
15 $\frac{1}{2}$	**16** $\frac{3}{4}$	**17** $\frac{3}{8}$	**18** 2	**19** 6
20 $\frac{7}{3}$	**21** $\frac{1}{4}$	**22** 5	**23** $\sqrt{5}$	**24** 4
25 2	**26** 18	**27** 3	**28** 9	**29** 64
30 8	**31** $\frac{5}{3}$	**32** $\frac{5}{9}$	**33** $\frac{\sqrt{5}}{3}$	**34** $B\left(6, \frac{1}{2}\right)$
35 $B\left(20, \frac{1}{3}\right)$		**36** $B\left(4, \frac{1}{2}\right)$		**37** $B\left(10, \frac{2}{3}\right)$
38 $P(X=x) = \frac{{}_{16}C_x}{2^{16}}$ $(x=0, 1, 2, \cdots, 16)$				**39** $\frac{1}{2^{12}}$
40 $1 - \frac{1}{2^{16}}$	**41** 20	**42** 16	**43** 4	**44** 11
45 18	**46** $3\sqrt{2}$			

01 확률변수 X는 한 개의 동전을 두 번 던지는 시행에서 동전의 앞면이 나오는 횟수이므로 X가 가질 수 있는 값은 0, 1, 2

답 0, 1, 2

02 $P(X=2)$는 두 번 모두 앞면이 나올 확률이므로

$$P(X=2) = \frac{1}{2} \times \frac{1}{2} = \frac{1}{4}$$

답 $\frac{1}{4}$

03 확률변수 X는 5장의 카드가 들어 있는 주머니에서 임의로 2장의 카드를 동시에 꺼내는 시행에서 꺼낸 카드에 적힌 수의 최솟값이므로 X가 가질 수 있는 값은 1, 2, 3, 4

답 1, 2, 3, 4

04 5장의 카드가 들어 있는 주머니에서 2장의 카드를 동시에 꺼내는 경우의 수는

$${}_5C_2 = \frac{5 \times 4}{2 \times 1} = 10$$

$X=3$인 경우의 수는 꺼낸 2장의 카드에 적혀 있는 수가 3, 4 또는 3, 5로 2

따라서 $P(X=3) = \frac{2}{10} = \frac{1}{5}$

답 $\frac{1}{5}$

05 ① 한 개의 주사위를 한 번 던졌을 때 나오는 눈의 수를 확률변수 X라 하면 X가 가질 수 있는 값은 1, 2, 3, 4, 5, 6이므로 X는 이산확률변수이다.

② 두 개의 동전을 동시에 던졌을 때 뒷면이 나오는 동전의 개수를 확률변수 X라 하면 X가 가질 수 있는 값은 0, 1, 2이므로 X는 이산확률변수이다.

③ 자유투 성공률이 80 %인 농구선수가 3번의 자유투를 할 때 성공한 횟수를 확률변수 X라 하면 X가 가질 수 있는 값은 0, 1, 2, 3이므로 X는 이산확률변수이다.

④ 어느 항공사의 비행기가 인천공항을 출발하여 제주공항에 도착할 때까지 걸리는 시간을 확률변수 X라 하면 X가 가질 수 있는 값은 $a \leq X \leq b$ (a, b는 실수)인 모든 실수이므로 X는 이산확률변수가 아니다.

⑤ 흰 공 2개와 검은 공 3개가 들어 있는 주머니에서 임의로 3개의 공을 동시에 꺼낼 때 나오는 검은 공의 개수를 X라 하면 X가 가질 수 있는 값은 1, 2, 3이므로 X는 이산확률변수이다.

📝 ④

06 확률변수 X는 흰 공 1개와 검은 공 2개가 들어 있는 주머니에서 임의로 2개의 공을 동시에 꺼내는 시행에서 나오는 흰 공의 개수이므로 X가 가질 수 있는 값은 0, 1이고 확률변수 X의 확률질량함수는
$$P(X=x) = \frac{{}_1C_x \times {}_2C_{2-x}}{{}_3C_2} = \frac{{}_1C_x \times {}_2C_{2-x}}{3} \ (x=0, 1)$$

📝 $P(X=x) = \frac{{}_1C_x \times {}_2C_{2-x}}{3} \ (x=0, 1)$

07 $P(X=0) = \frac{{}_1C_0 \times {}_2C_2}{3} = \frac{1}{3}$

$P(X=1) = \frac{{}_1C_1 \times {}_2C_1}{3} = \frac{2}{3}$

따라서 확률변수 X의 확률분포를 표로 나타내면 다음과 같다.

X	0	1	합계
$P(X=x)$	$\frac{1}{3}$	$\frac{2}{3}$	1

📝 풀이 참조

08 확률변수 Y는 흰 공 1개와 검은 공 2개가 들어 있는 주머니에서 임의로 2개의 공을 동시에 꺼내는 시행에서 나오는 검은 공의 개수이므로 Y가 가질 수 있는 값은 1, 2이고 확률변수 Y의 확률질량함수는
$$P(Y=y) = \frac{{}_2C_y \times {}_1C_{2-y}}{{}_3C_2} = \frac{{}_2C_y \times {}_1C_{2-y}}{3} \ (y=1, 2)$$

📝 $P(Y=y) = \frac{{}_2C_y \times {}_1C_{2-y}}{3} \ (y=1, 2)$

09 $P(Y=1) = \frac{{}_2C_1 \times {}_1C_1}{3} = \frac{2}{3}$

$P(Y=2) = \frac{{}_2C_2 \times {}_1C_0}{3} = \frac{1}{3}$

따라서 확률변수 Y의 확률분포를 표로 나타내면 다음과 같다.

Y	1	2	합계
$P(Y=y)$	$\frac{2}{3}$	$\frac{1}{3}$	1

📝 풀이 참조

10 확률변수 X가 갖는 모든 값에 대한 확률의 합은 1이므로
$$\frac{1}{6} + a + \frac{1}{3} + \frac{1}{6} = 1$$
따라서 $a = \frac{1}{3}$

📝 $\frac{1}{3}$

11 $P(X \leq 2)$
$= P(X=0) + P(X=1) + P(X=2)$
$= \frac{1}{6} + \frac{1}{3} + \frac{1}{3} = \frac{5}{6}$

📝 $\frac{5}{6}$

다른 풀이
$P(X \leq 2)$
$= P(X=0) + P(X=1) + P(X=2)$
$= 1 - P(X=3)$
$= 1 - \frac{1}{6} = \frac{5}{6}$

12 확률변수 X가 가질 수 있는 값은 0, 1, 2, 3이므로
$P(X \geq 0) = 1$

📝 1

13 확률변수 X가 가질 수 있는 값은 0, 1, 2, 3이므로
$P(X > 3) = 0$

📝 0

14 확률변수 X가 가질 수 있는 값은 0, 1, 2, 3이므로
$P\left(\frac{1}{2} \leq X \leq \frac{5}{2}\right)$
$= P(X=1) + P(X=2)$
$= \frac{1}{3} + \frac{1}{3} = \frac{2}{3}$

📝 $\frac{2}{3}$

15 확률변수 X가 갖는 모든 값에 대한 확률의 합은 1이므로
$P(X=-2) + P(X=-1) + P(X=0) + P(X=1) + P(X=2)$
$= \frac{1}{8} + \frac{1}{8} + \frac{1}{8} + \frac{1}{8} + a = 1$
따라서 $a = \frac{1}{2}$

📝 $\frac{1}{2}$

16 확률변수 X가 가질 수 있는 값은 -2, -1, 0, 1, 2이므로
$P(X \geq 0)$
$= P(X=0) + P(X=1) + P(X=2)$
$= \frac{1}{8} + \frac{1}{8} + \frac{1}{2} = \frac{3}{4}$

📝 $\frac{3}{4}$

17 $P(|X| \leq 1)$
$= P(-1 \leq X \leq 1)$
$= P(X=-1) + P(X=0) + P(X=1)$
$= \dfrac{1}{8} + \dfrac{1}{8} + \dfrac{1}{8} = \dfrac{3}{8}$

답 $\dfrac{3}{8}$

18 $E(X) = 0 \times \dfrac{2}{5} + 2 \times \dfrac{3}{10} + 4 \times \dfrac{1}{5} + 6 \times \dfrac{1}{10} = 2$

답 2

19 확률변수 X가 갖는 모든 값에 대한 확률의 합은 1이므로
$P(X=1) + P(X=2) + P(X=3)$
$= \dfrac{1}{a} + \dfrac{2}{a} + \dfrac{3}{a} = \dfrac{6}{a} = 1$
따라서 $a=6$

답 6

20 $E(X)$
$= 1 \times P(X=1) + 2 \times P(X=2) + 3 \times P(X=3)$
$= 1 \times \dfrac{1}{6} + 2 \times \dfrac{2}{6} + 3 \times \dfrac{3}{6} = \dfrac{7}{3}$

답 $\dfrac{7}{3}$

21 확률변수 X가 갖는 모든 값에 대한 확률의 합은 1이므로
$P(X=0) + P(X=2) + P(X=4) + P(X=6)$
$= \dfrac{1}{4} + \dfrac{1}{4} + \dfrac{1}{4} + a = 1$
따라서 $a = \dfrac{1}{4}$

답 $\dfrac{1}{4}$

22 $E(X) = 0 \times \dfrac{1}{4} + 2 \times \dfrac{1}{4} + 4 \times \dfrac{1}{4} + 6 \times \dfrac{1}{4} = 3$
$E(X^2) = 0^2 \times \dfrac{1}{4} + 2^2 \times \dfrac{1}{4} + 4^2 \times \dfrac{1}{4} + 6^2 \times \dfrac{1}{4} = 14$
이므로
$V(X) = E(X^2) - \{E(X)\}^2$
$\qquad = 14 - 3^2 = 5$

답 5

23 $V(X) = 5$이므로
$\sigma(X) = \sqrt{V(X)} = \sqrt{5}$

답 $\sqrt{5}$

24 $E(X) = 3$, $E(X^2) = 13$이므로
$V(X) = E(X^2) - \{E(X)\}^2 = 13 - 3^2 = 4$

답 4

25 $V(X) = 4$이므로
$\sigma(X) = \sqrt{V(X)} = \sqrt{4} = 2$

답 2

26 $E(X) = 3$이므로
$V(X) = E((X-3)^2) = 9$
$V(X) = E(X^2) - \{E(X)\}^2$에서
$E(X^2) = V(X) + \{E(X)\}^2$
$\qquad = 9 + 3^2 = 18$

답 18

27 $V(X) = 9$이므로
$\sigma(X) = \sqrt{V(X)} = \sqrt{9} = 3$

답 3

28 $E(X) = 5$이므로
$E(2X-1) = 2E(X) - 1$
$\qquad = 2 \times 5 - 1 = 9$

답 9

29 $V(X) = 16$이므로
$V(2X-1) = 2^2 V(X) = 4 \times 16 = 64$

답 64

30 $V(X) = 16$에서
$\sigma(X) = \sqrt{V(X)} = \sqrt{16} = 4$
이므로
$\sigma(2X-1) = |2| \sigma(X) = 2 \times 4 = 8$

답 8

다른 풀이

$V(2X-1) = 64$이므로
$\sigma(2X-1) = \sqrt{V(2X-1)} = \sqrt{64} = 8$

31 $E(X) = -1 \times \dfrac{1}{6} + 0 \times \dfrac{1}{3} + 1 \times \dfrac{1}{2} = \dfrac{1}{3}$
이므로
$E(2-X) = 2 - E(X) = 2 - \dfrac{1}{3} = \dfrac{5}{3}$

답 $\dfrac{5}{3}$

32 $E(X^2) = (-1)^2 \times \dfrac{1}{6} + 0^2 \times \dfrac{1}{3} + 1^2 \times \dfrac{1}{2} = \dfrac{2}{3}$
이므로
$V(X) = E(X^2) - \{E(X)\}^2$
$\qquad = \dfrac{2}{3} - \left(\dfrac{1}{3}\right)^2 = \dfrac{5}{9}$
따라서
$V(2-X) = (-1)^2 V(X)$
$\qquad = V(X) = \dfrac{5}{9}$

답 $\dfrac{5}{9}$

33 $\sigma(X) = \sqrt{V(X)} = \sqrt{\dfrac{5}{9}} = \dfrac{\sqrt{5}}{3}$
이므로

$\sigma(2-X) = |-1|\sigma(X) = \sigma(X) = \dfrac{\sqrt{5}}{3}$

$$\boxed{\text{답}}\ \dfrac{\sqrt{5}}{3}$$

다른 풀이

$V(2-X) = \dfrac{5}{9}$이므로

$\sigma(2-X) = \sqrt{V(2-X)} = \sqrt{\dfrac{5}{9}} = \dfrac{\sqrt{5}}{3}$

34 동전을 1번 던질 때 앞면이 나올 확률이 $\dfrac{1}{2}$이므로 한 개의 동전을 6번 던질 때 동전의 앞면이 나오는 횟수인 확률변수 X는 이항분포 $B\left(6, \dfrac{1}{2}\right)$을 따른다.

$$\boxed{\text{답}}\ B\left(6, \dfrac{1}{2}\right)$$

35 주사위를 1번 던질 때 5의 약수인 눈 1, 5가 나올 확률이 $\dfrac{2}{6} = \dfrac{1}{3}$이므로 한 개의 주사위를 20번 던질 때 5의 약수의 눈이 나오는 횟수인 확률변수 X는 이항분포 $B\left(20, \dfrac{1}{3}\right)$을 따른다.

$$\boxed{\text{답}}\ B\left(20, \dfrac{1}{3}\right)$$

36 $P(X=x) = {}_4C_x \dfrac{1}{2^4}$

$\qquad = {}_4C_x \left(\dfrac{1}{2}\right)^x \left(\dfrac{1}{2}\right)^{4-x} \left(x=0,\ 1,\ 2,\ 3,\ 4,\ \left(\dfrac{1}{2}\right)^0 = 1\right)$

이므로 확률변수 X는 이항분포 $B\left(4, \dfrac{1}{2}\right)$을 따른다.

$$\boxed{\text{답}}\ B\left(4, \dfrac{1}{2}\right)$$

37 $P(X=x)$

$\qquad = {}_{10}C_x \dfrac{2^x}{3^{10}}$

$\qquad = {}_{10}C_x \left(\dfrac{2}{3}\right)^x \left(\dfrac{1}{3}\right)^{10-x} \left(x=0,\ 1,\ 2,\ \cdots,\ 10,\ \left(\dfrac{2}{3}\right)^0 = \left(\dfrac{1}{3}\right)^0 = 1\right)$

따라서 확률변수 X는 이항분포 $B\left(10, \dfrac{2}{3}\right)$를 따른다.

$$\boxed{\text{답}}\ B\left(10, \dfrac{2}{3}\right)$$

38 확률변수 X가 이항분포 $B\left(16, \dfrac{1}{2}\right)$을 따르므로 X의 확률질량 함수는

$P(X=x) = {}_{16}C_x \left(\dfrac{1}{2}\right)^x \left(\dfrac{1}{2}\right)^{16-x}$

$\qquad = \dfrac{{}_{16}C_x}{2^{16}} \left(x=0,\ 1,\ 2,\ \cdots,\ 16,\ \left(\dfrac{1}{2}\right)^0 = 1\right)$

$$\boxed{\text{답}}\ P(X=x) = \dfrac{{}_{16}C_x}{2^{16}}\ (x=0,\ 1,\ 2,\ \cdots,\ 16)$$

39 $P(X=1) = \dfrac{{}_{16}C_1}{2^{16}} = \dfrac{16}{2^{16}} = \dfrac{1}{2^{12}}$

$$\boxed{\text{답}}\ \dfrac{1}{2^{12}}$$

40 확률변수 X가 가질 수 있는 값은 0, 1, 2, $\cdots$, 16이므로

$P(X \leq 15)$

$= 1 - P(X=16)$

$= 1 - \dfrac{{}_{16}C_{16}}{2^{16}} = 1 - \dfrac{1}{2^{16}}$

$$\boxed{\text{답}}\ 1 - \dfrac{1}{2^{16}}$$

41 확률변수 X가 이항분포 $B\left(100, \dfrac{1}{5}\right)$을 따르므로

$E(X) = 100 \times \dfrac{1}{5} = 20$

$$\boxed{\text{답}}\ 20$$

42 확률변수 X가 이항분포 $B\left(100, \dfrac{1}{5}\right)$을 따르므로

$V(X) = 100 \times \dfrac{1}{5} \times \left(1 - \dfrac{1}{5}\right) = 16$

$$\boxed{\text{답}}\ 16$$

43 $V(X) = 16$이므로

$\sigma(X) = \sqrt{V(X)} = \sqrt{16} = 4$

$$\boxed{\text{답}}\ 4$$

44 주사위를 1번 던질 때 3의 배수의 눈 3, 6이 나올 확률은 $\dfrac{2}{6} = \dfrac{1}{3}$이므로 한 개의 주사위를 9번 던질 때 3의 배수의 눈이 나오는 횟수인 확률변수 X는 이항분포 $B\left(9, \dfrac{1}{3}\right)$을 따른다.

따라서

$E(X) = 9 \times \dfrac{1}{3} = 3$

이므로

$E(3X+2) = 3E(X) + 2$

$\qquad = 3 \times 3 + 2 = 11$

$$\boxed{\text{답}}\ 11$$

45 확률변수 X가 이항분포 $B\left(9, \dfrac{1}{3}\right)$을 따르므로

$V(X) = 9 \times \dfrac{1}{3} \times \left(1 - \dfrac{1}{3}\right) = 2$

따라서 $V(3X+2) = 3^2 V(X) = 9 \times 2 = 18$

$$\boxed{\text{답}}\ 18$$

46 $V(X) = 2$에서

$\sigma(X) = \sqrt{V(X)} = \sqrt{2}$

이므로

$\sigma(3X+2) = |3|\sigma(X) = 3\sqrt{2}$

$$\boxed{\text{답}}\ 3\sqrt{2}$$

유형 완성하기

01 ⑤	**02** 14	**03** $\frac{1}{100}$	**04** ④	**05** ②
06 18	**07** ④	**08** ①	**09** ②	**10** 6
11 ④	**12** ②	**13** ④	**14** ④	**15** ①
16 ④	**17** ⑤	**18** ④	**19** ⑤	**20** ②
21 ③	**22** ①	**23** ③	**24** ⑤	**25** ②
26 ①	**27** ②	**28** 269	**29** ①	**30** ⑤
31 ②	**32** ②	**33** ③	**34** ⑤	**35** ⑤
36 4	**37** ①	**38** ③	**39** ②	**40** ①
41 ④	**42** 540			

01 확률변수 X가 갖는 모든 값에 대한 확률의 합은 1이므로
$P(X=-2)+P(X=0)+P(X=2)$
$=a^2+\dfrac{a}{3}+\dfrac{1}{3}=1$
$3a^2+a-2=0$
$(a+1)(3a-2)=0$
$a=-1$ 또는 $a=\dfrac{2}{3}$
이때 $0 \leq P(X=x) \leq 1$이므로 $a=\dfrac{2}{3}$

目 ⑤

02 확률변수 X가 갖는 모든 값에 대한 확률의 합은 1이므로
$P(X=1)+P(X=2)+P(X=3)$
$=\dfrac{1}{k}+\dfrac{4}{k}+\dfrac{9}{k}=\dfrac{14}{k}=1$
따라서 $k=14$

目 14

03 $P(X=x)=\dfrac{k}{x(x+1)}$
$=k\left(\dfrac{1}{x}-\dfrac{1}{x+1}\right)(x=1, 2, 3, \cdots, 10)$
확률변수 X가 갖는 모든 값에 대한 확률의 합은 1이므로
$P(X=1)+P(X=2)+P(X=3)+\cdots+P(X=10)$
$=k\left(\dfrac{1}{1}-\dfrac{1}{2}\right)+k\left(\dfrac{1}{2}-\dfrac{1}{3}\right)+k\left(\dfrac{1}{3}-\dfrac{1}{4}\right)+\cdots+k\left(\dfrac{1}{10}-\dfrac{1}{11}\right)$
$=k\left\{\left(\dfrac{1}{1}-\dfrac{1}{2}\right)+\left(\dfrac{1}{2}-\dfrac{1}{3}\right)+\left(\dfrac{1}{3}-\dfrac{1}{4}\right)+\cdots+\left(\dfrac{1}{10}-\dfrac{1}{11}\right)\right\}$
$=k\left(1-\dfrac{1}{11}\right)$
$=\dfrac{10}{11}k=1$
$k=\dfrac{11}{10}$
따라서
$P(X=x)=\dfrac{11}{10}\left(\dfrac{1}{x}-\dfrac{1}{x+1}\right)(x=1, 2, 3, \cdots, 10)$
이므로

$P\left(X=\dfrac{11}{k}\right)$
$=P(X=10)$
$=\dfrac{11}{10}\left(\dfrac{1}{10}-\dfrac{1}{11}\right)=\dfrac{1}{100}$

目 $\dfrac{1}{100}$

참고
$\dfrac{1}{AB}=\dfrac{1}{B-A}\left(\dfrac{1}{A}-\dfrac{1}{B}\right)$ (단, $A \neq B$)

04 확률변수 X가 갖는 모든 값에 대한 확률의 합은 1이므로
$P(X=0)+P(X=1)+P(X=2)+P(X=3)$
$=a+4a+9a+\dfrac{3}{10}$
$=14a+\dfrac{3}{10}=1$
$a=\dfrac{1}{20}$
따라서
$P(X^2-3X+2 \leq 0)=P((X-1)(X-2) \leq 0)$
$=P(1 \leq X \leq 2)$
$=P(X=1)+P(X=2)$
$=4a+9a$
$=13a$
$=13 \times \dfrac{1}{20}=\dfrac{13}{20}$

目 ④

05 확률변수 X가 갖는 모든 값에 대한 확률의 합은 1이므로
$P(X=0)+P(X=1)+P(X=2)+P(X=3)+P(X=4)$
$=a+2a+3a+4a+5a$
$=15a=1$
$a=\dfrac{1}{15}$
따라서
$P(X>2)=P(X=3)+P(X=4)$
$=4a+5a$
$=9a$
$=9 \times \dfrac{1}{15}=\dfrac{3}{5}$

目 ②

06 $P(X=x)=\dfrac{a}{\sqrt{3x+1}+\sqrt{3x-2}}$
$=\dfrac{a(\sqrt{3x+1}-\sqrt{3x-2})}{(\sqrt{3x+1}+\sqrt{3x-2})(\sqrt{3x+1}-\sqrt{3x-2})}$
$=\dfrac{a}{3}(\sqrt{3x+1}-\sqrt{3x-2})$
확률변수 X가 갖는 모든 값에 대한 확률의 합은 1이므로
$P(X=1)+P(X=2)+P(X=3)+P(X=4)+P(X=5)$
$=\dfrac{a}{3}(\sqrt{4}-\sqrt{1})+\dfrac{a}{3}(\sqrt{7}-\sqrt{4})+\dfrac{a}{3}(\sqrt{10}-\sqrt{7})$
$+\dfrac{a}{3}(\sqrt{13}-\sqrt{10})+\dfrac{a}{3}(\sqrt{16}-\sqrt{13})$

$$=\frac{a}{3}\{(\sqrt{4}-\sqrt{1})+(\sqrt{7}-\sqrt{4})+(\sqrt{10}-\sqrt{7})+(\sqrt{13}-\sqrt{10})$$
$$+(\sqrt{16}-\sqrt{13})\}$$
$$=\frac{a}{3}(\sqrt{16}-\sqrt{1})$$
$$=\frac{a}{3}(4-1)=a=1$$

한편 $|X-3|=2$에서
$X-3=-2$ 또는 $X-3=2$
$X=1$ 또는 $X=5$
이므로
$$P(|X-3|=2)=P(X=1)+P(X=5)$$
$$=\frac{\sqrt{4}-\sqrt{1}}{3}+\frac{\sqrt{16}-\sqrt{13}}{3}$$
$$=\frac{5-\sqrt{13}}{3}=\frac{m-\sqrt{n}}{3}$$

따라서 $m=5$, $n=13$이므로
$m+n=18$

탑 18

07 확률변수 X가 갖는 값은 0, 1, 2, 3이고 X가 갖는 모든 값에 대한 확률의 합은 1이므로
$$P(X\le 2)=P(X=0)+P(X=1)+P(X=2)$$
$$=1-P(X=3)$$

$X=3$인 경우는 남학생 3명과 여학생 4명 중에서 대표 3명을 뽑을 때 여학생 3명이 뽑히는 경우이므로
$$P(X=3)=\frac{{}_3C_0\times {}_4C_3}{{}_7C_3}=\frac{1\times {}_4C_1}{{}_7C_3}$$
$$=\frac{4}{\dfrac{7\times 6\times 5}{3\times 2\times 1}}=\frac{4}{35}$$

따라서
$$P(X\le 2)=1-P(X=3)$$
$$=1-\frac{4}{35}$$
$$=\frac{31}{35}$$

탑 ④

다른 풀이

$$P(X=0)=\frac{{}_3C_3\times {}_4C_0}{{}_7C_3}=\frac{1}{35}$$
$$P(X=1)=\frac{{}_3C_2\times {}_4C_1}{{}_7C_3}=\frac{12}{35}$$
$$P(X=2)=\frac{{}_3C_1\times {}_4C_2}{{}_7C_3}=\frac{18}{35}$$

이므로
$$P(X\le 2)=P(X=0)+P(X=1)+P(X=2)$$
$$=\frac{1}{35}+\frac{12}{35}+\frac{18}{35}=\frac{31}{35}$$

08 1, 2, 3, 4, 5, 6의 양의 약수의 개수는 각각 1, 2, 2, 3, 2, 4이고 확률변수 X는 한 개의 주사위를 던져서 나오는 눈의 수의 양의 약수의 개수이므로
$X=2$인 경우는 나오는 눈의 수가 2, 3, 5인 경우이고

$$P(X=2)=\frac{3}{6}=\frac{1}{2}$$

$X=3$인 경우는 나오는 눈의 수가 4인 경우이고
$$P(X=3)=\frac{1}{6}$$

따라서
$$P(X=2)\times P(X=3)=\frac{1}{2}\times\frac{1}{6}=\frac{1}{12}$$

탑 ①

참고

확률변수 X의 확률분포를 표로 나타내면 다음과 같다.

X	1	2	3	4	합계
$P(X=x)$	$\frac{1}{6}$	$\frac{1}{2}$	$\frac{1}{6}$	$\frac{1}{6}$	1

09 $X^2-3X=0$에서
$X(X-3)=0$
$X=0$ 또는 $X=3$
이므로 $P(X^2-3X=0)=P(X=0)+P(X=3)$
$X=0$인 경우는 주사위를 던져서 나오는 눈의 수가 홀수이고 동전 3개를 동시에 던져서 모두 뒷면이 나오거나 주사위를 던져서 나오는 눈의 수가 짝수이고 동전 2개를 동시에 던져서 모두 뒷면이 나오는 경우이므로
$$P(X=0)=\frac{1}{2}\times\left(\frac{1}{2}\right)^3+\frac{1}{2}\times\left(\frac{1}{2}\right)^2=\frac{3}{16}$$

$X=3$인 경우는 주사위를 던져서 나오는 눈의 수가 홀수이고 동전 3개를 동시에 던져서 모두 앞면이 나오는 경우이므로
$$P(X=3)=\frac{1}{2}\times\left(\frac{1}{2}\right)^3=\frac{1}{16}$$

따라서
$$P(X^2-3X=0)=P(X=0)+P(X=3)$$
$$=\frac{3}{16}+\frac{1}{16}=\frac{1}{4}$$

탑 ②

참고

$$P(X=1)=\frac{1}{2}\times\left\{3\times\left(\frac{1}{2}\right)^3\right\}+\frac{1}{2}\times\left\{2\times\left(\frac{1}{2}\right)^2\right\}=\frac{7}{16}$$
$$P(X=2)=\frac{1}{2}\times\left\{3\times\left(\frac{1}{2}\right)^3\right\}+\frac{1}{2}\times\left(\frac{1}{2}\right)^2=\frac{5}{16}$$

10 확률변수 X가 갖는 모든 값에 대한 확률의 합은 1이므로
$$a+b+\frac{1}{4}+\frac{1}{6}=1$$
$$a=\frac{7}{12}-b \qquad \cdots\cdots ㉠$$
$$E(X)=0\times a+1\times b+2\times\frac{1}{4}+3\times\frac{1}{6}=\frac{3}{2}$$
$$b=\frac{1}{2}$$

$b=\frac{1}{2}$을 ㉠에 대입하면
$$a=\frac{7}{12}-\frac{1}{2}=\frac{1}{12}$$

따라서
$$\frac{b}{a}=\frac{\dfrac{1}{2}}{\dfrac{1}{12}}=6$$

탑 6

11 확률변수 X가 갖는 모든 값에 대한 확률의 합은 1이므로

$P(X=1)+P(X=2)+P(X=3)+P(X=4)$

$=a+2a+3a+4a$

$=10a=1$

$a=\dfrac{1}{10}$

확률변수 X의 확률분포를 표로 나타내면 다음과 같다.

X	1	2	3	4	합계
$P(X=x)$	$\dfrac{1}{10}$	$\dfrac{1}{5}$	$\dfrac{3}{10}$	$\dfrac{2}{5}$	1

$E(X)=1\times\dfrac{1}{10}+2\times\dfrac{1}{5}+3\times\dfrac{3}{10}+4\times\dfrac{2}{5}=3$

따라서

$\dfrac{E(X)}{a}=\dfrac{3}{\dfrac{1}{10}}=30$

답 ④

12 -1, 0, 1, 2가 하나씩 적혀 있는 4장의 카드가 들어 있는 주머니에서 2장의 카드를 동시에 꺼내는 경우의 수는

$_4C_2=\dfrac{4\times3}{2\times1}=6$

확률변수 X는 꺼낸 카드에 적혀 있는 두 수 중 큰 수이므로 X가 갖는 값은 0, 1, 2이다.

$X=0$인 경우는 2장의 카드에 적힌 수가 -1, 0인 경우이므로

$P(X=0)=\dfrac{1}{6}$

$X=1$인 경우는 2장의 카드에 적힌 수가 -1, 1 또는 0, 1인 경우이므로

$P(X=1)=\dfrac{2}{6}=\dfrac{1}{3}$

$X=2$인 경우는 2장의 카드에 적힌 수가 -1, 2 또는 0, 2 또는 1, 2인 경우이므로

$P(X=2)=\dfrac{3}{6}=\dfrac{1}{2}$

확률변수 X의 확률분포를 표로 나타내면 다음과 같다.

X	0	1	2	합계
$P(X=x)$	$\dfrac{1}{6}$	$\dfrac{1}{3}$	$\dfrac{1}{2}$	1

따라서

$E(X^2)=0^2\times\dfrac{1}{6}+1^2\times\dfrac{1}{3}+2^2\times\dfrac{1}{2}=\dfrac{7}{3}$

답 ②

13 확률변수 X가 갖는 모든 값에 대한 확률의 합은 1이므로

$a+b+\dfrac{1}{5}+\dfrac{1}{5}=1$

$b=\dfrac{3}{5}-a$ ‥‥‥ ㉠

$P(X\geq0)=1-P(X=-1)=1-a$이므로

$P(X\geq0)=\dfrac{4}{5}$에서

$1-a=\dfrac{4}{5}$

$a=\dfrac{1}{5}$

$a=\dfrac{1}{5}$을 ㉠에 대입하면

$b=\dfrac{3}{5}-\dfrac{1}{5}=\dfrac{2}{5}$

따라서

$E(X)=-1\times\dfrac{1}{5}+0\times\dfrac{2}{5}+1\times\dfrac{1}{5}+2\times\dfrac{1}{5}=\dfrac{2}{5}$

$E(X^2)=(-1)^2\times\dfrac{1}{5}+0^2\times\dfrac{2}{5}+1^2\times\dfrac{1}{5}+2^2\times\dfrac{1}{5}=\dfrac{6}{5}$

이고

$V(X)=E(X^2)-\{E(X)\}^2$

$\qquad=\dfrac{6}{5}-\left(\dfrac{2}{5}\right)^2=\dfrac{26}{25}$

이므로

$\dfrac{V(X)}{a+b}=\dfrac{\dfrac{26}{25}}{\dfrac{1}{5}+\dfrac{2}{5}}=\dfrac{26}{15}$

답 ④

14 $E(X^2)=13$, $V(X)=4$이므로

$V(X)=E(X^2)-\{E(X)\}^2$에서

$\{E(X)\}^2=E(X^2)-V(X)$

$\qquad\qquad=13-4=9$

따라서

$\{E(X)\}^4=[\{E(X)\}^2]^2=9^2=81$

답 ④

15 확률변수 X는 흰 공 3개와 검은 공 4개가 들어 있는 주머니에서 임의로 3개의 공을 동시에 꺼낼 때, 꺼낸 흰 공의 개수와 검은 공의 개수의 곱이므로 X가 갖는 값은 0, 2이다.

$X=0$인 경우는 꺼낸 공이 흰 공 0개, 검은 공 3개이거나 흰 공 3개, 검은 공 0개인 경우이므로

$P(X=0)=\dfrac{_3C_0\times{}_4C_3}{_7C_3}+\dfrac{_3C_3\times{}_4C_0}{_7C_3}=\dfrac{4}{35}+\dfrac{1}{35}=\dfrac{1}{7}$

$X=2$인 경우는 꺼낸 공이 흰 공 1개, 검은 공 2개이거나 흰 공 2개, 검은 공 1개인 경우이므로

$P(X=2)=\dfrac{_3C_1\times{}_4C_2}{_7C_3}+\dfrac{_3C_2\times{}_4C_1}{_7C_3}$

$\qquad\qquad=\dfrac{3\times6}{35}+\dfrac{3\times4}{35}=\dfrac{6}{7}$

확률변수 X의 확률분포를 표로 나타내면 다음과 같다.

X	0	2	합계
$P(X=x)$	$\dfrac{1}{7}$	$\dfrac{6}{7}$	1

$E(X)=0\times\dfrac{1}{7}+2\times\dfrac{6}{7}=\dfrac{12}{7}$

$E(X^2)=0^2\times\dfrac{1}{7}+2^2\times\dfrac{6}{7}=\dfrac{24}{7}$

이므로

$V(X)=E(X^2)-\{E(X)\}^2$

$\qquad=\dfrac{24}{7}-\left(\dfrac{12}{7}\right)^2=\dfrac{24}{49}$

답 ①

확률변수 X가 갖는 값이 0, 2이므로

$P(X=0)=\dfrac{1}{7}$을 구한 후에 $P(X=2)$의 값은 다음과 같이 구할 수도 있다.

$$P(X=2)=1-P(X=0)$$
$$=1-\dfrac{1}{7}=\dfrac{6}{7}$$

16 확률변수 X는 3개의 동전을 동시에 던질 때 앞면이 나오는 동전의 개수이므로 X가 갖는 값은 0, 1, 2, 3이다.

$X=0$인 경우는 동전 3개 모두 뒷면이 나오는 경우이므로

$$P(X=0)=\left(\dfrac{1}{2}\right)^3=\dfrac{1}{8}$$

$X=1$인 경우는 앞면 1개, 뒷면 2개가 나오는 경우이므로

$$P(X=1)=3\times\left(\dfrac{1}{2}\right)^3=\dfrac{3}{8}$$

$X=2$인 경우는 앞면 2개, 뒷면 1개가 나오는 경우이므로

$$P(X=2)=3\times\left(\dfrac{1}{2}\right)^3=\dfrac{3}{8}$$

$X=3$인 경우는 동전 3개 모두 앞면이 나오는 경우이므로

$$P(X=3)=\left(\dfrac{1}{2}\right)^3=\dfrac{1}{8}$$

확률변수 X의 확률분포를 표로 나타내면 다음과 같다.

X	0	1	2	3	합계
$P(X=x)$	$\dfrac{1}{8}$	$\dfrac{3}{8}$	$\dfrac{3}{8}$	$\dfrac{1}{8}$	1

$$E(X)=0\times\dfrac{1}{8}+1\times\dfrac{3}{8}+2\times\dfrac{3}{8}+3\times\dfrac{1}{8}=\dfrac{3}{2}$$

$$E(X^2)=0^2\times\dfrac{1}{8}+1^2\times\dfrac{3}{8}+2^2\times\dfrac{3}{8}+3^2\times\dfrac{1}{8}=3$$

이므로

$$V(X)=E(X^2)-\{E(X)\}^2$$
$$=3-\left(\dfrac{3}{2}\right)^2=\dfrac{3}{4}$$

$$\sigma(X)=\sqrt{V(X)}=\sqrt{\dfrac{3}{4}}=\dfrac{\sqrt{3}}{2}$$

따라서

$$\dfrac{V(X)}{\sigma(X)}=\dfrac{\dfrac{3}{4}}{\dfrac{\sqrt{3}}{2}}=\dfrac{\sqrt{3}}{2}$$

답 ④

$$\dfrac{V(X)}{\sigma(X)}=\dfrac{\{\sigma(X)\}^2}{\sigma(X)}=\sigma(X)=\dfrac{\sqrt{3}}{2}$$

17 $\sigma(X)=4$이므로

$$V(X)=\{\sigma(X)\}^2=4^2=16$$

따라서 $E(X^2)=25$, $V(X)=16$이므로

$V(X)=E(X^2)-\{E(X)\}^2$에서

$$\{E(X)\}^2=E(X^2)-V(X)$$
$$=25-16=9$$

$$E(X)=-3 \text{ 또는 } E(X)=3$$

따라서 $M=3$, $m=-3$이므로

$$M-m=6$$

답 ⑤

18 확률변수 X가 갖는 모든 값에 대한 확률의 합은 1이므로

$$a+b+a=1$$
$$b=1-2a \qquad\qquad \cdots\cdots ㉠$$

또한

$$E(X)=-2\times a+0\times b+2\times a=0$$
$$E(X^2)=(-2)^2\times a+0^2\times b+2^2\times a=8a$$

이므로

$$V(X)=E(X^2)-\{E(X)\}^2$$
$$=8a-0^2=8a \qquad\qquad \cdots\cdots ㉡$$

한편 $V(X)=\sigma(X)$에서 $\sigma(X)=\sqrt{V(X)}$이므로

$$V(X)=\sqrt{V(X)}$$
$$\{\sqrt{V(X)}\}^2=\sqrt{V(X)}$$
$$\sqrt{V(X)}\{\sqrt{V(X)}-1\}=0$$

$\sqrt{V(X)}\neq0$이므로 $\sqrt{V(X)}=1$, 즉 $V(X)=1$ $\quad\cdots\cdots ㉢$

㉡, ㉢에서

$$8a=1, \ a=\dfrac{1}{8}$$

$a=\dfrac{1}{8}$을 ㉠에 대입하면

$$b=1-2\times\dfrac{1}{8}=\dfrac{3}{4}$$

따라서

$$a+b=\dfrac{1}{8}+\dfrac{3}{4}=\dfrac{7}{8}$$

답 ④

19 10원짜리 동전 2개와 50원짜리 동전 1개를 동시에 던져 앞면이 나오는 모든 동전의 금액의 합을 확률변수 X라 하면 X가 갖는 값은 0, 10, 20, 50, 60, 70이다.

$X=0$인 경우는 세 동전이 모두 뒷면이 나오는 경우이므로

$$P(X=0)=\left(\dfrac{1}{2}\right)^2\times\dfrac{1}{2}=\dfrac{1}{8}$$

$X=10$인 경우는 10원짜리 동전 1개만 앞면이 나오는 경우이므로

$$P(X=10)=2\times\left(\dfrac{1}{2}\right)^2\times\dfrac{1}{2}=\dfrac{1}{4}$$

$X=20$인 경우는 10원짜리 동전 2개만 앞면이 나오는 경우이므로

$$P(X=20)=\left(\dfrac{1}{2}\right)^2\times\dfrac{1}{2}=\dfrac{1}{8}$$

$X=50$인 경우는 50원짜리 동전만 앞면이 나오는 경우이므로

$$P(X=50)=\left(\dfrac{1}{2}\right)^2\times\dfrac{1}{2}=\dfrac{1}{8}$$

$X=60$인 경우는 10원짜리 동전 1개와 50원짜리 동전이 앞면이 나오는 경우이므로

$$P(X=60)=2\times\left(\dfrac{1}{2}\right)^2\times\dfrac{1}{2}=\dfrac{1}{4}$$

$X=70$인 경우는 세 동전이 모두 앞면이 나오는 경우이므로

$$P(X=70)=\left(\dfrac{1}{2}\right)^2\times\dfrac{1}{2}=\dfrac{1}{8}$$

확률변수 X의 확률분포를 표로 나타내면 다음과 같다.

X	0	10	20	50	60	70	합계
$P(X=x)$	$\dfrac{1}{8}$	$\dfrac{1}{4}$	$\dfrac{1}{8}$	$\dfrac{1}{8}$	$\dfrac{1}{4}$	$\dfrac{1}{8}$	1

따라서 구하는 기댓값은

$$E(X)=0\times\frac{1}{8}+10\times\frac{1}{4}+20\times\frac{1}{8}+50\times\frac{1}{8}+60\times\frac{1}{4}+70\times\frac{1}{8}$$
$$=35(원)$$

답 ⑤

20 정육면체 모양의 상자를 던졌을 때 바닥에 닿은 면에 적혀 있는 수를 확률변수 X라 하면 X가 갖는 값은 1, 2, 3이다.
정육면체 모양의 상자의 각 면에 1, 1, 1, 2, 2, 3이 각각 하나씩 적혀 있으므로 확률변수 X의 확률분포를 표로 나타내면 다음과 같다.

X	1	2	3	합계
$P(X=x)$	$\dfrac{1}{2}$	$\dfrac{1}{3}$	$\dfrac{1}{6}$	1

따라서 구하는 기댓값은

$$E(X)=1\times\frac{1}{2}+2\times\frac{1}{3}+3\times\frac{1}{6}=\frac{5}{3}$$

답 ②

21 자물쇠가 열릴 때까지 형철이가 시도한 횟수를 확률변수 X라 하면 X가 갖는 값은 1, 2, 3, 4, 5, 6이다.
세 숫자 1, 4, 9를 일렬로 나열하는 모든 경우의 수는 $3!=6$이므로

$$P(X=1)=\frac{1}{6}$$
$$P(X=2)=\frac{5}{6}\times\frac{1}{5}=\frac{1}{6}$$
$$P(X=3)=\frac{5}{6}\times\frac{4}{5}\times\frac{1}{4}=\frac{1}{6}$$
$$P(X=4)=\frac{5}{6}\times\frac{4}{5}\times\frac{3}{4}\times\frac{1}{3}=\frac{1}{6}$$
$$P(X=5)=\frac{5}{6}\times\frac{4}{5}\times\frac{3}{4}\times\frac{2}{3}\times\frac{1}{2}=\frac{1}{6}$$
$$P(X=6)=\frac{5}{6}\times\frac{4}{5}\times\frac{3}{4}\times\frac{2}{3}\times\frac{1}{2}\times1=\frac{1}{6}$$

확률변수 X의 확률분포를 표로 나타내면 다음과 같다.

X	1	2	3	4	5	6	합계
$P(X=x)$	$\dfrac{1}{6}$	$\dfrac{1}{6}$	$\dfrac{1}{6}$	$\dfrac{1}{6}$	$\dfrac{1}{6}$	$\dfrac{1}{6}$	1

따라서 구하는 기댓값은

$$E(X)=1\times\frac{1}{6}+2\times\frac{1}{6}+3\times\frac{1}{6}+4\times\frac{1}{6}+5\times\frac{1}{6}+6\times\frac{1}{6}$$
$$=\frac{7}{2}$$

답 ③

22 확률변수 X는 숫자 1, 2, 2, 3, 3이 하나씩 적혀 있는 공이 들어 있는 주머니에서 한 개의 공을 꺼낼 때 꺼낸 공에 적혀 있는 수이므로 X가 갖는 값은 1, 2, 3이다.
주머니에 1이 적혀 있는 공이 1개, 2가 적혀 있는 공이 2개, 3이 적혀 있는 공이 2개이므로 확률변수 X의 확률분포를 표로 나타내면 다음과 같다.

X	1	2	3	합계
$P(X=x)$	$\dfrac{1}{5}$	$\dfrac{2}{5}$	$\dfrac{2}{5}$	1

$$E(X)=1\times\frac{1}{5}+2\times\frac{2}{5}+3\times\frac{2}{5}=\frac{11}{5}$$

따라서

$$E(5X-1)=5E(X)-1$$
$$=5\times\frac{11}{5}-1=10$$

답 ①

23 $E(3X-1)=2$에서

$$3E(X)-1=2$$
$$E(X)=1$$

따라서

$$E(1-2X)\times E(1+2X)=\{1-2E(X)\}\{1+2E(X)\}$$
$$=(-1)\times3=-3$$

답 ③

24 확률변수 X가 갖는 모든 값에 대한 확률의 합은 1이므로

$$a+2a+\frac{1}{7}=1$$
$$a=\frac{2}{7}$$

따라서

$$E(X)=(-2)\times\frac{2}{7}+1\times\frac{4}{7}+2\times\frac{1}{7}=\frac{2}{7}$$

이므로 확률변수 $Y=\dfrac{X+2}{a}$의 평균은

$$E(Y)=E\left(\frac{X+2}{a}\right)$$
$$=\frac{E(X)+2}{a}$$
$$=\frac{\frac{2}{7}+2}{\frac{2}{7}}=8$$

답 ⑤

25 확률변수 X는 한 개의 주사위를 던져서 나오는 눈의 수를 4로 나누었을 때의 나머지이므로 X가 갖는 값은 0, 1, 2, 3이다.
주사위를 던져서 나오는 눈의 수 중
4로 나누었을 때의 나머지가 0인 수는 4,
4로 나누었을 때의 나머지가 1인 수는 1, 5,
4로 나누었을 때의 나머지가 2인 수는 2, 6,
4로 나누었을 때의 나머지가 3인 수는 3
이므로 확률변수 X의 확률분포를 표로 나타내면 다음과 같다.

X	0	1	2	3	합계
$P(X=x)$	$\dfrac{1}{6}$	$\dfrac{1}{3}$	$\dfrac{1}{3}$	$\dfrac{1}{6}$	1

$$E(X)=0\times\frac{1}{6}+1\times\frac{1}{3}+2\times\frac{1}{3}+3\times\frac{1}{6}=\frac{3}{2}$$
$$E(X^2)=0^2\times\frac{1}{6}+1^2\times\frac{1}{3}+2^2\times\frac{1}{3}+3^2\times\frac{1}{6}=\frac{19}{6}$$

이므로

$$V(X) = E(X^2) - \{E(X)\}^2$$
$$= \frac{19}{6} - \left(\frac{3}{2}\right)^2 = \frac{11}{12}$$

따라서

$$V(6-6X) = (-6)^2 V(X) = 36 \times \frac{11}{12} = 33$$

답 ②

26 $E(X) = 2$, $E(X^2) = 10$이므로
$$V(X) = E(X^2) - \{E(X)\}^2$$
$$= 10 - 2^2 = 6$$
이때 $E(Y) = -4$이므로
$$E(Y) = E(aX+b)$$
$$= aE(X) + b$$
$$= 2a + b = -4$$
$$b = -2a - 4 \quad \cdots\cdots \text{㉠}$$
또한 $V(Y) = 54$이므로
$$V(Y) = V(aX+b)$$
$$= a^2 V(X)$$
$$= 6a^2 = 54$$
$$a^2 = 9$$
$a = -3$ 또는 $a = 3$
$a = -3$을 ㉠에 대입하면
$$b = -2 \times (-3) - 4 = 2$$
$a = 3$을 ㉠에 대입하면
$$b = -2 \times 3 - 4 = -10$$
즉, $a = -3$, $b = 2$ 또는 $a = 3$, $b = -10$이므로
$$ab = -6 \text{ 또는 } ab = -30$$
따라서 ab의 최댓값은 -6이다.

답 ①

27 확률변수 X가 갖는 값은 1, 2, 3이고 X가 갖는 모든 값에 대한 확률의 합은 1이므로
$$P(X=1) + P(X=2) + P(X=3)$$
$$= \frac{a}{2} + \frac{a}{4} + \frac{a}{8}$$
$$= \frac{7}{8}a = 1$$
$$a = \frac{8}{7}$$
확률변수 X의 확률분포를 표로 나타내면 다음과 같다.

X	1	2	3	합계
$P(X=x)$	$\frac{4}{7}$	$\frac{2}{7}$	$\frac{1}{7}$	1

$$E(X) = 1 \times \frac{4}{7} + 2 \times \frac{2}{7} + 3 \times \frac{1}{7} = \frac{11}{7}$$

$$E(X^2) = 1^2 \times \frac{4}{7} + 2^2 \times \frac{2}{7} + 3^2 \times \frac{1}{7} = 3$$

이므로
$$V(X) = E(X^2) - \{E(X)\}^2$$
$$= 3 - \left(\frac{11}{7}\right)^2 = \frac{26}{49}$$
$$\sigma(X) = \sqrt{V(X)} = \sqrt{\frac{26}{49}} = \frac{\sqrt{26}}{7}$$

따라서
$$\sigma(\sqrt{2}X + \sqrt{3}) = |\sqrt{2}|\sigma(X)$$
$$= \sqrt{2} \times \frac{\sqrt{26}}{7} = \frac{2}{7}\sqrt{13}$$

답 ②

28 한 번의 타석에서 안타를 칠 확률이 0.25, 즉 $\frac{1}{4}$인 야구선수 A가 4번의 타석에서 안타를 치는 횟수를 확률변수 X라 하면 X는 이항분포 $B\left(4, \frac{1}{4}\right)$을 따르고 X의 확률질량함수는

$$P(X=x) = {}_4C_x\left(\frac{1}{4}\right)^x\left(\frac{3}{4}\right)^{4-x} \left(x=0, 1, 2, 3, 4, \left(\frac{1}{4}\right)^0 = \left(\frac{3}{4}\right)^0 = 1\right)$$

따라서 구하는 확률은
$$P(X \geq 3)$$
$$= P(X=3) + P(X=4)$$
$$= {}_4C_3\left(\frac{1}{4}\right)^3\left(\frac{3}{4}\right)^1 + {}_4C_4\left(\frac{1}{4}\right)^4$$
$$= \frac{12}{256} + \frac{1}{256} = \frac{13}{256}$$
이므로
$$p = 256, \quad q = 13$$
그러므로 $p+q = 269$

답 269

29 주사위를 한 번 던질 때 나오는 눈의 수가 4의 약수인 1, 2, 4일 확률은
$$\frac{3}{6} = \frac{1}{2}$$
한 개의 주사위를 9번 던질 때 4의 약수인 눈이 나오는 횟수를 확률변수 X라 하면 X는 이항분포 $B\left(9, \frac{1}{2}\right)$을 따르고 X의 확률질량함수는

$$P(X=x) = {}_9C_x\left(\frac{1}{2}\right)^x\left(\frac{1}{2}\right)^{9-x} = \frac{{}_9C_x}{2^9} \left(x=0, 1, 2, \cdots, 9, \left(\frac{1}{2}\right)^0 = 1\right)$$

이다.
따라서 구하는 확률은
$$P(X \geq 5)$$
$$= P(X=5) + P(X=6) + P(X=7) + P(X=8) + P(X=9)$$
$$= \frac{{}_9C_5}{2^9} + \frac{{}_9C_6}{2^9} + \frac{{}_9C_7}{2^9} + \frac{{}_9C_8}{2^9} + \frac{{}_9C_9}{2^9}$$
$$= \frac{1}{2^9}({}_9C_5 + {}_9C_6 + {}_9C_7 + {}_9C_8 + {}_9C_9)$$
$$= \frac{1}{2^9} \times 2^8 = \frac{1}{2}$$

답 ①

참고

이항계수의 성질
자연수 n에 대하여
(1) ${}_nC_0 + {}_nC_1 + {}_nC_2 + \cdots + {}_nC_n = 2^n$
(2) ${}_nC_0 - {}_nC_1 + {}_nC_2 - {}_nC_3 + \cdots + (-1)^n {}_nC_n = 0$
(3) ${}_nC_0 + {}_nC_2 + {}_nC_4 + \cdots + {}_nC_{n-1}$
$\quad = {}_nC_1 + {}_nC_3 + {}_nC_5 + \cdots + {}_nC_n$
$\quad = 2^{n-1}$ (n은 홀수)
$\quad {}_nC_0 + {}_nC_2 + {}_nC_4 + \cdots + {}_nC_n$
$\quad = {}_nC_1 + {}_nC_3 + {}_nC_5 + \cdots + {}_nC_{n-1}$
$\quad = 2^{n-1}$ (n은 짝수)

30 기계 A로 10개의 제품을 생산할 때 나오는 불량품의 개수를 확률변수 X라 하자. 기계 A에서 생산되는 제품의 불량률이 10 %이므로 X는 이항분포 $B\left(10,\ \dfrac{1}{10}\right)$을 따르고 X의 확률질량함수는

$$P(X=x)={}_{10}C_x\left(\dfrac{1}{10}\right)^x\left(\dfrac{9}{10}\right)^{10-x}$$

$$\left(x=0,\ 1,\ 2,\ \cdots,\ 10,\ \left(\dfrac{1}{10}\right)^0=\left(\dfrac{9}{10}\right)^0=1\right)$$

따라서 구하는 확률은
$$P(X\le 1)$$
$$=P(X=0)+P(X=1)$$
$$={}_{10}C_0\left(\dfrac{9}{10}\right)^{10}+{}_{10}C_1\left(\dfrac{1}{10}\right)^1\left(\dfrac{9}{10}\right)^9$$
$$=\dfrac{9^{10}}{10^{10}}+\dfrac{10\times 9^9}{10^{10}}$$
$$=\dfrac{9^9(9+10)}{10^{10}}=19\times\dfrac{9^9}{10^{10}}$$

이므로
$$n=19$$

目 ⑤

31 확률변수 X가 이항분포 $B\left(n,\ \dfrac{1}{2}\right)$을 따르므로

$$E(X)=n\times\dfrac{1}{2}=\dfrac{n}{2}$$

$$V(X)=n\times\dfrac{1}{2}\times\dfrac{1}{2}=\dfrac{n}{4}$$

$V(X)=E(X^2)-\{E(X)\}^2$에서

$$E(X^2)=V(X)+\{E(X)\}^2$$
$$=\dfrac{n}{4}+\left(\dfrac{n}{2}\right)^2$$
$$=\dfrac{n^2+n}{4}=68$$

$$n^2+n-272=0$$
$$(n+17)(n-16)=0$$
$$n=-17\ 또는\ n=16$$

이때 n은 자연수이므로 $n=16$

따라서
$$V(X)=\dfrac{16}{4}=4$$

이므로
$$\sigma(X)=\sqrt{V(X)}=\sqrt{4}=2$$

目 ②

32 확률변수 X가 이항분포 $B\left(n,\ \dfrac{1}{4}\right)$을 따르고

$E(X)=3$이므로 $E(X)=n\times\dfrac{1}{4}=3$

$$n=12$$
따라서
$$V(X)=12\times\dfrac{1}{4}\times\dfrac{3}{4}=\dfrac{9}{4}$$

目 ②

33 확률변수 X가 이항분포 $B(2n,\ p)$를 따르므로 X의 확률질량함수는

$$P(X=x)={}_{2n}C_x\,p^x(1-p)^{2n-x}$$

$$(x=0,\ 1,\ 2,\ \cdots,\ 2n,\ p^0=(1-p)^0=1)$$

이때 ${}_{2n}C_{n-1}={}_{2n}C_{n+1}$이므로 조건 (가)의

$4P(X=n-1)=P(X=n+1)$에서

$$4\times {}_{2n}C_{n-1}\,p^{n-1}(1-p)^{n+1}={}_{2n}C_{n+1}\,p^{n+1}(1-p)^{n-1}$$
$$4(1-p)^2=p^2$$
$$3p^2-8p+4=0$$
$$(3p-2)(p-2)=0$$
$$p=\dfrac{2}{3}\ 또는\ p=2$$

$0<p<1$이므로 $p=\dfrac{2}{3}$

확률변수 X는 이항분포 $B\left(2n,\ \dfrac{2}{3}\right)$를 따르므로 조건 (나)에서

$$E(X)=2n\times\dfrac{2}{3}=48$$
$$n=36$$
따라서
$$V(X)=72\times\dfrac{2}{3}\times\dfrac{1}{3}=16$$

$$\sigma(X)=\sqrt{V(X)}=\sqrt{16}=4$$
이므로
$$V(X)+\sigma(X)=20$$

目 ③

34 확률변수 X의 확률질량함수가

$$P(X=x)={}_{100}C_x\left(\dfrac{2}{5}\right)^x\left(\dfrac{3}{5}\right)^{100-x}$$

$$\left(x=0,\ 1,\ 2,\ \cdots,\ 100,\ \left(\dfrac{2}{5}\right)^0=\left(\dfrac{3}{5}\right)^0=1\right)$$

이므로 X는 이항분포 $B\left(100,\ \dfrac{2}{5}\right)$를 따른다.

따라서
$$E(X)=100\times\dfrac{2}{5}=40$$

$$V(X)=100\times\dfrac{2}{5}\times\dfrac{3}{5}=24$$

이므로
$$E(X)+V(X)=40+24=64$$

目 ⑤

35 확률변수 X의 확률질량함수가

$$P(X=x)={}_nC_x\,\dfrac{1}{2^n}={}_nC_x\left(\dfrac{1}{2}\right)^x\left(\dfrac{1}{2}\right)^{n-x}$$

$$\left(x=0,\ 1,\ 2,\ \cdots,\ n,\ \left(\dfrac{1}{2}\right)^0=1\right)$$

이므로 X는 이항분포 $B\left(n,\ \dfrac{1}{2}\right)$을 따른다.

이때 $E(X)=20$이므로

$$E(X)=n\times\dfrac{1}{2}=20$$
$$n=40$$

따라서 $V(X)=40\times\dfrac{1}{2}\times\dfrac{1}{2}=10$이므로
$$\sigma(X)=\sqrt{V(X)}=\sqrt{10}$$

目 ⑤

36 이항분포 $\mathrm{B}\left(20, \frac{1}{5}\right)$을 따르는 확률변수를 X라 하면 X의 확률질량함수는

$$\mathrm{P}(X=x)={}_{20}\mathrm{C}_x\left(\frac{1}{5}\right)^x\left(\frac{4}{5}\right)^{20-x}$$
$$\left(x=0,\ 1,\ 2,\ \cdots,\ 20,\ \left(\frac{1}{5}\right)^0=\left(\frac{4}{5}\right)^0=1\right)$$

이고

$$\mathrm{E}(X)=20\times\frac{1}{5}=4$$

이므로

$\mathrm{E}(X)$
$=0\times{}_{20}\mathrm{C}_0\left(\frac{4}{5}\right)^{20}+1\times{}_{20}\mathrm{C}_1\left(\frac{1}{5}\right)^1\left(\frac{4}{5}\right)^{19}$
$\qquad+2\times{}_{20}\mathrm{C}_2\left(\frac{1}{5}\right)^2\left(\frac{4}{5}\right)^{18}+\cdots+20\times{}_{20}\mathrm{C}_{20}\left(\frac{1}{5}\right)^{20}$
$={}_{20}\mathrm{C}_1\left(\frac{1}{5}\right)\left(\frac{4}{5}\right)^{19}+2\times{}_{20}\mathrm{C}_2\left(\frac{1}{5}\right)^2\left(\frac{4}{5}\right)^{18}+\cdots+20\times{}_{20}\mathrm{C}_{20}\left(\frac{1}{5}\right)^{20}=4$

따라서

${}_{20}\mathrm{C}_1\left(\frac{1}{5}\right)\left(\frac{4}{5}\right)^{19}+2\times{}_{20}\mathrm{C}_2\left(\frac{1}{5}\right)^2\left(\frac{4}{5}\right)^{18}+\cdots+19\times{}_{20}\mathrm{C}_{19}\left(\frac{1}{5}\right)^{19}\left(\frac{4}{5}\right)$
$=4-20\times{}_{20}\mathrm{C}_{20}\left(\frac{1}{5}\right)^{20}$
$=4-20\times1\times\dfrac{1}{5^{20}}$
$=4-\dfrac{4}{5^{19}}$

이고 m은 자연수이므로

$m=4$

탑 4

37 한 개의 주사위를 두 번 던질 때 나올 수 있는 모든 경우의 수는

$_6\Pi_2=6^2=36$

$ab>20$인 사건 A가 일어나는 모든 순서쌍 $(a,\ b)$는

$(4,\ 6)$,
$(5,\ 5)$, $(5,\ 6)$,
$(6,\ 4)$, $(6,\ 5)$, $(6,\ 6)$

으로 그 개수는 6이므로

$$\mathrm{P}(A)=\frac{6}{36}=\frac{1}{6}$$

따라서 확률변수 X는 이항분포 $\mathrm{B}\left(36, \frac{1}{6}\right)$을 따르므로

$$\mathrm{V}(X)=36\times\frac{1}{6}\times\frac{5}{6}=5$$

탑 ①

38 A가 B와 가위바위보를 할 때 일어날 수 있는 모든 경우의 수는

$_3\Pi_2=3^2=9$

이때 A가 이기는 경우는 A, B가 각각

가위, 보 또는 바위, 가위 또는 보, 바위인 경우로 그 개수는 3이므로

A가 이길 확률은 $\frac{3}{9}=\frac{1}{3}$이다.

그러므로 확률변수 X는 이항분포 $\mathrm{B}\left(n, \frac{1}{3}\right)$을 따른다.

$\mathrm{E}(X)=6$에서

$\mathrm{E}(X)=n\times\dfrac{1}{3}=6$

$n=18$

이므로

$$\mathrm{V}(X)=18\times\frac{1}{3}\times\frac{2}{3}=4$$

따라서 $\mathrm{V}(X)=\mathrm{E}(X^2)-\{\mathrm{E}(X)\}^2$에서

$\mathrm{E}(X^2)=\mathrm{V}(X)+\{\mathrm{E}(X)\}^2$
$\qquad\quad=4+6^2=40$

탑 ③

39 흰 공 2개, 검은 공 3개가 들어 있는 주머니에서 2개의 공을 동시에 꺼낼 때 일어날 수 있는 모든 경우의 수는

$$_5\mathrm{C}_2=\frac{5\times4}{2\times1}=10$$

이때 꺼낸 2개의 공의 색이 서로 같은 경우는 꺼낸 2개의 공이 모두 흰 공 또는 검은 공인 경우이므로 이 경우의 수는

$_2\mathrm{C}_2+{}_3\mathrm{C}_2={}_2\mathrm{C}_2+{}_3\mathrm{C}_1=1+3=4$

따라서 꺼낸 2개의 공의 색이 같을 확률은 $\dfrac{4}{10}=\dfrac{2}{5}$이므로 확률변수 X는 이항분포 $\mathrm{B}\left(10, \dfrac{2}{5}\right)$를 따른다.

따라서

$$\mathrm{V}(X)=10\times\frac{2}{5}\times\frac{3}{5}=\frac{12}{5}$$

탑 ②

40 서로 다른 두 개의 주사위를 동시에 던질 때 일어날 수 있는 모든 경우의 수는

$_6\Pi_2=6^2=36$

이때 두 주사위의 눈의 수를 각각 a, b라 하자. 두 주사위를 동시에 던져서 나온 두 눈의 수의 합은 2 이상 12 이하이므로 두 눈의 수의 합이 소수인 경우는 $a+b$의 값이 2 또는 3 또는 5 또는 7 또는 11이어야 한다.

(ⅰ) $a+b=2$인 모든 순서쌍 $(a,\ b)$의 개수는
$\quad(1,\ 1)$로 1

(ⅱ) $a+b=3$인 모든 순서쌍 $(a,\ b)$의 개수는 $(1,\ 2)$, $(2,\ 1)$로 2

(ⅲ) $a+b=5$인 모든 순서쌍 $(a,\ b)$의 개수는
$\quad(1,\ 4)$, $(2,\ 3)$, $(3,\ 2)$, $(4,\ 1)$로 4

(ⅳ) $a+b=7$인 모든 순서쌍 $(a,\ b)$의 개수는
$\quad(1,\ 6)$, $(2,\ 5)$, $(3,\ 4)$, $(4,\ 3)$, $(5,\ 2)$, $(6,\ 1)$로 6

(ⅴ) $a+b=11$인 모든 순서쌍 $(a,\ b)$의 개수는
$\quad(5,\ 6)$, $(6,\ 5)$로 2

(ⅰ)~(ⅴ)에서 두 주사위의 눈의 수의 합이 소수일 확률은

$$\frac{1+2+4+6+2}{36}=\frac{5}{12}$$

따라서 확률변수 X는 이항분포 $\mathrm{B}\left(30, \dfrac{5}{12}\right)$를 따르므로

$$\mathrm{V}(X)=30\times\frac{5}{12}\times\frac{7}{12}=\frac{175}{24}$$

이고

$\mathrm{V}(\sqrt{6}X+\sqrt{6})=(\sqrt{6})^2\,\mathrm{V}(X)$
$\qquad\qquad\qquad\quad=6\times\dfrac{175}{24}=\dfrac{175}{4}$

탑 ①

41 확률변수 X가 이항분포 $\mathrm{B}\left(n, \dfrac{1}{9}\right)$을 따르므로

$\mathrm{E}(X)=n\times\dfrac{1}{9}=\dfrac{n}{9}$ ...... ㉠

이때 $\mathrm{E}(4X-1)=15$에서

$4\mathrm{E}(X)-1=15$

$\mathrm{E}(X)=4$ ...... ㉡

㉠, ㉡에서

$\dfrac{n}{9}=4$, $n=36$

따라서

$\sigma(X)=\sqrt{36\times\dfrac{1}{9}\times\dfrac{8}{9}}=\dfrac{4}{3}\sqrt{2}$

이므로

$\sigma(1+3X)=|3|\sigma(X)$

$\qquad\qquad\quad=3\times\dfrac{4}{3}\sqrt{2}=4\sqrt{2}$

답 ④

42 세 개의 동전을 던지는 시행을 20번 반복할 때 세 개의 동전이 모두 같은 면이 나오는 횟수를 확률변수 Y라 하면 그렇지 않은 경우의 횟수는 $20-Y$이므로

$X=2Y-(20-Y)=3Y-20$

이때 세 개의 동전을 동시에 던졌을 때 모두 같은 면이 나올 확률이 $\dfrac{2}{2\times2\times2}=\dfrac{1}{4}$이므로 확률변수 Y는 이항분포 $\mathrm{B}\left(20, \dfrac{1}{4}\right)$을 따른다.

$\mathrm{V}(Y)=20\times\dfrac{1}{4}\times\dfrac{3}{4}=\dfrac{15}{4}$

따라서

$\mathrm{V}(4X+1)=\mathrm{V}(4(3Y-20)+1)$

$\qquad\qquad\quad=\mathrm{V}(12Y-79)$

$\qquad\qquad\quad=12^2\mathrm{V}(Y)$

$\qquad\qquad\quad=144\times\dfrac{15}{4}=540$

답 540

서술형 완성하기

본문 63쪽

| **01** $\dfrac{1}{3}$ | **02** 13 | **03** 1 |
| **04** $\dfrac{2}{3}$ | **05** 41 | **06** 942 |

01 확률변수 X가 갖는 모든 값에 대한 확률의 합은 1이므로

$\left|a+\dfrac{1}{6}\right|+\left|2a-\dfrac{5}{12}\right|+\dfrac{1}{4}=1$

$\left|a+\dfrac{1}{6}\right|+\left|2a-\dfrac{5}{12}\right|=\dfrac{3}{4}$ ...... ㉠ ...... **❶**

(i) $0<a<\dfrac{5}{24}$일 때

㉠에서

$\left(a+\dfrac{1}{6}\right)-\left(2a-\dfrac{5}{12}\right)=\dfrac{3}{4}$

$a=-\dfrac{1}{6}$

이때 $-\dfrac{1}{6}<0$이므로 $a\neq-\dfrac{1}{6}$ ...... **❷**

(ii) $a\geq\dfrac{5}{24}$일 때

$\left(a+\dfrac{1}{6}\right)+\left(2a-\dfrac{5}{12}\right)=\dfrac{3}{4}$

$a=\dfrac{1}{3}$

이때 $\dfrac{1}{3}\geq\dfrac{5}{24}$이므로 $a=\dfrac{1}{3}$

(i), (ii)에서 $a=\dfrac{1}{3}$ ...... **❸**

답 $\dfrac{1}{3}$

단계	채점 기준	비율
❶	확률의 합이 1임을 이용하여 식을 구한 경우	20 %
❷	$0<a<\dfrac{5}{24}$일 때, a의 값이 존재하지 않음을 밝힌 경우	40 %
❸	$a\geq\dfrac{5}{24}$일 때, a의 값을 구한 경우	40 %

02 5개의 공 중에서 3개의 공을 동시에 꺼낼 때 일어날 수 있는 모든 경우의 수는

${}_5\mathrm{C}_3={}_5\mathrm{C}_2=\dfrac{5\times4}{2\times1}=10$ ...... **❶**

확률변수 X는 꺼낸 3개의 공에 적혀 있는 수의 최댓값과 최솟값의 합이므로 X가 갖는 값은 4, 5, 6, 7, 8이다.

$X=4$인 경우는 1, 2, 3이 적혀 있는 공을 꺼내는 경우이므로

$\mathrm{P}(X=4)=\dfrac{1}{10}$

$X=5$인 경우는 1, 2, 4 또는 1, 3, 4가 적혀 있는 공을 꺼내는 경우이므로

$\mathrm{P}(X=5)=\dfrac{2}{10}=\dfrac{1}{5}$

$X=6$인 경우는 1, 2, 5 또는 1, 3, 5 또는 1, 4, 5 또는 2, 3, 4가 적혀 있는 공을 꺼내는 경우이므로

$\mathrm{P}(X=6)=\dfrac{4}{10}=\dfrac{2}{5}$

$X=7$인 경우는 2, 3, 5 또는 2, 4, 5가 적혀 있는 공을 꺼내는 경우이므로

$\mathrm{P}(X=7)=\dfrac{2}{10}=\dfrac{1}{5}$

$X=8$인 경우는 3, 4, 5가 적혀 있는 공을 꺼내는 경우이므로

$\mathrm{P}(X=8)=\dfrac{1}{10}$

확률변수 X의 확률분포를 표로 나타내면 다음과 같다.

X	4	5	6	7	8	합계
$\mathrm{P}(X=x)$	$\dfrac{1}{10}$	$\dfrac{1}{5}$	$\dfrac{2}{5}$	$\dfrac{1}{5}$	$\dfrac{1}{10}$	1

...... **❷**

따라서

$\mathrm{E}(X)=4\times\dfrac{1}{10}+5\times\dfrac{1}{5}+6\times\dfrac{2}{5}+7\times\dfrac{1}{5}+8\times\dfrac{1}{10}=6$

이므로

$$E(3X-5)=3E(X)-5$$
$$=3\times6-5=13 \quad\cdots\cdots ❸$$

답 13

단계	채점 기준	비율
❶	일어날 수 있는 모든 경우의 수를 구한 경우	20 %
❷	X의 확률분포를 구한 경우	50 %
❸	$E(3X-5)$의 값을 구한 경우	30 %

03 주머니에 들어 있는 모든 카드의 장수가 $n+3$이므로 확률변수 X의 확률분포를 표로 나타내면 다음과 같다.

X	1	2	3	합계
$P(X=x)$	$\dfrac{1}{n+3}$	$\dfrac{2}{n+3}$	$\dfrac{n}{n+3}$	1

$\cdots\cdots ❶$

$$E(X)=1\times\frac{1}{n+3}+2\times\frac{2}{n+3}+3\times\frac{n}{n+3}$$
$$=\frac{3n+5}{n+3}$$

이때 $E(2X)=5$에서

$$2E(X)=5$$
$$E(X)=\frac{5}{2}$$

이므로

$$\frac{3n+5}{n+3}=\frac{5}{2}$$
$$n=5 \quad\cdots\cdots ❷$$

$$E(X^2)=1^2\times\frac{1}{8}+2^2\times\frac{2}{8}+3^2\times\frac{5}{8}=\frac{27}{4}$$

이므로

$$V(X)=E(X^2)-\{E(X)\}^2$$
$$=\frac{27}{4}-\left(\frac{5}{2}\right)^2=\frac{1}{2}$$
$$\sigma(X)=\sqrt{V(X)}=\sqrt{\frac{1}{2}}=\frac{\sqrt{2}}{2}$$

따라서

$$\sigma(\sqrt{2}X)=|\sqrt{2}|\sigma(X)$$
$$=\sqrt{2}\times\frac{\sqrt{2}}{2}=1 \quad\cdots\cdots ❸$$

답 1

단계	채점 기준	비율
❶	X의 확률분포를 구한 경우	20 %
❷	n의 값을 구한 경우	40 %
❸	$\sigma(\sqrt{2}X)$의 값을 구한 경우	40 %

04 확률변수 X는 이항분포 $B(3,p)$를 따르므로 X의 확률질량함수는
$$P(X=x)={}_3C_x p^x(1-p)^{3-x}\ (x=0,1,2,3,\ p^0=(1-p)^0=1)$$
이고
$$P(X\ge2)={}_3C_2 p^2(1-p)^1+{}_3C_3 p^3$$
$$=3p^2(1-p)+p^3$$
$$=-2p^3+3p^2 \quad\cdots\cdots ❶$$

확률변수 Y는 이항분포 $B\left(4,\dfrac{p}{2}\right)$를 따르므로 Y의 확률질량함수는
$$P(Y=y)={}_4C_y\left(\frac{p}{2}\right)^y\left(1-\frac{p}{2}\right)^{4-y}$$
$$\left(y=0,1,2,3,4,\ \left(\frac{p}{2}\right)^0=\left(1-\frac{p}{2}\right)^0=1\right)$$
이고
$$P(Y=4)={}_4C_4\left(\frac{p}{2}\right)^4=\frac{p^4}{16} \quad\cdots\cdots ❷$$

$P(X\ge2)=60P(Y=4)$에서
$$-2p^3+3p^2=60\times\frac{p^4}{16}$$
$$15p^4+8p^3-12p^2=0$$
$$p^2(5p+6)(3p-2)=0$$

$p>0$이므로 $p=\dfrac{2}{3} \quad\cdots\cdots ❸$

답 $\dfrac{2}{3}$

단계	채점 기준	비율
❶	$P(X\ge2)$의 값을 p에 대한 식으로 나타낸 경우	40 %
❷	$P(Y=4)$의 값을 p에 대한 식으로 나타낸 경우	40 %
❸	양수 p의 값을 구한 경우	20 %

05 한 개의 주사위를 던질 때 4의 약수의 눈 1, 2, 4가 나올 확률은 $\dfrac{3}{6}=\dfrac{1}{2}$이므로 확률변수 X는 이항분포 $B\left(30,\dfrac{1}{2}\right)$을 따른다.
$$V(X)=30\times\frac{1}{2}\times\frac{1}{2}=\frac{15}{2} \quad\cdots\cdots ❶$$

두 개의 동전을 던질 때 두 동전 모두 앞면이 나올 확률은 $\left(\dfrac{1}{2}\right)^2=\dfrac{1}{4}$이므로 확률변수 Y는 이항분포 $B\left(n,\dfrac{1}{4}\right)$을 따른다.
$$V(Y)=n\times\frac{1}{4}\times\frac{3}{4}=\frac{3n}{16} \quad\cdots\cdots ❷$$
부등식 $V(X)<V(Y)$에서
$$\frac{15}{2}<\frac{3n}{16}$$
$$n>40$$
따라서 구하는 자연수 n의 최솟값은 41이다. $\quad\cdots\cdots ❸$

답 41

단계	채점 기준	비율
❶	$V(X)$의 값을 구한 경우	40 %
❷	$V(Y)$의 값을 n에 대한 식으로 나타낸 경우	40 %
❸	자연수 n의 최솟값을 구한 경우	20 %

06 주어진 표에 의하여 이 고등학교 학생 중에서 임의로 한 명을 선택할 때, 선택된 학생의 혈액형이 A형 또는 B형일 확률은 $\dfrac{35+25}{100}=\dfrac{3}{5}$ 이므로 확률변수 X는 이항분포 $B\left(50,\dfrac{3}{5}\right)$를 따른다. $\quad\cdots\cdots ❶$

$$E(X)=50\times\frac{3}{5}=30$$
$$V(X)=50\times\frac{3}{5}\times\frac{2}{5}=12$$
이므로

$V(X)=E(X^2)-\{E(X)\}^2$에서
$E(X^2)=V(X)+\{E(X)\}^2$
$\qquad\quad=12+30^2=912$ ...... ❷
따라서
$E(X)+E(X^2)=30+912$
$\qquad\qquad\qquad=942$ ...... ❸

🔳 942

단계	채점 기준	비율
❶	X의 확률분포를 구한 경우	40 %
❷	$E(X^2)$의 값을 구한 경우	50 %
❸	$E(X)+E(X^2)$의 값을 구한 경우	10 %

내신 + 수능 고난도 도전 본문 64~65쪽

| 01 10 | 02 ③ | 03 ② | 04 ② | 05 12 |
| 06 ② | 07 ⑤ | 08 ④ | | |

01 $P(X=1)=a$라 하면
$P(X=k+1)=kP(X=k)$ ($k=1, 2, 3, 4$)에서
$P(X=2)=P(X=1)=a$
$P(X=3)=2P(X=2)=2a$
$P(X=4)=3P(X=3)=3\times2a=6a$
$P(X=5)=4P(X=4)=4\times6a=24a$
확률변수 X가 갖는 값이 1, 2, 3, 4, 5이고 X가 갖는 모든 값에 대한 확률의 합은 1이므로
$P(X=1)+P(X=2)+P(X=3)+P(X=4)+P(X=5)$
$=a+a+2a+6a+24a=34a=1$
$a=\dfrac{1}{34}$
한편 5 이하의 자연수 m에 대하여
$P(X=m)>0$
이고 4 이하의 자연수 m에 대하여
$P(X\le m)<P(X\le m+1)$
또한
$P(X\le4)$
$=P(X=1)+P(X=2)+P(X=3)+P(X=4)$
$=a+a+2a+6a$
$=10a$
$=10\times\dfrac{1}{34}=\dfrac{5}{17}<\dfrac{1}{3}$
$P(X\le5)=1$
따라서 부등식 $P(X\le n)<\dfrac{1}{3}$을 만족시키는 모든 자연수 n의 값은
1, 2, 3, 4이고 그 합은
$1+2+3+4=10$

🔳 10

02 확률변수 X가 갖는 모든 값에 대한 확률의 합은 1이므로
$\dfrac{1}{10}+a+b+b+\dfrac{1}{10}=1$
$a+2b=\dfrac{4}{5}$ ...... ㉠
사건 A는 확률변수 X가 소수인 사건, 즉 $X=2$ 또는 $X=3$ 또는 $X=5$인 사건이고 사건 B는 확률변수 X가 홀수인 사건, 즉 $X=1$ 또는 $X=3$ 또는 $X=5$인 사건이므로 사건 $A\cap B$는 $X=3$ 또는 $X=5$인 사건이다.
$P(A)=P(X=2)+P(X=3)+P(X=5)$
$\qquad\quad=a+b+\dfrac{1}{10}$
$P(A\cap B)=P(X=3)+P(X=5)$
$\qquad\qquad\quad=b+\dfrac{1}{10}$
이때 $P(B|A)=\dfrac{2}{3}$이므로
$P(B|A)$
$=\dfrac{P(A\cap B)}{P(A)}$
$=\dfrac{b+\dfrac{1}{10}}{a+b+\dfrac{1}{10}}=\dfrac{2}{3}$
$3b+\dfrac{3}{10}=2a+2b+\dfrac{1}{5}$
$2a-b=\dfrac{1}{10}$ ...... ㉡
㉠, ㉡을 연립하여 풀면
$a=\dfrac{1}{5}$, $b=\dfrac{3}{10}$
따라서
$a+b=\dfrac{1}{5}+\dfrac{3}{10}=\dfrac{1}{2}$

🔳 ③

03 확률변수 X는 흰 공 3개와 검은 공 2개가 들어 있는 상자에서 임의로 한 개씩 공을 꺼낼 때 검은 공 2개가 모두 나올 때까지 꺼낸 공의 개수이므로 X가 갖는 값은 2, 3, 4, 5이다.
$X=2$인 경우는 차례대로 검은 공 2개를 꺼내는 경우이므로
$P(X=2)=\dfrac{2}{5}\times\dfrac{1}{4}$
$\qquad\qquad=\dfrac{1}{10}$
$X=3$인 경우는 두 번째까지 꺼낸 공이 흰 공 1개와 검은 공 1개이고 세 번째에 검은 공을 꺼내는 경우이므로
$P(X=3)=\dfrac{3}{5}\times\dfrac{2}{4}\times\dfrac{1}{3}+\dfrac{2}{5}\times\dfrac{3}{4}\times\dfrac{1}{3}$
$\qquad\qquad=\dfrac{1}{5}$
$X=4$인 경우는 세 번째까지 꺼낸 공이 흰 공 2개와 검은 공 1개이고 네 번째에 검은 공을 꺼내는 경우이므로
$P(X=4)=\dfrac{3}{5}\times\dfrac{2}{4}\times\dfrac{2}{3}\times\dfrac{1}{2}+\dfrac{3}{5}\times\dfrac{2}{4}\times\dfrac{2}{3}\times\dfrac{1}{2}+\dfrac{2}{5}\times\dfrac{3}{4}\times\dfrac{2}{3}\times\dfrac{1}{2}$
$\qquad\qquad=\dfrac{3}{10}$

확률변수 X가 갖는 모든 값에 대한 확률의 합은 1이므로
$$P(X=5)$$
$$=1-\{P(X=2)+P(X=3)+P(X=4)\}$$
$$=1-\left(\frac{1}{10}+\frac{1}{5}+\frac{3}{10}\right)=\frac{2}{5}$$
따라서 확률변수 X의 확률분포를 표로 나타내면 다음과 같다.

X	2	3	4	5	합계
$P(X=x)$	$\frac{1}{10}$	$\frac{1}{5}$	$\frac{3}{10}$	$\frac{2}{5}$	1

$$E(X)=2\times\frac{1}{10}+3\times\frac{1}{5}+4\times\frac{3}{10}+5\times\frac{2}{5}$$
$$=4$$
$$E(X^2)=2^2\times\frac{1}{10}+3^2\times\frac{1}{5}+4^2\times\frac{3}{10}+5^2\times\frac{2}{5}$$
$$=17$$
이므로
$$V(X)=E(X^2)-\{E(X)\}^2$$
$$=17-4^2=1$$
따라서
$$E(X)+V(X)=4+1=5$$

답 ②

04 확률변수 X는 1, 2, 3, 4가 하나씩 적혀 있는 카드가 들어 있는 주머니에서 2장 또는 3장의 카드를 동시에 꺼낼 때, 꺼낸 카드에 적힌 수가 소수인 카드의 개수이므로 X가 갖는 값은 0, 1, 2이다.

$X=0$인 경우는 동전의 앞면이 나온 후 주머니에서 꺼낸 2장의 카드가 모두 소수가 아닌 카드인 경우이므로
$$P(X=0)=\frac{1}{2}\times\frac{{}_2C_2}{{}_4C_2}=\frac{1}{2}\times\frac{1}{6}=\frac{1}{12}$$

$X=1$인 경우는 동전의 앞면이 나온 후 주머니에서 꺼낸 2장의 카드가 소수인 카드 1장과 소수가 아닌 카드 1장이거나 동전의 뒷면이 나온 후 주머니에서 꺼낸 3장의 카드가 소수인 카드 1장과 소수가 아닌 카드 2장인 경우이므로
$$P(X=1)$$
$$=\frac{1}{2}\times\frac{{}_2C_1\times{}_2C_1}{{}_4C_2}+\frac{1}{2}\times\frac{{}_2C_1\times{}_2C_2}{{}_4C_3}$$
$$=\frac{1}{2}\times\frac{2\times2}{6}+\frac{1}{2}\times\frac{2\times1}{4}$$
$$=\frac{7}{12}$$

확률변수 X가 갖는 모든 값에 대한 확률의 합은 1이므로
$$P(X=2)$$
$$=1-\{P(X=0)+P(X=1)\}$$
$$=1-\left(\frac{1}{12}+\frac{7}{12}\right)$$
$$=\frac{1}{3}$$
따라서 확률변수 X의 확률분포를 표로 나타내면 다음과 같다.

X	0	1	2	합계
$P(X=x)$	$\frac{1}{12}$	$\frac{7}{12}$	$\frac{1}{3}$	1

$$E(X)=0\times\frac{1}{12}+1\times\frac{7}{12}+2\times\frac{1}{3}$$
$$=\frac{5}{4}$$
따라서
$$E(8X+2)=8E(X)+2$$
$$=8\times\frac{5}{4}+2=12$$

답 ②

참고

$P(X=2)$의 값을 다음과 같이 구할 수도 있다.

$X=2$인 경우는 동전의 앞면이 나온 후 주머니에서 꺼낸 2장의 카드가 모두 소수이거나 동전의 뒷면이 나온 후 주머니에서 꺼낸 3장의 카드가 소수인 카드 2장과 소수가 아닌 카드 1장인 경우이므로
$$P(X=2)$$
$$=\frac{1}{2}\times\frac{{}_2C_2}{{}_4C_2}+\frac{1}{2}\times\frac{{}_2C_2\times{}_2C_1}{{}_4C_3}$$
$$=\frac{1}{2}\times\frac{1}{6}+\frac{1}{2}\times\frac{1\times2}{4}=\frac{1}{3}$$

05 정육면체 ABCD−EFGH의 8개의 꼭짓점 중에서 서로 다른 3개의 점을 택하는 경우의 수는
$$_8C_3=\frac{8\times7\times6}{3\times2\times1}=56$$
56개의 삼각형의 넓이는 다음 그림의 세 삼각형의 넓이 중 하나이다.

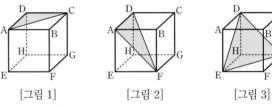

[그림 1]　　　　[그림 2]　　　　[그림 3]

세 변의 길이가 $\sqrt{2}$, $\sqrt{2}$, 2인 [그림 1]과 같은 삼각형은 정육면체의 6개의 면에 4개씩 존재하므로 총 24개가 있고, 이 삼각형의 넓이는
$$\frac{1}{2}\times\sqrt{2}\times\sqrt{2}=1$$
그러므로 $P(X=1)=\frac{24}{56}=\frac{3}{7}$

[그림 2]에서 주어진 정육면체의 한 모서리 AD를 한 변으로 하고 세 변의 길이가 $\sqrt{2}$, 2, $\sqrt{6}$인 삼각형은 2개 존재하고 정육면체의 모든 모서리의 개수는 12이므로 세 변의 길이가 $\sqrt{2}$, 2, $\sqrt{6}$인 [그림 2]와 같은 삼각형은 총 24개가 있고, 이 삼각형의 넓이는
$$\frac{1}{2}\times\sqrt{2}\times2=\sqrt{2}$$
그러므로 $P(X=\sqrt{2})=\frac{24}{56}=\frac{3}{7}$

모든 삼각형의 개수가 56이고 [그림 1], [그림 2]와 같은 삼각형이 모두 24개씩 존재하므로 [그림 3]과 같은 삼각형은 $56-2\times24=8$(개) 존재한다.

한 변의 길이가 2인 [그림 3]과 같은 정삼각형의 넓이는
$$\frac{\sqrt{3}}{4}\times2^2=\sqrt{3}$$
그러므로 $P(X=\sqrt{3})=\frac{8}{56}=\frac{1}{7}$

따라서 확률변수 X의 확률분포를 표로 나타내면 다음과 같다.

X	1	$\sqrt{2}$	$\sqrt{3}$	합계
$\mathrm{P}(X=x)$	$\dfrac{3}{7}$	$\dfrac{3}{7}$	$\dfrac{1}{7}$	1

따라서

$$\mathrm{E}(X^2)=1^2\times\frac{3}{7}+(\sqrt{2})^2\times\frac{3}{7}+(\sqrt{3})^2\times\frac{1}{7}$$

$$=\frac{12}{7}$$

이므로

$$7\mathrm{E}(X^2)=7\times\frac{12}{7}$$

$$=12$$

답 12

참고

한 변의 길이가 2인 [그림 3]과 같은 정삼각형은 삼각형 ACF, 삼각형 ACH, 삼각형 BDE, 삼각형 BDG, 삼각형 EGB, 삼각형 EGD, 삼각형 FHA, 삼각형 FHC로 그 개수는 8이다.

06 두 주사위 A, B를 동시에 던질 때 일어날 수 있는 모든 순서쌍 (a, b)의 개수는

$$6\times6=36$$

함수 $y=x^2+2ax+2b$의 그래프와 x축이 만나려면 이차방정식 $x^2+2ax+2b=0$이 실근을 가져야 한다.

즉, 이차방정식 $x^2+2ax+2b=0$의 판별식을 D라 하면 $\dfrac{D}{4}\geq0$이어야 하므로

$$\frac{D}{4}=a^2-2b\geq0$$

$$a^2\geq2b \quad\cdots\cdots\text{㉠}$$

부등식 ㉠을 만족시키는 모든 순서쌍 (a, b) (a, b는 6 이하의 자연수) 는

$(2, 1)$, $(2, 2)$,
$(3, 1)$, $(3, 2)$, $(3, 3)$, $(3, 4)$,
$(4, 1)$, $(4, 2)$, $(4, 3)$, $(4, 4)$, $(4, 5)$, $(4, 6)$,
$(5, 1)$, $(5, 2)$, $(5, 3)$, $(5, 4)$, $(5, 5)$, $(5, 6)$,
$(6, 1)$, $(6, 2)$, $(6, 3)$, $(6, 4)$, $(6, 5)$, $(6, 6)$

으로 그 개수는 24이므로

$$\mathrm{P}(E)=\frac{24}{36}=\frac{2}{3}$$

따라서 확률변수 X는 이항분포 $\mathrm{B}\left(24, \dfrac{2}{3}\right)$를 따르므로

$$\mathrm{V}(X)=24\times\frac{2}{3}\times\frac{1}{3}=\frac{16}{3}$$

이때 $\mathrm{V}(kX)=48$에서

$$\mathrm{V}(kX)=k^2\mathrm{V}(X)$$

$$=k^2\times\frac{16}{3}=48$$

$$k^2=48\times\frac{3}{16}=9$$

따라서 양수 k의 값은

$$k=3$$

답 ②

07 흰 공 2개와 검은 공 4개가 들어 있는 주머니에서 임의로 동시에 꺼낸 두 개의 공이 같은 색일 확률은

$$\frac{{}_2\mathrm{C}_2+{}_4\mathrm{C}_2}{{}_6\mathrm{C}_2}=\frac{1+6}{15}=\frac{7}{15}$$

이므로 두 개의 공이 다른 색일 확률은

$$1-\frac{7}{15}=\frac{8}{15}$$

주어진 게임을 150번 반복할 때, 같은 색의 공이 나오는 횟수를 확률변수 X라 하면 다른 색의 공이 나오는 횟수는 $150-X$이므로 주어진 게임을 150번 반복한 후 얻을 수 있는 총 점수를 확률변수 Y라 하면

$$Y=3X+1\times(150-X)$$

$$=2X+150$$

한편 X는 이항분포 $\mathrm{B}\left(150, \dfrac{7}{15}\right)$을 따르므로

$$\mathrm{E}(X)=150\times\frac{7}{15}$$

$$=70$$

따라서 구하는 기댓값은

$$\mathrm{E}(Y)=\mathrm{E}(2X+150)$$

$$=2\mathrm{E}(X)+150$$

$$=2\times70+150$$

$$=290$$

답 ⑤

08 한 개의 주사위를 세 번 던질 때 나오는 눈의 수를 차례대로 a, b, c라 하면 모든 순서쌍 (a, b, c)의 개수는

$$_6\Pi_3=6^3=216$$

이때 세 눈의 수의 합과 곱이 모두 4의 배수인 경우는 a, b, c 중에 적어도 하나가 4인 경우와 그렇지 않은 경우에 따라 다음과 같다.

(i) a, b, c 중에 적어도 하나가 4인 경우

① a, b, c 중에 하나만 4인 경우

$a=4$, $b\neq4$, $c\neq4$이고 $b+c$가 4의 배수인 모든 순서쌍 (a, b, c)의 개수는

$(4, 1, 3)$, $(4, 2, 2)$, $(4, 2, 6)$, $(4, 3, 1)$, $(4, 3, 5)$, $(4, 5, 3)$, $(4, 6, 2)$, $(4, 6, 6)$

으로 8

$a\neq4$, $b=4$, $c\neq4$ 또는 $a\neq4$, $b\neq4$, $c=4$일 때도 $a=4$, $b\neq4$, $c\neq4$일 때와 마찬가지로 8개의 순서쌍 (a, b, c)가 각각 존재한다.

따라서 이 경우의 수는 $8+8+8=24$

② a, b, c 중에 두 개 이상이 4인 경우

$a=b=4$일 때 $a+b+c$가 4의 배수이려면 $c=4$이어야 한다.

따라서 이 경우의 모든 순서쌍 (a, b, c)의 개수는 $(4, 4, 4)$로 1개

(ii) a, b, c가 모두 4가 아닌 경우

abc가 4의 배수이려면 a, b, c 중 두 수 또는 세 수가 4가 아닌 짝수이어야 한다.

① a, b, c가 모두 4가 아니고, a, b, c 중 두 수가 4가 아닌 짝수인 경우

집합 $A=\{2, 6\}$에 대하여 $a\in A$, $b\in A$, $c\not\in A$라 하면 $a+b$가 4의 배수이므로 $a+b+c$가 4의 배수이려면 c가 4의 배수이어야 한다.

이때 $c \neq 4$이므로 이 경우의 순서쌍 (a, b, c)는 존재하지 않는다.

② a, b, c 모두가 4가 아닌 짝수인 경우

$a \in A$, $b \in A$, $c \in A$라 하면

$a+b$가 4의 배수이므로 $a+b+c$는 4의 배수가 아니다.

따라서 이 경우의 순서쌍 (a, b, c)는 존재하지 않는다.

(ⅰ), (ⅱ)에서 세 눈의 수의 합과 곱이 모두 4의 배수인 경우의 수는

$24+1=25$이므로 그 확률은

$$\frac{25}{216}$$

따라서 확률변수 X는 이항분포 $B\left(432, \frac{25}{216}\right)$를 따르므로

$$E(X)=432 \times \frac{25}{216}=50$$

이고

$$\begin{aligned} E(2X-6)&=2E(X)-6\\ &=2 \times 50-6=94 \end{aligned}$$

답 ④

수능개념

EBS 대표강사들과 함께 하는
수능의 개념을 잡아주는 필수 기본서

---

06 정규분포

01 ③	02 ×	03 ○	04 ○	05 ×
06 ×	07 ○	08 0	09 1	10 $\frac{1}{4}$
11 $\frac{1}{2}$	12 $\frac{1}{2}$	13 $\frac{1}{2}$	14 $\frac{1}{4}$	15 $\frac{5}{16}$
16 $N\left(10, \left(\frac{1}{2}\right)^2\right)$		17 $N(0, 1^2)$		18 $N(5, 3^2)$
19 $N\left(-6, \left(\frac{1}{3}\right)^2\right)$		20 $N(2, 2^2)$		21 3
22 0	23 3	24 1	25 7	26 $m_1 < m_2$
27 $\sigma_1 > \sigma_2$	28 0	29 0.3413	30 0.0039	31 0.1314
32 0.8665	33 0.1357	34 0.6826	35 0.6876	36 0.3078
37 0.7512	38 0	39 1	40 $\frac{3}{2}$	41 $-\frac{1}{2}$
42 2	43 $\frac{5}{4}$	44 0.3413	45 0.8351	46 0.9544
47 $N(100, (5\sqrt{2})^2)$		48 $N(20, 4^2)$		49 120
50 100	51 $N(120, 10^2)$		52 0.9772	

01 ①, ②, ④, ⑤ 키, 온도, 몸무게, 시간 등은 어떤 구간에 속하는 모든 실수의 값을 가지므로 연속확률변수이다.

③ C 공장에서 작년 동안 하루에 생산한 배터리의 개수는 유한개이므로 이산확률변수이다.

답 ③

02 $0 \leq x \leq 1$에서 $f(x) \geq 0$이지만 함수 $y=f(x)$의 그래프와 x축 및 직선 $x=1$로 둘러싸인 부분의 넓이가

$$\frac{1}{2} \times 1 \times 1 = \frac{1}{2} \neq 1$$

이므로 함수 $f(x)=x$는 확률변수 X의 확률밀도함수가 될 수 없다.

답 ×

03 $0 \leq x \leq 1$에서 $f(x) \geq 0$이고 함수 $y=f(x)$의 그래프와 x축 및 직선 $x=1$로 둘러싸인 부분의 넓이가

$$\frac{1}{2} \times 1 \times 2 = 1$$

이므로 함수 $f(x)=2x$는 확률변수 X의 확률밀도함수가 될 수 있다.

답 ○

04 $0 \leq x \leq 1$에서 $f(x) \geq 0$이고 함수 $y=f(x)$의 그래프와 x축, y축 및 직선 $x=1$로 둘러싸인 부분의 넓이가

$1 \times 1 = 1$

이므로 함수 $f(x)=1$은 확률변수 X의 확률밀도함수가 될 수 있다.

답 ○

05 $0 \le x < 1$에서 $f(x) < 0$이므로 함수 $f(x) = x - 1$은 확률변수 X의 확률밀도함수가 될 수 없다.

달 ×

06 $\frac{1}{2} < x \le 1$에서 $f(x) < 0$이므로 함수 $f(x) = -2x + 1$은 확률변수 X의 확률밀도함수가 될 수 없다.

달 ×

07 $0 \le x \le 1$에서 $f(x) \ge 0$이고 함수 $y = f(x)$의 그래프와 x축, y축 및 직선 $x = 1$로 둘러싸인 부분의 넓이가

$$\frac{1}{2} \times 1 \times \left(\frac{3}{4} + \frac{5}{4} \right) = 1$$

이므로 함수 $f(x) = \frac{1}{2}x + \frac{3}{4}$은 확률변수 X의 확률밀도함수가 될 수 있다.

달 ○

08 연속확률변수 X가 갖는 값의 범위가 $0 \le X \le 4$이므로 $P(X < 0) = 0$

달 0

09 연속확률변수 X가 갖는 값의 범위가 $0 \le X \le 4$이므로 $P(X \le 4) = 1$

달 1

10 $P(X \le 1)$의 값은 함수 $y = f(x)$의 그래프와 x축, y축 및 직선 $x = 1$로 둘러싸인 부분의 넓이이므로

$$P(X \le 1) = 1 \times \frac{1}{4} = \frac{1}{4}$$

달 $\frac{1}{4}$

11 $P(2 \le X \le 4)$의 값은 함수 $y = f(x)$의 그래프와 x축 및 두 직선 $x = 2$, $x = 4$로 둘러싸인 부분의 넓이이므로

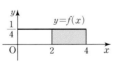

$$P(2 \le X \le 4) = 2 \times \frac{1}{4} = \frac{1}{2}$$

달 $\frac{1}{2}$

12 연속확률변수 X의 확률밀도함수 $y = f(x)$의 그래프와 x축 및 두 직선 $x = -2$, $x = 2$로 둘러싸인 부분의 넓이가 1이어야 하므로

$$\frac{1}{2} \times 2 \times a + \frac{1}{2} \times 2 \times a = 1$$

따라서 $a = \frac{1}{2}$

달 $\frac{1}{2}$

13 함수 $f(x) = \begin{cases} -\frac{1}{4}x & (-2 \le x < 0) \\ \frac{1}{4}x & (0 \le x \le 2) \end{cases}$, 즉 $f(x) = \frac{|x|}{4}$에 대하여 $P(X \ge 0)$의 값은 함수 $y = f(x)$의 그래프와 x축 및 직선 $x = 2$로 둘러싸인 부분의 넓이이므로

$$P(X \ge 0) = \frac{1}{2} \times 2 \times \frac{1}{2} = \frac{1}{2}$$

달 $\frac{1}{2}$

다른 풀이

함수 $f(x) = \frac{|x|}{4}$에 대하여 $y = f(x)$의 그래프는 y축에 대하여 대칭이므로 $P(X \le 0) = P(X \ge 0)$

따라서 $P(X \le 0) + P(X \ge 0) = 1$에서 $2P(X \ge 0) = 1$이므로 $P(X \ge 0) = \frac{1}{2}$

14 함수 $f(x) = \frac{|x|}{4}$에 대하여 함수 $y = f(x)$의 그래프는 y축에 대하여 대칭이므로 $P(-1 \le X \le 1)$의 값은 함수 $y = f(x)$의 그래프와 x축 및 직선 $x = 1$로 둘러싸인 부분의 넓이의 2배이다. 따라서

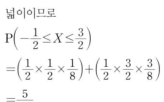

$P(-1 \le X \le 1)$
$= 2P(0 \le X \le 1)$
$= 2 \times \left(\frac{1}{2} \times 1 \times \frac{1}{4} \right) = \frac{1}{4}$

달 $\frac{1}{4}$

15 함수 $f(x) = \frac{|x|}{4}$에 대하여 $P\left(-\frac{1}{2} \le X \le \frac{3}{2} \right)$의 값은 함수 $y = f(x)$의 그래프와 x축 및 두 직선 $x = -\frac{1}{2}$, $x = \frac{3}{2}$으로 둘러싸인 부분의 넓이이므로

$P\left(-\frac{1}{2} \le X \le \frac{3}{2} \right)$
$= \left(\frac{1}{2} \times \frac{1}{2} \times \frac{1}{8} \right) + \left(\frac{1}{2} \times \frac{3}{2} \times \frac{3}{8} \right)$
$= \frac{5}{16}$

달 $\frac{5}{16}$

16

달 $N\left(10, \left(\frac{1}{2} \right)^2 \right)$

17

달 $N(0, 1^2)$

18

달 $N(5, 3^2)$

19

달 $N\left(-6, \left(\frac{1}{3} \right)^2 \right)$

20 $\mathrm{V}(X)=\mathrm{E}(X^2)-\{\mathrm{E}(X)\}^2$
$\qquad\quad=8-2^2=4$이

므로 $\mathrm{N}(2,\,2^2)$

$\qquad\qquad\qquad\qquad\qquad\qquad\qquad$ 답 $\mathrm{N}(2,\,2^2)$

21 $\qquad\qquad\qquad\qquad\qquad\qquad\qquad$ 답 3

22 $\qquad\qquad\qquad\qquad\qquad\qquad\qquad$ 답 0

23 $\qquad\qquad\qquad\qquad\qquad\qquad\qquad$ 답 3

24 $\qquad\qquad\qquad\qquad\qquad\qquad\qquad$ 답 1

25

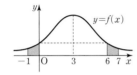

곡선 $y=f(x)$가 직선 $x=3$에 대하여 대칭이므로
$f(0)=f(6),\ f(-1)=f(7)$
따라서 곡선 $y=f(x)$와 x축, y축 및 직선 $x=-1$로 둘러싸인 부분의 넓이는 곡선 $y=f(x)$와 x축 및 두 직선 $x=6,\ x=7$로 둘러싸인 부분의 넓이와 같다.

$\qquad\qquad\qquad\qquad\qquad\qquad\qquad$ 답 7

26

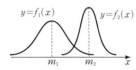

두 곡선 $y=f_1(x),\ y=f_2(x)$는 각각 직선 $x=m_1,\ x=m_2$에 대하여 대칭이므로 위의 그림에서
$m_1<m_2$

$\qquad\qquad\qquad\qquad\qquad\qquad\qquad$ 답 $m_1<m_2$

27 주어진 그래프에서 함수 $f_1(x)$의 최댓값 $f_1(m_1)$과 함수 $f_2(x)$의 최댓값 $f_2(m_2)$의 대소 관계가
$f_1(m_1)<f_2(m_2)$
이므로 확률밀도함수가 $f_1(x)$인 확률변수의 표준편차 σ_1은 확률밀도함수가 $f_2(x)$인 확률변수의 표준편차 σ_2보다 크다. 즉, $\sigma_1>\sigma_2$

$\qquad\qquad\qquad\qquad\qquad\qquad\qquad$ 답 $\sigma_1>\sigma_2$

28 연속확률변수 Z가 범위가 아닌 하나의 값을 가질 확률은 0이다.

$\qquad\qquad\qquad\qquad\qquad\qquad\qquad$ 답 0

29 $\qquad\qquad\qquad\qquad\qquad\qquad\qquad$ 답 0.3413

30 $\mathrm{P}(1.2\leq Z\leq1.22)=\mathrm{P}(0\leq Z\leq1.22)-\mathrm{P}(0\leq Z\leq1.2)$
$\qquad\qquad\qquad\qquad=0.3888-0.3849$
$\qquad\qquad\qquad\qquad=0.0039$

$\qquad\qquad\qquad\qquad\qquad\qquad\qquad$ 답 0.0039

31 $\mathrm{P}(Z\geq1.12)=\mathrm{P}(Z\geq0)-\mathrm{P}(0\leq Z\leq1.12)$
$\qquad\qquad\quad=0.5-0.3686$
$\qquad\qquad\quad=0.1314$

$\qquad\qquad\qquad\qquad\qquad\qquad\qquad$ 답 0.1314

32 $\mathrm{P}(Z\leq1.11)=\mathrm{P}(Z\leq0)+\mathrm{P}(0\leq Z\leq1.11)$
$\qquad\qquad\quad=0.5+0.3665$
$\qquad\qquad\quad=0.8665$

$\qquad\qquad\qquad\qquad\qquad\qquad\qquad$ 답 0.8665

33 $\mathrm{P}(Z\leq-1.1)=\mathrm{P}(Z\geq1.1)$
$\qquad\qquad\qquad=\mathrm{P}(Z\geq0)-\mathrm{P}(0\leq Z\leq1.1)$
$\qquad\qquad\qquad=0.5-0.3643$
$\qquad\qquad\qquad=0.1357$

$\qquad\qquad\qquad\qquad\qquad\qquad\qquad$ 답 0.1357

34 $\mathrm{P}(-1\leq Z\leq1)=2\mathrm{P}(0\leq Z\leq1)$
$\qquad\qquad\qquad\quad=2\times0.3413$
$\qquad\qquad\qquad\quad=0.6826$

$\qquad\qquad\qquad\qquad\qquad\qquad\qquad$ 답 0.6826

35 $\mathrm{P}(|Z|\leq1.01)=\mathrm{P}(-1.01\leq Z\leq1.01)$
$\qquad\qquad\qquad\quad=2\mathrm{P}(0\leq Z\leq1.01)$
$\qquad\qquad\qquad\quad=2\times0.3438$
$\qquad\qquad\qquad\quad=0.6876$

$\qquad\qquad\qquad\qquad\qquad\qquad\qquad$ 답 0.6876

36 $\mathrm{P}(|Z|\geq1.02)=1-\mathrm{P}(|Z|\leq1.02)$
$\qquad\qquad\qquad\quad=1-\mathrm{P}(-1.02\leq Z\leq1.02)$
$\qquad\qquad\qquad\quad=1-2\mathrm{P}(0\leq Z\leq1.02)$
$\qquad\qquad\qquad\quad=1-2\times0.3461$
$\qquad\qquad\qquad\quad=0.3078$

$\qquad\qquad\qquad\qquad\qquad\qquad\qquad$ 답 0.3078

다른 풀이

$\mathrm{P}(|Z|\geq1.02)=\mathrm{P}(Z\geq1.02)+\mathrm{P}(Z\leq-1.02)$
$\qquad\qquad\qquad=2\mathrm{P}(Z\geq1.02)$
$\qquad\qquad\qquad=2\{\mathrm{P}(Z\geq0)-\mathrm{P}(0\leq Z\leq1.02)\}$
$\qquad\qquad\qquad=2(0.5-0.3461)$
$\qquad\qquad\qquad=0.3078$

37 $\mathrm{P}(-1.1\leq Z\leq1.21)=\mathrm{P}(-1.1\leq Z\leq0)+\mathrm{P}(0\leq Z\leq1.21)$
$\qquad\qquad\qquad\qquad=\mathrm{P}(0\leq Z\leq1.1)+\mathrm{P}(0\leq Z\leq1.21)$
$\qquad\qquad\qquad\qquad=0.3643+0.3869$
$\qquad\qquad\qquad\qquad=0.7512$

$\qquad\qquad\qquad\qquad\qquad\qquad\qquad$ 답 0.7512

38 확률변수 X가 정규분포 $N(10, 4^2)$을 따르므로
$Z=\dfrac{X-10}{4}$으로 놓으면 확률변수 Z는 표준정규분포 $N(0, 1)$을 따른다.
따라서
$$P(X \geq 10)=P\left(\dfrac{X-10}{4} \geq \dfrac{10-10}{4}\right)$$
$$=P(Z \geq 0)$$
이므로 $a=0$

답 0

39 $P(X \leq 14)=P\left(\dfrac{X-10}{4} \leq \dfrac{14-10}{4}\right)$
$$=P(Z \leq 1)$$
이므로 $a=1$

답 1

40 $P(6 \leq X \leq 16)=P\left(\dfrac{6-10}{4} \leq \dfrac{X-10}{4} \leq \dfrac{16-10}{4}\right)$
$$=P\left(-1 \leq Z \leq \dfrac{3}{2}\right)$$
이므로 $a=\dfrac{3}{2}$

답 $\dfrac{3}{2}$

41 $P(X \geq 12)=P\left(\dfrac{X-10}{4} \geq \dfrac{12-10}{4}\right)$
$$=P\left(Z \geq \dfrac{1}{2}\right)=P\left(Z \leq -\dfrac{1}{2}\right)$$
이므로 $a=-\dfrac{1}{2}$

답 $-\dfrac{1}{2}$

42 $P(2 \leq X \leq 18)=P\left(\dfrac{2-10}{4} \leq \dfrac{X-10}{4} \leq \dfrac{18-10}{4}\right)$
$$=P(-2 \leq Z \leq 2)$$
$$=P(|Z| \leq 2)$$
이므로 $a=2$

답 2

43 $P(5 \leq X \leq 12)=P\left(\dfrac{5-10}{4} \leq \dfrac{X-10}{4} \leq \dfrac{12-10}{4}\right)$
$$=P\left(-\dfrac{5}{4} \leq Z \leq \dfrac{1}{2}\right)$$
$$=P\left(-\dfrac{1}{2} \leq Z \leq \dfrac{5}{4}\right)$$
이므로 $a=\dfrac{5}{4}$

답 $\dfrac{5}{4}$

44 확률변수 X가 정규분포 $N(5, 2^2)$을 따르므로 $Z=\dfrac{X-5}{2}$로 놓으면 확률변수 Z는 표준정규분포 $N(0, 1)$을 따른다.
따라서
$$P(5 \leq X \leq 7)=P\left(\dfrac{5-5}{2} \leq \dfrac{X-5}{2} \leq \dfrac{7-5}{2}\right)$$
$$=P(0 \leq Z \leq 1)$$
$$=0.3413$$

답 0.3413

45 $P(3 \leq X \leq 10)=P\left(\dfrac{3-5}{2} \leq \dfrac{X-5}{2} \leq \dfrac{10-5}{2}\right)$
$$=P(-1 \leq Z \leq 2.5)$$
$$=P(-1 \leq Z \leq 0)+P(0 \leq Z \leq 2.5)$$
$$=P(0 \leq Z \leq 1)+P(0 \leq Z \leq 2.5)$$
$$=0.3413+0.4938$$
$$=0.8351$$

답 0.8351

46 $|X-5| \leq 4$에서
$-4 \leq X-5 \leq 4$
$1 \leq X \leq 9$
이므로
$P(|X-5| \leq 4)=P(1 \leq X \leq 9)$
$$=P\left(\dfrac{1-5}{2} \leq \dfrac{X-5}{2} \leq \dfrac{9-5}{2}\right)$$
$$=P(-2 \leq Z \leq 2)$$
$$=P(-2 \leq Z \leq 0)+P(0 \leq Z \leq 2)$$
$$=P(0 \leq Z \leq 2)+P(0 \leq Z \leq 2)$$
$$=2P(0 \leq Z \leq 2)$$
$$=2 \times 0.4772$$
$$=0.9544$$

답 0.9544

47 $E(X)=200 \times 0.5=100$
$V(X)=200 \times 0.5 \times 0.5=50$
이때 200은 충분히 큰 수이므로 확률변수 X는 근사적으로 정규분포 $N(100, (5\sqrt{2})^2)$을 따른다.

답 $N(100, (5\sqrt{2})^2)$

48 $E(X)=100 \times \dfrac{1}{5}=20$
$V(X)=100 \times \dfrac{1}{5} \times \dfrac{4}{5}=16$
이때 100은 충분히 큰 수이므로 확률변수 X는 근사적으로 정규분포 $N(20, 4^2)$을 따른다.

답 $N(20, 4^2)$

49 $E(X)=720 \times \dfrac{1}{6}=120$

답 120

50 $V(X)=720 \times \dfrac{1}{6} \times \dfrac{5}{6}=100$

답 100

51 720은 충분히 큰 수이므로 확률변수 X는 근사적으로 정규분포 $N(120, 10^2)$을 따른다.

답 $N(120, 10^2)$

52 확률변수 X가 정규분포 $\mathrm{N}(120, 10^2)$을 따르므로

$Z=\dfrac{X-120}{10}$으로 놓으면 확률변수 Z는 표준정규분포 $\mathrm{N}(0, 1)$을 따른다.

따라서

$$\begin{aligned}
\mathrm{P}(X\geq 100)&=\mathrm{P}\!\left(\dfrac{X-120}{10}\geq\dfrac{100-120}{10}\right)\\
&=\mathrm{P}(Z\geq -2)\\
&=\mathrm{P}(-2\leq Z\leq 0)+\mathrm{P}(Z\geq 0)\\
&=\mathrm{P}(0\leq Z\leq 2)+\mathrm{P}(Z\geq 0)\\
&=0.4772+0.5\\
&=0.9772
\end{aligned}$$

답 0.9772

유형 완성하기

본문 70~78쪽

01 ②	02 ④	03 ⑤	04 ②	05 ③
06 ②	07 ③	08 10	09 100	10 ⑤
11 ③	12 ③	13 ②	14 ④	15 6
16 ④	17 ④	18 ①	19 ①	20 ④
21 ③	22 ④	23 ④	24 ④	25 ⑤
26 42	27 ④	28 ②	29 228	30 ②
31 ⑤	32 ③	33 204	34 ③	35 ②
36 25000	37 ①	38 ④	39 ②	40 ④
41 ①	42 ②	43 ②	44 ④	45 ③
46 ③	47 100	48 ③	49 ①	50 ⑤
51 ②	52 ③	53 174	54 ⑤	

01

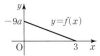

연속확률변수 X의 확률밀도함수 $y=f(x)$의 그래프와 x축 및 y축으로 둘러싸인 부분의 넓이가 1이어야 하므로

$\dfrac{1}{2}\times 3\times(-9a)=1$

따라서 $a=-\dfrac{2}{27}$

답 ②

02 확률밀도함수 $y=f(x)$의 그래프와 x축으로 둘러싸인 부분의 넓이가 1이어야 하므로

$\dfrac{1}{2}\times 5\times a=1$

따라서 $a=\dfrac{2}{5}$

답 ④

---

03 함수 $f(x)=\begin{cases} ax & (-1\leq x<0)\\ bx & (0\leq x\leq 2)\end{cases}$ 가 연속확률변수 X의 확률밀도함수이므로 $-1\leq x\leq 2$에서 $f(x)\geq 0$이어야 한다.

따라서 $a<0$, $b>0$이므로 함수 $y=f(x)$의 그래프의 개형은 그림과 같다.

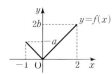

함수 $y=f(x)$의 그래프와 x축 및 두 직선 $x=-1$, $x=2$로 둘러싸인 부분의 넓이가 1이어야 하므로

$\dfrac{1}{2}\times 1\times(-a)+\dfrac{1}{2}\times 2\times 2b=1$

$4b-a=2$

따라서 항상 옳은 것은 ⑤이다.

답 ⑤

04 함수 $f(x)=ax$가 연속확률변수 X의 확률밀도함수이므로 $0\leq x\leq 3$에서 $f(x)\geq 0$, 즉 $a\geq 0$이어야 한다.

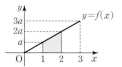

함수 $y=f(x)$의 그래프와 x축 및 직선 $x=3$으로 둘러싸인 부분의 넓이가 1이어야 하므로

$\dfrac{1}{2}\times 3\times 3a=1$

$a=\dfrac{2}{9}$

이때 $\mathrm{P}(1\leq X\leq 2)$의 값은 함수 $y=f(x)$의 그래프와 x축 및 두 직선 $x=1$, $x=2$로 둘러싸인 부분의 넓이이므로

$$\begin{aligned}
\mathrm{P}(1\leq X\leq 2)&=\dfrac{1}{2}\times 1\times(a+2a)\\
&=\dfrac{3}{2}a\\
&=\dfrac{3}{2}\times\dfrac{2}{9}=\dfrac{1}{3}
\end{aligned}$$

답 ②

05 함수 $f(x)=a$가 연속확률변수 X의 확률밀도함수이므로 $-3\leq x\leq 3$에서 $f(x)\geq 0$, 즉 $a\geq 0$이어야 한다.

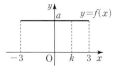

함수 $y=f(x)$의 그래프와 x축 및 두 직선 $x=-3$, $x=3$으로 둘러싸인 부분의 넓이가 1이어야 하므로

$6\times a=1$

$a=\dfrac{1}{6}$

이때 $0<\mathrm{P}(X\leq k)=\dfrac{3}{4}<1$이므로 $-3<k<3$이고

$\mathrm{P}(X\leq k)$의 값은 함수 $y=f(x)$의 그래프와 x축 및 두 직선 $x=-3$, $x=k$로 둘러싸인 부분의 넓이이므로

$$P(X \le k) = \{k - (-3)\} \times a$$
$$= \frac{k+3}{6}$$

따라서

$$\frac{k+3}{6} = \frac{3}{4}$$

$$k = \frac{3}{2}$$

이므로

$$a + k = \frac{1}{6} + \frac{3}{2} = \frac{5}{3}$$

답 ③

06 함수 $f(x) = \begin{cases} ax & (0 \le x < 2) \\ 2a & (2 \le x \le 4) \end{cases}$ 가 연속확률변수 X의 확률밀도

함수이므로 $0 \le x \le 4$에서 $f(x) \ge 0$, 즉 $a \ge 0$이어야 한다.

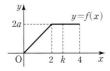

함수 $y = f(x)$의 그래프와 x축 및 직선 $x = 4$로 둘러싸인 부분의 넓이가 1이어야 하므로

$$\frac{1}{2} \times 2 \times 2a + 2 \times 2a = 1$$

$$a = \frac{1}{6}$$

이때

$$P(0 \le X \le 2) = \frac{1}{2} \times 2 \times 2a$$
$$= 2a$$
$$= 2 \times \frac{1}{6}$$
$$= \frac{1}{3} < \frac{4}{9}$$

이므로 $P(0 \le X \le k) \ge \frac{4}{9}$를 만족시키는 k의 값은 2보다 크고 4보다 작다.

따라서

$$P(0 \le X \le k) = P(0 \le X \le 2) + P(2 \le X \le k)$$
$$= \frac{1}{3} + (k-2) \times \frac{1}{3}$$
$$= \frac{k-1}{3} \ge \frac{4}{9}$$

$$k \ge \frac{7}{3}$$

이므로 k의 최솟값은 $\frac{7}{3}$이다.

답 ②

07 ㄱ.

정규분포 $N(m, \sigma^2)$을 따르는 연속확률변수 X의 확률밀도함수를 $f(x)$라 하면 함수 $y = f(x)$의 그래프와 x축 사이의 넓이는 1이고 함수 $y = f(x)$의 그래프가 직선 $x = m$에 대하여 대칭이므로 함수

$y = f(x)$ $(x \le m)$의 그래프와 x축 및 직선 $x = m$ 사이의 넓이는 0.5이다.

즉, $P(X \le m) = 0.5$ (참)

ㄴ.

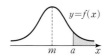

$a > m$인 모든 실수 a에 대하여

$$P(X \ge m) = P(m \le X \le a) + P(X \ge a)$$

이고 $P(X \ge m) = 0.5$이므로

$$0.5 = P(m \le X \le a) + P(X \ge a)$$

$$P(X \ge a) = 0.5 - P(m \le X \le a)$$ (참)

ㄷ. $m = 0$이면

$$P(X \le 1-b) = P(X \ge b-1)$$이므로

$$P(X \le b+1) + P(X \le 1-b)$$
$$= P(X \le b+1) + P(X \ge b-1)$$
$$= P(X \le b-1) + P(b-1 \le X \le b+1) + P(X \ge b-1)$$
$$= \{P(X \le b-1) + P(X \ge b-1)\} + P(b-1 \le X \le b+1)$$
$$= 1 + P(b-1 \le X \le b+1)$$

이때 모든 실수 b에 대하여

$$P(b-1 \le X \le b+1) > 0$$이므로

$$P(X \le b+1) + P(X \le 1-b)$$
$$= 1 + P(b-1 \le X \le b+1) > 1$$ (거짓)

이상에서 옳은 것은 ㄱ, ㄴ이다.

답 ③

08 확률변수 X가 평균이 m인 정규분포를 따르므로 X의 확률밀도함수 $y = f(x)$의 그래프는 직선 $x = m$에 대하여 대칭이다.

이때 모든 실수 x에 대하여 $f(10-x) = f(10+x)$, 즉 함수 $y = f(x)$의 그래프가 직선 $x = 10$에 대하여 대칭이므로

$$m = 10$$

답 10

09 확률변수 X가 평균이 25인 정규분포를 따르므로 함수 $y = f(x)$의 그래프는 직선 $x = 25$에 대하여 대칭이다.

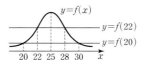

방정식 $\{f(x) - f(20)\}\{f(x) - f(22)\} = 0$에서

$$f(x) = f(20) \text{ 또는 } f(x) = f(22)$$

(i) 방정식 $f(x) = f(20)$의 근

함수 $y = f(x)$의 그래프와 직선 $y = f(20)$이 만나는 두 점의 x좌표를 각각 20, α라 하면

$$\frac{20 + \alpha}{2} = 25$$

$$\alpha = 30$$

따라서 방정식 $f(x) = f(20)$의 근은 $x = 20$ 또는 $x = 30$이다.

(ii) 방정식 $f(x) = f(22)$의 근

함수 $y = f(x)$의 그래프와 직선 $y = f(22)$가 만나는 두 점의 x좌표를 각각 22, β라 하면

$$\frac{22+\beta}{2}=25$$

$$\beta=28$$

따라서 방정식 $f(x)=f(22)$의 근은 $x=22$ 또는 $x=28$이다.

(i), (ii)에서 주어진 방정식의 서로 다른 모든 실근의 합은

$$20+30+22+28=100$$

目 100

10 두 확률변수 X, Y의 평균이 각각 1, 3이고 표준편차가 모두 3인 정규분포를 따르므로 X의 확률밀도함수 $y=f(x)$의 그래프를 x축의 방향으로 2만큼 평행이동하면 Y의 확률밀도함수 $y=g(x)$의 그래프와 일치한다.

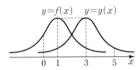

그림과 같이 함수 $f(x)$의 최댓값은 $f(1)$, 함수 $g(x)$의 최댓값은 $g(3)$이고, $f(1)=g(3)$이다.

따라서

$$g(0)-f(0)<0<g(5)<f(1)$$

이므로

$$c<b<a$$

目 ⑤

11 두 확률변수 X, Y의 평균이 각각 3, 7이고 표준편차가 모두 2인 정규분포를 따르므로 X의 확률밀도함수 $y=f(x)$의 그래프를 x축의 방향으로 4만큼 평행이동하면 Y의 확률밀도함수 $y=g(x)$의 그래프와 일치하고, 두 함수 $y=f(x)$, $y=g(x)$의 그래프는 직선 $x=5$에 대하여 대칭이다.

따라서 $f(1)=f(5)=g(5)=g(9)$

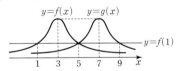

방정식 $f(1)=g(x)$의 실근은 직선 $y=f(1)$과 곡선 $y=g(x)$가 만나는 점의 x좌표이므로 그 근은 $x=5$ 또는 $x=9$이다.

따라서 방정식 $f(1)=g(x)$의 서로 다른 모든 실근의 곱은

$$5\times9=45$$

目 ③

12 ㄱ. 두 연속확률변수 X, Y가 모두 평균이 m인 정규분포를 따르므로

$$P(X\leq m)=P(Y\geq m)=0.5 \text{ (참)}$$

ㄴ. 두 연속확률변수 X, Y가 모두 평균이 m인 정규분포를 따르므로 X의 확률밀도함수 $y=f(x)$의 그래프와 Y의 확률밀도함수 $y=g(x)$의 그래프는 모두 직선 $x=m$에 대하여 대칭이다.

따라서

$$f(m-1)=f(m+1), g(m-1)=g(m+1)$$

이므로

$$f(m-1)g(m+1)=f(m+1)g(m-1) \text{ (참)}$$

ㄷ.

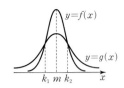

두 함수 $y=f(x)$, $y=g(x)$의 그래프가 만나는 두 점의 x좌표를 각각 k_1, k_2 ($k_1<k_2$)라 하면 $f(k)=g(k)$에서 $k=k_1$ 또는 $k=k_2$이다.

이때 $P(k_1\leq X\leq m)>P(k_1\leq Y\leq m)$이므로

$$P(X\geq k_1)-P(Y\geq k_1)$$
$$=\{P(k_1\leq X\leq m)+P(X\geq m)\}-\{P(k_1\leq Y\leq m)+P(Y\geq m)\}$$
$$=\{P(k_1\leq X\leq m)+0.5\}-\{P(k_1\leq Y\leq m)+0.5\}$$
$$=P(k_1\leq X\leq m)-P(k_1\leq Y\leq m)>0$$

따라서 $P(X\geq k_1)>P(Y\geq k_1)$ (거짓)

이상에서 옳은 것은 ㄱ, ㄴ이다.

目 ③

참고

ㄷ. $P(m\leq X\leq k_2)>P(m\leq Y\leq k_2)$이므로

$$P(X\geq k_2)-P(Y\geq k_2)$$
$$=\{P(X\geq m)-P(m\leq X\leq k_2)\}$$
$$\qquad\qquad -\{P(Y\geq m)-P(m\leq Y\leq k_2)\}$$
$$=\{0.5-P(m\leq X\leq k_2)\}-\{0.5-P(m\leq Y\leq k_2)\}$$
$$=P(m\leq Y\leq k_2)-P(m\leq X\leq k_2)<0$$

따라서 $k_2>m$일 때는 $P(X\geq k_2)<P(Y\geq k_2)$

13 확률변수 X가 정규분포 $N(m, \sigma^2)$을 따르므로 주어진 표에 의하여

$$P(m-2\sigma\leq X\leq m+\sigma)$$
$$=P(m-2\sigma\leq X\leq m)+P(m\leq X\leq m+\sigma)$$
$$=P(m\leq X\leq m+2\sigma)+P(m\leq X\leq m+\sigma)$$
$$=0.4772+0.3413$$
$$=0.8185$$

目 ②

14 확률변수 X가 정규분포 $N(m, \sigma^2)$을 따르므로

$$P(m-\sigma\leq X\leq m+\sigma)$$
$$=P(m-\sigma\leq X\leq m)+P(m\leq X\leq m+\sigma)$$
$$=P(m\leq X\leq m+\sigma)+P(m\leq X\leq m+\sigma)$$
$$=2P(m\leq X\leq m+\sigma)=0.6826$$

$$P(m\leq X\leq m+\sigma)=0.3413$$

따라서

$$P(X\leq m+\sigma)=P(X\leq m)+P(m\leq X\leq m+\sigma)$$
$$=0.5+0.3413$$
$$=0.8413$$

目 ④

15 $P(X\geq4)+P(X\leq4)=1$이므로

$$P(X\geq4)+P(X\geq8)=1\text{에서}$$

$$P(X\leq4)=P(X\geq8)$$

이때 확률변수 X가 평균이 m인 정규분포를 따르므로

$$m=\frac{4+8}{2}=6$$

답 6

16

$$\mathrm{P}(m-\sigma\le X\le m+\sigma)$$
$$=\mathrm{P}(m-\sigma\le X\le m)+\mathrm{P}(m\le X\le m+\sigma)$$
$$=\mathrm{P}(m\le X\le m+\sigma)+\mathrm{P}(m\le X\le m+\sigma)$$
$$=2\mathrm{P}(m\le X\le m+\sigma)=a$$

이므로 $\mathrm{P}(m\le X\le m+\sigma)=\dfrac{a}{2}$

$$\mathrm{P}(m-\sigma\le X\le m+2\sigma)$$
$$=\mathrm{P}(m-\sigma\le X\le m)+\mathrm{P}(m\le X\le m+2\sigma)$$
$$=\mathrm{P}(m\le X\le m+\sigma)+\mathrm{P}(m\le X\le m+2\sigma)$$
$$=\frac{a}{2}+\mathrm{P}(m\le X\le m+2\sigma)=b$$

이므로 $\mathrm{P}(m\le X\le m+2\sigma)=b-\dfrac{a}{2}$

따라서

$$\mathrm{P}(m-2\sigma\le X\le m+2\sigma)$$
$$=2\mathrm{P}(m\le X\le m+2\sigma)$$
$$=2\left(b-\frac{a}{2}\right)=2b-a$$

답 ④

17

확률변수 X가 평균이 m인 정규분포를 따르므로

$\mathrm{P}(X\le -2)=\mathrm{P}(X\ge 8)$에서

$$m=\frac{-2+8}{2}=3$$

한편 $\mathrm{V}(2X-1)=64$에서

$$2^2\mathrm{V}(X)=64$$
$$\mathrm{V}(X)=16$$

이므로 $\sigma=\sqrt{\mathrm{V}(X)}=\sqrt{16}=4$

따라서 $m+\sigma=3+4=7$

답 ④

18

정규분포를 따르는 확률변수 X의 평균을 m이라 하자.

$\mathrm{P}(20\le X\le 25)=\mathrm{P}(31\le X\le 36)$에서

$25-20=36-31=5$이므로 $m=\dfrac{20+36}{2}=28$

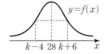

확률변수 X의 확률밀도함수를 $f(x)$라 하면 곡선 $y=f(x)$는 그림과 같이 $x=28$일 때 최대이고 좌우대칭인 종 모양의 곡선이다.

이때 $\mathrm{P}(k-4\le X\le k+6)$의 값은 두 수 $k-4$, $k+6$의 평균이 28일 때 최대이므로 구하는 k의 값은

$$\frac{(k-4)+(k+6)}{2}=28$$

따라서 $k=27$

답 ①

다른 풀이

m의 값을 다음과 같이 구할 수도 있다.

$\mathrm{P}(20\le X\le 25)=\mathrm{P}(31\le X\le 36)$에서

$25-20=36-31=5$

이므로

$$m=\frac{25+31}{2}=28$$

19

확률변수 X, Y가 각각 정규분포 $\mathrm{N}(12,\,4^2)$, $\mathrm{N}(20,\,2^2)$을 따르므로 두 확률변수 $\dfrac{X-12}{4}$, $\dfrac{Y-20}{2}$은 모두 표준정규분포 $\mathrm{N}(0,\,1)$을 따른다. 표준정규분포를 따르는 확률변수를 Z라 하면

$$\mathrm{P}(8\le X\le 22)$$
$$=\mathrm{P}\left(\frac{8-12}{4}\le\frac{X-12}{4}\le\frac{22-12}{4}\right)$$
$$=\mathrm{P}\left(-1\le Z\le\frac{5}{2}\right)$$

$$\mathrm{P}(a\le Y\le 22)$$
$$=\mathrm{P}\left(\frac{a-20}{2}\le\frac{Y-20}{2}\le\frac{22-20}{2}\right)$$
$$=\mathrm{P}\left(\frac{a-20}{2}\le Z\le 1\right)$$

이때 $\mathrm{P}(8\le X\le 22)=\mathrm{P}(a\le Y\le 22)$이므로

$$\mathrm{P}\left(-1\le Z\le\frac{5}{2}\right)=\mathrm{P}\left(\frac{a-20}{2}\le Z\le 1\right)$$
$$=\mathrm{P}\left(-1\le Z\le\frac{20-a}{2}\right)$$

따라서

$$\frac{5}{2}=\frac{20-a}{2}$$

이므로 $a=15$

답 ①

20

확률변수 X가 정규분포 $\mathrm{N}(m,\,3^2)$을 따르므로

$\mathrm{E}(X)=m$, $\sigma(X)=3$

이때 확률변수 $Z=\dfrac{X+2}{a}$는 표준정규분포 $\mathrm{N}(0,\,1)$을 따르므로

$$\mathrm{E}\left(\frac{X+2}{a}\right)=\frac{1}{a}\mathrm{E}(X)+\frac{2}{a}=\frac{m+2}{a}=0$$

$m=-2$이고

$$\sigma\left(\frac{X+2}{a}\right)=\left|\frac{1}{a}\right|\sigma(X)=\frac{3}{a}=1$$

$a=3$

따라서 $m+a=-2+3=1$

답 ④

21

확률변수 X, Y가 각각 정규분포 $\mathrm{N}(5,\,2^2)$, $\mathrm{N}(11,\,\sigma^2)$을 따르므로 두 확률변수 $\dfrac{X-5}{2}$, $\dfrac{Y-11}{\sigma}$은 모두 표준정규분포 $\mathrm{N}(0,\,1)$을 따른다. 표준정규분포를 따르는 확률변수를 Z라 하면 조건 (가)에서

$$\mathrm{P}(4\le X\le 7)=\mathrm{P}(7\le Y\le 13)$$

$$\mathrm{P}\left(\frac{4-5}{2}\le\frac{X-5}{2}\le\frac{7-5}{2}\right)=\mathrm{P}\left(\frac{7-11}{\sigma}\le\frac{Y-11}{\sigma}\le\frac{13-11}{\sigma}\right)$$

$$\mathrm{P}\left(-\frac{1}{2}\le Z\le 1\right)=\mathrm{P}\left(-\frac{4}{\sigma}\le Z\le\frac{2}{\sigma}\right)$$
$$=\mathrm{P}\left(-\frac{2}{\sigma}\le Z\le\frac{4}{\sigma}\right)$$

이므로

$$-\frac{2}{\sigma}=-\frac{1}{2},\ \frac{4}{\sigma}=1$$

$$\sigma=4$$

조건 (나)에서

$$P(11\le X\le 13)=P(a\le Y\le a+4)$$

$$P\left(\frac{11-5}{2}\le\frac{X-5}{2}\le\frac{13-5}{2}\right)=P\left(\frac{a-11}{4}\le\frac{Y-11}{4}\le\frac{a-7}{4}\right)$$

$$P(3\le Z\le 4)=P\left(\frac{a-11}{4}\le Z\le\frac{a-7}{4}\right)$$

$$\qquad\qquad\quad\ =P\left(\frac{7-a}{4}\le Z\le\frac{11-a}{4}\right)$$

이므로

$$\frac{a-11}{4}=3,\ \frac{a-7}{4}=4\ \text{또는}\ \frac{7-a}{4}=3,\ \frac{11-a}{4}=4$$

즉, $a=23$ 또는 $a=-5$

따라서 모든 실수 a의 값의 합은

$$23+(-5)=18$$

답 ③

22 확률변수 X가 정규분포 $N(80,\ 6^2)$을 따르므로 $Z=\dfrac{X-80}{6}$으로 놓으면 확률변수 Z는 표준정규분포 $N(0,\ 1)$을 따른다.

따라서

$$P(77\le X\le 86)$$

$$=P\left(\frac{77-80}{6}\le\frac{X-80}{6}\le\frac{86-80}{6}\right)$$

$$=P(-0.5\le Z\le 1)$$

$$=P(0\le Z\le 0.5)+P(0\le Z\le 1)$$

$$=0.1915+0.3413$$

$$=0.5328$$

답 ④

23 확률변수 X가 정규분포 $N(25,\ 8^2)$을 따르므로 $Z=\dfrac{X-25}{8}$로 놓으면 확률변수 Z는 표준정규분포 $N(0,\ 1)$을 따른다.

따라서

$$P(X\ge 33)$$

$$=P\left(\frac{X-25}{8}\ge\frac{33-25}{8}\right)$$

$$=P(Z\ge 1)$$

$$=0.5-P(0\le Z\le 1)$$

$$=0.5-0.3413$$

$$=0.1587$$

답 ④

24 확률변수 X가 정규분포 $N(22,\ 5^2)$을 따르므로

$$E(Y)=E(2X-1)$$

$$\qquad\ =2E(X)-1$$

$$\qquad\ =2\times 22-1=43$$

$$V(Y)=V(2X-1)$$

$$\qquad\ =2^2\,V(X)$$

$$\qquad\ =4\times 25=100$$

따라서 확률변수 Y가 정규분포 $N(43,\ 10^2)$을 따르므로 $Z=\dfrac{Y-43}{10}$으로 놓으면 확률변수 Z는 표준정규분포 $N(0,\ 1)$을 따른다.

$$P(39\le Y\le 49)$$

$$=P\left(\frac{39-43}{10}\le\frac{Y-43}{10}\le\frac{49-43}{10}\right)$$

$$=P(-0.4\le Z\le 0.6)$$

$$=P(0\le Z\le 0.4)+P(0\le Z\le 0.6)$$

$$=0.1554+0.2257$$

$$=0.3811$$

답 ④

다른 풀이

확률변수 X가 정규분포 $N(22,\ 5^2)$을 따르므로 $Z=\dfrac{X-22}{5}$로 놓으면 확률변수 Z는 표준정규분포 $N(0,\ 1)$을 따른다.

따라서

$$P(39\le Y\le 49)$$

$$=P(39\le 2X-1\le 49)$$

$$=P(20\le X\le 25)$$

$$=P\left(\frac{20-22}{5}\le\frac{X-22}{5}\le\frac{25-22}{5}\right)$$

$$=P(-0.4\le Z\le 0.6)$$

$$=P(0\le Z\le 0.4)+P(0\le Z\le 0.6)$$

$$=0.1554+0.2257$$

$$=0.3811$$

25 확률변수 X가 정규분포 $N(18,\ 2^2)$을 따르므로 $Z=\dfrac{X-18}{2}$로 놓으면 확률변수 Z는 표준정규분포 $N(0,\ 1)$을 따른다.

$$P(15\le X\le a)$$

$$=P\left(\frac{15-18}{2}\le\frac{X-18}{2}\le\frac{a-18}{2}\right)$$

$$=P\left(-1.5\le Z\le\frac{a-18}{2}\right)$$

$$=P(0\le Z\le 1.5)+P\left(0\le Z\le\frac{a-18}{2}\right)$$

$$=0.4332+P\left(0\le Z\le\frac{a-18}{2}\right)=0.7745$$

$$P\left(0\le Z\le\frac{a-18}{2}\right)=0.3413$$

이때 주어진 표준정규분포표에서

$P(0\le Z\le 1)=0.3413$이므로

$$\frac{a-18}{2}=1$$

따라서 $a=20$

답 ⑤

26 확률변수 X가 정규분포 $N(m,\ 10^2)$을 따르므로 $Z=\dfrac{X-m}{10}$으로 놓으면 확률변수 Z는 표준정규분포 $N(0,\ 1)$을 따른다.

$$P(X\ge 30)=P\left(\frac{X-m}{10}\ge\frac{30-m}{10}\right)$$

$$\qquad\qquad\ =P\left(Z\ge\frac{30-m}{10}\right)=0.8849\qquad\cdots\cdots\ \text{㉠}$$

이때 ㉠에서 $\dfrac{30-m}{10}<0$이어야 하므로

$$\mathrm{P}\left(Z\geq\dfrac{30-m}{10}\right)=\mathrm{P}\left(\dfrac{30-m}{10}\leq Z\leq 0\right)+\mathrm{P}(Z\geq 0)$$
$$=\mathrm{P}\left(0\leq Z\leq\dfrac{m-30}{10}\right)+0.5$$
$$=0.8849$$

$\mathrm{P}\left(0\leq Z\leq\dfrac{m-30}{10}\right)=0.3849$

주어진 표준정규분포표에서

$\mathrm{P}(0\leq Z\leq 1.2)=0.3849$이므로

$$\dfrac{m-30}{10}=1.2$$

$m=42$

답 42

---

27 정규분포 $\mathrm{N}(m,\ \sigma^2)$을 따르는 확률변수 X의 확률밀도함수 $f(x)$가 모든 실수 x에 대하여 $f(7-x)=f(7+x)$, 즉 함수 $y=f(x)$의 그래프가 직선 $x=7$에 대하여 대칭이므로 $m=7$이다.

이때 $Z=\dfrac{X-7}{\sigma}$로 놓으면 확률변수 Z는 표준정규분포 $\mathrm{N}(0,\ 1)$을 따른다.

$$\mathrm{P}(|X-m|\geq 4)=\mathrm{P}(|X-7|\geq 4)$$
$$=\mathrm{P}(X-7\geq 4)+\mathrm{P}(X-7\leq -4)$$
$$=\mathrm{P}\left(\dfrac{X-7}{\sigma}\geq\dfrac{4}{\sigma}\right)+\mathrm{P}\left(\dfrac{X-7}{\sigma}\leq -\dfrac{4}{\sigma}\right)$$
$$=\mathrm{P}\left(Z\geq\dfrac{4}{\sigma}\right)+\mathrm{P}\left(Z\leq -\dfrac{4}{\sigma}\right)$$
$$=2\mathrm{P}\left(Z\geq\dfrac{4}{\sigma}\right)$$
$$=2\left\{0.5-\mathrm{P}\left(0\leq Z\leq\dfrac{4}{\sigma}\right)\right\}=0.1336$$

$\mathrm{P}\left(0\leq Z\leq\dfrac{4}{\sigma}\right)=0.4332$

주어진 표준정규분포표에서

$\mathrm{P}(0\leq Z\leq 1.5)=0.4332$이므로

$$\dfrac{4}{\sigma}=1.5$$

따라서 $\sigma=\dfrac{8}{3}$

답 ③

---

28 이 공장에서 생산한 음료수 한 개의 무게를 확률변수 X라 하면 X는 정규분포 $\mathrm{N}(500,\ 4^2)$을 따르고, $Z=\dfrac{X-500}{4}$으로 놓으면 확률변수 Z는 표준정규분포 $\mathrm{N}(0,\ 1)$을 따른다.

따라서 구하는 확률은

$$\mathrm{P}(492\leq X\leq 506)=\mathrm{P}\left(\dfrac{492-500}{4}\leq\dfrac{X-500}{4}\leq\dfrac{506-500}{4}\right)$$
$$=\mathrm{P}(-2\leq Z\leq 1.5)$$
$$=\mathrm{P}(0\leq Z\leq 2)+\mathrm{P}(0\leq Z\leq 1.5)$$
$$=0.4772+0.4332$$
$$=0.9104$$

답 ②

---

29 이 과수원에서 수확한 딸기 한 개의 무게를 확률변수 X라 하면 X는 정규분포 $\mathrm{N}(20,\ 2^2)$을 따르고, $Z=\dfrac{X-20}{2}$으로 놓으면 확률변수 Z는 표준정규분포 $\mathrm{N}(0,\ 1)$을 따른다.

따라서

$$p=\mathrm{P}(X\leq 16)=\mathrm{P}\left(\dfrac{X-20}{2}\leq\dfrac{16-20}{2}\right)$$
$$=\mathrm{P}(Z\leq -2)$$
$$=0.5-\mathrm{P}(0\leq Z\leq 2)$$
$$=0.5-0.4772$$
$$=0.0228$$

이므로

$10^4\times p=228$

답 228

---

30 이 자동차 회사에서 판매하는 전기자동차 A 한 대의 연비를 확률변수 X라 하면 X는 정규분포 $\mathrm{N}(4.2,\ 0.25^2)$을 따르고, $Z=\dfrac{X-4.2}{0.25}$로 놓으면 확률변수 Z는 표준정규분포 $\mathrm{N}(0,\ 1)$을 따른다.

따라서 구하는 확률은

$$\mathrm{P}(X\geq 4.4)=\mathrm{P}\left(\dfrac{X-4.2}{0.25}\geq\dfrac{4.4-4.2}{0.25}\right)$$
$$=\mathrm{P}(Z\geq 0.8)$$
$$=0.5-\mathrm{P}(0\leq Z\leq 0.8)$$
$$=0.5-0.2881$$
$$=0.2119$$

답 ②

---

31 이 제과회사에서 만든 과자 한 봉지의 무게를 확률변수 X라 하면 X는 정규분포 $\mathrm{N}(m,\ 12^2)$을 따르고, $Z=\dfrac{X-m}{12}$으로 놓으면 확률변수 Z는 표준정규분포 $\mathrm{N}(0,\ 1)$을 따른다.

$\mathrm{P}(X\geq 300)=0.8413$이므로

$$\mathrm{P}(X\geq 300)=\mathrm{P}\left(\dfrac{X-m}{12}\geq\dfrac{300-m}{12}\right)$$
$$=\mathrm{P}\left(Z\geq\dfrac{300-m}{12}\right)$$
$$=0.8413 \quad\cdots\cdots\text{㉠}$$

이때 ㉠에서 $\dfrac{300-m}{12}<0$이어야 하므로

$$\mathrm{P}\left(Z\geq\dfrac{300-m}{12}\right)=\mathrm{P}\left(\dfrac{300-m}{12}\leq Z\leq 0\right)+\mathrm{P}(Z\geq 0)$$
$$=\mathrm{P}\left(0\leq Z\leq\dfrac{m-300}{12}\right)+0.5$$
$$=0.8413$$

$\mathrm{P}\left(0\leq Z\leq\dfrac{m-300}{12}\right)=0.3413$

주어진 표준정규분포표에서

$\mathrm{P}(0\leq Z\leq 1)=0.3413$이므로

$$\dfrac{m-300}{12}=1$$

$m=312$

답 ⑤

32 이 제약회사에서 판매하는 알약 한 개의 지름을 확률변수 X라 하면 X는 정규분포 $\mathrm{N}(20,\ \sigma^2)$을 따르고, $Z=\dfrac{X-20}{\sigma}$으로 놓으면 확률변수 Z는 표준정규분포 $\mathrm{N}(0,\ 1)$을 따른다.

$\mathrm{P}(17 \le X \le 23)=0.9544$이므로

$\mathrm{P}\!\left(\dfrac{17-20}{\sigma} \le \dfrac{X-20}{\sigma} \le \dfrac{23-20}{\sigma}\right)$

$=\mathrm{P}\!\left(-\dfrac{3}{\sigma} \le Z \le \dfrac{3}{\sigma}\right)$

$=2\mathrm{P}\!\left(0 \le Z \le \dfrac{3}{\sigma}\right)=0.9544$

$\mathrm{P}\!\left(0 \le Z \le \dfrac{3}{\sigma}\right)=0.4772$

주어진 표준정규분포표에서

$\mathrm{P}(0 \le Z \le 2)=0.4772$이므로

$\dfrac{3}{\sigma}=2$

따라서 $\sigma=\dfrac{3}{2}$

答 ③

33 과수원 A에서 재배한 복숭아 한 개의 무게를 확률변수 X라 하면 X는 정규분포 $\mathrm{N}(200,\ 8^2)$을 따르고, 과수원 B에서 재배한 복숭아 한 개의 무게를 확률변수 Y라 하면 Y는 정규분포 $\mathrm{N}(210,\ 12^2)$을 따른다.

두 확률변수 $\dfrac{X-200}{8}$, $\dfrac{Y-210}{12}$은 모두 표준정규분포 $\mathrm{N}(0,\ 1)$을 따른다.

이때 $\mathrm{P}(X \ge a)=\mathrm{P}(Y \le a)$이므로 표준정규분포를 따르는 확률변수를 Z라 하면

$\mathrm{P}\!\left(\dfrac{X-200}{8} \ge \dfrac{a-200}{8}\right)=\mathrm{P}\!\left(\dfrac{Y-210}{12} \le \dfrac{a-210}{12}\right)$

$\mathrm{P}\!\left(Z \ge \dfrac{a-200}{8}\right)=\mathrm{P}\!\left(Z \le \dfrac{a-210}{12}\right)$

$=\mathrm{P}\!\left(Z \ge \dfrac{210-a}{12}\right)$

$\dfrac{a-200}{8}=\dfrac{210-a}{12}$

$12(a-200)=8(210-a)$

따라서 $a=204$

答 204

34 이 지역의 고등학교 학생 한 명의 키를 확률변수 X라 하면 X는 정규분포 $\mathrm{N}(168,\ 8^2)$을 따르고, $Z=\dfrac{X-168}{8}$로 놓으면 확률변수 Z는 표준정규분포 $\mathrm{N}(0,\ 1)$을 따르므로

$\mathrm{P}(X \ge 184)$

$=\mathrm{P}\!\left(\dfrac{X-168}{8} \ge \dfrac{184-168}{8}\right)$

$=\mathrm{P}(Z \ge 2)$

$=0.5-\mathrm{P}(0 \le Z \le 2)$

$=0.5-0.4772$

$=0.0228$

따라서 이 지역의 고등학교 학생 5000명 중 키가 184 cm 이상인 학생의 수는

$5000 \times 0.0228=114$

答 ③

35 이 고등학교 1학년 학생 한 명이 등교하는 데 걸리는 시간을 확률변수 X라 하면 X는 정규분포 $\mathrm{N}(25,\ 5^2)$을 따르고, $Z=\dfrac{X-25}{5}$로 놓으면 확률변수 Z는 표준정규분포 $\mathrm{N}(0,\ 1)$을 따르므로

$\mathrm{P}(X \le 28)=\mathrm{P}\!\left(\dfrac{X-25}{5} \le \dfrac{28-25}{5}\right)$

$=\mathrm{P}(Z \le 0.6)$

$=0.5+\mathrm{P}(0 \le Z \le 0.6)$

$=0.5+0.23$

$=0.73$

따라서 이 고등학교 학생 400명 중 등교하는 데 걸리는 시간이 28분 이하인 학생의 수는

$400 \times 0.73=292$

答 ②

36 이 지역에서 태어난 신생아 한 명의 몸무게를 확률변수 X라 하면 X는 정규분포 $\mathrm{N}(3.3,\ (0.3)^2)$을 따르고, $Z=\dfrac{X-3.3}{0.3}$으로 놓으면 확률변수 Z는 표준정규분포 $\mathrm{N}(0,\ 1)$을 따르므로

$\mathrm{P}(X \ge 3.75)=\mathrm{P}\!\left(\dfrac{X-3.3}{0.3} \ge \dfrac{3.75-3.3}{0.3}\right)$

$=\mathrm{P}(Z \ge 1.5)$

$=0.5-\mathrm{P}(0 \le Z \le 1.5)$

$=0.5-0.43$

$=0.07$

이때 이 지역에서 작년에 태어난 n명의 신생아 중에서 몸무게가 3.75 kg 이상인 신생아가 1750명이므로

$n \times 0.07=1750$

$n=\dfrac{1750}{0.07}=25000$

答 25000

37 모집인원이 30명이고 지원자가 400명이므로 수학교육과에 합격하기 위해서는 $\dfrac{30}{400}=0.075$, 즉 상위 7.5 % 안에 들어야 한다.

이 대학의 수학교육과에 지원한 응시자의 점수를 확률변수 X라 하면 X는 정규분포 $\mathrm{N}(81,\ 8^2)$을 따르고, $Z=\dfrac{X-81}{8}$로 놓으면 확률변수 Z는 표준정규분포 $\mathrm{N}(0,\ 1)$을 따르므로 합격하기 위한 최저 점수를 k라 하면

$\mathrm{P}(X \ge k)=\mathrm{P}\!\left(\dfrac{X-81}{8} \ge \dfrac{k-81}{8}\right)$

$=\mathrm{P}\!\left(Z \ge \dfrac{k-81}{8}\right)=0.075$ ······ ㉠

이때 ㉠에서 $\dfrac{k-81}{8}>0$이어야 하므로

$\mathrm{P}\!\left(Z \ge \dfrac{k-81}{8}\right)=0.5-\mathrm{P}\!\left(0 \le Z \le \dfrac{k-81}{8}\right)$

$=0.075$

$\mathrm{P}\!\left(0 \le Z \le \dfrac{k-81}{8}\right)=0.425$

주어진 표준정규분포표에서

$\mathrm{P}(0 \le Z \le 1.44)=0.425$이므로

$$\frac{k-81}{8}=1.44$$

따라서 $k=92.52$

답 ①

38 이 학교의 확률과 통계 중간고사 성적을 확률변수 X라 하면 X는 정규분포 $N(78,\ 9^2)$을 따르고, $Z=\dfrac{X-78}{9}$로 놓으면 확률변수 Z는 표준정규분포 $N(0,\ 1)$을 따르므로 이 고사에 응시한 학생 중 상위 $11\ \%$에 들기 위한 최저 점수를 k라 하면

$$\begin{aligned}\mathrm{P}(X \geq k)&=\mathrm{P}\left(\frac{X-78}{9} \geq \frac{k-78}{9}\right)\\&=\mathrm{P}\left(Z \geq \frac{k-78}{9}\right)=0.11 \quad \cdots\cdots \ \bigcirc\end{aligned}$$

이때 $\bigcirc$에서 $\dfrac{k-78}{9}>0$이어야 하므로

$$\begin{aligned}\mathrm{P}\left(Z \geq \frac{k-78}{9}\right)&=0.5-\mathrm{P}\left(0 \leq Z \leq \frac{k-78}{9}\right)\\&=0.11\end{aligned}$$

$$\mathrm{P}\left(0 \leq Z \leq \frac{k-78}{9}\right)=0.39$$

주어진 표준정규분포표에서

$\mathrm{P}(0 \leq Z \leq 1.23)=0.39$이므로

$$\frac{k-78}{9}=1.23$$

따라서 $k=89.07$

답 ④

39 모집인원이 10명이고 모집인원의 2배를 1차 합격자로 분류하므로 1차 시험에 합격하기 위해서는 상위 20명 안에 들어야 한다.

이때 지원자가 800명이므로 1차 시험에 합격하기 위해서는

$\dfrac{20}{800}=0.025$, 즉 상위 $2.5\ \%$에 들어야 한다.

이 회사의 입사시험에 지원한 응시자의 점수를 확률변수 X라 하면 X는 정규분포 $N(77,\ 9^2)$을 따르고, $Z=\dfrac{X-77}{9}$로 놓으면 확률변수 Z는 표준정규분포 $N(0,\ 1)$을 따르므로 1차 시험에 합격하기 위한 최저 점수를 k라 하면

$$\begin{aligned}\mathrm{P}(X \geq k)&=\mathrm{P}\left(\frac{X-77}{9} \geq \frac{k-77}{9}\right)\\&=\mathrm{P}\left(Z \geq \frac{k-77}{9}\right)=0.025 \quad \cdots\cdots \ \bigcirc\end{aligned}$$

이때 $\bigcirc$에서 $\dfrac{k-77}{9}>0$이어야 하므로

$$\begin{aligned}\mathrm{P}\left(Z \geq \frac{k-77}{9}\right)&=0.5-\mathrm{P}\left(0 \leq Z \leq \frac{k-77}{9}\right)\\&=0.025\end{aligned}$$

$$\mathrm{P}\left(0 \leq Z \leq \frac{k-77}{9}\right)=0.475$$

주어진 표준정규분포표에서

$\mathrm{P}(0 \leq Z \leq 1.96)=0.475$이므로

$$\frac{k-77}{9}=1.96$$

따라서 $k=94.64$

답 ②

40 우리나라의 모든 고등학교 1학년 학생이 응시한 3월 학력평가에서 국어, 수학, 영어의 점수를 각각 확률변수 X_1, X_2, X_3이라 하면 X_1, X_2, X_3은 각각 정규분포 $N(72,\ 11^2)$, $N(65,\ 15^2)$, $N(70,\ 12^2)$을 따르므로 세 확률변수 $\dfrac{X_1-72}{11}$, $\dfrac{X_2-65}{15}$, $\dfrac{X_3-70}{12}$은 모두 표준정규분포 $N(0,\ 1)$을 따른다.

표준정규분포를 따르는 확률변수를 Z라 하면

$$\begin{aligned}\mathrm{P}(X_1 \geq 88)&=\mathrm{P}\left(\frac{X_1-72}{11} \geq \frac{88-72}{11}\right)\\&=\mathrm{P}\left(Z \geq \frac{16}{11}\right)\end{aligned}$$

$$\begin{aligned}\mathrm{P}(X_2 \geq 88)&=\mathrm{P}\left(\frac{X_2-65}{15} \geq \frac{88-65}{15}\right)\\&=\mathrm{P}\left(Z \geq \frac{23}{15}\right)\end{aligned}$$

$$\begin{aligned}\mathrm{P}(X_3 \geq 88)&=\mathrm{P}\left(\frac{X_3-70}{12} \geq \frac{88-70}{12}\right)\\&=\mathrm{P}\left(Z \geq \frac{3}{2}\right)\end{aligned}$$

이때

$$\frac{16}{11}=1.45\cdots, \quad \frac{23}{15}=1.53\cdots, \quad \frac{3}{2}=1.5$$

즉, $\dfrac{16}{11}<\dfrac{3}{2}<\dfrac{23}{15}$이므로

$$\mathrm{P}\left(Z \geq \frac{23}{15}\right)<\mathrm{P}\left(Z \geq \frac{3}{2}\right)<\mathrm{P}\left(Z \geq \frac{16}{11}\right)$$

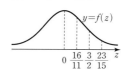

따라서 성욱이의 등수가 높은 과목 순으로 나열하면 수학, 영어, 국어이다.

답 ④

41 세 확률변수 X_1, X_2, X_3이 각각 정규분포 $N(30,\ 6^2)$, $N(32,\ 4^2)$, $N(34,\ 2^2)$을 따르므로 세 확률변수 $\dfrac{X_1-30}{6}$, $\dfrac{X_2-32}{4}$, $\dfrac{X_3-34}{2}$는 모두 표준정규분포 $N(0,\ 1)$을 따른다.

표준정규분포를 따르는 확률변수를 Z라 하면

$$\begin{aligned}a_1&=\mathrm{P}(X_1 \geq 33)\\&=\mathrm{P}\left(\frac{X_1-30}{6} \geq \frac{33-30}{6}\right)\\&=\mathrm{P}\left(Z \geq \frac{1}{2}\right)\end{aligned}$$

$$\begin{aligned}a_2&=\mathrm{P}(X_2 \geq 33)\\&=\mathrm{P}\left(\frac{X_2-32}{4} \geq \frac{33-32}{4}\right)\\&=\mathrm{P}\left(Z \geq \frac{1}{4}\right)\end{aligned}$$

$$\begin{aligned}a_3&=\mathrm{P}(X_3 \geq 33)\\&=\mathrm{P}\left(\frac{X_3-34}{2} \geq \frac{33-34}{2}\right)\\&=\mathrm{P}\left(Z \geq -\frac{1}{2}\right)\end{aligned}$$

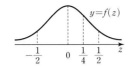

이때

$$\mathrm{P}\left(Z \geq \frac{1}{2}\right) < \mathrm{P}\left(Z \geq \frac{1}{4}\right) < \mathrm{P}\left(Z \geq -\frac{1}{2}\right)$$

따라서 a_1, a_2, a_3의 대소 관계는

$$a_1 < a_2 < a_3$$

답 ①

42 세 과수원 A, B, C에서 재배한 귤 한 개의 무게를 각각 확률변수 X_1, X_2, X_3이라 하면 X_1, X_2, X_3은 각각 정규분포 $\mathrm{N}(38,\ 5^2)$, $\mathrm{N}(39,\ 3^2)$, $\mathrm{N}(40,\ 1^2)$을 따르므로 세 확률변수 $\dfrac{X_1-38}{5}$, $\dfrac{X_2-39}{3}$, $\dfrac{X_3-40}{1}$은 모두 표준정규분포 $\mathrm{N}(0,\ 1)$을 따른다.

표준정규분포를 따르는 확률변수를 Z라 하고 세 과수원 A, B, C에서 재배한 귤 중에서 각각 임의로 선택한 한 개의 귤이 특상품일 확률을 각각 구하면

$$\mathrm{P}(X_1 \geq 42) = \mathrm{P}\left(\frac{X_1-38}{5} \geq \frac{42-38}{5}\right)$$
$$= \mathrm{P}\left(Z \geq \frac{4}{5}\right)$$

$$\mathrm{P}(X_2 \geq 42) = \mathrm{P}\left(\frac{X_2-39}{3} \geq \frac{42-39}{3}\right)$$
$$= \mathrm{P}(Z \geq 1)$$

$$\mathrm{P}(X_3 \geq 42) = \mathrm{P}\left(\frac{X_3-40}{1} \geq \frac{42-40}{1}\right)$$
$$= \mathrm{P}(Z \geq 2)$$

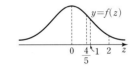

이때

$$\mathrm{P}(Z \geq 2) < \mathrm{P}(Z \geq 1) < \mathrm{P}\left(Z \geq \frac{4}{5}\right)$$

따라서 특상품일 확률이 가장 높은 과수원은 A, 가장 낮은 과수원은 C이다.

답 ②

43 확률변수 X가 이항분포 $\mathrm{B}\left(144,\ \dfrac{1}{2}\right)$을 따르므로

$$\mathrm{E}(X) = 144 \times \frac{1}{2} = 72$$

$$\mathrm{V}(X) = 144 \times \frac{1}{2} \times \frac{1}{2} = 36$$

이때 144는 충분히 큰 수이므로 확률변수 X는 근사적으로 정규분포 $\mathrm{N}(72,\ 6^2)$을 따르고, $Z = \dfrac{X-72}{6}$로 놓으면 확률변수 Z는 표준정규분포 $\mathrm{N}(0,\ 1)$을 따른다.

따라서

$$\mathrm{P}(69 \leq X \leq 81) = \mathrm{P}\left(\frac{69-72}{6} \leq \frac{X-72}{6} \leq \frac{81-72}{6}\right)$$
$$= \mathrm{P}(-0.5 \leq Z \leq 1.5)$$
$$= \mathrm{P}(0 \leq Z \leq 0.5) + \mathrm{P}(0 \leq Z \leq 1.5)$$
$$= 0.1915 + 0.4332$$
$$= 0.6247$$

답 ②

44 확률변수 X의 확률질량함수가

$$\mathrm{P}(X=x) = {}_{72}\mathrm{C}_x \left(\frac{1}{3}\right)^x \left(\frac{2}{3}\right)^{72-x}$$

$$\left(x = 0,\ 1,\ 2,\ \cdots,\ 72,\ \left(\frac{1}{3}\right)^0 = \left(\frac{2}{3}\right)^0 = 1\right)$$

이므로 X는 이항분포 $\mathrm{B}\left(72,\ \dfrac{1}{3}\right)$을 따른다.

$$\mathrm{E}(X) = 72 \times \frac{1}{3} = 24$$

$$\mathrm{V}(X) = 72 \times \frac{1}{3} \times \frac{2}{3} = 16$$

이때 72는 충분히 큰 수이므로 확률변수 X는 근사적으로 정규분포 $\mathrm{N}(24,\ 4^2)$을 따르고 $Z = \dfrac{X-24}{4}$로 놓으면 확률변수 Z는 표준정규분포 $\mathrm{N}(0,\ 1)$을 따른다.

따라서 $m = 24$, $\sigma = 4$이므로

$$m + \sigma = 28$$

답 ④

45 확률변수 X가 이항분포 $\mathrm{B}(150,\ p)$를 따르므로

$$\mathrm{V}(X) = 150p(1-p)$$

이때 확률변수 X가 근사적으로 정규분포 $\mathrm{N}(m,\ 6^2)$을 따르므로

$$\mathrm{V}(X) = 150p(1-p) = 36$$
$$25p^2 - 25p + 6 = 0$$
$$(5p-2)(5p-3) = 0$$
$$p = \frac{2}{5} \ \text{또는} \ p = \frac{3}{5}$$

(i) $p = \dfrac{2}{5}$일 때

$$\mathrm{E}(X) = 150 \times \frac{2}{5} = 60$$

확률변수 X가 근사적으로 정규분포 $\mathrm{N}(60,\ 6^2)$을 따른다. 이때

$$\mathrm{P}(X \leq 70) > \mathrm{P}(X \leq 60) = 0.5$$

이므로 $p = \dfrac{2}{5}$이면 주어진 조건을 만족시킨다.

(ii) $p = \dfrac{3}{5}$일 때

$$\mathrm{E}(X) = 150 \times \frac{3}{5} = 90$$

확률변수 X가 근사적으로 정규분포 $\mathrm{N}(90,\ 6^2)$을 따른다. 이때

$$\mathrm{P}(X \leq 70) < \mathrm{P}(X \leq 90) = 0.5$$

이므로 $p = \dfrac{3}{5}$이면 주어진 조건을 만족시키지 않는다.

(i), (ii)에서 $p = \dfrac{2}{5}$, $m = 60$이므로

$m \times p = 60 \times \dfrac{2}{5} = 24$

답 ③

46 확률변수 X가 이항분포 $\mathrm{B}\left(n, \dfrac{3}{4}\right)$을 따르므로

$\mathrm{E}(X) = n \times \dfrac{3}{4} = \dfrac{3}{4}n$

$\mathrm{V}(X) = n \times \dfrac{3}{4} \times \dfrac{1}{4} = \dfrac{3}{16}n$

이때 $\sigma(X) = 6$이므로

$\dfrac{3}{16}n = 6^2$

$n = 6^2 \times \dfrac{16}{3} = 192$

이고 $\mathrm{E}(X) = 192 \times \dfrac{3}{4} = 144$

이때 192는 충분히 큰 수이므로 확률변수 X는 근사적으로 정규분포 $\mathrm{N}(144,\ 6^2)$을 따르고, $Z = \dfrac{X - 144}{6}$로 놓으면 확률변수 Z는 표준정규분포 $\mathrm{N}(0,\ 1)$을 따른다.

따라서

$\begin{aligned}
\mathrm{P}(X \geq 153) &= \mathrm{P}\left(\dfrac{X - 144}{6} \geq \dfrac{153 - 144}{6}\right) \\
&= \mathrm{P}(Z \geq 1.5) \\
&= 0.5 - \mathrm{P}(0 \leq Z \leq 1.5) \\
&= 0.5 - 0.4332 \\
&= 0.0668
\end{aligned}$

답 ③

47 확률변수 X가 이항분포 $\mathrm{B}\left(n, \dfrac{1}{2}\right)$을 따르므로

$\mathrm{E}(X) = n \times \dfrac{1}{2} = \dfrac{n}{2}$

$\mathrm{V}(X) = n \times \dfrac{1}{2} \times \dfrac{1}{2} = \dfrac{n}{4}$

이때 $n \geq 50$에서 n은 충분히 큰 수이므로 확률변수 X는 근사적으로 정규분포 $\mathrm{N}\left(\dfrac{n}{2},\ \left(\dfrac{\sqrt{n}}{2}\right)^2\right)$을 따르고, $Z = \dfrac{X - \dfrac{n}{2}}{\dfrac{\sqrt{n}}{2}}$으로 놓으면 확률변수 Z는 표준정규분포 $\mathrm{N}(0,\ 1)$을 따른다.

따라서

$\begin{aligned}
\mathrm{P}(X \leq 55) &= \mathrm{P}\left(\dfrac{X - \dfrac{n}{2}}{\dfrac{\sqrt{n}}{2}} \leq \dfrac{55 - \dfrac{n}{2}}{\dfrac{\sqrt{n}}{2}}\right) \\
&= \mathrm{P}\left(Z \leq \dfrac{110 - n}{\sqrt{n}}\right) \\
&= 0.8413 \qquad \cdots\cdots \ \text{㉠}
\end{aligned}$

이때 주어진 표준정규분포표의 $\mathrm{P}(0 \leq Z \leq 1) = 0.3413$에서

$\begin{aligned}
\mathrm{P}(Z \leq 1) &= \mathrm{P}(Z \leq 0) + \mathrm{P}(0 \leq Z \leq 1) \\
&= 0.5 + 0.3413 \\
&= 0.8413 \qquad \cdots\cdots \ \text{㉡}
\end{aligned}$

㉠, ㉡에서

$\dfrac{110 - n}{\sqrt{n}} = 1$

$110 - n = \sqrt{n}$

$(\sqrt{n})^2 + \sqrt{n} - 110 = 0$

$(\sqrt{n} + 11)(\sqrt{n} - 10) = 0$

$\sqrt{n} > 0$이므로 $\sqrt{n} = 10$

따라서 $n = 100$

답 100

48 확률변수 X가 이항분포 $\mathrm{B}\left(162, \dfrac{2}{3}\right)$를 따르므로

$\mathrm{E}(X) = 162 \times \dfrac{2}{3} = 108$

$\mathrm{V}(X) = 162 \times \dfrac{2}{3} \times \dfrac{1}{3} = 36$

이때 162는 충분히 큰 수이므로 확률변수 X는 근사적으로 정규분포 $\mathrm{N}(108,\ 6^2)$을 따르고, $Z = \dfrac{X - 108}{6}$로 놓으면 확률변수 Z는 표준정규분포 $\mathrm{N}(0,\ 1)$을 따른다.

$\begin{aligned}
&\mathrm{P}(92 \leq X \leq 100) \\
&= \mathrm{P}\left(\dfrac{92 - 108}{6} \leq \dfrac{X - 108}{6} \leq \dfrac{100 - 108}{6}\right) \\
&= \mathrm{P}\left(-\dfrac{8}{3} \leq Z \leq -\dfrac{4}{3}\right) \\
&= \mathrm{P}\left(\dfrac{4}{3} \leq Z \leq \dfrac{8}{3}\right)
\end{aligned}$

$\begin{aligned}
&\mathrm{P}(116 \leq X \leq a) \\
&= \mathrm{P}\left(\dfrac{116 - 108}{6} \leq \dfrac{X - 108}{6} \leq \dfrac{a - 108}{6}\right) \\
&= \mathrm{P}\left(\dfrac{4}{3} \leq Z \leq \dfrac{a - 108}{6}\right)
\end{aligned}$

이므로 $\mathrm{P}(92 \leq X \leq 100) < \mathrm{P}(116 \leq X \leq a)$에서

$\mathrm{P}\left(\dfrac{4}{3} \leq Z \leq \dfrac{8}{3}\right) < \mathrm{P}\left(\dfrac{4}{3} \leq Z \leq \dfrac{a - 108}{6}\right)$

따라서

$\dfrac{a - 108}{6} > \dfrac{8}{3}$

$a > 124$

이므로 자연수 a의 최솟값은 125이다.

답 ③

49 한 개의 주사위를 한 번 던져서 2 이하의 눈이 나올 확률은 $\dfrac{1}{3}$이므로 확률변수 X는 이항분포 $\mathrm{B}\left(1800, \dfrac{1}{3}\right)$을 따른다.

$\mathrm{E}(X) = 1800 \times \dfrac{1}{3} = 600$

$\mathrm{V}(X) = 1800 \times \dfrac{1}{3} \times \dfrac{2}{3} = 400$

이때 1800은 충분히 큰 수이므로 확률변수 X는 근사적으로 정규분포 $\mathrm{N}(600,\ 20^2)$을 따르고, $Z = \dfrac{X - 600}{20}$으로 놓으면 확률변수 Z는 표준정규분포 $\mathrm{N}(0,\ 1)$을 따른다.

따라서

$\begin{aligned}
\mathrm{P}(X \geq 590) &= \mathrm{P}\left(\dfrac{X - 600}{20} \geq \dfrac{590 - 600}{20}\right) \\
&= \mathrm{P}(Z \geq -0.5) \\
&= \mathrm{P}(Z \leq 0.5) \\
&= 0.5 + \mathrm{P}(0 \leq Z \leq 0.5) \\
&= 0.5 + 0.1915 \\
&= 0.6915
\end{aligned}$

답 ①

50 한 개의 동전을 한 번 던져서 앞면이 나올 확률은 $\frac{1}{2}$이므로 한 개의 동전을 100번 던졌을 때 앞면이 나오는 횟수를 확률변수 X라 하면 X는 이항분포 $B\left(100, \frac{1}{2}\right)$을 따른다.

$E(X)=100\times\frac{1}{2}=50$

$V(X)=100\times\frac{1}{2}\times\frac{1}{2}=25$

이때 100은 충분히 큰 수이므로 확률변수 X는 근사적으로 정규분포 $N(50, 5^2)$을 따르고, $Z=\dfrac{X-50}{5}$으로 놓으면 확률변수 Z는 표준정규분포 $N(0, 1)$을 따른다.
따라서

$\begin{aligned} P(45\le X\le 60) &=P\left(\frac{45-50}{5}\le\frac{X-50}{5}\le\frac{60-50}{5}\right) \\ &=P(-1\le Z\le 2) \\ &=P(0\le Z\le 1)+P(0\le Z\le 2) \\ &=0.3413+0.4772 \\ &=0.8185 \end{aligned}$

답 ⑤

51 이 고등학교 학생 중 자전거를 이용하여 등교하는 학생의 비율이 전체의 $\frac{1}{4}$이므로 이 학교의 학생 한 명을 임의로 선택하는 시행을 48번 반복할 때 자전거를 이용하여 등교하는 학생의 수를 확률변수 X라 하면 X는 이항분포 $B\left(48, \frac{1}{4}\right)$을 따른다.

$E(X)=48\times\frac{1}{4}=12$

$V(X)=48\times\frac{1}{4}\times\frac{3}{4}=9$

이때 48은 충분히 큰 수이므로 확률변수 X는 근사적으로 정규분포 $N(12, 3^2)$을 따르고, $Z=\dfrac{X-12}{3}$로 놓으면 확률변수 Z는 표준정규분포 $N(0, 1)$을 따른다.
따라서 구하는 확률은

$\begin{aligned} P(X\ge 18) &=P\left(\frac{X-12}{3}\ge\frac{18-12}{3}\right) \\ &=P(Z\ge 2) \\ &=0.5-P(0\le Z\le 2) \\ &=0.5-0.4772 \\ &=0.0228 \end{aligned}$

답 ②

52 주어진 표에서 이 지역의 학생 중에서 임의로 한 명을 택할 때 택한 학생이 지난 학기 동안 봉사활동을 한 횟수가 5회 이상인 학생일 확률은 $\frac{41+34}{100}=\frac{3}{4}$이므로 이 지역의 학생 한 명을 임의로 선택하여 지난 학기 동안 봉사활동을 한 횟수를 조사하는 시행을 192번 반복할 때, 봉사활동을 한 횟수가 5회 이상인 학생의 수를 확률변수 X라 하면 X는 이항분포 $B\left(192, \frac{3}{4}\right)$을 따른다.

$E(X)=192\times\frac{3}{4}=144$

$V(X)=192\times\frac{3}{4}\times\frac{1}{4}=36$

이때 192는 충분히 큰 수이므로 확률변수 X는 근사적으로 정규분포 $N(144, 6^2)$을 따르고, $Z=\dfrac{X-144}{6}$로 놓으면 확률변수 Z는 표준정규분포 $N(0, 1)$을 따른다.
따라서 구하는 확률은

$\begin{aligned} P(X\ge 150) &=P\left(\frac{X-144}{6}\ge\frac{150-144}{6}\right) \\ &=P(Z\ge 1) \\ &=0.5-P(0\le Z\le 1) \\ &=0.5-0.3413 \\ &=0.1587 \end{aligned}$

답 ③

53 이 지역 학생 중에서 지난 한 달 동안 학교 도서관을 방문한 학생의 비율이 $0.8=\frac{4}{5}$이므로 이 지역 학생 한 명을 임의로 선택하여 지난 한 달 동안 학교 도서관을 방문하였는지를 조사하는 시행을 225번 반복할 때, 방문한 학생의 수를 확률변수 X라 하면 X는 이항분포 $B\left(225, \frac{4}{5}\right)$를 따른다.

$E(X)=225\times\frac{4}{5}=180$

$V(X)=225\times\frac{4}{5}\times\frac{1}{5}=36$

이때 225는 충분히 큰 수이므로 확률변수 X는 근사적으로 정규분포 $N(180, 6^2)$을 따르고, $Z=\dfrac{X-180}{6}$으로 놓으면 확률변수 Z는 표준정규분포 $N(0, 1)$을 따른다.
이때

$\begin{aligned} &P(X\ge n) \\ &=P\left(\frac{X-180}{6}\ge\frac{n-180}{6}\right) \\ &=P\left(Z\ge\frac{n-180}{6}\right)=0.8413 \qquad \cdots\cdots \text{㉠} \end{aligned}$

이때 ㉠에서 $\dfrac{n-180}{6}<0$이어야 하므로

$P\left(Z\ge\frac{n-180}{6}\right)=P\left(\frac{n-180}{6}\le Z\le 0\right)+0.5$

$=0.8413$

$P\left(\frac{n-180}{6}\le Z\le 0\right)=0.3413$

$P\left(0\le Z\le\frac{180-n}{6}\right)=0.3413$

주어진 표준정규분포표에서
$P(0\le Z\le 1)=0.3413$이므로

$\frac{180-n}{6}=1$

따라서 $n=174$

답 174

54 이 과수원에서 수확한 배 한 개의 무게를 확률변수 X라 하면 X는 정규분포 $N(630, 50^2)$을 따르고, $Z_1=\dfrac{X-630}{50}$으로 놓으면 확률변수 Z_1은 표준정규분포 $N(0, 1)$을 따른다.
이 과수원에서 수확한 배 중에서 임의로 하나를 선택할 때 선택한 배가 특상품일 확률은

$$P(X \geq 672) = P\left(\frac{X-630}{50} \geq \frac{672-630}{50}\right)$$
$$= P(Z_1 \geq 0.84)$$
$$= 0.5 - P(0 \leq Z_1 \leq 0.84)$$
$$= 0.5 - 0.30$$
$$= 0.2$$
$$= \frac{1}{5}$$

한편 이 과수원에서 수확한 배 중에서 임의로 625개를 선택할 때, 특상품인 배의 개수를 확률변수 Y라 하면 Y는 이항분포 $B\left(625, \frac{1}{5}\right)$을 따르므로

$$E(Y) = 625 \times \frac{1}{5} = 125$$

$$V(Y) = 625 \times \frac{1}{5} \times \frac{4}{5} = 100$$

이때 625는 충분히 큰 수이므로 확률변수 Y는 근사적으로 정규분포 $N(125, 10^2)$을 따르고, $Z_2 = \frac{X-125}{10}$로 놓으면 확률변수 Z_2는 표준정규분포 $N(0, 1)$을 따른다.

따라서 구하는 확률은

$$P(Y \geq 113) = P\left(\frac{Y-125}{10} \geq \frac{113-125}{10}\right)$$
$$= P(Z_2 \geq -1.2)$$
$$= 0.5 + P(0 \leq Z_2 \leq 1.2)$$
$$= 0.5 + 0.38$$
$$= 0.88$$

답 ⑤

서술형 완성하기   본문 79쪽

01 2   **02** $4-\sqrt{5}$ **03** 192
04 21   **05** 0.3085   **06** 0.8351

---

01 연속확률변수 X의 확률밀도함수 $y = f(x)$의 그래프와 x축으로 둘러싸인 부분의 넓이가 1이어야 하므로

$$\frac{1}{2} \times 2a \times b + \frac{1}{2} \times 2a \times 2b = 3ab$$
$$= 1$$

$$ab = \frac{1}{3} \qquad \cdots\cdots \text{㉠} \qquad\qquad \cdots\cdots ❶$$

$a + b = \frac{7}{6}$에서 $b = \frac{7}{6} - a$ $\cdots\cdots$ ㉡

㉠에 ㉡을 대입하면

$$a\left(\frac{7}{6} - a\right) = \frac{1}{3}$$
$$6a^2 - 7a + 2 = 0$$
$$(2a-1)(3a-2) = 0$$
$$a = \frac{1}{2} \text{ 또는 } a = \frac{2}{3}$$

$a = \frac{1}{2}$이면 $b = \frac{7}{6} - \frac{1}{2} = \frac{2}{3}$

$a = \frac{2}{3}$이면 $b = \frac{7}{6} - \frac{2}{3} = \frac{1}{2}$

이때 $a < b$이므로 $a = \frac{1}{2}$, $b = \frac{2}{3}$ $\cdots\cdots ❷$

한편 $P(k \leq X \leq k+2a)$의 값은 $k = 2a$일 때 최댓값을 가지므로

$$P(k \leq X \leq k+2a) \leq P(2a \leq X \leq 4a) = 2ab = \frac{2}{3}$$

따라서 $a = \frac{1}{2}$, $b = \frac{2}{3}$, $M = \frac{2}{3}$이므로

$$\frac{b}{a} + M = \frac{\frac{2}{3}}{\frac{1}{2}} + \frac{2}{3} = 2 \qquad\qquad \cdots\cdots ❸$$

답 2

단계	채점 기준	비율
❶	ab의 값을 구한 경우	20%
❷	a, b의 값을 구한 경우	40%
❸	$\frac{b}{a} + M$의 값을 구한 경우	40%

---

02 연속확률변수 X의 확률밀도함수 $y = f(x)$의 그래프와 x축으로 둘러싸인 부분의 넓이가 1이어야 하므로

$$\frac{1}{2} \times 4 \times a = 1$$

$$a = \frac{1}{2}$$

따라서

$$f(x) = \begin{cases} \dfrac{x}{2} & (0 \leq x < 1) \\[2mm] \dfrac{4-x}{6} & (1 \leq x \leq 4) \end{cases}$$

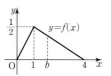

$\cdots\cdots ❶$

$$p_1 + p_2 + p_3 = P(0 \leq X \leq 1) + P(1 \leq X \leq b) + P(b \leq X \leq 4) = 1$$

이므로 $p_3 = 1 - p_1 - p_2$

$p_1 + p_3 = 2p_2$에서

$$p_1 + (1 - p_1 - p_2) = 2p_2$$

$$p_2 = \frac{1}{3} \qquad\qquad \cdots\cdots ❷$$

$$p_2 = P(1 \leq X \leq b)$$
$$= \frac{1}{2} \times (b-1) \times \left(\frac{1}{2} + \frac{4-b}{6}\right)$$
$$= -\frac{b^2 - 8b + 7}{12} = \frac{1}{3}$$

$$b^2 - 8b + 11 = 0$$
$$b = 4 \pm \sqrt{5}$$

이때 $1 < 4 - \sqrt{5} < 4 < 4 + \sqrt{5}$이고 $1 < b < 4$이므로

$$b = 4 - \sqrt{5} \qquad\qquad \cdots\cdots ❸$$

답 $4-\sqrt{5}$

단계	채점 기준	비율
❶	상수 a와 함수 $f(x)$를 구한 경우	40 %
❷	p_2의 값을 구한 경우	40 %
❸	상수 b의 값을 구한 경우	20 %

03 확률변수 X가 정규분포를 따르고 X의 확률밀도함수 $f(x)$가 모든 실수 x에 대하여 $f(5-x)=f(5+x)$이므로 $\mathrm{E}(X)=5$

확률변수 Y가 정규분포를 따르고 Y의 확률밀도함수 $g(x)$가 모든 실수 x에 대하여 $f(x)=g(x+2)$, 즉 $f(x-2)=g(x)$이므로 함수 $y=g(x)$의 그래프는 함수 $y=f(x)$의 그래프를 x축의 방향으로 2만큼 평행이동한 것이다.

따라서 $\mathrm{E}(Y)=7$, $\sigma(X)=\sigma(Y)$이고 두 함수 $y=f(x)$, $y=g(x)$의 그래프가 직선 $x=6$에 대하여 대칭이므로 두 함수 $y=f(x)$, $y=g(x)$의 그래프는 그림과 같다.

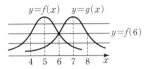

               ····· ❶

방정식 $\{f(x)-k\}\{g(x)-k\}=0$이 서로 다른 세 실근을 가지려면 두 함수 $y=f(x)$, $y=g(x)$와 직선 $y=k$가 만나는 서로 다른 점의 개수가 3이어야 하므로 직선 $y=k$가 두 함수 $y=f(x)$, $y=g(x)$의 교점을 지나야 한다.

즉, $k=f(6)=g(6)$ ····· ❷

방정식 $\{f(x)-k\}\{g(x)-k\}=0$, 즉

$\{f(x)-f(6)\}\{g(x)-g(6)\}=0$에서

$f(x)=f(6)$ 또는 $g(x)=g(6)$

함수 $y=f(x)$의 그래프는 직선 $x=5$에 대하여 대칭이므로

$f(x)=f(6)$의 근은 $x=4$ 또는 $x=6$

함수 $y=g(x)$의 그래프는 직선 $x=7$에 대하여 대칭이므로

$g(x)=g(6)$의 근은 $x=6$ 또는 $x=8$

따라서 $\alpha=4$, $\beta=6$, $\gamma=8$이므로

$\alpha\beta\gamma=192$ ····· ❸

               🄰 192

단계	채점 기준	비율
❶	두 함수 $y=f(x)$, $y=g(x)$의 그래프를 그린 경우	30 %
❷	$k=f(6)=g(6)$임을 구한 경우	30 %
❸	$\alpha\beta\gamma$의 값을 구한 경우	40 %

04 곡선 $y=f(x)$ $(x\le8)$과 x축 및 직선 $x=8$ 사이의 넓이는 $\mathrm{P}(X\le8)$이고, 곡선 $y=g(x)$ $(x\ge24)$와 x축 및 직선 $x=24$ 사이의 넓이는 $\mathrm{P}(Y\ge24)$이므로

$\mathrm{P}(X\le8)=\mathrm{P}(Y\ge24)$ ····· ㉠   ····· ❶

두 확률변수 X, Y가 각각 정규분포 $\mathrm{N}(10, 2^2)$, $\mathrm{N}(m, 3^2)$을 따르므로 두 확률변수 $\dfrac{X-10}{2}$, $\dfrac{Y-m}{3}$은 모두 표준정규분포 $\mathrm{N}(0, 1)$을 따른다. 표준정규분포를 따르는 확률변수를 Z라 하면 ㉠에서

$\mathrm{P}\!\left(\dfrac{X-10}{2}\le\dfrac{8-10}{2}\right)=\mathrm{P}\!\left(\dfrac{Y-m}{3}\ge\dfrac{24-m}{3}\right)$

$\mathrm{P}(Z\le-1)=\mathrm{P}\!\left(Z\ge\dfrac{24-m}{3}\right)$

     $=\mathrm{P}\!\left(Z\le\dfrac{m-24}{3}\right)$ ····· ❷

따라서

$-1=\dfrac{m-24}{3}$

$m=21$ ····· ❸

               🄰 21

단계	채점 기준	비율
❶	넓이를 확률로 나타낸 경우	40 %
❷	표준정규분포의 확률로 나타낸 경우	40 %
❸	m의 값을 구한 경우	20 %

05 한 개의 주사위를 던져서 나온 눈의 수가 3의 배수이면 동전 2개를 동시에 던지고, 3의 배수가 아니면 동전 3개를 동시에 던지는 시행에서 모든 동전이 같은 면이 나올 확률은

$\dfrac{1}{3}\times\dfrac{2}{4}+\dfrac{2}{3}\times\dfrac{2}{8}=\dfrac{1}{3}$

               ····· ❶

주어진 시행을 288번 반복할 때, 동전이 모두 같은 면이 나오는 횟수를 확률변수 X라 하면 X는 이항분포 $\mathrm{B}\!\left(288, \dfrac{1}{3}\right)$을 따른다.

$\mathrm{E}(X)=288\times\dfrac{1}{3}=96$

$\mathrm{V}(X)=288\times\dfrac{1}{3}\times\dfrac{2}{3}=64$ ····· ❷

이때 288은 충분히 큰 수이므로 확률변수 X는 근사적으로 정규분포 $\mathrm{N}(96, 8^2)$을 따르고, $Z=\dfrac{X-96}{8}$으로 놓으면 확률변수 Z는 표준정규분포 $\mathrm{N}(0, 1)$을 따른다.

따라서 구하는 확률은

$\mathrm{P}(X\ge100)=\mathrm{P}\!\left(\dfrac{X-96}{8}\ge\dfrac{100-96}{8}\right)$

     $=\mathrm{P}(Z\ge0.5)$

     $=0.5-\mathrm{P}(0\le Z\le0.5)$

     $=0.5-0.1915$

     $=0.3085$ ····· ❸

              🄰 0.3085

단계	채점 기준	비율
❶	모든 동전이 같은 면이 나올 확률을 구한 경우	30 %
❷	이항분포의 평균, 분산을 구한 경우	30 %
❸	표준정규분포를 이용하여 확률을 구한 경우	40 %

06 $a_n={}_{100}\mathrm{C}_n\dfrac{4^{100-n}}{5^{100}}$

  $={}_{100}\mathrm{C}_n\!\left(\dfrac{1}{5}\right)^n\!\left(\dfrac{4}{5}\right)^{100-n}$ $\left(n=0, 1, 2, \cdots, 100, \left(\dfrac{1}{5}\right)^0=\left(\dfrac{4}{5}\right)^0=1\right)$

이므로 이항분포 $\mathrm{B}\!\left(100, \dfrac{1}{5}\right)$을 따르는 확률변수를 X라 하면

$a_{16}+a_{17}+a_{18}+\cdots+a_{30}=\mathrm{P}(16\le X\le30)$ ····· ❶

$\mathrm{E}(X)=100\times\dfrac{1}{5}=20$

$\mathrm{V}(X)=100\times\dfrac{1}{5}\times\dfrac{4}{5}=16$ ····· ❷

이때 100은 충분히 큰 수이므로 확률변수 X는 근사적으로 정규분포 $\mathrm{N}(20, 4^2)$을 따르고, $Z=\dfrac{X-20}{4}$으로 놓으면 확률변수 Z는 표준정규분포 $\mathrm{N}(0, 1)$을 따른다.

따라서 구하는 확률은

$$\begin{aligned}
\mathrm{P}(16 \le X \le 30) &= \mathrm{P}\left(\frac{16-20}{4} \le \frac{X-20}{4} \le \frac{30-20}{4}\right) \\
&= \mathrm{P}(-1 \le Z \le 2.5) \\
&= \mathrm{P}(0 \le Z \le 1) + \mathrm{P}(0 \le Z \le 2.5) \\
&= 0.3413 + 0.4938 \\
&= 0.8351 \qquad \cdots\cdots \text{❸}
\end{aligned}$$

📋 0.8351

단계	채점 기준	비율
❶	$a_{16}+a_{17}+a_{18}+\cdots+a_{30}$의 값을 이항분포의 확률로 나타낸 경우	30 %
❷	이항분포의 평균, 분산을 구한 경우	30 %
❸	$a_{16}+a_{17}+a_{18}+\cdots+a_{30}$의 값을 구한 경우	40 %

내신 + 수능 고난도 도전   본문 80~81쪽

01 15   **02** ③   **03** ⑤   **04** ④   **05** ④

06 ②

01 연속확률변수 X의 확률밀도함수 $y=f(x)$의 그래프와 x축 및 직선 $x=4$로 둘러싸인 부분의 넓이가 1이어야 하므로

$$\frac{1}{2}\times 1\times a + 1\times a + \frac{1}{2}\times 1\times(a+2a) + 1\times 2a = 5a = 1$$

$$a=\frac{1}{5}$$

따라서

$$f(x)=\begin{cases}
\dfrac{x}{5} & (0 \le x < 1) \\[4pt]
\dfrac{1}{5} & (1 \le x < 2) \\[4pt]
\dfrac{x-1}{5} & (2 \le x < 3) \\[4pt]
\dfrac{2}{5} & (3 \le x \le 4)
\end{cases}$$

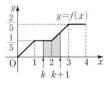

이때

$$\mathrm{P}(1 \le X \le 2) = 1\times\frac{1}{5}$$

$$= \frac{1}{5}$$

$$\mathrm{P}(2 \le X \le 3) = \frac{1}{2}\times 1\times\left(\frac{1}{5}+\frac{2}{5}\right)$$

$$= \frac{3}{10}$$

이고

$$\mathrm{P}(1 \le X \le 2)$$

$$< \mathrm{P}(k \le X \le k+1) = \frac{9}{40}$$

$$< \mathrm{P}(2 \le X \le 3)$$

이므로 구하는 상수 k의 값은 $1<k<2$이다.

$2<k+1<3$이므로

$$f(k+1) = \frac{(k+1)-1}{5}$$

$$= \frac{k}{5}$$

그러므로

$$\begin{aligned}
\mathrm{P}(k \le X \le k+1) &= (2-k)\times\frac{1}{5} + \frac{1}{2}\times\{(k+1)-2\}\times\left(\frac{1}{5}+\frac{k}{5}\right) \\
&= \frac{2-k}{5} + \frac{k^2-1}{10} \\
&= \frac{9}{40}
\end{aligned}$$

$$4k^2 - 8k + 3 = 0$$

$$(2k-1)(2k-3) = 0$$

$1<k<2$이므로 $k=\dfrac{3}{2}$

따라서

$$10k = 10\times\frac{3}{2} = 15$$

📋 15

02 조건 (가)에서 $f(0)=f(2)=0$이고

조건 (나)에서 $2 \le x \le 6$인 모든 실수 x에 대하여

$f(x)=\dfrac{1}{2}f(x-2)$이므로 함수 $y=f(x)$ $(2 \le x \le 4)$의 그래프는 함수 $y=f(x)$ $(0 \le x \le 2)$의 그래프를 x축의 방향으로 2만큼 평행이동한 다음 함숫값을 $\dfrac{1}{2}$배 한 것이다.

또한 함수 $y=f(x)$ $(4 \le x \le 6)$의 그래프는 함수 $y=f(x)$ $(2 \le x \le 4)$의 그래프를 x축의 방향으로 2만큼 평행이동한 다음 함숫값을 $\dfrac{1}{2}$배 한 것이므로 함수 $y=f(x)$의 그래프는 그림과 같다.

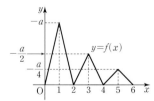

연속확률변수 X의 확률밀도함수 $y=f(x)$의 그래프와 x축으로 둘러싸인 부분의 넓이가 1이어야 하므로

$$\frac{1}{2}\times 2\times(-a) + \frac{1}{2}\times 2\times\left(-\frac{a}{2}\right) + \frac{1}{2}\times 2\times\left(-\frac{a}{4}\right)$$

$$= -\frac{7}{4}a$$

$$= 1$$

$$a = -\frac{4}{7}$$

따라서

$P(3 \leq X \leq 5)$

$= \frac{1}{2} \times 1 \times \left(-\frac{a}{2}\right) + \frac{1}{2} \times 1 \times \left(-\frac{a}{4}\right)$

$= -\frac{3}{8}a$

$= -\frac{3}{8} \times \left(-\frac{4}{7}\right)$

$= \frac{3}{14}$

🄰 ③

03 ㄱ. 주어진 그래프에서 두 함수 $y=f(x)$, $y=g(x)$가 모두 $x=\alpha$
에서 최댓값을 가지므로 두 확률변수 X, Y의 평균은 서로 같다.

즉, $E(X)=E(Y)=\alpha$

곡선 $y=h(x)$가 $x=\beta$에서 최댓값을 가지므로

$E(Z)=\beta$

이때 $\alpha<\beta$이므로

$E(X)=E(Y)<E(Z)$ (참)

ㄴ. 주어진 그래프에서 $f(\alpha)>g(\alpha)$이므로

$\sigma(X)<\sigma(Y)$

또한 $g(\alpha)=h(\beta)$이므로

$\sigma(Y)=\sigma(Z)$

따라서 $\sigma(X)<\sigma(Y)=\sigma(Z)$ (참)

ㄷ.

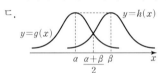

두 곡선 $y=g(x)$, $y=h(x)$는 각각 직선 $x=\alpha$, $x=\beta$에 대하여
대칭이고, 곡선 $y=h(x)$는 곡선 $y=g(x)$를 x축의 방향으로
$\beta-\alpha$만큼 평행이동한 것이므로 두 곡선 $y=g(x)$, $y=h(x)$가 만
나는 점의 x좌표는 $\frac{\alpha+\beta}{2}$이고 두 곡선 $y=g(x)$, $y=h(x)$는 직
선 $x=\frac{\alpha+\beta}{2}$에 대하여 대칭이다.

따라서 $P\left(Y \leq \frac{\alpha+\beta}{2}\right)=P\left(Z \geq \frac{\alpha+\beta}{2}\right)$이므로

$P(Y \leq k)=P(Z \geq k)$를 만족시키는 상수 k가 존재한다. (참)

이상에서 옳은 것은 ㄱ, ㄴ, ㄷ이다.

🄰 ⑤

04 정규분포를 따르는 확률변수 X의 확률밀도함수 $f(x)$가 $x=10$에
서 최댓값을 가지므로

$E(X)=10$

정규분포를 따르는 확률변수 Y의 확률밀도함수 $g(x)$가 모든 실수 x
에 대하여 $g(x)=f(x-8)$이므로 곡선 $y=g(x)$는 곡선 $y=f(x)$를
x축의 방향으로 8만큼 평행이동한 것이다.

따라서 $E(Y)=10+8=18$, $V(X)=V(Y)$이다.

$V(X)=V(Y)=\sigma^2 \ (\sigma>0)$이라 하면 두 확률변수 X, Y가 각각 정
규분포 $N(10, \sigma^2)$, $N(18, \sigma^2)$을 따르므로 두 확률변수 $\frac{X-10}{\sigma}$,

$\frac{Y-18}{\sigma}$은 모두 표준정규분포 $N(0, 1)$을 따른다.

표준정규분포를 따르는 확률변수를 Z라 하면

$P(7 \leq X \leq 13) = P\left(\frac{7-10}{\sigma} \leq \frac{X-10}{\sigma} \leq \frac{13-10}{\sigma}\right)$

$\qquad = P\left(-\frac{3}{\sigma} \leq Z \leq \frac{3}{\sigma}\right)$

$\qquad = 2P\left(0 \leq Z \leq \frac{3}{\sigma}\right)$

$\qquad = 0.6826$

$P\left(0 \leq Z \leq \frac{3}{\sigma}\right) = 0.3413$

주어진 표준정규분포표에서

$P(0 \leq Z \leq 1) = 0.3413$이므로

$\frac{3}{\sigma} = 1$, $\sigma = 3$

따라서 확률변수 Y는 정규분포 $N(18, 3^2)$을 따르므로

$P\left(Y \geq \frac{27}{2}\right) = P\left(\frac{Y-18}{3} \geq \frac{\frac{27}{2}-18}{3}\right)$

$\qquad = P(Z \geq -1.5)$

$\qquad = 0.5 + P(0 \leq Z \leq 1.5)$

$\qquad = 0.5 + 0.4332$

$\qquad = 0.9332$

🄰 ④

05 확률변수 X가 정규분포 $N(m, \sigma^2)$을 따르므로

$m<13$이면 $P(8 \leq X \leq 13)>P(13 \leq X \leq 18)$

$m=13$이면 $P(8 \leq X \leq 13)=P(13 \leq X \leq 18)$

$m>13$이면 $P(8 \leq X \leq 13)<P(13 \leq X \leq 18)$

따라서 조건 (가)에 의하여 $m<13$ ······ ㉠

또한

$m<11$이면 $P(9 \leq X \leq 11)>P(11 \leq X \leq 13)$

$m=11$이면 $P(9 \leq X \leq 11)=P(11 \leq X \leq 13)$

$m>11$이면 $P(9 \leq X \leq 11)<P(11 \leq X \leq 13)$

따라서 조건 (나)에 의하여 $m>11$ ······ ㉡

㉠, ㉡에 의하여 $11<m<13$

이때 m이 자연수이므로 $m=12$

확률변수 X가 정규분포 $N(12, \sigma^2)$을 따르므로 $Z=\frac{X-12}{\sigma}$로 놓으
면 확률변수 Z는 표준정규분포 $N(0, 1)$을 따른다.

$P(X \geq 6) = P\left(\frac{X-12}{\sigma} \geq \frac{6-12}{\sigma}\right)$

$\qquad = P\left(Z \geq -\frac{6}{\sigma}\right)$

$\qquad = 0.5 + P\left(0 \leq Z \leq \frac{6}{\sigma}\right)$

$\qquad = 0.6554$

$P\left(0 \leq Z \leq \frac{6}{\sigma}\right) = 0.1554$

주어진 표준정규분포표에서

$P(0 \leq Z \leq 0.4) = 0.1554$이므로

$\frac{6}{\sigma} = 0.4$

$\sigma = 15$

한편

$P(X \leq k)$

$$= P\left(\frac{X-12}{15} \le \frac{k-12}{15}\right)$$
$$= P\left(Z \le \frac{k-12}{15}\right) \ge 0.7257 \quad \cdots\cdots \text{㉠}$$

이때 ㉠에서 $\dfrac{k-12}{15} > 0$이어야 하므로

$$P\left(Z \le \frac{k-12}{15}\right)$$
$$= 0.5 + P\left(0 \le Z \le \frac{k-12}{15}\right) \ge 0.7257$$
$$P\left(0 \le Z \le \frac{k-12}{15}\right) \ge 0.2257$$

주어진 표준정규분포표에서
$P(0 \le Z \le 0.6) = 0.2257$이므로

$$\frac{k-12}{15} \ge 0.6$$
$$k \ge 21$$

따라서 k의 최솟값은 21이다.

답 ④

06 6장의 카드가 들어 있는 상자에서 임의로 2장의 카드를 동시에 꺼낼 때 일어날 수 있는 경우의 수는

$$_6C_2 = \frac{6 \times 5}{2 \times 1} = 15$$

꺼낸 2장의 카드에 적혀 있는 수 a, b ($a < b$)의 모든 순서쌍 (a, b)에 대하여 ab의 양의 약수의 개수가 1인 경우는 존재하지 않으므로 ab의 양의 약수의 개수 4 이하인 모든 순서쌍 (a, b)는 다음과 같다.

(i) ab의 양의 약수의 개수가 2인 경우
   양의 약수의 개수가 2이려면 ab는 소수이어야 하므로 순서쌍
   (a, b)의 개수는 $(1, 2)$, $(1, 3)$, $(1, 5)$로 3

(ii) ab의 양의 약수의 개수가 3인 경우
   소수 p에 대하여 양의 약수의 개수가 3이려면 $ab = p^2$이어야 하므로 순서쌍 (a, b)의 개수는 $(1, 4)$로 1

(iii) ab의 양의 약수의 개수가 4인 경우
   소수 q, r에 대하여 양의 약수의 개수가 4이려면
   $ab = q^3$ 또는 $ab = qr$ ($q \ne r$)이어야 한다.
   $ab = q^3$인 순서쌍 (a, b)의 개수는 $(2, 4)$로 1
   $ab = qr$인 순서쌍 (a, b)의 개수는
   $(1, 6)$, $(2, 3)$, $(2, 5)$, $(3, 5)$로 4
   따라서 이 경우의 순서쌍 (a, b)의 개수는 $1 + 4 = 5$

(i), (ii), (iii)에서 ab의 양의 약수의 개수가 4 이하인 모든 순서쌍 (a, b)의 개수는

$$3 + 1 + 5 = 9$$

따라서 주어진 시행을 1번 할 때 주어진 조건을 만족시킬 확률은

$\dfrac{9}{15} = \dfrac{3}{5}$이므로 확률변수 X는 이항분포 $B\left(600, \dfrac{3}{5}\right)$을 따른다.

$$E(X) = 600 \times \frac{3}{5}$$
$$= 360$$
$$V(X) = 600 \times \frac{3}{5} \times \frac{2}{5}$$
$$= 144$$

이때 600은 충분히 큰 수이므로 확률변수 X는 근사적으로 정규분포 $N(360, 12^2)$을 따르고, $Z = \dfrac{X-360}{12}$으로 놓으면 확률변수 Z는 표준정규분포 $N(0, 1)$을 따른다.

따라서

$$P(324 \le X \le 372) = P\left(\frac{324-360}{12} \le \frac{X-360}{12} \le \frac{372-360}{12}\right)$$
$$= P(-3 \le Z \le 1)$$
$$= P(0 \le Z \le 3) + P(0 \le Z \le 1)$$
$$= 0.4987 + 0.3413$$
$$= 0.8400$$

답 ②

07 통계적 추정

본문 83~85쪽

개념 확인하기

01 표본조사 **02** 표본조사 **03** 표본조사 **04** 전수조사 **05** 전수조사

06 표본조사 **07** 전국 고등학생의 키 **08** 1000명의 키

09 100 **10** 90 **11** $\overline{X}=2, S^2=1$

12 $\overline{X}=3, S^2=1$ **13** $\overline{X}=\dfrac{8}{3}, S^2=\dfrac{7}{3}$ **14** $\dfrac{1}{3}$

15 $\dfrac{1}{3}$ **16** 1.5 **17** 2 **18** 2.5 **19** 3

20 $\dfrac{2}{9}$ **21** $\dfrac{1}{3}$ **22** $\dfrac{1}{9}$ **23** 풀이 참조 **24** 4

25 50 **26** 200 **27** 20 **28** 4 **29** 2

30 30 **31** 9 **32** 3 **33** 9 **34** 1

35 80 **36** 4 **37** $N(80, 2^2)$ **38** 0.3413

39 0.0668 **40** 0.0228 **41** $19.216 \le m \le 20.784$

42 $18.968 \le m \le 21.032$ **43** $160.4 \le m \le 199.6$

44 $170.2 \le m \le 189.8$

---

01 전수조사가 불가능하므로 표본조사가 적합하다.

답 표본조사

02 전수조사를 하기에는 시간과 비용이 많이 들기 때문에 표본조사가 적합하다.

답 표본조사

03 전수조사를 하기에는 시간과 비용이 많이 들기 때문에 표본조사가 적합하다.

답 표본조사

04 **답** 전수조사

05 **답** 전수조사

06 전수조사를 하기에는 시간과 비용이 많이 들기 때문에 표본조사가 적합하다.

답 표본조사

07 **답** 전국 고등학생의 키

08 **답** 1000명의 키

---

09 10장의 카드가 들어 있는 주머니에서 2장의 카드를 복원추출하는 경우의 수는 서로 다른 10개에서 2개를 택하는 중복순열의 수와 같으므로

$_{10}\Pi_2 = 10^2 = 100$

답 100

10 10장의 카드가 들어 있는 주머니에서 2장의 카드를 비복원추출하는 경우의 수는

$_{10}C_1 \times _9C_1 = 10 \times 9 = 90$

답 90

11 크기가 3인 표본이 1, 2, 3이므로 표본평균 $\overline{X}$는

$\overline{X} = \dfrac{1+2+3}{3} = 2$

표본분산 S^2은

$S^2 = \dfrac{1}{3-1}\{(1-2)^2+(2-2)^2+(3-2)^2\}$

$= 1$

답 $\overline{X}=2, S^2=1$

12 크기가 3인 표본이 2, 3, 4이므로 표본평균 $\overline{X}$는

$\overline{X} = \dfrac{2+3+4}{3} = 3$

표본분산 S^2은

$S^2 = \dfrac{1}{3-1}\{(2-3)^2+(3-3)^2+(4-3)^2\}$

$= 1$

답 $\overline{X}=3, S^2=1$

13 크기가 3인 표본이 1, 3, 4이므로 표본평균 $\overline{X}$는

$\overline{X} = \dfrac{1+3+4}{3} = \dfrac{8}{3}$

표본분산 S^2은

$S^2 = \dfrac{1}{3-1}\left\{\left(1-\dfrac{8}{3}\right)^2+\left(3-\dfrac{8}{3}\right)^2+\left(4-\dfrac{8}{3}\right)^2\right\}$

$= \dfrac{7}{3}$

답 $\overline{X}=\dfrac{8}{3}, S^2=\dfrac{7}{3}$

14 **답** $\dfrac{1}{3}$

15 **답** $\dfrac{1}{3}$

16 $\dfrac{1+2}{2} = 1.5$

답 1.5

17 $\dfrac{1+3}{2} = 2$

답 2

18 $\dfrac{2+3}{2} = 2.5$

답 2.5

---

19 $\dfrac{3+3}{2}=3$

　답 **3**

20 $\overline{X}=1.5$인 경우는 $(1,2)$, $(2,1)$이므로

$\mathrm{P}(\overline{X}=1.5)=\dfrac{2}{9}$

　답 $\dfrac{2}{9}$

21 $\overline{X}=2$인 경우는 $(1,3)$, $(2,2)$, $(3,1)$이므로

$\mathrm{P}(\overline{X}=2)=\dfrac{3}{9}=\dfrac{1}{3}$

　답 $\dfrac{1}{3}$

22 $\overline{X}=3$인 경우는 $(3,3)$뿐이므로

$\mathrm{P}(\overline{X}=3)=\dfrac{1}{9}$

　답 $\dfrac{1}{9}$

23 주어진 모집단에서 임의추출한 크기가 2인 표본을 $(X_1,\,X_2)$라 하자.

$\overline{X}=1$인 경우는 $(1,1)$일 때이므로

$\mathrm{P}(\overline{X}=1)$

$=\mathrm{P}(X=1)\times\mathrm{P}(X=1)$

$=\dfrac{1}{6}\times\dfrac{1}{6}$

$=\dfrac{1}{36}$

$\overline{X}=1.5$인 경우는 $(1,2)$, $(2,1)$일 때이므로

$\mathrm{P}(\overline{X}=1.5)$

$=\mathrm{P}(X=1)\times\mathrm{P}(X=2)+\mathrm{P}(X=2)\times\mathrm{P}(X=1)$

$=\dfrac{1}{6}\times\dfrac{1}{3}+\dfrac{1}{3}\times\dfrac{1}{6}$

$=\dfrac{1}{9}$

$\overline{X}=2$인 경우는 $(1,3)$, $(2,2)$, $(3,1)$일 때이므로

$\mathrm{P}(\overline{X}=2)$

$=\mathrm{P}(X=1)\times\mathrm{P}(X=3)+\mathrm{P}(X=2)\times\mathrm{P}(X=2)$
$\qquad\qquad\qquad\qquad\quad+\mathrm{P}(X=3)\times\mathrm{P}(X=1)$

$=\dfrac{1}{6}\times\dfrac{1}{2}+\dfrac{1}{3}\times\dfrac{1}{3}+\dfrac{1}{2}\times\dfrac{1}{6}$

$=\dfrac{5}{18}$

$\overline{X}=2.5$인 경우는 $(2,3)$, $(3,2)$일 때이므로

$\mathrm{P}(\overline{X}=2.5)$

$=\mathrm{P}(X=2)\times\mathrm{P}(X=3)+\mathrm{P}(X=3)\times\mathrm{P}(X=2)$

$=\dfrac{1}{3}\times\dfrac{1}{2}+\dfrac{1}{2}\times\dfrac{1}{3}$

$=\dfrac{1}{3}$

$\overline{X}=3$인 경우는 $(3,3)$일 때이므로

$\mathrm{P}(\overline{X}=3)$

$=\mathrm{P}(X=3)\times\mathrm{P}(X=3)$

$=\dfrac{1}{2}\times\dfrac{1}{2}$

$=\dfrac{1}{4}$

$\overline{X}$	1	1.5	2	2.5	3	합계
$\mathrm{P}(\overline{X}=\overline{x})$	$\dfrac{1}{36}$	$\dfrac{1}{9}$	$\dfrac{5}{18}$	$\dfrac{1}{3}$	$\dfrac{1}{4}$	1

　답 풀이 참조

24 모평균이 4이므로 표본평균 $\overline{X}$의 평균도 $4x$이다.

　답 **4**

25 모평균이 50이므로 표본평균 $\overline{X}$의 평균도 50이다.

　답 **50**

26 모평균이 200이므로 표본평균 $\overline{X}$의 평균도 200이다.

　답 **200**

27 모평균이 $m=20$이므로 $\mathrm{E}(\overline{X})=m=20$

　답 **20**

28 모표준편차가 $\sigma=8$이고 표본의 크기가 $n=16$이므로

$\mathrm{V}(\overline{X})=\dfrac{\sigma^2}{n}=\dfrac{8^2}{16}=4$

　답 **4**

29 모표준편차가 $\sigma=8$이고 표본의 크기가 $n=16$이므로

$\sigma(\overline{X})=\dfrac{\sigma}{\sqrt{n}}=\dfrac{8}{\sqrt{16}}=2$

　답 **2**

다른 풀이

$\mathrm{V}(\overline{X})=4$이므로

$\sigma(\overline{X})=\sqrt{\mathrm{V}(\overline{X})}=\sqrt{4}=2$

30 모평균이 $m=30$이므로 $\mathrm{E}(\overline{X})=m=30$

　답 **30**

31 모표준편차가 $\sigma=9$이고, 표본의 크기가 $n=9$이므로

$\mathrm{V}(\overline{X})=\dfrac{\sigma^2}{n}=\dfrac{9^2}{9}=9$

　답 **9**

32 모표준편차가 $\sigma=9$이고, 표본의 크기가 $n=9$이므로

$\sigma(\overline{X})=\dfrac{\sigma}{\sqrt{n}}=\dfrac{9}{\sqrt{9}}=3$

　답 **3**

다른 풀이

$\mathrm{V}(\overline{X})=9$이므로

$\sigma(\overline{X})=\sqrt{\mathrm{V}(\overline{X})}=\sqrt{9}=3$

33 모평균이 $m=9$이므로 $\mathrm{E}(\overline{X})=m=9$

답 9

34 모분산이 $\sigma^2=49$이고 표본의 크기가 $n=49$이므로
$$\mathrm{V}(\overline{X})=\frac{\sigma^2}{n}=\frac{49}{49}=1$$

답 1

35 모평균이 $m=80$이므로 $\mathrm{E}(\overline{X})=m=80$

답 80

36 모표준편차가 $\sigma=12$이고 표본의 크기가 $n=36$이므로
$$\mathrm{V}(\overline{X})=\frac{\sigma^2}{n}=\frac{12^2}{36}=4$$

답 4

37 모집단이 정규분포 $\mathrm{N}(80,\ 12^2)$을 따르고
$\mathrm{E}(\overline{X})=80$, $\mathrm{V}(\overline{X})=4$
이므로 확률변수 $\overline{X}$는 정규분포 $\mathrm{N}(80,\ 2^2)$을 따른다.

답 $\mathrm{N}(80,\ 2^2)$

38 확률변수 $\overline{X}$는 정규분포 $\mathrm{N}(80,\ 2^2)$을 따르므로
$Z=\dfrac{\overline{X}-80}{2}$으로 놓으면 확률변수 Z는 표준정규분포 $\mathrm{N}(0,\ 1)$을 따른다.
$\mathrm{P}(80\leq\overline{X}\leq82)$
$=\mathrm{P}\Big(\dfrac{80-80}{2}\leq\dfrac{\overline{X}-80}{2}\leq\dfrac{82-80}{2}\Big)$
$=\mathrm{P}(0\leq Z\leq1)$
$=0.3413$

답 0.3413

39 $\mathrm{P}(\overline{X}\geq83)$
$=\mathrm{P}\Big(\dfrac{\overline{X}-80}{2}\geq\dfrac{83-80}{2}\Big)$
$=\mathrm{P}(Z\geq1.5)$
$=0.5-\mathrm{P}(0\leq Z\leq1.5)$
$=0.5-0.4332$
$=0.0668$

답 0.0668

40 $\mathrm{P}(\overline{X}\leq76)$
$=\mathrm{P}\Big(\dfrac{\overline{X}-80}{2}\leq\dfrac{76-80}{2}\Big)$
$=\mathrm{P}(Z\leq-2)$
$=0.5-\mathrm{P}(0\leq Z\leq2)$
$=0.5-0.4772$
$=0.0228$

답 0.0228

41 표본평균이 $\overline{x}=20$, 표본의 크기가 $n=100$, 모표준편차가 $\sigma=4$
이므로 모평균 m에 대한 신뢰도 95 %의 신뢰구간은
$$20-1.96\times\frac{4}{\sqrt{100}}\leq m\leq20+1.96\times\frac{4}{\sqrt{100}}$$
따라서 $19.216\leq m\leq20.784$

답 $19.216\leq m\leq20.784$

42 표본평균이 $\overline{x}=20$, 표본의 크기가 $n=100$, 모표준편차가 $\sigma=4$
이므로 모평균 m에 대한 신뢰도 99 %의 신뢰구간은
$$20-2.58\times\frac{4}{\sqrt{100}}\leq m\leq20+2.58\times\frac{4}{\sqrt{100}}$$
따라서 $18.968\leq m\leq21.032$

답 $18.968\leq m\leq21.032$

43 표본평균이 $\overline{x}=180$, 표본의 크기가 $n=25$, 모표준편차가
$\sigma=50$이므로 모평균 m에 대한 신뢰도 95 %의 신뢰구간은
$$180-1.96\times\frac{50}{\sqrt{25}}\leq m\leq180+1.96\times\frac{50}{\sqrt{25}}$$
따라서 $160.4\leq m\leq199.6$

답 $160.4\leq m\leq199.6$

44 표본평균이 $\overline{x}=180$, 표본의 크기가 $n=100$, 모표준편차가
$\sigma=50$이므로 모평균 m에 대한 신뢰도 95 %의 신뢰구간은
$$180-1.96\times\frac{50}{\sqrt{100}}\leq m\leq180+1.96\times\frac{50}{\sqrt{100}}$$
따라서 $170.2\leq m\leq189.8$

답 $170.2\leq m\leq189.8$

유형 완성하기
본문 86~92쪽

01 ③	**02** ④	**03** 13	**04** ④	**05** ③
06 ③	**07** ③	**08** ②	**09** 20	**10** ④
11 ⑤	**12** ⑤	**13** ③	**14** 6	**15** ⑤
16 ②	**17** ③	**18** 294	**19** ③	**20** 9
21 ①	**22** 125	**23** 49	**24** ⑤	
25 $195.24\leq m\leq218.76$		**26** $75.71\leq m\leq78.29$		**27** 582.8
28 $4974.2\leq m\leq5025.8$		**29** ④	**30** 195	**31** 9
32 9	**33** 49	**34** ③	**35** 52	**36** 227
37 ①	**38** ④	**39** ④	**40** ④	**41** ②

01 확률변수 X가 갖는 값이 2, 4, 6이므로 이 모집단에서 크기가 2인 표본을 임의추출하여 구한 표본평균 $\overline{X}$가 갖는 값은 2, 3, 4, 5, 6이다.
이 모집단에서 임의추출한 크기가 2인 표본을 $(X_1,\ X_2)$라 하자.
$\overline{X}=3$인 경우는 $(2,\ 4)$, $(4,\ 2)$일 때이므로
$\mathrm{P}(\overline{X}=3)$
$=\mathrm{P}(X=2)\times\mathrm{P}(X=4)+\mathrm{P}(X=4)\times\mathrm{P}(X=2)$
$=\dfrac{1}{5}\times\dfrac{2}{5}+\dfrac{2}{5}\times\dfrac{1}{5}$
$=\dfrac{4}{25}$

$\overline{X}=4$인 경우는 $(2, 6)$, $(4, 4)$, $(6, 2)$일 때이므로
$\text{P}(\overline{X}=4)$
$=\text{P}(X=2) \times \text{P}(X=6) + \text{P}(X=4) \times \text{P}(X=4)$
$\qquad\qquad\qquad\qquad\quad + \text{P}(X=6) \times \text{P}(X=2)$
$=\dfrac{1}{5} \times \dfrac{2}{5} + \dfrac{2}{5} \times \dfrac{2}{5} + \dfrac{2}{5} \times \dfrac{1}{5}$
$=\dfrac{8}{25}$
따라서
$\text{P}(3 \leq \overline{X} \leq 4)$
$=\text{P}(\overline{X}=3) + \text{P}(\overline{X}=4)$
$=\dfrac{4}{25} + \dfrac{8}{25} = \dfrac{12}{25}$

답 ③

02 확률변수 X가 갖는 모든 값에 대한 확률의 합은 1이므로
$\text{P}(X=-1) + \text{P}(X=0) + \text{P}(X=1)$
$=\dfrac{1}{2} + \dfrac{1}{3} + a = 1$
$a = \dfrac{1}{6}$
주어진 모집단에서 임의추출한 크기가 2인 표본을 (X_1, X_2)라 하자.
$\overline{X}=0$인 경우는 $(-1, 1)$, $(0, 0)$, $(1, -1)$일 때이므로
$\text{P}(\overline{X}=0)$
$=\text{P}(X=-1) \times \text{P}(X=1) + \text{P}(X=0) \times \text{P}(X=0)$
$\qquad\qquad\qquad\qquad\quad + \text{P}(X=1) \times \text{P}(X=-1)$
$=\dfrac{1}{2} \times \dfrac{1}{6} + \dfrac{1}{3} \times \dfrac{1}{3} + \dfrac{1}{6} \times \dfrac{1}{2}$
$=\dfrac{5}{18}$
따라서
$a + \text{P}(\overline{X}=0) = \dfrac{1}{6} + \dfrac{5}{18} = \dfrac{4}{9}$

답 ④

03 확률변수 X가 갖는 모든 값에 대한 확률의 합은 1이므로
$\text{P}(X=1) + \text{P}(X=2) + \text{P}(X=3)$
$=a + a + 2a = 1$
$a = \dfrac{1}{4}$
확률변수 X가 갖는 값이 1, 2, 3이므로 이 모집단에서 크기가 3인 표본을 임의추출하여 구한 표본평균 $\overline{X}$가 갖는 값은
$1, \dfrac{4}{3}, \dfrac{5}{3}, 2, \dfrac{7}{3}, \dfrac{8}{3}, 3$이다.
이 모집단에서 임의추출한 크기가 3인 표본을 (X_1, X_2, X_3)이라 하자.
$\overline{X}=2$인 경우는
$(1, 2, 3)$, $(1, 3, 2)$, $(2, 1, 3)$, $(2, 3, 1)$, $(3, 1, 2)$, $(3, 2, 1)$, $(2, 2, 2)$일 때이므로
$\text{P}(\overline{X}=2)$
$=6\text{P}(X=1) \times \text{P}(X=2) \times \text{P}(X=3)$
$\qquad\qquad\qquad + \text{P}(X=2) \times \text{P}(X=2) \times \text{P}(X=2)$
$=6 \times \dfrac{1}{4} \times \dfrac{1}{4} \times \dfrac{1}{2} + \dfrac{1}{4} \times \dfrac{1}{4} \times \dfrac{1}{4}$
$=\dfrac{13}{64}$

따라서
$64\{\text{P}(\overline{X} \leq 2) - \text{P}(\overline{X} < 2)\}$
$=64\text{P}(\overline{X}=2)$
$=64 \times \dfrac{13}{64}$
$=13$

답 13

04 확률변수 $\overline{X}$는 모평균이 70, 모표준편차가 5인 모집단에서 크기가 9인 표본을 임의추출하여 구한 표본평균이므로
$\text{E}(\overline{X})=70$, $\text{V}(\overline{X})=\dfrac{5^2}{9}=\dfrac{25}{9}$
따라서
$\text{E}(3\overline{X}+1) + \text{V}(3\overline{X}+1)$
$=\{3\text{E}(\overline{X})+1\} + 3^2\text{V}(\overline{X})$
$=3 \times 70 + 1 + 9 \times \dfrac{25}{9}$
$=236$

답 ④

05 확률변수 $\overline{X}$는 모평균이 100, 모표준편차가 4인 모집단에서 크기가 100인 표본을 임의추출하여 구한 표본평균이므로
$\text{E}(\overline{X})=100$, $\text{V}(\overline{X})=\dfrac{4^2}{100}=\dfrac{4}{25}$
따라서
$\text{E}(\overline{X}) \times \text{V}(\overline{X})$
$=100 \times \dfrac{4}{25}$
$=16$

답 ③

06 확률변수 $\overline{X}$는 확률변수가 X인 모집단에서 크기가 n인 표본을 임의추출하여 구한 표본평균이므로
$\text{E}(\overline{X})=\text{E}(X)=12$
$\text{V}(\overline{X})=\dfrac{\text{V}(X)}{n}=\dfrac{\{\sigma(X)\}^2}{n}=\dfrac{3^2}{n}=\dfrac{9}{n}$
$\text{V}(\overline{X})=\text{E}(\overline{X}^2)-\{\text{E}(\overline{X})\}^2$에서
$\text{E}(\overline{X}^2)=\text{V}(\overline{X})+\{\text{E}(\overline{X})\}^2$
$\qquad\quad =\dfrac{9}{n}+12^2=\dfrac{9}{n}+144$
따라서 $145 < \text{E}(\overline{X}^2) < 146$에서
$145 < \dfrac{9}{n}+144 < 146$
$1 < \dfrac{9}{n} < 2$
$\dfrac{9}{2} < n < 9$
이므로 자연수 n의 값은 5, 6, 7, 8로 그 개수는 4이다.

답 ③

07 주머니에서 한 개의 공을 임의추출할 때 나온 공에 적혀 있는 수를 확률변수 X라 하자.

확률변수 X의 확률분포를 표로 나타내면 다음과 같다.

X	1	2	3	합계
$\mathrm{P}(X=x)$	$\dfrac{1}{5}$	$\dfrac{3}{5}$	$\dfrac{1}{5}$	1

$\mathrm{E}(X)=1\times\dfrac{1}{5}+2\times\dfrac{3}{5}+3\times\dfrac{1}{5}=2$

$\mathrm{E}(X^2)=1^2\times\dfrac{1}{5}+2^2\times\dfrac{3}{5}+3^2\times\dfrac{1}{5}=\dfrac{22}{5}$

이므로

$\mathrm{V}(X)=\mathrm{E}(X^2)-\{\mathrm{E}(X)\}^2$

$\qquad=\dfrac{22}{5}-2^2=\dfrac{2}{5}$

이때 $\overline{X}$는 이 주머니에서 크기가 3인 표본을 임의추출하여 구한 표본평균이므로

$\mathrm{E}(\overline{X})=\mathrm{E}(X)=2$

$\mathrm{V}(\overline{X})=\dfrac{\mathrm{V}(X)}{3}=\dfrac{\frac{2}{5}}{3}=\dfrac{2}{15}$

따라서

$\mathrm{E}(\overline{X})+\mathrm{V}(\overline{X})=2+\dfrac{2}{15}=\dfrac{32}{15}$

답 ③

08 확률변수 X가 갖는 모든 값에 대한 확률의 합은 1이므로

$\mathrm{P}(X=1)+\mathrm{P}(X=3)+\mathrm{P}(X=5)$

$=\dfrac{1}{2}+a+2a=1$

$a=\dfrac{1}{6}$

따라서

$\mathrm{E}(X)=1\times\dfrac{1}{2}+3\times a+5\times 2a$

$\qquad=13a+\dfrac{1}{2}$

$\qquad=13\times\dfrac{1}{6}+\dfrac{1}{2}=\dfrac{8}{3}$

이므로

$\mathrm{E}(\overline{X})=\mathrm{E}(X)=\dfrac{8}{3}$

답 ②

09 확률변수 X가 갖는 모든 값에 대한 확률의 합은 1이므로

$\mathrm{P}(X=1)+\mathrm{P}(X=2)+\mathrm{P}(X=3)+\mathrm{P}(X=4)$

$=\dfrac{1}{2}+\dfrac{1}{5}+a+2a=1$

$a=\dfrac{1}{10}$

이때

$\mathrm{E}(X)=1\times\dfrac{1}{2}+2\times\dfrac{1}{5}+3\times a+4\times 2a$

$\qquad=11a+\dfrac{9}{10}$

$\qquad=11\times\dfrac{1}{10}+\dfrac{9}{10}=2$

$\mathrm{E}(X^2)=1^2\times\dfrac{1}{2}+2^2\times\dfrac{1}{5}+3^2\times a+4^2\times 2a$

$\qquad=41a+\dfrac{13}{10}$

$\qquad=41\times\dfrac{1}{10}+\dfrac{13}{10}=\dfrac{27}{5}$

이므로

$\mathrm{V}(X)=\mathrm{E}(X^2)-\{\mathrm{E}(X)\}^2$

$\qquad=\dfrac{27}{5}-2^2=\dfrac{7}{5}$

확률변수 $\overline{X}$는 주어진 모집단에서 크기가 7인 표본을 임의추출하여 구한 표본평균이므로

$\mathrm{V}(\overline{X})=\dfrac{\mathrm{V}(X)}{7}=\dfrac{\frac{7}{5}}{7}=\dfrac{1}{5}$

따라서

$\mathrm{V}\left(\dfrac{\overline{X}}{a}\right)$

$=\mathrm{V}(10\overline{X})$

$=10^2\mathrm{V}(\overline{X})$

$=100\times\dfrac{1}{5}=20$

답 20

10 상자에서 한 장의 카드를 임의추출할 때 나온 카드에 적혀 있는 수를 확률변수 X라 하고, 확률변수 X의 확률분포를 표로 나타내면 다음과 같다.

X	1	2	3	a	합계
$\mathrm{P}(X=x)$	$\dfrac{1}{4}$	$\dfrac{1}{4}$	$\dfrac{1}{4}$	$\dfrac{1}{4}$	1

$\mathrm{E}(X)=1\times\dfrac{1}{4}+2\times\dfrac{1}{4}+3\times\dfrac{1}{4}+a\times\dfrac{1}{4}$

$\qquad=\dfrac{a}{4}+\dfrac{3}{2}$

이 상자에서 크기가 4인 표본을 임의추출하여 구한 표본평균이 $\overline{X}$이고 $\mathrm{E}(\overline{X})=3$이므로

$\mathrm{E}(X)=\mathrm{E}(\overline{X})=3$

$\dfrac{a}{4}+\dfrac{3}{2}=3$

$a=6$

이때

$\mathrm{E}(X^2)=1^2\times\dfrac{1}{4}+2^2\times\dfrac{1}{4}+3^2\times\dfrac{1}{4}+a^2\times\dfrac{1}{4}$

$\qquad=\dfrac{a^2+14}{4}$

$\qquad=\dfrac{6^2+14}{4}=\dfrac{25}{2}$

이므로

$\mathrm{V}(X)=\mathrm{E}(X^2)-\{\mathrm{E}(X)\}^2$

$\qquad=\dfrac{25}{2}-3^2=\dfrac{7}{2}$

따라서

$\mathrm{V}(\overline{X})=\dfrac{\mathrm{V}(X)}{4}=\dfrac{\frac{7}{2}}{4}=\dfrac{7}{8}$

답 ④

11 모집단의 확률변수 X의 확률질량함수가

$$P(X=x)=\frac{6-x}{k} \ (x=1, 2, 3)$$

이고 확률변수 X가 갖는 모든 값에 대한 확률의 합은 1이므로

$$P(X=1)+P(X=2)+P(X=3)$$

$$=\frac{5}{k}+\frac{4}{k}+\frac{3}{k}=\frac{12}{k}=1$$

$k=12$

이때

$$E(X)=1\times\frac{5}{k}+2\times\frac{4}{k}+3\times\frac{3}{k}$$

$$=\frac{22}{k}=\frac{22}{12}=\frac{11}{6}$$

$$E(X^2)=1^2\times\frac{5}{k}+2^2\times\frac{4}{k}+3^2\times\frac{3}{k}$$

$$=\frac{48}{k}=\frac{48}{12}=4$$

이므로

$$V(X)=E(X^2)-\{E(X)\}^2$$

$$=4-\left(\frac{11}{6}\right)^2=\frac{23}{36}$$

확률변수 $\overline{X}$는 주어진 모집단에서 크기가 n인 표본을 임의추출하여 구한 표본평균이므로 $V(3\overline{X})=\frac{1}{4}$에서

$$V(3\overline{X})=3^2V(\overline{X})$$

$$=9\times\frac{V(X)}{n}$$

$$=9\times\frac{23}{36n}$$

$$=\frac{23}{4n}=\frac{1}{4}$$

$n=23$

따라서 $k+n=12+23=35$

답 ⑤

12 주머니에서 임의로 한 개의 공을 꺼낼 때 나온 카드에 적혀 있는 수를 확률변수 Y라 하고, 확률변수 Y의 확률분포를 표로 나타내면 다음과 같다.

Y	1	2	3	합계
$P(Y=y)$	$\frac{1}{6}$	$\frac{1}{3}$	$\frac{1}{2}$	1

$$E(Y)=1\times\frac{1}{6}+2\times\frac{1}{3}+3\times\frac{1}{2}=\frac{7}{3}$$

$$E(Y^2)=1^2\times\frac{1}{6}+2^2\times\frac{1}{3}+3^2\times\frac{1}{2}=6$$

이므로

$$V(Y)=E(Y^2)-\{E(Y)\}^2=6-\left(\frac{7}{3}\right)^2=\frac{5}{9}$$

이 주머니에서 크기가 10인 표본을 임의추출하여 구한 표본평균을 $\overline{Y}$라 하면

$$E(\overline{Y})=E(Y)=\frac{7}{3}$$

$$V(\overline{Y})=\frac{V(Y)}{10}=\frac{\frac{5}{9}}{10}=\frac{1}{18}$$

한편 $\overline{Y}=\frac{X}{10}$, 즉 $X=10\overline{Y}$이므로

$$E(3X)=E(3\times10\overline{Y})$$

$$=30E(\overline{Y})$$

$$=30\times\frac{7}{3}=70$$

$$V(3X)=V(3\times10\overline{Y})$$

$$=30^2V(\overline{Y})$$

$$=900\times\frac{1}{18}=50$$

따라서

$$\frac{V(3X)}{E(3X)}=\frac{50}{70}=\frac{5}{7}$$

답 ⑤

13 이 공장에서 생산하는 과일 음료 1병의 용량을 확률변수 X라 하면 X는 정규분포 $N(200, 2^2)$을 따른다.

이때 크기가 9인 표본의 표본평균을 $\overline{X}$라 하면

$$E(\overline{X})=E(X)=200$$

$$V(\overline{X})=\frac{2^2}{9}=\left(\frac{2}{3}\right)^2$$

이므로 확률변수 $\overline{X}$는 정규분포 $N\left(200, \left(\frac{2}{3}\right)^2\right)$을 따르고,

$Z=\dfrac{\overline{X}-200}{\frac{2}{3}}$으로 놓으면 확률변수 Z는 표준정규분포 $N(0, 1)$을 따른다.

따라서 구하는 확률은

$$P(199\leq\overline{X}\leq201)$$

$$=P\left(\frac{199-200}{\frac{2}{3}}\leq\frac{\overline{X}-200}{\frac{2}{3}}\leq\frac{201-200}{\frac{2}{3}}\right)$$

$$=P(-1.5\leq Z\leq1.5)$$

$$=2P(0\leq Z\leq1.5)$$

$$=2\times0.4332=0.8664$$

답 ③

14 확률변수 $\overline{X}$가 정규분포 $N(55, 20^2)$을 따르는 모집단에서 크기가 100인 표본을 임의추출하여 구한 표본평균이므로

$$E(\overline{X})=55$$

$$V(\overline{X})=\frac{20^2}{100}=2^2$$

즉, 확률변수 $\overline{X}$는 정규분포 $N(55, 2^2)$을 따르고, $Z=\dfrac{\overline{X}-55}{2}$로 놓으면 확률변수 Z는 표준정규분포 $N(0, 1)$을 따른다.

따라서

$$P(\overline{X}\geq60)$$

$$=P\left(\frac{\overline{X}-55}{2}\geq\frac{60-55}{2}\right)$$

$$=P(Z\geq2.5)$$

$$=0.5-P(0\leq Z\leq2.5)$$

$$=0.5-0.494$$

$$=0.006$$

이므로

$$1000P(\overline{X}\geq60)=6$$

답 6

15 확률변수 $\overline{X}$가 모평균이 90, 모표준편차가 18인 모집단에서 크기가 81인 표본을 임의추출하여 구한 표본평균이고, 표본의 크기가 충분히 크므로 표본평균 $\overline{X}$는 근사적으로 정규분포 $N\left(90, \dfrac{18^2}{81}\right)$, 즉 $N(90, 2^2)$을 따르고, $Z=\dfrac{\overline{X}-90}{2}$으로 놓으면 확률변수 Z는 표준정규분포 $N(0, 1)$을 따른다.

이때 구하는 확률은

$P(\overline{X}\le 92)$

$=P\left(\dfrac{\overline{X}-90}{2}\le\dfrac{92-90}{2}\right)$

$=P(Z\le 1)$

한편 $P(|Z|\le 1)=0.68$에서

$P(|Z|\le 1)=P(-1\le Z\le 1)$

$\qquad\qquad=2P(0\le Z\le 1)$

$\qquad\qquad=0.68$

$P(0\le Z\le 1)=0.34$

따라서 구하는 확률은

$P(\overline{X}\le 92)$

$=P(Z\le 1)$

$=0.5+P(0\le Z\le 1)$

$=0.5+0.34$

$=0.84$

🄓 ⑤

16 이 배달플랫폼에서 배달물품 1개를 고객에게 배달하는 데 걸리는 시간을 확률변수 X라 하면 X는 정규분포 $N(25, 10^2)$을 따른다.

이때 크기가 16인 표본의 표본평균을 $\overline{X}$라 하면

$E(\overline{X})=E(X)=25$

$V(\overline{X})=\dfrac{10^2}{16}=\left(\dfrac{5}{2}\right)^2$

이므로 확률변수 $\overline{X}$는 정규분포 $N\left(25, \left(\dfrac{5}{2}\right)^2\right)$을 따르고,

$Z=\dfrac{\overline{X}-25}{\frac{5}{2}}$로 놓으면 확률변수 Z는 표준정규분포 $N(0, 1)$을 따른다.

따라서 구하는 확률은

$P(24\le\overline{X}\le 27)$

$=P\left(\dfrac{24-25}{\frac{5}{2}}\le\dfrac{\overline{X}-25}{\frac{5}{2}}\le\dfrac{27-25}{\frac{5}{2}}\right)$

$=P(-0.4\le Z\le 0.8)$

$=P(0\le Z\le 0.4)+P(0\le Z\le 0.8)$

$=0.16+0.29$

$=0.45$

🄓 ②

17 확률변수 $\overline{X}$가 정규분포 $N(m, 12^2)$을 따르는 모집단에서 크기가 25인 표본을 임의추출하여 구한 표본평균이므로

$E(\overline{X})=m$

$V(\overline{X})=\dfrac{12^2}{25}=\left(\dfrac{12}{5}\right)^2$

즉, 확률변수 $\overline{X}$는 정규분포 $N\left(m, \left(\dfrac{12}{5}\right)^2\right)$을 따르고, $Z=\dfrac{\overline{X}-m}{\frac{12}{5}}$으로 놓으면 확률변수 Z는 표준정규분포 $N(0, 1)$을 따른다.

따라서

$P\left(|\overline{X}-m|\le\dfrac{6}{5}\right)$

$=P\left(\left|\dfrac{\overline{X}-m}{\frac{12}{5}}\right|\le\dfrac{\frac{6}{5}}{\frac{12}{5}}\right)$

$=P(|Z|\le 0.5)$

$=2P(0\le Z\le 0.5)$

$=2\times 0.1915$

$=0.3830$

🄓 ③

18 이 양계장에서 생산하는 달걀 한 개의 무게를 확률변수 X라 하면 X는 정규분포 $N(60, 8^2)$을 따른다.

이때 크기가 4인 표본의 표본평균을 $\overline{X}$라 하면

$E(\overline{X})=E(X)=60$

$V(\overline{X})=\dfrac{8^2}{4}=4^2$

이므로 확률변수 $\overline{X}$는 정규분포 $N(60, 4^2)$을 따르고, $Z=\dfrac{\overline{X}-60}{4}$으로 놓으면 확률변수 Z는 표준정규분포 $N(0, 1)$을 따른다.

이때 크기가 4인 표본의 총 무게가 208 g 이상일 확률은

$P(4\overline{X}\ge 208)$

$=P(\overline{X}\ge 52)$

$=P\left(\dfrac{\overline{X}-60}{4}\ge\dfrac{52-60}{4}\right)$

$=P(Z\ge -2)$

$=0.5+P(0\le Z\le 2)$

$=0.5+0.48$

$=0.98$

이므로 이 양계장에서 생산한 달걀 4개를 한 세트로 상자에 포장할 때 소비자에게 판매할 수 있을 확률은 0.98이다.

따라서 이 양계장에서 생산한 1200개의 달걀을 4개씩 포장한 300개의 상자 중에 소비자에게 판매할 수 있는 상자의 개수의 기댓값은

$300\times 0.98=294$

🄓 294

19 이 자동차 공유업체를 이용한 고객 1명의 이용시간을 확률변수 X라 하면 X는 정규분포 $N(60, 10^2)$을 따른다.

이때 크기가 n인 표본의 표본평균을 $\overline{X}$라 하면

$E(\overline{X})=E(X)=60$

$V(\overline{X})=\dfrac{10^2}{n}=\left(\dfrac{10}{\sqrt{n}}\right)^2$

이므로 확률변수 $\overline{X}$는 정규분포 $N\left(60, \left(\dfrac{10}{\sqrt{n}}\right)^2\right)$을 따르고,

$Z=\dfrac{\overline{X}-60}{\frac{10}{\sqrt{n}}}$으로 놓으면 확률변수 Z는 표준정규분포 $N(0, 1)$을 따른다.

$P(\overline{X} \geq 62) = 0.1151$에서

$P(\overline{X} \geq 62)$

$= P\left(\dfrac{\overline{X}-60}{\dfrac{10}{\sqrt{n}}} \geq \dfrac{62-60}{\dfrac{10}{\sqrt{n}}}\right)$

$= P\left(Z \geq \dfrac{\sqrt{n}}{5}\right) = 0.1151$　　$\cdots\cdots$ ㉠

㉠에서 $\dfrac{\sqrt{n}}{5} > 0$이므로

$P\left(Z \geq \dfrac{\sqrt{n}}{5}\right)$

$= 0.5 - P\left(0 \leq Z \leq \dfrac{\sqrt{n}}{5}\right) = 0.1151$

$P\left(0 \leq Z \leq \dfrac{\sqrt{n}}{5}\right) = 0.3849$

주어진 표준정규분포표에서

$P(0 \leq Z \leq 1.2) = 0.3849$이므로

$\dfrac{\sqrt{n}}{5} = 1.2$

$\sqrt{n} = 6$

$n = 36$

답 ③

20 확률변수 $\overline{X}$가 정규분포 $N(90, 15^2)$을 따르는 모집단에서 크기가 n인 표본을 임의추출하여 구한 표본평균이므로

$E(\overline{X}) = 90$

$V(\overline{X}) = \dfrac{15^2}{n} = \left(\dfrac{15}{\sqrt{n}}\right)^2$

즉, 확률변수 $\overline{X}$는 정규분포 $N\left(90, \left(\dfrac{15}{\sqrt{n}}\right)^2\right)$을 따르고, $Z = \dfrac{\overline{X}-90}{\dfrac{15}{\sqrt{n}}}$

으로 놓으면 확률변수 Z는 표준정규분포 $N(0, 1)$을 따른다.

$P(\overline{X} \leq 89) = 0.4207$에서

$P(\overline{X} \leq 89) = P\left(\dfrac{\overline{X}-90}{\dfrac{15}{\sqrt{n}}} \leq \dfrac{89-90}{\dfrac{15}{\sqrt{n}}}\right)$

$\qquad\qquad = P\left(Z \leq -\dfrac{\sqrt{n}}{15}\right)$　　$\cdots\cdots$ ㉠

㉠에서 $-\dfrac{\sqrt{n}}{15} < 0$이므로

$P\left(Z \leq -\dfrac{\sqrt{n}}{15}\right) = P\left(Z \geq \dfrac{\sqrt{n}}{15}\right)$

$\qquad\qquad\qquad = 0.5 - P\left(0 \leq Z \leq \dfrac{\sqrt{n}}{15}\right)$

$\qquad\qquad\qquad = 0.4207$

$P\left(0 \leq Z \leq \dfrac{\sqrt{n}}{15}\right) = 0.0793$

이때 $P(0 \leq Z \leq 0.2) = 0.0793$이므로

$\dfrac{\sqrt{n}}{15} = 0.2$

$\sqrt{n} = 3$

$n = 9$

답 9

21 확률변수 $\overline{X}$가 모평균이 150, 모표준편차가 54인 정규분포를 따르는 모집단에서 크기가 n^2인 표본을 임의추출하여 구한 표본평균이므로

$E(\overline{X}) = 150$

$V(\overline{X}) = \dfrac{54^2}{n^2} = \left(\dfrac{54}{n}\right)^2$

즉, 확률변수 $\overline{X}$는 정규분포 $N\left(150, \left(\dfrac{54}{n}\right)^2\right)$을 따르고, $Z = \dfrac{\overline{X}-150}{\dfrac{54}{n}}$

으로 놓으면 확률변수 Z는 표준정규분포 $N(0, 1)$을 따른다.

$P(|\overline{X}-150| \leq n^2+50) = 0.9544$에서

$P\left(\left|\dfrac{\overline{X}-150}{\dfrac{54}{n}}\right| \leq \dfrac{n^2+50}{\dfrac{54}{n}}\right)$

$= P\left(|Z| \leq \dfrac{n^3+50n}{54}\right)$

$= 2P\left(0 \leq Z \leq \dfrac{n^3+50n}{54}\right) = 0.9544$

$P\left(0 \leq Z \leq \dfrac{n^3+50n}{54}\right) = 0.4772$

주어진 표준정규분포표에서

$P(0 \leq Z \leq 2) = 0.4772$이므로

$\dfrac{n^3+50n}{54} = 2$

$n^3+50n-108 = 0$

$(n-2)(n^2+2n+54) = 0$

이때 $n > 0$이므로

$n = 2$

답 ①

22 이 빵집에서 판매하는 단팥빵 한 개의 무게를 확률변수 X라 하면 X는 정규분포 $N(m, 16^2)$을 따른다.

이때 크기가 64인 표본의 표본평균을 $\overline{X}$라 하면

$E(\overline{X}) = E(X) = m$

$V(\overline{X}) = \dfrac{16^2}{64} = 2^2$

이므로 확률변수 $\overline{X}$는 정규분포 $N(m, 2^2)$을 따르고, $Z = \dfrac{\overline{X}-m}{2}$으로 놓으면 확률변수 Z는 표준정규분포 $N(0, 1)$을 따른다.

이때 $P(\overline{X} \geq 123) = 0.8413$이므로

$P(\overline{X} \geq 123) = P\left(\dfrac{\overline{X}-m}{2} \geq \dfrac{123-m}{2}\right)$

$\qquad\qquad = P\left(Z \geq \dfrac{123-m}{2}\right)$

$\qquad\qquad = 0.8413$　　$\cdots\cdots$ ㉠

㉠에서 $\dfrac{123-m}{2} < 0$이어야 하므로

$P\left(Z \geq \dfrac{123-m}{2}\right) = P\left(Z \leq \dfrac{m-123}{2}\right)$

$\qquad\qquad = 0.5 + P\left(0 \leq Z \leq \dfrac{m-123}{2}\right)$

$\qquad\qquad = 0.8413$

$P\left(0 \leq Z \leq \dfrac{m-123}{2}\right) = 0.3413$

주어진 표준정규분포표에서

$P(0 \leq Z \leq 1) = 0.3413$이므로

$\dfrac{m-123}{2} = 1$

$m = 125$

답 125

23 확률변수 $\overline{X}$가 정규분포 $N(180, 10^2)$을 따르는 모집단에서 크기가 25인 표본을 임의추출하여 구한 표본평균이므로

$E(\overline{X})=180$

$V(\overline{X})=\dfrac{10^2}{25}=2^2$

확률변수 $\overline{Y}$가 정규분포 $N(50, 8^2)$을 따르는 모집단에서 크기가 64인 표본을 임의추출하여 구한 표본평균이므로

$E(\overline{Y})=50$

$V(\overline{Y})=\dfrac{8^2}{64}=1$

따라서 확률변수 $\overline{X}$, $\overline{Y}$는 각각 정규분포 $N(180, 2^2)$, $N(50, 1^2)$을 따르고, 두 확률변수 $\dfrac{\overline{X}-180}{2}$, $\overline{Y}-50$은 모두 표준정규분포 $N(0, 1)$을 따른다.

따라서 표준정규분포를 따르는 확률변수를 Z라 하면

$P(\overline{X}\geq182)=P(\overline{Y}\leq a)$에서

$P\left(\dfrac{\overline{X}-180}{2}\geq\dfrac{182-180}{2}\right)=P(\overline{Y}-50\leq a-50)$

$P(Z\geq1)=P(Z\leq a-50)$이므로

$1=-(a-50)$

$a=49$

답 49

24 이 공장에서 생산하는 쿠션 한 개의 무게인 확률변수 X가 정규분포 $N(480, \sigma^2)$을 따르므로 확률변수 $\dfrac{X-480}{\sigma}$은 표준정규분포 $N(0, 1)$을 따른다.

표준정규분포를 따르는 확률변수를 Z라 하면

$P(474\leq X\leq480)=0.1915$에서

$P(474\leq X\leq480)$

$=P\left(\dfrac{474-480}{\sigma}\leq\dfrac{X-480}{\sigma}\leq0\right)$

$=P\left(-\dfrac{6}{\sigma}\leq Z\leq0\right)$

$=P\left(0\leq Z\leq\dfrac{6}{\sigma}\right)=0.1915$

주어진 표준정규분포표에서

$P(0\leq Z\leq0.5)=0.1915$이므로

$\dfrac{6}{\sigma}=0.5$

$\sigma=12$

따라서 확률변수 X가 정규분포 $N(480, 12^2)$을 따르므로 이 공장에서 생산한 쿠션 중에서 임의추출한 16개의 무게의 표본평균을 $\overline{X}$라 하면

$E(\overline{X})=E(X)=480$

$V(\overline{X})=\dfrac{12^2}{16}=3^2$

즉, 확률변수 $\overline{X}$는 정규분포 $N(480, 3^2)$을 따르므로 확률변수 $\dfrac{\overline{X}-480}{3}$은 표준정규분포 $N(0, 1)$을 따른다.

따라서 구하는 확률은

$P(\overline{X}\geq474)$

$=P\left(\dfrac{\overline{X}-480}{3}\geq\dfrac{474-480}{3}\right)$

$=P(Z\geq-2)$

$=0.5+P(0\leq Z\leq2)$

$=0.5+0.4772$

$=0.9772$

답 ⑤

25 이 농장에서 재배한 토마토 중에서 임의추출한 토마토 25개의 무게의 표본평균이 207 g이고 모표준편차가 30 g이므로 모평균 m에 대한 신뢰도 95 %의 신뢰구간은

$207-1.96\times\dfrac{30}{\sqrt{25}}\leq m\leq207+1.96\times\dfrac{30}{\sqrt{25}}$

$207-1.96\times6\leq m\leq207+1.96\times6$

$207-11.76\leq m\leq207+11.76$

$195.24\leq m\leq218.76$

답 $195.24\leq m\leq218.76$

26 정규분포 $N(m, 10^2)$을 따르는 모집단에서 크기가 400인 표본을 임의추출하여 구한 표본평균이 77이므로 모평균 m에 대한 신뢰도 99 %의 신뢰구간은

$77-2.58\times\dfrac{10}{\sqrt{400}}\leq m\leq77+2.58\times\dfrac{10}{\sqrt{400}}$

$77-2.58\times\dfrac{1}{2}\leq m\leq77+2.58\times\dfrac{1}{2}$

$77-1.29\leq m\leq77+1.29$

$75.71\leq m\leq78.29$

답 $75.71\leq m\leq78.29$

27 $P(Z\leq1.96)=0.9750$에서

$P(Z\leq1.96)$

$=0.5+P(0\leq Z\leq1.96)=0.9750$

$P(0\leq Z\leq1.96)=0.4750$

이므로 $P(|Z|\leq1.96)=0.95$

이 공장에서 생산하는 농구공 중에서 임의추출한 농구공 49개의 무게의 표본평균이 570 g이고, 모표준편차가 σ g이므로 모평균 m에 대한 신뢰도 95 %의 신뢰구간은

$570-1.96\times\dfrac{\sigma}{\sqrt{49}}\leq m\leq570+1.96\times\dfrac{\sigma}{\sqrt{49}}$

$570-1.96\times\dfrac{\sigma}{7}\leq m\leq570+1.96\times\dfrac{\sigma}{7}$

$570-0.28\sigma\leq m\leq570+0.28\sigma$

이때 이 신뢰구간이 $567.2\leq m\leq a$이므로

$570-0.28\sigma=567.2$

$0.28\sigma=2.8$

$\sigma=\dfrac{2.8}{0.28}=10$

따라서

$a=570+0.28\sigma$

$=570+0.28\times10$

$=572.8$

이므로

$a+\sigma=572.8+10$

$=582.8$

답 582.8

28 이 전구회사에서 생산한 전구 중에서 임의추출한 전구 100개의 수명의 표본평균이 5000시간, 표본표준편차가 100시간이고, 표본의 크기 100이 충분히 크므로 모평균 m에 대한 신뢰도 99 %의 신뢰구간은

$5000-2.58\times\dfrac{100}{\sqrt{100}}\leq m\leq 5000+2.58\times\dfrac{100}{\sqrt{100}}$

$5000-2.58\times 10\leq m\leq 5000+2.58\times 10$

$5000-25.8\leq m\leq 5000+25.8$

$4974.2\leq m\leq 5025.8$

🔲 $4974.2\leq m\leq 5025.8$

29 정규분포를 따르는 모집단에서 크기가 49인 표본을 임의추출하여 구한 표본평균이 $\bar{x}$, 표본표준편차가 s이고, 표본의 크기 49가 충분히 크므로 모평균 m에 대한 신뢰도 95 %의 신뢰구간은

$\bar{x}-1.96\times\dfrac{s}{\sqrt{49}}\leq m\leq\bar{x}+1.96\times\dfrac{s}{\sqrt{49}}$

$\bar{x}-1.96\times\dfrac{s}{7}\leq m\leq\bar{x}+1.96\times\dfrac{s}{7}$

$\bar{x}-0.28s\leq m\leq\bar{x}+0.28s$

이 신뢰구간이 $22.88\leq m\leq 25.12$이므로

$\bar{x}-0.28s=22.88$ ······ ㉠

$\bar{x}+0.28s=25.12$ ······ ㉡

㉠+㉡을 하면

$2\bar{x}=48$

$\bar{x}=24$

이 값을 ㉠에 대입하면

$24-0.28s=22.88$

$0.28s=1.12$

$s=\dfrac{1.12}{0.28}=4$

따라서

$\bar{x}+s=24+4=28$

🔲 ④

30 3월 전국연합학력평가에 응시한 학생 중에서 임의추출한 학생 400명의 수학 점수의 표본평균이 65점, 표본표준편차가 15점이고, 표본의 크기 400이 충분히 크므로 모평균 m에 대한 신뢰도 95 %의 신뢰구간은

$65-1.96\times\dfrac{15}{\sqrt{400}}\leq m\leq 65+1.96\times\dfrac{15}{\sqrt{400}}$

$65-1.96\times\dfrac{3}{4}\leq m\leq 65+1.96\times\dfrac{3}{4}$

$65-1.47\leq m\leq 65+1.47$

$63.53\leq m\leq 66.47$

따라서 이 신뢰구간에 속하는 자연수는 64, 65, 66으로 그 합은

$64+65+66=195$

🔲 195

31 이 학교 학생들 중에서 임의추출한 n명의 하루 동안 게임하는 시간의 표본평균이 40분이고 모표준편차가 12분이므로 모평균 m에 대한 신뢰도 95 %의 신뢰구간은

$40-1.96\times\dfrac{12}{\sqrt{n}}\leq m\leq 40+1.96\times\dfrac{12}{\sqrt{n}}$

$40-\dfrac{23.52}{\sqrt{n}}\leq m\leq 40+\dfrac{23.52}{\sqrt{n}}$

이 신뢰구간이 $32.16\leq m\leq k$이므로

$40-\dfrac{23.52}{\sqrt{n}}=32.16$

$\dfrac{23.52}{\sqrt{n}}=7.84$

$\sqrt{n}=\dfrac{23.52}{7.84}=3$

따라서 $n=9$

🔲 9

32 정규분포 $N(m,\ 5^2)$을 따르는 모집단에서 임의추출한 크기가 n인 표본의 표본평균을 $\bar{x}$라 하자.

모평균 m에 대한 신뢰도 99 %의 신뢰구간은

$\bar{x}-2.58\times\dfrac{5}{\sqrt{n}}\leq m\leq\bar{x}+2.58\times\dfrac{5}{\sqrt{n}}$

이 신뢰구간이 $a\leq m\leq a+8.6$이므로

$\bar{x}-2.58\times\dfrac{5}{\sqrt{n}}=a$ ······ ㉠

$\bar{x}+2.58\times\dfrac{5}{\sqrt{n}}=a+8.6$ ······ ㉡

㉡-㉠을 하면

$2\times 2.58\times\dfrac{5}{\sqrt{n}}=8.6$

$\sqrt{n}=\dfrac{2\times 2.58\times 5}{8.6}=\dfrac{25.8}{8.6}=3$

따라서 $n=9$

🔲 9

33 이 고등학교 학생 중에서 임의추출한 크기가 n인 표본의 표본평균을 $\bar{x}$라 하면 모표준편차가 1이므로 모평균 m에 대한 신뢰도 95 %의 신뢰구간은

$\bar{x}-1.96\times\dfrac{1}{\sqrt{n}}\leq m\leq\bar{x}+1.96\times\dfrac{1}{\sqrt{n}}$

이 신뢰구간이 $a\leq m\leq b$이므로

$a=\bar{x}-1.96\times\dfrac{1}{\sqrt{n}}$

$b=\bar{x}+1.96\times\dfrac{1}{\sqrt{n}}$

이때 $b-a=0.56$에서

$b-a$

$=2\times 1.96\times\dfrac{1}{\sqrt{n}}$

$=\dfrac{3.92}{\sqrt{n}}=0.56$

$\sqrt{n}=\dfrac{3.92}{0.56}=7$

따라서 $n=49$

🔲 49

34 이 지역에서 거주하는 성인들 중에서 임의추출한 크기가 n인 표본의 표본평균이 $\bar{x}$이고 모표준편차가 15이므로 모평균 m에 대한 신뢰도 95 %의 신뢰구간은

$$\overline{x}-1.96\times\frac{15}{\sqrt{n}}\leq m\leq\overline{x}+1.96\times\frac{15}{\sqrt{n}}$$

$$-1.96\times\frac{15}{\sqrt{n}}\leq m-\overline{x}\leq 1.96\times\frac{15}{\sqrt{n}}$$

$$|m-\overline{x}|\leq 1.96\times\frac{15}{\sqrt{n}}$$

이때 $|m-\overline{x}|$의 값이 0.98 이하이려면

$$|m-\overline{x}|\leq 1.96\times\frac{15}{\sqrt{n}}\leq 0.98$$

$$\sqrt{n}\geq\frac{1.96\times 15}{0.98}=30$$

따라서 $n\geq 30^2=900$이므로

자연수 n의 최솟값은 900이다.

답 ③

35 이 회사에서 판매하는 과일음료 중에서 임의추출한 크기가 n인 표본의 표본평균이 120 mL이므로 모평균 m에 대한 신뢰도 95 %의 신뢰구간은

$$120-1.96\times\frac{\sigma}{\sqrt{n}}\leq m\leq 120+1.96\times\frac{\sigma}{\sqrt{n}}$$

이 신뢰구간이 $118.04\leq m\leq 121.96$이므로

$$120-1.96\times\frac{\sigma}{\sqrt{n}}=118.04$$

$$120+1.96\times\frac{\sigma}{\sqrt{n}}=121.96$$

따라서

$$\frac{\sigma}{\sqrt{n}}=\frac{120-118.04}{1.96}=1$$

한편 이 회사에서 판매하는 과일음료 중 임의추출한 크기가 n^3인 표본의 표본평균이 $\overline{x}$이므로 모평균 m에 대한 신뢰도 99 %의 신뢰구간은

$$\overline{x}-2.58\times\frac{\sigma}{\sqrt{n^3}}\leq m\leq\overline{x}+2.58\times\frac{\sigma}{\sqrt{n^3}}$$

$$\overline{x}-2.58\times\frac{\sigma}{n\sqrt{n}}\leq m\leq\overline{x}+2.58\times\frac{\sigma}{n\sqrt{n}}$$

이때 $\frac{\sigma}{\sqrt{n}}=1$이므로

$$\overline{x}-2.58\times\frac{1}{n}\leq m\leq\overline{x}+2.58\times\frac{1}{n}$$

$$-2.58\times\frac{1}{n}\leq m-\overline{x}\leq 2.58\times\frac{1}{n}$$

$$|m-\overline{x}|\leq 2.58\times\frac{1}{n}$$

이때 $|m-\overline{x}|$의 값이 $\frac{1}{20}$ 이하이려면

$$|m-\overline{x}|\leq 2.58\times\frac{1}{n}\leq\frac{1}{20}$$

$$n\geq 20\times 2.58=51.6$$

따라서 자연수 n의 최솟값은 52이다.

답 52

36 정규분포를 따르는 모집단에서 임의추출한 크기가 25인 표본의 표본평균을 $\overline{x}$라 하면 모표준편차가 20이므로 모평균 m에 대한 신뢰도 95 %의 신뢰구간은

$$\overline{x}-1.96\times\frac{20}{\sqrt{25}}\leq m\leq\overline{x}+1.96\times\frac{20}{\sqrt{25}}$$

$$\overline{x}-1.96\times 4\leq m\leq\overline{x}+1.96\times 4$$

이 신뢰구간이 $a\leq m\leq b$이므로

$$a=\overline{x}-1.96\times 4$$

$$b=\overline{x}+1.96\times 4$$

이고

$$b-a=2\times 1.96\times 4$$

또한 모평균 m에 대한 신뢰도 99 %이 신뢰구간은

$$\overline{x}-2.58\times\frac{20}{\sqrt{25}}\leq m\leq\overline{x}+2.58\times\frac{20}{\sqrt{25}}$$

$$\overline{x}-2.58\times 4\leq m\leq\overline{x}+2.58\times 4$$

이 신뢰구간이 $c\leq m\leq d$이므로

$$c=\overline{x}-2.58\times 4$$

$$d=\overline{x}+2.58\times 4$$

이고

$$d-c=2\times 2.58\times 4$$

따라서

$$\frac{d-c}{b-a}=\frac{2\times 2.58\times 4}{2\times 1.96\times 4}=\frac{258}{196}=\frac{129}{98}$$

이므로

$$p=98,\ q=129$$

그러므로 $p+q=227$

답 227

37 정규분포 $N(m,\ 5^2)$을 따르는 모집단에서 임의추출한 크기가 n인 표본의 표본평균을 $\overline{x}$라 하자.

이를 이용하여 구한 모평균 m에 대한 신뢰도 95 %의 신뢰구간은

$$\overline{x}-1.96\times\frac{5}{\sqrt{n}}\leq m\leq\overline{x}+1.96\times\frac{5}{\sqrt{n}}$$

이 신뢰구간이 $a\leq m\leq b$이므로

$$a=\overline{x}-1.96\times\frac{5}{\sqrt{n}}$$

$$b=\overline{x}+1.96\times\frac{5}{\sqrt{n}}$$

이때 $b-a\leq 2$에서

$$b-a$$

$$=2\times 1.96\times\frac{5}{\sqrt{n}}$$

$$=\frac{19.6}{\sqrt{n}}\leq 2$$

$$\sqrt{n}\geq 9.8$$

따라서 $n\geq(9.8)^2=96.04$이므로

자연수 n의 최솟값은 97이다.

답 ①

38 이 까페에서 판매하는 커피 중에서 임의추출한 크기가 36인 표본의 표본평균을 $\overline{x}$ mL라 하면 모표준편차가 4mL이므로 모평균 m에 대한 신뢰도 99 %의 신뢰구간은

$$\overline{x}-2.58\times\frac{4}{\sqrt{36}}\le m\le\overline{x}+2.58\times\frac{4}{\sqrt{36}}$$

$$\overline{x}-2.58\times\frac{2}{3}\le m\le\overline{x}+2.58\times\frac{2}{3}$$

$$\overline{x}-1.72\le m\le\overline{x}+1.72$$

이 신뢰구간이 $a\le m\le b$이므로

$$a=\overline{x}-1.72$$

$$b=\overline{x}+1.72$$

따라서

$$b-a=2\times1.72=3.44$$

달 ④

39 정규분포 $N(m,\ \sigma^2)$을 따르는 모집단에서 임의추출한 크기가 n 인 표본의 표본평균을 $\overline{x}$, $P(-k\le Z\le k)=\dfrac{\alpha}{100}$ (k는 실수)라 하자. 표본평균 $\overline{x}$를 이용하여 구한 모평균 m에 대한 신뢰도 $\alpha\ \%$의 신뢰구간은

$$\overline{x}-k\times\frac{\sigma}{\sqrt{n}}\le m\le\overline{x}+k\times\frac{\sigma}{\sqrt{n}}$$

이 신뢰구간이 $a\le m\le b$이므로

$$a=\overline{x}-k\times\frac{\sigma}{\sqrt{n}}$$

$$b=\overline{x}+k\times\frac{\sigma}{\sqrt{n}}$$

이고

$$b-a=2\times k\times\frac{\sigma}{\sqrt{n}}$$

ㄱ. n의 값이 커지면 $b-a$의 값은 작아지고, n의 값이 작아지면 $b-a$ 의 값은 커진다. (거짓)

ㄴ. $P(-k\le Z\le k)=\dfrac{\alpha}{100}$에서 α의 값이 커지면 k의 값도 커진다. 그러므로 n의 값이 일정할 때, α의 값이 커지면 $b-a$의 값도 커진다. (참)

ㄷ. α의 값이 일정하면 k의 값도 일정하므로 α의 값이 일정할 때, n의 값이 커지면 $b-a$의 값은 작아진다. (참)

이상에서 옳은 것은 ㄴ, ㄷ이다.

달 ④

40 모표준편차가 16인 모집단에서 임의추출한 크기가 100인 표본의 표본평균을 $\overline{x}$라 하고, 이를 이용하여 구한 모평균 m에 대한 신뢰도 95 %의 신뢰구간은

$$\overline{x}-1.96\times\frac{16}{\sqrt{100}}\le m\le\overline{x}+1.96\times\frac{16}{\sqrt{100}}$$

$$\overline{x}-1.96\times\frac{8}{5}\le m\le\overline{x}+1.96\times\frac{8}{5}$$

이므로 신뢰도 95 %의 신뢰구간의 길이 l_1은

$$l_1=2\times1.96\times\frac{8}{5}=1.96\times\frac{16}{5}$$

모평균 m에 대한 신뢰도 99 %의 신뢰구간은

$$\overline{x}-2.58\times\frac{16}{\sqrt{100}}\le m\le\overline{x}+2.58\times\frac{16}{\sqrt{100}}$$

$$\overline{x}-2.58\times\frac{8}{5}\le m\le\overline{x}+2.58\times\frac{8}{5}$$

이므로 신뢰도 99 %의 신뢰구간의 길이 l_2는

$$l_2=2\times2.58\times\frac{8}{5}=2.58\times\frac{16}{5}$$

따라서

$$l_2-l_1$$

$$=2.58\times\frac{16}{5}-1.96\times\frac{16}{5}$$

$$=(2.58-1.96)\times\frac{16}{5}$$

$$=0.62\times\frac{16}{5}$$

$$=1.984$$

달 ④

41 주어진 표준정규분포표에서

$$P(-1.75\le Z\le1.75)$$

$$=2P(0\le Z\le1.75)$$

$$=2\times0.46=0.92$$

정규분포 $N(m,\ 10^2)$을 따르는 모집단에서 임의추출한 크기가 16인 표본의 표본평균을 $\overline{x_1}$라 하고 이를 이용하여 구한 모평균 m에 대한 신뢰도 92 %의 신뢰구간은

$$\overline{x_1}-1.75\times\frac{10}{\sqrt{16}}\le m\le\overline{x_1}+1.75\times\frac{10}{\sqrt{16}}$$

$$\overline{x_1}-1.75\times\frac{5}{2}\le m\le\overline{x_1}+1.75\times\frac{5}{2}$$

이므로

$$A=f(16,\ 92)$$

$$=\left(\overline{x_1}+1.75\times\frac{5}{2}\right)-\left(\overline{x_1}-1.75\times\frac{5}{2}\right)$$

$$=1.75\times5$$

$$=8.75$$

주어진 표준정규분포표에서

$$P(-1.88\le Z\le1.88)$$

$$=2P(0\le Z\le1.88)$$

$$=2\times0.47=0.94$$

정규분포 $N(m,\ 10^2)$을 따르는 모집단에서 임의추출한 크기가 36인 표본의 표본평균을 $\overline{x_2}$라 하고 이를 이용하여 구한 모평균 m에 대한 신뢰도 94 %의 신뢰구간은

$$\overline{x_2}-1.88\times\frac{10}{\sqrt{36}}\le m\le\overline{x_2}+1.88\times\frac{10}{\sqrt{36}}$$

$$\overline{x_2}-1.88\times\frac{5}{3}\le m\le\overline{x_2}+1.88\times\frac{5}{3}$$

이므로

$$B=f(36,\ 94)$$

$$=\left(\overline{x_2}+1.88\times\frac{5}{3}\right)-\left(\overline{x_2}-1.88\times\frac{5}{3}\right)$$

$$=1.88\times\frac{10}{3}$$

$$=6.2666\cdots$$

주어진 표준정규분포표에서

$$P(-2.05\le Z\le2.05)$$

$$=2P(0\le Z\le2.05)$$

$$=2\times0.48=0.96$$

정규분포 $N(m,\ 10^2)$을 따르는 모집단에서 임의추출한 크기가 25인 표본의 표본평균을 $\overline{x_3}$라 하고 이를 이용하여 구한 모평균 m에 대한 신뢰도 96 %의 신뢰구간은

$$\overline{x_3}-2.05\times\frac{10}{\sqrt{25}}\leq m\leq\overline{x_3}+2.05\times\frac{10}{\sqrt{25}}$$
$$\overline{x_3}-2.05\times2\leq m\leq\overline{x_3}+2.05\times2$$

이므로
$$C=f(25,\ 96)$$
$$=(\overline{x_3}+2.05\times2)-(\overline{x_3}-2.05\times2)$$
$$=2.05\times4$$
$$=8.2$$

따라서 $B<C<A$이므로 A, B, C의 값을 큰 값부터 작은 값의 순서로 나열하면 A, C, B이다.

답 ②

서술형 완성하기   본문 93쪽

01 1	02 $\dfrac{10}{3}$	03 4
04 63	05 131.72	06 23

01 확률변수 X가 갖는 모든 값에 대한 확률의 합은 1이므로
$$P(X=1)+P(X=2)+P(X=a)+P(X=a+1)$$
$$=\frac{1}{12}+\frac{1}{6}+\frac{1}{2}+b=1$$
$$b=\frac{1}{4}$$ …… ❶

주어진 모집단에서 임의추출한 크기가 2인 표본을 $(X_1,\ X_2)$라 하면 $\overline{X}=\dfrac{X_1+X_2}{2}$이다.

2보다 큰 자연수 a의 값에 따라 $P(\overline{X}=3)$의 값은 다음과 같다.

(ⅰ) $a=3$일 때
$\overline{X}=3$인 경우는 $(2,\ 4)$, $(3,\ 3)$, $(4,\ 2)$일 때이므로
$$P(\overline{X}=3)$$
$$=P(X=2)\times P(X=4)+P(X=3)\times P(X=3)$$
$$\qquad\qquad\qquad\qquad +P(X=4)\times P(X=2)$$
$$=\frac{1}{6}\times\frac{1}{4}+\frac{1}{2}\times\frac{1}{2}+\frac{1}{4}\times\frac{1}{6}=\frac{1}{3}$$

(ⅱ) $a=4$일 때
$\overline{X}=3$인 경우는 $(1,\ 5)$, $(2,\ 4)$, $(4,\ 2)$, $(5,\ 1)$일 때이므로
$$P(\overline{X}=3)$$
$$=P(X=1)\times P(X=5)+P(X=2)\times P(X=4)$$
$$\qquad +P(X=4)\times P(X=2)+P(X=5)\times P(X=1)$$
$$=\frac{1}{12}\times\frac{1}{4}+\frac{1}{6}\times\frac{1}{2}+\frac{1}{2}\times\frac{1}{6}+\frac{1}{4}\times\frac{1}{12}$$
$$=\frac{5}{24}$$

(ⅲ) $a=5$일 때
$\overline{X}=3$인 경우는 $(1,\ 5)$, $(5,\ 1)$일 때이므로
$$P(\overline{X}=3)$$
$$=P(X=1)\times P(X=5)+P(X=5)\times P(X=1)$$
$$=\frac{1}{12}\times\frac{1}{2}+\frac{1}{2}\times\frac{1}{12}=\frac{1}{12}$$

(ⅳ) $a\geq6$일 때
$\overline{X}=3$인 경우가 존재하지 않으므로 $P(\overline{X}=3)=0$

(ⅰ)~(ⅳ)에서 $\dfrac{1}{6}<P(\overline{X}=3)<\dfrac{1}{4}$을 만족시키는 a의 값은 4이다.
    …… ❷

따라서
$$ab=4\times\frac{1}{4}=1$$ …… ❸

답 1

단계	채점 기준	비율
❶	상수 b의 값을 구한 경우	10 %
❷	조건을 만족시키는 a의 값을 구한 경우	80 %
❸	ab의 값을 구한 경우	10 %

02 확률변수 $\overline{X_1}$는 모평균이 m, 모표준편차가 σ인 정규분포를 따르는 모집단에서 크기가 $2n$인 표본을 임의추출하여 구한 표본평균이므로
$$V(\overline{X_1})=\frac{\sigma^2}{2n}$$
$$\sigma(\overline{X_1})=\frac{\sigma}{\sqrt{2n}}$$

확률변수 $\overline{X_2}$는 모평균이 m, 모표준편차가 σ인 정규분포를 따르는 모집단에서 크기가 $8n^2$인 표본을 임의추출하여 구한 표본평균이므로
$$V(\overline{X_2})=\frac{\sigma^2}{8n^2}$$
$$\sigma(\overline{X_2})=\frac{\sigma}{\sqrt{8n^2}}=\frac{\sigma}{2n\sqrt{2}}$$ …… ❶
$$V(\overline{X_1})+V(\overline{X_2})=\frac{9}{32}\sigma^2$$에서
$$\frac{\sigma^2}{2n}+\frac{\sigma^2}{8n^2}=\frac{9}{32}\sigma^2$$

$\sigma>0$이므로
$$\frac{1}{2n}+\frac{1}{8n^2}=\frac{9}{32}$$
$$16n+4=9n^2$$
$$9n^2-16n-4=0$$
$$(9n+2)(n-2)=0$$
n은 자연수이므로 $n=2$ …… ❷
$$\sigma(\overline{X_1})=\frac{\sigma}{\sqrt{4}}=\frac{\sigma}{2},\ \sigma(\overline{X_2})=\frac{\sigma}{4\sqrt{2}}$$이므로
$$\sigma(\overline{X_1})+\sigma(\sqrt{2}\,\overline{X_2})=1$$에서
$$\sigma(\overline{X_1})+\sqrt{2}\sigma(\overline{X_2})=1$$
$$\frac{\sigma}{2}+\sqrt{2}\times\frac{\sigma}{4\sqrt{2}}=\frac{3}{4}\sigma=1$$
$$\sigma=\frac{4}{3}$$ …… ❸

따라서
$$n+\sigma=2+\frac{4}{3}=\frac{10}{3}$$ …… ❹

답 $\dfrac{10}{3}$

단계	채점 기준	비율
❶	$\overline{X_1}$, $\overline{X_2}$의 분산과 표준편차를 구한 경우	20 %
❷	자연수 n의 값을 구한 경우	40 %
❸	σ의 값을 구한 경우	30 %
❹	$n+\sigma$의 값을 구한 경우	10 %

03 이 기차가 A역에서 B역까지 운행하는 데 걸리는 시간을 확률변수 X라 하면 X는 정규분포 $N(200, 8^2)$을 따른다.

이때 확률변수 $\overline{X}$는 크기가 n인 표본의 표본평균이므로

$E(\overline{X}) = E(X) = 200$

$V(\overline{X}) = \dfrac{8^2}{n} = \left(\dfrac{8}{\sqrt{n}}\right)^2$

따라서 확률변수 $\overline{X}$는 정규분포 $N\left(200, \left(\dfrac{8}{\sqrt{n}}\right)^2\right)$을 따르고,

$Z = \dfrac{\overline{X}-200}{\dfrac{8}{\sqrt{n}}}$ 으로 놓으면 확률변수 Z는 표준정규분포 $N(0, 1)$을 따른다. $\cdots\cdots$ ❶

$P(\overline{X} \le 204) \ge 0.8413$에서

$P(\overline{X} \le 204)$

$= P\left(\dfrac{\overline{X}-200}{\dfrac{8}{\sqrt{n}}} \le \dfrac{204-200}{\dfrac{8}{\sqrt{n}}}\right)$

$= P\left(Z \le \dfrac{\sqrt{n}}{2}\right)$

$= 0.5 + P\left(0 \le Z \le \dfrac{\sqrt{n}}{2}\right) \ge 0.8413$

$P\left(0 \le Z \le \dfrac{\sqrt{n}}{2}\right) \ge 0.3413$ $\cdots\cdots$ ❷

주어진 표준정규분포표에서

$P(0 \le Z \le 1) = 0.3413$이므로

$P\left(0 \le Z \le \dfrac{\sqrt{n}}{2}\right) \ge P(0 \le Z \le 1)$

$\dfrac{\sqrt{n}}{2} \ge 1$

$\sqrt{n} \ge 2$

$n \ge 4$

따라서 자연수 n의 최솟값은 4이다. $\cdots\cdots$ ❸

目 4

단계	채점 기준	비율
❶	$\overline{X}$가 따르는 정규분포를 구한 경우	40 %
❷	표준정규분포의 확률로 나타낸 경우	40 %
❸	자연수 n의 최솟값을 구한 경우	20 %

04 확률변수 $\overline{X}$가 모평균이 60, 모표준편차가 12인 정규분포를 따르는 모집단에서 크기가 16인 표본을 임의추출하여 구한 표본평균이므로

$E(\overline{X}) = 60$

$V(\overline{X}) = \dfrac{12^2}{16} = 3^2$

따라서 확률변수 $\overline{X}$는 정규분포 $N(60, 3^2)$을 따르고, $Z = \dfrac{\overline{X}-60}{3}$ 으로 놓으면 확률변수 Z는 표준정규분포 $N(0, 1)$을 따른다. $\cdots\cdots$ ❶

$P(\overline{X} \le k) + P(\overline{X} \ge 67.5) = 0.8475$에서

$P\left(\dfrac{\overline{X}-60}{3} \le \dfrac{k-60}{3}\right) + P\left(\dfrac{\overline{X}-60}{3} \ge \dfrac{67.5-60}{3}\right)$

$= P\left(Z \le \dfrac{k-60}{3}\right) + P(Z \ge 2.5)$

$= P\left(Z \le \dfrac{k-60}{3}\right) + \{0.5 - P(0 \le Z \le 2.5)\}$

$= P\left(Z \le \dfrac{k-60}{3}\right) + (0.5 - 0.4938)$

$= P\left(Z \le \dfrac{k-60}{3}\right) + 0.0062 = 0.8475$

$P\left(Z \le \dfrac{k-60}{3}\right) = 0.8413$ $\cdots\cdots$ ㉠

㉠에서 $k - \dfrac{60}{3} > 0$이어야 하므로

$P\left(Z \le \dfrac{k-60}{3}\right)$

$= 0.5 + P\left(0 \le Z \le \dfrac{k-60}{3}\right) = 0.8413$

$P\left(0 \le Z \le \dfrac{k-60}{3}\right) = 0.3413$ $\cdots\cdots$ ❷

주어진 표준정규분포표에서

$P(0 \le Z \le 1) = 0.3413$이므로

$\dfrac{k-60}{3} = 1$

$k = 63$ $\cdots\cdots$ ❸

目 63

단계	채점 기준	비율
❶	$\overline{X}$가 따르는 정규분포를 구한 경우	30 %
❷	표준정규분포의 확률로 나타낸 경우	50 %
❸	상수 k의 값을 구한 경우	20 %

05 이 고등학교의 학생 중에서 임의추출한 크기가 81인 표본의 표본평균이 a분, 표본표준편차가 6분이고, 표본의 크기 81이 충분히 크므로 모평균 m에 대한 신뢰도 99 %의 신뢰구간은

$a - 2.58 \times \dfrac{6}{\sqrt{81}} \le m \le a + 2.58 \times \dfrac{6}{\sqrt{81}}$

$a - 2.58 \times \dfrac{2}{3} \le m \le a + 2.58 \times \dfrac{2}{3}$

$a - 1.72 \le m \le a + 1.72$ $\cdots\cdots$ ❶

이 신뢰구간이 $63.28 \le m \le b$이므로

$a - 1.72 = 63.28$

$a + 1.72 = b$

즉,

$a = 63.28 + 1.72$

$= 65$

$b = a + 1.72$

$= 65 + 1.72$

$= 66.72$ $\cdots\cdots$ ❷

따라서

$a + b = 65 + 66.72$

$= 131.72$ $\cdots\cdots$ ❸

目 131.72

단계	채점 기준	비율
❶	신뢰도 99 %의 신뢰구간을 구한 경우	50 %
❷	a, b의 값을 구한 경우	40 %
❸	$a+b$의 값을 구한 경우	10 %

06 정규분포 $N(m, 5^2)$을 따르는 모집단에서 임의추출한 크기가 n인 표본의 표본평균이 $\overline{x}$이므로 이를 이용하여 구한 모평균 m에 대한 신뢰도 99 %의 신뢰구간은

$\overline{x}-2.58 \times \dfrac{5}{\sqrt{n}} \leq m \leq \overline{x}+2.58 \times \dfrac{5}{\sqrt{n}}$ ...... ㉠ ...... **❶**

이때 $\overline{x}$가 정수이므로 신뢰구간 ㉠에 속하는 정수의 개수가 5이려면 신뢰구간 ㉠에 속하는 정수의 값이

$\overline{x}-2, \overline{x}-1, \overline{x}, \overline{x}+1, \overline{x}+2$

이이야 한다.

즉, $\overline{x}+2 \leq \overline{x}+2.58 \times \dfrac{5}{\sqrt{n}} < \overline{x}+3$이어야 하므로

$2 \leq 2.58 \times \dfrac{5}{\sqrt{n}} < 3$

$2.58 \times \dfrac{5}{3} < \sqrt{n} \leq 2.58 \times \dfrac{5}{2}$

$4.3 < \sqrt{n} \leq 6.45$

$18.49 = (4.3)^2 < n \leq (6.45)^2 = 41.6025$ ...... **❷**

따라서 자연수 n의 값은

$19, 20, 21, \cdots, 41$

이므로 그 개수는 23이다. ...... **❸**

目 23

단계	채점 기준	비율
❶	신뢰도 99 %의 신뢰구간을 구한 경우	30 %
❷	n의 값의 범위를 구한 경우	50 %
❸	자연수 n의 개수를 구한 경우	20 %

내신 + 수능 고난도 도전　　　　본문 94쪽

01 ①　　**02** ④　　**03** ①　　**04** ④

01 확률변수 X가 갖는 모든 값에 대한 확률의 합은 1이므로

$P(X=1)+P(X=2)+P(X=3)$

$=a+b+b=1$

$a=1-2b$ ...... ㉠

주어진 모집단에서 임의추출한 크기가 2인 표본을 (X_1, X_2)라 하면

$\overline{X}=\dfrac{X_1+X_2}{2}$이다.

$\overline{X}=1$인 경우는 $(1, 1)$일 때이므로

$P(\overline{X}=1)$

$=P(X=1) \times P(X=1)$

$=a \times a=a^2$

$\overline{X}=2$인 경우는 $(1, 3), (2, 2), (3, 1)$일 때이므로

$P(\overline{X}=2)$

$=P(X=1) \times P(X=3)+P(X=2) \times P(X=2)$

$\qquad\qquad\qquad\qquad +P(X=3) \times P(X=1)$

$=a \times b+b \times b+b \times a$

$=2ab+b^2$

$\overline{X}=3$인 경우는 $(3, 3)$일 때이므로

$P(\overline{X}=3)$

$=P(X=3) \times P(X=3)$

$=b \times b=b^2$

$P(\overline{X}=1)+P(\overline{X}=2)+P(\overline{X}=3)=\dfrac{5}{8}$이므로

$a^2+(2ab+b^2)+b^2$

$=a^2+2ab+2b^2=\dfrac{5}{8}$ ...... ㉡

㉡에 ㉠을 대입하면

$(1-2b)^2+2b(1-2b)+2b^2=\dfrac{5}{8}$

$16b^2-16b+3=0$

$(4b-1)(4b-3)=0$

$b=\dfrac{1}{4}$ 또는 $b=\dfrac{3}{4}$

$b=\dfrac{1}{4}$이면 $a=1-2 \times \dfrac{1}{4}=\dfrac{1}{2}$

$b=\dfrac{3}{4}$이면 $a=1-2 \times \dfrac{3}{4}=-\dfrac{1}{2}$

$0 \leq a \leq 1$이므로 $a=\dfrac{1}{2}, b=\dfrac{1}{4}$

주어진 모집단에서 임의추출한 크기가 3인 표본을 (X_3, X_4, X_5)라 하면 $\overline{Y}=\dfrac{X_3+X_4+X_5}{3}$이다.

$\overline{Y}=\dfrac{4}{3}$인 경우는 $(1, 1, 2), (1, 2, 1), (2, 1, 1)$일 때이므로

$P\left(\overline{Y}=\dfrac{4}{3}\right)$

$=P(X=1) \times P(X=1) \times P(X=2)$

$\qquad\qquad +P(X=1) \times P(X=2) \times P(X=1)$

$\qquad\qquad +P(X=2) \times P(X=1) \times P(X=1)$

$=3 \times \left(\dfrac{1}{2} \times \dfrac{1}{2} \times \dfrac{1}{4}\right)=\dfrac{3}{16}$

目 ①

02 확률변수 X가 정규분포 $N(28, \sigma^2)$을 따르고 확률변수 $\overline{X}$는 이 모집단에서 크기가 9인 표본을 임의추출하여 구한 표본평균이므로

$E(\overline{X})=E(X)=28$

$V(\overline{X})=\dfrac{\sigma^2}{9}=\left(\dfrac{\sigma}{3}\right)^2$

따라서 확률변수 $\overline{X}$는 정규분포 $N\left(28, \left(\dfrac{\sigma}{3}\right)^2\right)$을 따르고, 두 확률변수 $\dfrac{X-28}{\sigma}, \dfrac{\overline{X}-28}{\dfrac{\sigma}{3}}$은 모두 표준정규분포 $N(0, 1)$을 따른다.

표준정규분포를 따르는 확률변수를 Z라 하면

$P(X \leq 28+k\sigma)=P(\overline{X} \geq 28-2k\sigma^2)$에서

$P\left(\dfrac{X-28}{\sigma} \leq \dfrac{(28+k\sigma)-28}{\sigma}\right)$

$=P\left(\dfrac{\overline{X}-28}{\dfrac{\sigma}{3}} \leq \dfrac{(28-2k\sigma^2)-28}{\dfrac{\sigma}{3}}\right)$

$P(Z \leq k)=P(Z \geq -6k\sigma)$

$k=6k\sigma$

이때 이 식이 임의의 양수 k에 대하여 성립하므로

$6\sigma=1, \sigma=\dfrac{1}{6}$이다.

따라서 확률변수 X는 정규분포 $N\left(28, \left(\dfrac{1}{6}\right)^2\right)$을 따르고 확률변수 $\overline{X}$는 정규분포 $N\left(28, \left(\dfrac{1}{18}\right)^2\right)$을 따른다.

한편 $P(X \leq a) = P\left(\overline{X} \geq a - \dfrac{8}{3}\right)$에서

$$P\left(\dfrac{X-28}{\dfrac{1}{6}} \leq \dfrac{a-28}{\dfrac{1}{6}}\right) = P\left(\dfrac{\overline{X}-28}{\dfrac{1}{18}} \geq \dfrac{\left(a-\dfrac{8}{3}\right)-28}{\dfrac{1}{18}}\right)$$

$$P(Z \leq 6(a-28)) = P\left(Z \geq 18\left(a-\dfrac{92}{3}\right)\right)$$

$$6(a-28) = -18\left(a-\dfrac{92}{3}\right)$$

$$4a = 120$$

$$a = 30$$

따라서 $a=30$, $\sigma = \dfrac{1}{6}$이므로

$$\dfrac{a}{\sigma} = 180$$

답 ④

03 정규분포를 따르는 확률변수 X의 평균을 m, 표준편차를 σ라 하자.

$P(X \geq 22) = P(X \leq 18)$이므로

$$m = \dfrac{22+18}{2} = 20$$

따라서 확률변수 X는 정규분포 $N(20, \sigma^2)$을 따르고 확률변수 $\dfrac{X-20}{\sigma}$은 표준정규분포 $N(0, 1)$을 따른다.

$P(X \geq 21) + P(Z \geq -1) = 1$에서

$$P(X \geq 21) = 1 - P(Z \geq -1)$$

$$P\left(\dfrac{X-20}{\sigma} \geq \dfrac{21-20}{\sigma}\right) = P(Z \leq -1)$$

$$P\left(Z \geq \dfrac{1}{\sigma}\right) = P(Z \geq 1)$$

이므로 $\dfrac{1}{\sigma} = 1$, $\sigma = 1$

이때 확률변수 $\overline{X}$가 이 농가에서 재배하는 포도 중에서 임의추출한 16송이의 당도의 표본평균이므로

$$E(\overline{X}) = E(X) = 20$$

$$V(\overline{X}) = \dfrac{1^2}{16} = \left(\dfrac{1}{4}\right)^2$$

따라서 확률변수 $\overline{X}$는 $N\left(20, \left(\dfrac{1}{4}\right)^2\right)$을 따르므로 확률변수 $\dfrac{\overline{X}-20}{\dfrac{1}{4}}$은 표준정규분포 $N(0, 1)$을 따른다.

따라서

$$P(\overline{X} \geq 20.5)$$

$$= P\left(\dfrac{\overline{X}-20}{\dfrac{1}{4}} \geq \dfrac{20.5-20}{\dfrac{1}{4}}\right)$$

$$= P(Z \geq 2)$$

$$= 0.5 - P(0 \leq Z \leq 2)$$

$$= 0.5 - 0.4772$$

$$= 0.0228$$

답 ①

04 정규분포 $N(m, 2^2)$을 따르는 모집단에서 임의추출한 크기가 n인 표본의 표본평균을 $\overline{x}$라 하고 이를 이용하여 구한 모평균 m에 대한 신뢰도 95 %의 신뢰구간은

$$\overline{x} - 1.96 \times \dfrac{2}{\sqrt{n}} \leq m \leq \overline{x} + 1.96 \times \dfrac{2}{\sqrt{n}}$$

이 신뢰구간이 $a \leq m \leq b$이므로

$$a = \overline{x} - 1.96 \times \dfrac{2}{\sqrt{n}}$$

$$b = \overline{x} + 1.96 \times \dfrac{2}{\sqrt{n}}$$

모평균 m에 대한 신뢰도 99 %의 신뢰구간은

$$\overline{x} - 2.58 \times \dfrac{2}{\sqrt{n}} \leq m \leq \overline{x} + 2.58 \times \dfrac{2}{\sqrt{n}}$$

이 신뢰구간이 $c \leq m \leq d$이므로

$$c = \overline{x} - 2.58 \times \dfrac{2}{\sqrt{n}}$$

$$d = \overline{x} + 2.58 \times \dfrac{2}{\sqrt{n}}$$

이때 $d - b = 0.124$에서

$$d - b$$

$$= \left(\overline{x} + 2.58 \times \dfrac{2}{\sqrt{n}}\right) - \left(\overline{x} + 1.96 \times \dfrac{2}{\sqrt{n}}\right)$$

$$= (2.58 - 1.96) \times \dfrac{2}{\sqrt{n}}$$

$$= \dfrac{1.24}{\sqrt{n}} = 0.124$$

$$\sqrt{n} = \dfrac{1.24}{0.124} = 10$$

$$n = 100$$

따라서

$$n(d-a)$$

$$= 100\left\{\left(\overline{x} + 2.58 \times \dfrac{2}{\sqrt{100}}\right) - \left(\overline{x} - 1.96 \times \dfrac{2}{\sqrt{100}}\right)\right\}$$

$$= 100 \times (2.58 + 1.96) \times \dfrac{1}{5}$$

$$= 90.8$$

답 ④

memo

EBS 올림포스 유형편

확률과 통계

올림포스
고교 수학
커리큘럼

내신기본   올림포스

유형기본   올림포스 유형편

기출   올림포스 전국연합학력평가 기출문제집

심화   올림포스 고난도

정답과 풀이

오늘의 철학자가 이야기하는
고전을 둘러싼 지금 여기의 질문들

EBS X 한국철학사상연구회
오늘 읽는 클래식

"클래식 읽기는 스스로 묻고 사유하고 대답하는 소중한 열쇠가 된다.
고전을 통한 인문학적 지혜는
오늘을 살아가는 우리에게 삶의 이정표를 제시해준다."

– 한국철학사상연구회

한국철학사상연구회 기획 l 각 권 정가 13,000원

오늘 읽는 클래식을
원전 탐독 전, 후에 반드시 읽어야 할 이유

01/ 한국철학사상연구회 소속 오늘의 철학자와 함께 읽는 철학적 사유의 깊이와
현대적 의미를 파악하는 구성의 고전 탐독

02/ 혼자서는 이해하기 힘든 주요 개념의 친절한 정리와 다양한 시각 자료

03/ 철학적 계보를 엿볼 수 있는 추천 도서 정리

고1~2 내신 중점 로드맵

과목	고교 입문		기초	기본	특화	+	단기
국어	고등 예비 과정	내 등급은?	윤혜정의 개념의 나비효과 입문편/워크북	**기본서** 올림포스	**국어 특화** 국어 독해의 원리 / 국어 문법의 원리		단기 특강
영어			어휘가 독해다!	올림포스 전국연합 학력평가 기출문제집	**영어 특화** Grammar POWER / Reading POWER / Listening POWER / Voca POWER		
수학			정승익의 수능 개념 잡는 대박구문				
			주혜연의 독해공식				
			기초 50일 수학 / 50일 수학 기출 워크북	**유형서** 올림포스 유형편	**고급** 올림포스 고난도		
			매쓰 디렉터의 고1 수학 개념 끝장내기		**수학 특화** 수학의 왕도		
한국사 사회		**인공지능** 수학과 함께하는 고교 AI 입문 수학과 함께하는 AI 기초		**기본서** 개념완성	고등학생을 위한 多담은 한국사 연표		
과학				개념완성 문항편			

과목	시리즈명	특징	수준	권장 학년
전과목	고등예비과정	예비 고등학생을 위한 과목별 단기 완성	●	예비 고1
	내 등급은?	고1 첫 학력평가+반 배치고사 대비 모의고사	●	예비 고1
국/영/수	올림포스	내신과 수능 대비 EBS 대표 국어·수학·영어 기본서	●	고1~2
	올림포스 전국연합학력평가 기출문제집	전국연합학력평가 문제 + 개념 기본서	●	고1~2
	단기 특강	단기간에 끝내는 유형별 문항 연습	●	고1~2
한/사/과	개념완성 & 개념완성 문항편	개념 한 권+문항 한 권으로 끝내는 한국사·탐구 기본서	●	고1~2
국어	윤혜정의 개념의 나비효과 입문편/워크북	윤혜정 선생님과 함께 시작하는 국어 공부의 첫걸음	●	예비 고1~고2
	어휘가 독해다!	학평·모평·수능 출제 필수 어휘 학습	●	예비 고1~고2
	국어 독해의 원리	내신과 수능 대비 문학·독서(비문학) 특화서	●	고1~2
	국어 문법의 원리	필수 개념과 필수 문항의 언어(문법) 특화서	●	고1~2
영어	정승익의 수능 개념 잡는 대박구문	정승익 선생님과 CODE로 이해하는 영어 구문	●	예비 고1~고2
	주혜연의 독해공식	주혜연 선생님과 함께하는 유형별 지문 독해	●	예비 고1~고2
	Grammar POWER	구문 분석 트리로 이해하는 영어 문법 특화서	●	고1~2
	Reading POWER	수준과 학습 목적에 따라 선택하는 영어 독해 특화서	●	고1~2
	Listening POWER	수준별 수능형 영어듣기 모의고사	●	고1~2
	Voca POWER	영어 교육과정 필수 어휘와 어원별 어휘 학습	●	고1~2
수학	50일 수학 & 50일 수학 기출 워크북	50일 만에 완성하는 중학~고교 수학의 맥	●	예비 고1~고2
	매쓰 디렉터의 고1 수학 개념 끝장내기	스타강사 강의, 손글씨 풀이와 함께 고1 수학 개념 정복	●	예비 고1~고1
	올림포스 유형편	유형별 반복 학습을 통해 실력 잡는 수학 유형서	●	고1~2
	올림포스 고난도	1등급을 위한 고난도 유형 집중 연습	●	고1~2
	수학의 왕도	직관적 개념 설명과 세분화된 문항 수록 수학 특화서	●	고1~2
한국사	고등학생을 위한 多담은 한국사 연표	연표로 흐름을 잡는 한국사 학습	●	예비 고1~고2
기타	수학과 함께하는 고교 AI 입문/AI 기초	파이선 프로그래밍, AI 알고리즘에 필요한 수학 개념 학습	●	예비 고1~고2